现代数学基础丛书·典藏版 32

公理集合论导引

张锦文 著

科学出版社
北京

内 容 简 介

与通常的公理集合论著作不同，本书在引入形式系统之前首先直观而又严谨地阐述了类、集合、序数，基数以及势的概念，为没有受过逻辑训练的读者掌握集合论的基本概念提供了方便。第六章引进了集合论形式语言和 ZF 形式公理系统，对直观集合论中的概念和公理进行了形式化处理，并在此基础上建立了若干逻辑定理. 以后各章介绍了公理集合论中的主要方法和结果，以及作者本人的研究成果.

本书可供大专院校数学系学生，教师以及有关研究人员阅读.

图书在版编目(CIP)数据

公理集合论导引/张锦文著. —北京：科学出版社，1991.1（2016.6 重印）
(现代数学基础丛书·典藏版；32)
ISBN 978-7-03-001849-6

I. ①公… II. ①张… III. ①公理集合论－研究 IV. ①O144.3

中国版本图书馆 CIP 数据核字(2016) 第 113118 号

责任编辑：张 扬／责任校对：林青梅
责任印制：徐晓晨／封面设计：王 浩

科学出版社出版
北京东黄城根北街 16 号
邮政编码：100717
http://www.sciencep.com
北京厚诚则铭印刷科技有限公司印刷
科学出版社发行 各地新华书店经销
*
1991 年 1 月第 一 版 开本：B5(720×1000)
2016 年 6 月印 刷 印张：23
字数：295 000

定价：158.00 元

(如有印装质量问题，我社负责调换)

序

公理集合论是康托尔朴素集合论与初等逻辑相汇合的结果．它既是一门纯数学（数理逻辑的主要分支之一），又是现代数学（包括连续数学与离散数学）的基础，是各门数学的精确、严谨而又简便的语言．它在计算机科学、人工智能学、逻辑学、经济学、语言学和心理学等方面有着重要的应用．

公理集合论也是一门正在深入发展的数学理论．连续统问题、大基数问题、选择公理、决定性公理等都是人们所关注的研究课题，新的问题也在不断产生，这说明它仍然是方兴未艾的学科．人们正是通过研究与解决这一学科的问题来锻炼自己的意志和能力．连续统问题已有一百多年的历史，虽然取得了重大进展，但还没有最后解决．我们相信，人类终归要解决它的．在解决它和其它问题的过程中，人们必将发现新方法和新观点，从而达到更广阔更自由的境界．

本书的目的是系统地阐述公理集合论的基本概念、基本方法和主要成果．前五章是从严谨而又直观的角度阐述了类、集合、序数、基数以及势的概念与性质．在康托尔时代，这些概念都含有某种未被澄清的含糊性，从而出现了若干悖论．近几十年，人们弄清了这些概念的本质，消除了它们的含糊性，避免了各种悖论，并通过形式化方法，把有关概念建立在严谨的基础上．因此，在通常的著作中，人们都是在形式系统内陈述这些概念并论证它们的性质的．本书采用了不同的叙述方法，在引入形式系统之前直观地阐述了这些内容，这为没有逻辑训练的读者提供了方便．前五章虽然没有专门讨论逻辑概念，但是由于对每一重要概念都是严谨地逻辑地展开的，因此读者也可以从中得到较好的逻辑训练．第六章引进了集合论形式语言和 ZF（蔡梅罗-弗兰克尔）形式公理系统，建立了若干逻辑定理．第七章直观地阐述选择公理的形式与应用，讨论了与它相矛盾的决定性公理．第八章建立了公式的层次概念，并对重要的元数学概念进行了形式化处理．第九、十两章分别阐述了哥德尔和科恩的结果与方法．可构成方法、力迫方法是现代集合论中最主要的方法．连续统假设、选择公理的相对协调性与独立性定理是这一领域中的中心结果．第十一章阐述了涉及类、超类与聚合的公理系统，一方面是为了引入与形式化相应的概念，论述ZF系统的协调性；另一方面是为了开拓公理集合论的内容，研究包括范畴论在内的数学基础．

本书力求易读，对于某些深奥的、难理解的概念、方法和结果，我们尽力作出直观解释，配以图形显示，有时也采用举例与注记的方式给以说明．

作者十分感谢程民德老师、胡世华老师的谆谆教导．

近十几年内，作者曾多次同吴允曾、胡国定、杨东屏、徐书润、周治章、张宏裕、陆尚强、王雪生、廖祖纬等先生探讨集合论的各种概念、方法、问题、结果与进展．他们都以不同的方式从不同的角度给作者以帮助．这对于作者组织本书的章节，澄清和提炼若干概念都起了重要作用．

在1974年以后的几年内，作者曾向王驹等同志讲述本书的主要内容，与他合作的《脱殊集合的若干注记》一文中的结果已在本书第十章§16中出现．

近几年内，作者曾在不同的场合多次讲述本书的主要内容，不少青年朋友，如秦克云、胡洪德和赵希顺等，在学习过程中都曾提出过宝贵的建议．

作者对以上各位谨致谢意．

限于水平，错误与不妥当之处，敬请读者指正．

作者

一九八九年于北京

目　　录

第一章　集合与类

§1　外延原则与概括原则

每个人都知道许多集合，但是，值得注意的是集合这一重要的概念，没有一个严谨的数学定义，只是有一个描述性的说明。我国出版的第一本集合论著作——肖文灿的《集合论初步》[1]中，转述了集合论创始人康托尔（Cantor）对集合的刻划："吾人直观或思维之对象，如为相异而确定之物，其总括之全体即谓之集合，其组成此集合之物谓之集合之*元素*．通常用大写字母表示集合，如A,B,C等，用小写字母表示元素，如a，b，c等．若集合A系由a，b，c，…诸元素所组成，则表如$A=\{a, b, c, \cdots\}$，而a为A之元素，亦常用$a\in A$之记号表之者，a非A之元素，则记如$a\notin A$．"肖文灿对康托尔的上述概念还作了一个有价值的注解，他说："上之定义中，其所用之'相异'与'确定'之二语，殊有说明之必要，所谓相异者取二物于此，其为同一，其为相异，而得而决定．而集合所含之元素乃有彼此不同之意味．所谓确定者，此物是否属于此集合，一望而知，至少其概念上可以断定其是否为该集合之元素．盖于某某条件之集合，须其界限分明，不容有模糊不清之弊．如1，2，3三元素可组成一集合，单位长直线上之一切点可组成一集合；反之，如甚大之数或与点P接近之点，则不能为集合，因其界限不清．"

直观或思维之对象，总括之全体即谓之集合．如何"总括"呢？"总括之全体"意味着什么呢？这里有两条重要的原则，一是外延原则，一是概括原则．

外延原则：一集合是由它的元素完全决定的．

换句话说，任给两个集合，当我们知道它们的元素相同时，由外延原则，我们可知它们是同一集合．

概括原则：对于描述或刻划人们直观的或思维的对象x的任一性质或条件$p(x)$，都存在一集合S，它的元素恰好是具有性质p的那些对象，亦即

$$S=\{x \mid p(x)\},$$

其中$p(x)$是指"x具有性质p"，或说$p(x)$为真的，这样，就有

$$\forall x(x \in S \longleftrightarrow p(x)),$$

其中$\forall x$表示"对于所有的对象x，"$\longleftrightarrow$表示"当且仅当"。任意的对象都可以作为集合的元素，特别地，集合也是人们思维的对象，所以集合也可以作集合的元素。

对象的性质或条件这一概念是广泛的。例如，当我们用$p_1(x)$表示x是一自然数时，性质p_1就是刻划自然数的。2具有性质p_1，所以$p_1(2)$成立，1/2不是一自然数，它不具有性质p_1，所以$p_1(1/2)$不成立。

令N表示自然数集合，我们有$2 \in N$，$1/2 \notin N$，并且还有$N \notin N$。这样，对于任意的集合x, y，$x \in y$是x的一性质*，$x \notin y$也是一性质，特别地，$x \in x$与$x \notin x$都是x的性质。这样，由概括原则，我们有集合：

$$\boldsymbol{T}=\{x \mid x \notin x\}. \tag{1.1}$$

在式(1.1)中，x是任意的对象。由概括原则，$\boldsymbol{T}$是一集合，所以它也是一对象，这样我们可以问，$\boldsymbol{T}$是否在$\boldsymbol{T}$中呢？

假定$\boldsymbol{T} \in \boldsymbol{T}$，由式(1.1)，$\boldsymbol{T}$具有性质$\boldsymbol{T} \notin \boldsymbol{T}$。这与假定$\boldsymbol{T} \in \boldsymbol{T}$相矛盾。

假定$\boldsymbol{T} \notin \boldsymbol{T}$，由式(1.1)，$\boldsymbol{T}$就是集合$\boldsymbol{T}$的一个元素，所以有$\boldsymbol{T} \in \boldsymbol{T}$，这与假定$\boldsymbol{T} \notin \boldsymbol{T}$相矛盾。

在逻辑学中，所谓悖论，是指这样一个命题A，由A出发，可以找到一个命题B，然后，若假定B，就可推得$\neg B$；若假定$\neg B$，就可推得B。由上论证，$\boldsymbol{T}$为集合可引出一悖论（并且相应的命题B就是$\boldsymbol{T} \in \boldsymbol{T}$，$\neg B$就是$\boldsymbol{T} \notin \boldsymbol{T}$）。它就是1902年罗素(Russell)发现的著名的集合论悖论。

---

* 前面提到，集合也可作为集合的元素，"$X \in Y$"即是这一含义。

罗素悖论说明应当修改概括原则，需要把其中的“存在一集合S”改为“存在一类S”. 它作为对类的一种直观的刻划. 换句话说，康托尔对集合的刻划仅仅是对类的一种刻划. 类是比集合的概念更广泛的概念. 任一集合都是一类，反之不然. 有些类是集合，另一些类不是集合. 如上陈述的T就是一个类，而不是一个集合（不是集合的类我们称之为*真类*）. 集合可以作为对象属于某一集合，真类不具有这一性质. 不是集合的真类不仅不能是一集合的元素，而且也不能是一个类的元素. 真类不能作为我们形成集合的对象.

集合与类都必须满足外延原则. 集合与类都是由它的元素完全决定的. 由概括原则决定的都是类，不一定都是集合. 当然，每一集合都可以经过一性质，由概括原则所决定. 但是，一性质却不一定能决定集合，例如$x \notin x$就不能决定集合，而决定一真类. 为了研究集合，就要修改概括原则，用下述原则1—6来取代概括原则. 这些原则对集合是封闭的，它们不会导出真类来.

§2 空集合与对集合的存在原则

原则1 存在着一个空集合. 这里**空集合**是不含有任何元素的集合，并记做$\varnothing$.

我们知道，任一对象x总是与它自身是相同的，即$x=x$. 满足$x \neq x$的对象x是不存在的. 所以由条件$x \neq x$，经概括原则决定的类就是空类，空类可以做为一对象形成一集合，所以，空类是一集合，即空集合.

原则2 对于任意的集合x，y，都存在着一集合S，它恰有元素x与y，这一集合S称为x与y的**无序对集合**，并记做$\{x, y\}$，当对象x与y相等时，就记做$\{x\}$，并称$\{x\}$为对象x的**单元集合**，也就是说，它仅有一个元素x.

例1.1 由原则1—2，我们可以有集合：$\varnothing$，$\{\varnothing\}$，$\{\varnothing, \{\varnothing\}\}$，$\{\varnothing, \{\varnothing, \{\varnothing\}\}\}$，$\{\{\varnothing\}\}$，$\{\{\varnothing\}, \{\{\varnothing\}\}\}$，等等.

应当注意，在原则2中不能取真类为x或y，真类不能作为我们的对象.

上述集合中的元素是无序的，例如集合 $\{\varnothing,\{\varnothing\}\}$ 等于集合 $\{\{\varnothing\},\varnothing\}$.有时，我们常常需要有序对集合，它是可以定义的.

定义1.1 对于任意的对象a与b，我们称集合$\{\{a\},\ \{a,b\}\}$为a与b的**有序对集合**，并记做$\langle a,b\rangle$.亦即

$$\langle a,b\rangle=\{\{a\},\ \{a,b\}\}.$$

定理1.1 对于任意的对象a，b，u，v，我们有

$$\langle a,\ b\rangle=\langle u,\ v\rangle\text{当且仅当}a=u\text{且}b=v.$$

证明 当$a=u$且$b=v$时，由定义1.1，显然有$\langle a,b\rangle=\langle u,v\rangle$.

反之，假定$\langle a,b\rangle=\langle u,v\rangle$，亦即

$$\{\{a\},\ \{a,b\}\}=\{\{u\},\ \{u,v\}\},\tag{1.2}$$

因此必有

$$\{a\}\in\{\{u\},\ \{u,v\}\}\tag{1.3}$$

$$\{a,b\}\in\{\{u\},\ \{u,v\}\}\tag{1.4}$$

同时成立.由式（1.3），可得

$$\{a\}=\{u\}\tag{1.5}$$

$$\{a\}=\{u,v\}\tag{1.6}$$

中必有一个成立.由式（1.4）我们获得

$$\{a,b\}=\{u\}\tag{1.7}$$

$$\{a,b\}=\{u,v\}\tag{1.8}$$

中必有一个成立.

若式（1.5）成立，即得到$a=u$.此时当（1.7）成立时，就获得$a=b=u$.这时，由式（1.2）必有$\{u,v\}=\{a\}$，故$v=a$.所以$a=u$，$b=v$.此时当式（1.8）成立时，必有$a=u$且$b=v$或者$a=v$且$b=u$，（这时，由已知$a=u$,故有$a=b=u=v$成立）.不管怎样，这时都有欲求结果.

若式（1.6）成立.因此有$a=u=v$，此时,若式（1.7）成立，即得$a=b=u=v$成立.此时若式（1.8）成立.也有$a=b=u=b$.综上所述，不管怎样，都证明了定理1.1的结论成立.

§3 幂集合的存在原则

定义1.2 对于任意的两个集合 S_1，S_2，如果 S_1 的每一元素都是S_2的元素，我们就称集合S_1是S_2的**子集合**，并记做$S_1 \subset S_2$.

定理1.2 空集合是任一集合的子集合.

证明 假定不然，亦即有一集合S，使得 $\varnothing \not\subset S$（表示$\varnothing$不是$S$的子集合）.由定义1.2，就意味着有一元素 a，使得 $a \in \varnothing$ 且 $a \notin S$.由于$a \in \varnothing$与空集合的定义相矛盾.故假定不成立.所以有 $\varnothing \subset S$.

定理1.3 对于任意的集合S，都有$S \subset S$.

从定义1.2，定理1.3是显然的，从略.

定理1.4 对于任意的集合 S_1，S_2 与 S_3，如果 $S_1 \subset S_2$ 且 $S_2 \subset S_3$，则$S_1 \subset S_3$。

证明 对于任意的对象a，若$a \in S_1$，
由$S_1 \subset S_2$及定义1.2，就有$a \in S_2$，再依据 $S_2 \subset S_3$，就有 $a \in S_3$.所以，由定义1.2，有$S_1 \subset S_3$.

定义1.3 对于任意给定的集合S，由S的每一子集合作为元素所形成的集合叫做S的**幂集合**，并记做$\mathscr{P}(S)$.即

$$\mathscr{P}(S)=\{x \mid x \subset S\}.$$

原则3 对于任意的集合S，都存在S的幂集合$\mathscr{P}(S)$.

定理1.5 对于任意的集合 S，当 S 中元素数目为 n 时，则 $\mathscr{P}(S)$ 中的元素数目为2^n.

施归纳于S中元素的数目，使用数学归纳法可获得定理1.5的证明.这里从略.

应当注意，原则3中S必须是一集合，而不能是真类.

§4 并集合存在原则

定义1.4 对于任意的集合S，由 S 的所有元素的元素所组成的集合，叫做S的**并集合**，并记做$\bigcup S$.即

$$\bigcup S=\{x \mid \exists y(x \in y \wedge y \in S)\}.$$

其中$\exists y$表示“存在一对象y”.

例1.2 令S为集合$\{\{a,b\},\{b,c\}\}$，这时，S的元素为$\{a,b\}$与$\{b,c\}$，并集合$\cup S$由此二集合的元素组成，故

$$\cup S=\{a,b,c\}.$$

例1.3 令$S=\{\{a,b,c\},\{a,cd\},\{c,e\}\}$，由定义，可知

$$\cup S=\{a,b,c,d,e\}.$$

例1.4 令$S_1=\{a,b,c\}$，这时

$$\mathscr{P}(S_1)=\{\varnothing,\{a\},\{b\},\{c\},\{a,b\},\{a,c\},\{b,c\},\{a,b,c\}\}.$$

取S为$\mathscr{P}(S_1)$，我们有

$$\cup S=\cup\mathscr{P}(S_1)=\{a,b,c\}=S_1.$$

原则4 对于任意的集合S，都存在S的并集合$\cup S$.

通常，人们把任意两个集合S_1与S_2的元素搜集在一起，组成一新的集合叫做集合S_1与S_2的并集合，并记做$S_1\cup S_2$.现在，使用无序对集合和并集合，我们有

$$S_1\cup S_2=\cup\{S_1,S_2\}.$$

在定义1.4中把S推广为任一类，$\cup S$还是一类，也可能是一真类，原则4是说，当S为一集合时，$\cup S$就不仅是一类，而且是一集合。

§5 子集合分离原则

我们已经指出，对于任意给定的性质$p(x)$，由概括原则，都决定一类

$$C=\{x\mid p(x)\}。\tag{1.9}$$

C是一类，仅从式（1.9），我们不能保证C是一集合。如果我们能找到一集合S，使得$C\subset S$时，这时由下述原则5，我们可以断定C是一集合（图1.1）。另一方面，虽然C不一定是一集合，但是它同任一集合S的交，即

$$C\cap S=\{x\mid x\in C\wedge x\in S\}\tag{1.10}$$

总是一集合（图1.2）。

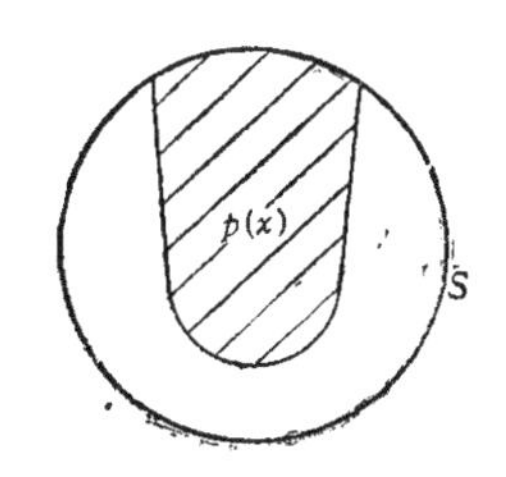

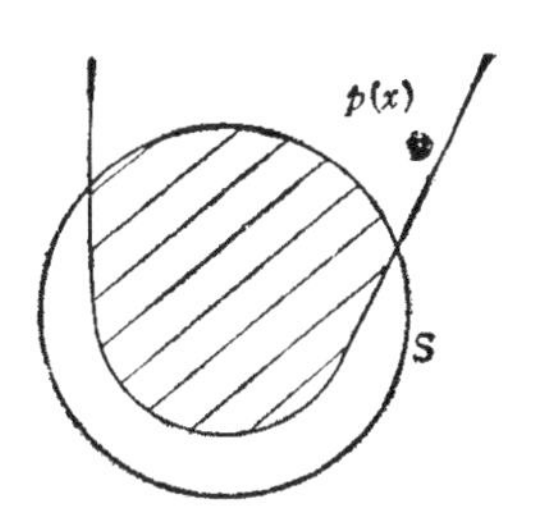

图 1.1 一类C被某一集合S所包含时，C为一集合

图 1.2 一类C与任一集合相交的部分是一集合

由式（1.9)和$C\subset S$，我们有

$$C=\{x \mid p(x) \wedge x \in S\}, \tag{1.11}$$

而由式（1.10)，我们有

$$C \cap S=\{x \mid p(x) \wedge x \in S\}. \tag{1.12}$$

因此，由式（1.11）与（1.12)，我们都有

原则5 对于任意给定的性质$p(x)$和集合S，都有集合

$$S_1=\{x \mid p(x) \wedge x \in S\}$$

存在．

不管怎样．集合

$$S_1=\{x \mid p(x) \wedge x \in S\}$$

都是S的子集合，并且把集合S_1看做是从集合S中使用性质$p(x)$提取（或分离)出来的．因此，人们把原则5称为**子集合分离原则**．由这一原则我们立即可以获得二集合S_1与S_2的交集合$S_1 \cap S_2$的合理性定义

$$S_1 \cap S_2=\{x \mid x \in S_1 \wedge x \in S_2\}, \tag{1.13}$$

其中性质$p(x)$为$x \in S_2$．当令性质$p(x)$为$x \notin S_2$时，我们就获得集合S_1与S_2的**相对补**（或称集合S_2相对于集合S_1之补）的合理性定义：

$$S_1 \dot{-} S_2=\{x \mid x \in S_1 \wedge x \notin S_2\}. \tag{1.14}$$

当集合S不空时，我们就获得了S的**广义交集合**的合理定义．因为S不空，所以总有某一$S_1 \in S$，这时令$p(x)$为

$$\forall y(y \in S \rightarrow x \in y),$$

由原则5，集合

$$\cap S = \{x \mid x \in S_1 \wedge \forall y(y \in S \rightarrow x \in y)\}. \tag{1.15}$$

是存在的．

由于$S_1 \in S$和式（1.15）我们有

$$\cap S = \{x \mid \forall y(y \in S \rightarrow x \in y)\}. \tag{1.16}$$

这样，式（1.16）可以看做是集合$\cap S$的定义．必须注意，S不空这一条件是不可缺少的．

由对集合存在原则和子集合分离原则，我们可以定义通常的笛卡尔乘积或卡氏积．

定义1.5 对于任意的集合S_1与S_2，我们称

$$S_1 \times S_2 = \{\langle x, y \rangle \mid x \in S_1 \wedge y \in S_2\}$$

为S_1与S_2的**笛卡尔乘积**（或称为**笛氏积**）．

定理1.5 对于任意的集合S_1与S_2，它们的笛卡尔乘积$S_1 \times S_2$是一集合．

证明 首先，若$x \in S$，$y \in S$，则$\langle x, y \rangle \in \mathscr{P}(\mathscr{P}(S))$，即$\langle x, y \rangle$属于$S$的幂集合的幂集合，这是因为$x \in S$且$y \in S$，因此，有$\{x\} \in \mathscr{P}(S)$，$\{x, y\} \in \mathscr{P}(S)$故

$$\langle x, y \rangle \in \mathscr{P}(\mathscr{P}(S)).$$

其次，当$x \in S_1$，$y \in S_2$时，

$$\langle x, y \rangle \in \mathscr{P}(\mathscr{P}(S_1 \cup S_2)).$$

第三，由定义1.5，显然有：

$$S_1 \times S_2 = \{z \mid z \in \mathscr{P}(\mathscr{P}(S_1 \cup S_2) \wedge \exists x \exists y \\ (x \in S_1 \wedge y \in S_2 \wedge z = \langle x, y \rangle))\},$$

由子集合分离原则，即得$S_1 \times S_2$是一集合．

由定义1.5，读者不难看出，对于任意的类C_1与C_2，类似地可以定义

$$C_1 \times C_2 = \{\langle x, y \rangle \mid x \in C_1 \wedge y \in C_2\},$$

并且，此时称它为类的笛卡尔乘积（或笛氏积）. 显然，$C_1\times C_2$是一类.

注记 1.1　令

$$V=\{x\mid x=x\}.$$

这里，x是指任意的对象，它可以是集合，并且每一集合都与自身相等，所以一切集合都属于$\boldsymbol{V}$，这样，$\boldsymbol{V}$就不再是一集合，而是一真类了. 因为，真类$\boldsymbol{T}$显然可以写为

$$\boldsymbol{T}=\{x\mid x\notin x\wedge x\in \boldsymbol{V}\}.$$

如果$\boldsymbol{V}$是一集合，由子集合分离原则，$\boldsymbol{T}$也就是一集合了. 这就获得了我们的结论.

§6 关　系

今后，为简便起见，我们常常使用下述缩写：

以$\forall x\in yA(x)$　表示$\forall x(x\in y\to A(x))$，　　(1.17)

以$\exists x\in yA(x)$　表示$\exists x(x\in y\wedge A(x))$.　　(1.18)

定义 1.6　如果类R满足条件

$$\forall x\in R\exists y_1\exists y_2(x=\langle y_1,y_2\rangle),$$

则称R为**类关系**.

不难看出，一类R是一类关系，当且仅当有类C_1与C_2，使得$R\subset C_1\times C_2$.

注记 1.2　在定义1.6中，当R为一集合时，就称R为一**集合关系**. 今后，我们总是把集合关系简称为**关系**. 显然，空集合$\varnothing$也是一关系.

定义 1.7　令R为任一类关系，我们定义R的定义域dom(R)，值域ran(R)和域fld(R)（今后，在不致引起误解时，我们省去圆括号分别写做dom$R$，ran$R$与fld$R$）如下：

$$\mathrm{dom}R=\{x\mid \exists y(\langle x,y\rangle\in R)\},\tag{1.19}$$

$$\mathrm{ran}R=\{y\mid \exists x(\langle x,y\rangle\in R)\},\tag{1.20}$$

$$\mathrm{fld}R=\mathrm{dom}R\cup \mathrm{ran}R.\tag{1.21}$$

定理 1.6　如果$\langle x,y\rangle\in R$，则$x\in\bigcup\bigcup R$，$y\in\bigcup\bigcup R$.

证明 因为$\langle x,y\rangle\in R$，即$\{\{x\},\{x,y\}\}\in R$，因为$\{x,y\}\in\{\{x\},\{x,y\}\}$，从而$\{x,y\}\in\bigcup R$。进一步即得$x\in\bigcup\bigcup R$，$y\in\bigcup\bigcup R$。

定理 1.7 若R是一关系，则$\mathrm{dom}R$，$\mathrm{ran}R$，$\mathrm{fld}R$都是集合。

证明 首先，R为一关系，故R是一集合，由之，$\bigcup R$是一集合，$\bigcup\bigcup R$是一集合，这样，使用定理1.6和子集合分离原则，由

$$\mathrm{dom}R=\{x\mid x\in\bigcup\bigcup R\wedge\exists y(\langle x,y\rangle\in R)\},$$

$$\mathrm{ran}R=\{y\mid y\in\bigcup\bigcup R\wedge\exists x(\langle x,y\rangle\in R)\},$$

可以获得$\mathrm{dom}R$与$\mathrm{ran}R$均为集合。从而$\mathrm{fld}R$也是一集合。

定理 1.8 如果R是一类关系，则

$$\mathrm{fld}R=\bigcup\bigcup R.$$

证明 对于任一对象x，若$x\in\mathrm{fld}R$，这就意味着存在一对象y，使得$\langle x,y\rangle\in R$或$\langle y,x\rangle\in R$。那么，由定理1.6，不管那一种情况，都有$x\in\bigcup\bigcup R$。

反之，因为R为一类关系，它的元素都是有序对，即它的元素都有形式$\{\{x\},\{x,y\}\}$。而任一对象t，若$t\in\bigcup\bigcup R$，则必有对象u，使得$\{\{t\},\{t,u\}\}\in R$或$\{\{u\},\{u,t\}\}\in R$。故$t\in\mathrm{fld}R$。

总之，我们有$\mathrm{fld}R=\bigcup\bigcup R$。

我们推广有序对的概念，三元序以至对于任意自然数n，都有n元序时，我们就可以去定义n元类关系了。

为了简便起见，我们常常把$\langle x,y\rangle\in R$记做$R(x,y)$或xRy。

关系是集合，它除了有集合的一切运算外，关系与类关系还可以有复合、逆、限制运算。

定义 1.8 对于任意的类关系R_1与R_2，我们称类关系

$$R_1\circ R_2=\{\langle x,y\rangle\mid\exists z(xR_2z\wedge zR_1y)\}$$

为R_1与R_2的**复合**。

定理 1.9 对于任意的类关系R_1，R_2与R_3，我们有

$$(R_1\circ R_2)\circ R_3=R_1\circ(R_2\circ R_3).$$

证明 对于任意的x,y，我们有

$$
\begin{aligned}
&\langle x,y\rangle\in(R_1\circ R_2)\circ R_3\\
&\longleftrightarrow\exists z(xR_3z\wedge z(R_1\circ R_2)y)\\
&\longleftrightarrow\exists z(xR_3z\wedge\exists u(zR_2u\wedge uR_1y))\\
&\longleftrightarrow\exists z\exists u((xR_3z\wedge zR_2u)\wedge uR_1y)\\
&\longleftrightarrow\exists u(x(R_2\circ R_3)u\wedge uR_1y)\\
&\longleftrightarrow\langle x,y\rangle\in R_1\circ(R_2\circ R_3).
\end{aligned}
$$

这样，由外延原则，我们有

$$(R_1\circ R_2)\circ R_3=(R_1\circ R_2)\circ R_3.$$

定义 1.10 对于任意的类关系R，，我们称类关系

$$R^{-1}=\{\langle y,x\rangle\mid xRy\}$$

为类关系R的**逆**.

定理 1.10 若R，R_1和R_2是类关系，则

（1）$\mathrm{dom}R^{-1}=\mathrm{ran}R$,

（2）$\mathrm{ran}R^{-1}=\mathrm{dom}R$,

（3）$(R^{-1})^{-1}=R$,

（4）$(R_1\circ R_2)^{-1}=R_2^{-1}\circ R_1^{-1}$.

证明 （1）与（2）的证明是由定义 1.7 直接获得的，仅需证明(3)和(4).设x,y为任意的集合，先证（3），我们有：

$$
\begin{aligned}
\langle x,y\rangle\in(R^{-1})^{-1}&\longleftrightarrow\langle y,x\rangle\in R^{-1}\\
&\longleftrightarrow\langle x,y\rangle\in R.
\end{aligned}
$$

再证（4）

$$
\begin{aligned}
\langle x,y\rangle\in(R_1\circ R_2)^{-1}&\longleftrightarrow\langle y,x\rangle\in R_1\circ R_2\\
&\longleftrightarrow\exists z(yR_2z\wedge zR_1x)\\
&\longleftrightarrow\exists z(zR_2^{-1}y\wedge xR_1^{-1}z)\\
&\longleftrightarrow\exists z(xR_1^{-1}z\wedge zR_2^{-1}y)\\
&\longleftrightarrow\langle x,y\rangle\in R_2^{-1}\circ R_1^{-1},
\end{aligned}
$$

由x,y的任意性和外延原则，即得欲证的结果.

定义 1.11 对于任意的类关系R和类C，我们称

$$\{\langle x,y\rangle\mid\langle x,y\rangle\in R\wedge x\in C\}$$

为R对C的**限制**，并记做$R\upharpoonright C$.

定义 1.12 对于任意的类关系R和类 C,我们称 $\mathrm{ran}(R\upharpoonright C)$ 为R在C下的**象**，并记做$R[\![C]\!]$.

由上述两个定义，显然，我们有

$$R[\![C]\!]=\{y\mid \exists x\in CR(x,y)\}.$$

不难证明 当R，R_1，R_2是关系且 S 为一集合 时，$R_1\circ R_2$，R^{-1}，$R\upharpoonright S$，仍然是关系.同样$R[\![S]\!]$是一集合.

§7 函 数

定义 1.13 类关系R，当其满足条件

$$\forall x\forall y_1\forall y_2(xRy_1\wedge xRy_2\rightarrow y_1=y_2) \qquad (1.22)$$

时，就称 R 为**类函数**（也称之为**运算**）.

可以看出，类函数是具有单值性 的 这 种 特殊的类关系. 式（1.22）表示，对于任意的x，如果存在y，使得xRy成立，则这种y是唯一的，亦即，对于任意的z，当xRz也成立时，就有$z=y$. 这就是说，对于某些对象x来说，式（1.22）是允许不存在y使得xRy成立的.换言之，对于这种对象x而言，任意 的 对象 y,xRy都不成立.这是对函数概念的一个广义的理解.也就是说，当有类C_1与C_2，使得

$$R\subset C_1\times C_2,$$

且式（1.22）成立时，就称R为类函数，并称C_1为它的定义域，这就允许对于C_1中某些元x来说，对于任 意 $y\in C_2$，xRy 都不成立.C_2为R的值域.然而，为了使用方便，本书对定义域 与值域只取狭义的理解，就是说，总是要求满足条件：$C_1=\mathrm{dom}R$，这样，就有

$$\forall x\in C_1\exists !\, yR(x,y)$$

成立，其中

$$\exists !\, yR(x,y)定义为\exists y(R(x,y)\vee\forall z(R(x,y)\rightarrow z=y)).$$

类函数常用英文大写字母F与G或加下标表示之.已知F 为一类函数，并且$G\subset F$，显然G也一定是类函数.特别地，空集合 $\varnothing$ 是一个类函数，是一个处处无定义的类函数.

类函数具有单值性，类关系不一定满足单值性.类函数是特殊的类关系，一个类关系又满足式（1.22）就是类函数.一类函数又是一集合时，就称为一**集合函数**，简称**函数**.我们常常用符号f,g或加下足码表示某一函数，并且当$x\in \mathrm{dom}f$时，$f(x)$就表示函数在x时所对应的值，即$\langle x,f(x)\rangle\in f$. 对于类函数也使用类似的记号.

F是一类函数，记号$F:C_1\to C_2$表示$\mathrm{dom}F=C_1$，$\mathrm{ran}F\subset C_2$，此时我们称F是由类C_1到类C_2内的映射，当$C_2=\mathrm{ran}F$时，就称F是由类C_1到类C_2上的映射.当F，C_1与C_2是集合时，就称F为由集合C_1到集合C_2内（或上）的映射。

定义1.14 对于类函数$F:C_1\to C_2$，如果它满足条件

$$\forall x\in C_1\forall y\in C_1(x\neq y\to F(x)\neq F(y)),$$

则称类函数F是**单射的**（或称**内射的**）.

定义1.15 对于类函数$F:C_1\to C_2$，如果满足条件$C_2=\mathrm{ran}F$时，就称F是**满射的**，或F是由C_1到C_2的满射类函数.

定义1.16 类函数$F:C_1\to C_2$,如果它既是单射的又是满射的，我们就称它是**双射的**.更确切地说F是由C_1到C_2的双射类函数.

类函数都是类关系，所以上节建立的关系的复合、逆、限制与象的概念，对于类函数仍然是适用的.

定理1.11 如果类函数F是单射的，则F的逆是以$\mathrm{ran}F$为定义域的一类函数.

这一定理的证明是从定义1.13与1.14直接获得的，这里从略。

定理1.12 如果类函数$F:C_1\to C_2$是双射的,那么$F^{-1}:C_2\to C_1$也是双射的.

证明 如果定理不成立，则有$y_1\neq y_2$，$y_1\in C_2$，$y_2\in C_2$使得$F^{-1}(y_1)=F^{-1}(y_2)=x$，这样,就有$F(x)=y_1$且$F(x)=y_2$并且$y_1\neq y_2$.这与$F$是一类函数相矛盾，定理得证.

定理1.13 假定类函数F是单射,若$x\in \mathrm{dom}F$,则$F^{-1}(F(x))=x$，若$y\in \mathrm{ran}F$，则$F(F^{-1}(y))=y$.

证明 设$x\in\mathrm{dom}F$，从而$\langle x,F(x)\rangle\in F$，故$\langle F(x),x\rangle\in F^{-1}$，即$F(x)\in\mathrm{dom}F^{-1}$，且由此得到$F^{-1}(F(x))=x$。

设$y\in\mathrm{ran}F$，由于F为单射类函数．故有唯一的x，$x\in\mathrm{dom}F$使得$\langle x,y\rangle\in F$。从而$\langle y,x\rangle\in F^{-1}$，即$F^{-1}(y)=x$，且$F(x)=y$，$F(x)=F(F^{-1}(y))$，因此，有$F(F^{-1}(y))=y$。

定理1.14 如果F，G都是类函数，那么它们的复合$F\circ G$还是一个类函数且

$$\mathrm{dom}(F\circ G)=\{x\mid x\in\mathrm{dom}G\wedge G(x)\in\mathrm{dom}F\}. \tag{1.23}$$

首先，我们直观地说明此定理的含义，如图1.3所示，$G:C_1\to C_2$，$F:C_2'\to C_3$且$C_2'\subset C_2$。

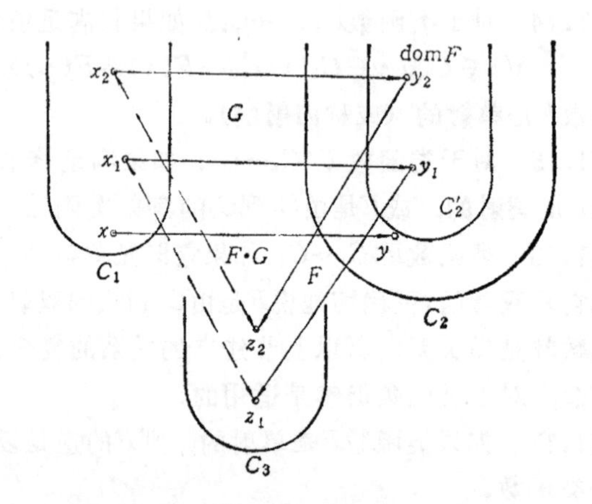

图 1.3 类函数的复合

如果有$x\in C_1$ 使得$G(x)\notin\mathrm{dom}F$（虽然$y=G(x)\in\mathrm{ran}G$），这时$F\circ G$无定义．而对于$x_1\in\mathrm{dom}G$，且$G(x_1)\in\mathrm{dom}F$，这时$y_1=G(x_1)$，$y_1\in\mathrm{dom}F$，故有$z_1=F(y_1)$．即$(F\circ G)(x_1)=z_1$。

证明 先证$F\circ G$为类函数．假定不然，就有x，z_1，z_2且$z_1\neq z_2$使得

$$\langle x_1 z_1\rangle\in F\circ G\text{且}\langle x,z_2\rangle\in F\circ G,$$

这时就有y_1，y_2使得$F(y_1)=z_1$且$F(y_2)=z_2$并且$\langle x,y_1\rangle\in G$且$\langle x,y_2\rangle\in G$．由于$G$是一类函数，故$y_1=y_2$．又由于$F$为一类函数，

故$z_1=z_2$，这与$z_1\neq z_2$的题设相矛盾．所以$F\circ G$是一函数。

再证式（1.23）．设$x\in\text{dom}(F\circ G)$．故有z，使得$\langle x,z\rangle\in F\circ G$，因此，存在$y$使得$\langle x,y\rangle\in G$且$\langle y,z\rangle\in F$，由于$G$与$F$为函数，所以使得$G(x)=y$和$F(y)=z$．即$x\in\text{dom}G$，$y=G(x)\in\text{dom}F$．并且有$z=F(G(x))$．

另一方面，设$x\in\text{dom}G$，且$G(x)\in\text{dom}F$，这时，一定有y，z，使得$y=G(x)$，$y\in\text{dom}G$且$\langle y,z\rangle\in F$由此，我们有$\langle x,y\rangle\in G$，$\langle y,z\rangle\in F$，所以，$\langle x,z\rangle\in F\circ G$．即$x\in\text{dom}(F\circ G)$．

综上，我们有式（1.23）成立．

在上述定理中，如果令G是单射的，并且把F取做G^{-1}，则

$$(G^{-1}\circ G)(x)=G^{-1}(G(x))=x,$$
$$\text{dom}(G^{-1}\circ G)=\text{dom}G.$$

定义1.17 对于任意的类函数F，若对于任意$x\in\text{dom}F$，都有$F(x)=x$，则称F为类C上的**恒等函数**．其中$C=\text{dom}F$．常常把这个类函数记做I_C．

定义1.18 令类函数$F:C_1\to C_2$且$F\neq\varnothing$，并且类函数$G:C_2\to C_1$使得

$$G\circ F=I_{C_1} \tag{1.24}$$

成立，就称G为F的**左逆**．

定义1.19 令类函数$F:C_1\to C_2$且$F\neq\varnothing$，并且，类函数$G:C_2\to C_1$使得

$$F\circ G=I_{C_2} \tag{1.25}$$

成立，就称G为F的**右逆**．

定理1.15 如果F为一不空的类函数，则当且仅当F是单射时，存在F的左逆G。

证明 假定F有一左逆G，即$G\circ F=I_{C_1}$并且若对于$x\in C_1$，$y\in C_1$，且$F(x)=F(y)$则有

$$G(F(x))=G(F(y)).$$

由于$G(F(x))=x$且$G(F(y))=y$，因此$x=y$．也就是说，我们有

$$F(x)=F(y)\to x=y.$$

因此，函数F是单射的.

反之，假定F是单射的，这时F^{-1}是定义域为 $\operatorname{ran}F$ 值域为C_1的函数.由于$F\neq\varnothing$，因此C_1非空.可以从C_1中取一固定的元素x_0，并定义G如下：

$$G(x)=\begin{cases}F^{-1}(x), & \text{当}x\in\operatorname{ran}F,\\ x_0, & \text{当}x\in C_2\dot{-}\operatorname{ran}F,\end{cases}$$

由此，我们有

$$G=F^{-1}\cup(C_2\dot{-}\operatorname{ran}F)\times\{x_0\}.$$

显然，G是一个类函数.如图1.4所示，G的这种选择的目的是

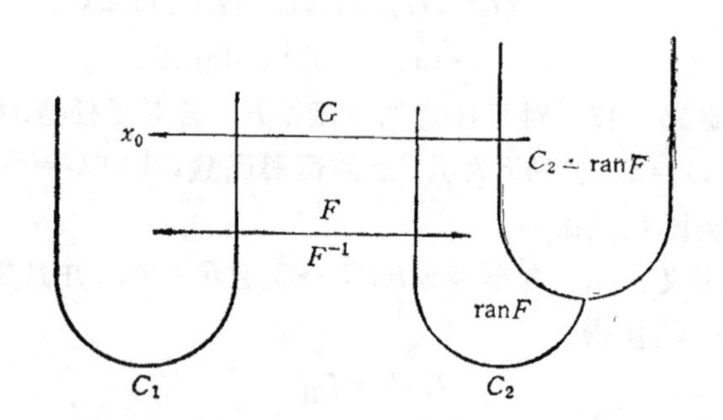

图 1.4 G的构造

使得它把C_2映射到C_1，且 $\operatorname{dom}(G\circ F)=C_1$，并且对于任一 $x\in C_1$ 都有

$$G(F(x))=F^{-1}(F(x))=x,$$

因此，$G\circ F=I_{C_1}$.

§8 单值化原则

类似于定理 1.15，我们有右逆函数的定理.不过右逆函数要求单值化原则.因此，我们首先陈述单值化原则.

单值化原则 对于任意的类关系 R，都存在类函数G，使得

$$G\subset R \text{且} \mathrm{dom}G=\mathrm{dom}R.$$

使用单值化原则，我们能够证明下述定理。

定理1.16 如果F为一不空的类函数，则存在F的一右逆G，当且仅当F是满射的。

证明 若存在F的右逆G，即

$$F\circ G=I_{C_2}.$$

因此，对于任意的$y\in C_2$，有$y=F(G(y))$.这样，$y\in \mathrm{ran}F$.就是说，对于任意的y，我们有

$$y\in C_2\rightarrow y\in \mathrm{ran}F.$$

所以，F是C_1到C_2的满射类函数。

反过来，假定F为由C_1到C_2的一满射函数，也就是说，C_2中任一点y都有C_1中的一点映到y，但是否仅有一点映射到它呢？我们不知道.仅有一点对应于y的叫单根函数，在一般情况下，它不是仅有一点，而是可以有许多点，在F之下映射到y(图1.5)。

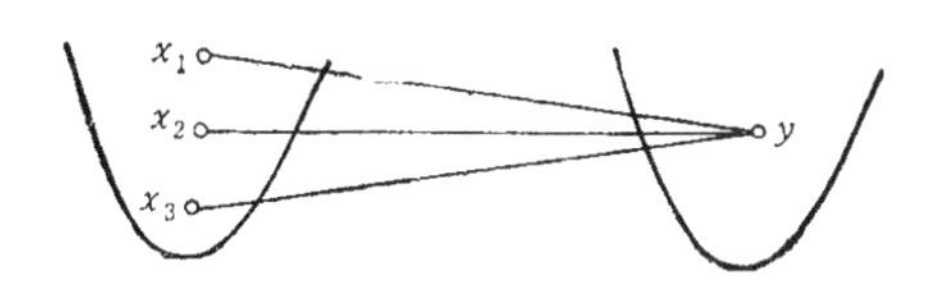

图 1.5 不单根的函数示意图

也就是说，一般来讲函数不是单根的.因此，F^{-1}是类关系，不一定是函数.然而，由单值化原则，我们有类函数G，使得

$$G\subset F^{-1} \text{且} \mathrm{dom}G=\mathrm{dom}F^{-1},$$

由此，对于前边给定的y，$y\in C_2$，就有唯一的x，使得$x=G(y)$，即$\langle y,G(y)\rangle\in F^{-1}$，因此，$\langle G(y),y\rangle\in F$，从而有$F(G(y))=y$.故有$F\circ G=I_{C_2}$.

我们常常使用较弱形式的单值化原则，即集合形式的而不是前边陈述的类的形式的单值化原则。

集合形式的单值化原则 对于任意的（集合）关系R，都存

在一函数f，使得

$$f \subset R \text{ 且 } \mathrm{dom}\, f = \mathrm{dom} R.$$

注记1.3 单值化原则是一个重要的数学原则，我们将要证明它等价于选择公理.类的形式的单值化原则等价于类的选择公理.集合形式的单值化原则等价于集合的选择公理，并称之为选择公理形式Ⅰ.单值化原则与概括原则无关，它是一条独立的原则.

§9 替换原则

作为定理1.7的逆，我们有下述定理.

定理1.17 令R为类关系，若$\mathrm{dom}R$与$\mathrm{ran}R$均为集合，则R为一关系.

证明 仅需证明R为一集合.因为

$$R=\left\{\begin{array}{r} z \mid \exists x \in \mathrm{dom}R\ \exists y \in \mathrm{Rank}(z=\langle x, y\rangle) \wedge \\ z \in P(P(\mathrm{dom}R \cup \mathrm{ran}R)) \end{array}\right\},$$

已知$\mathrm{dom}R$与$\mathrm{ran}R$为二集合，由幂集合存在原则和子集合分离原则可得R为一集合.

这样，我们获得，对于类关系R而言，R是一集合当且仅当$\mathrm{dom}R$与$\mathrm{ran}R$都是集合.一般说来，我们不能由$\mathrm{dom}R$是集合，就推导出$\mathrm{ran}\, R$是一集合，并且我们很容易获得这一推导不成立的反例.

例1.4 $R=\{\varnothing\}\times V$是一类关系，虽然$\mathrm{dom}R=\{\varnothing\}$是一集合，但是$\mathrm{ran}R$是一真类.

对于类函数F来说，当我们已知$\mathrm{dom}R$为一集合时，$\mathrm{ran}R$是否为一集合呢？原则6（即替换原则）对此作了肯定的回答.

原则6 如果F是类函数且S是一集合，则$\mathrm{ran}(F\upharpoonright S)$是一集合.

对于类函数F而言，当S为集合时，替换原则保证$\mathrm{ran}(F\upharpoonright S)$是一集合，从而由定理1.17就获得了$F\upharpoonright S$是一集合了.图1.6直观

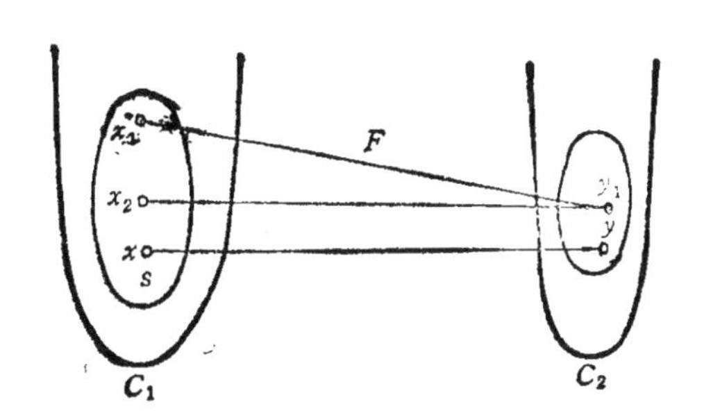

图 1.6 替换原则示意图

地说明了替换原则的含义.当F是一类关系时，虽然此时dom$R$，ran$R$不一定是集合，但当把F限制在集合S时，$F\upharpoonright S$，ran$(F\upharpoonright S)$就都是集合了.

§10 类与集合的封闭性运算

当我们把集合的交、并与相对补的运算推广至类时，我们可以证明这三个运算对于类都是封闭的.

定理1.18 令C_1与C_2是类，它们的交

$$C_1\cap C_2=\{x|x\in C_1\wedge x\in C_2\}$$

还是一类.换句话说，类对交运算是封闭的.

定理1.19 令C_1与C_2是类，它们的并

$$C_1\cup C_2=\{x|x\in C_1\vee x\in C_2\}$$

还是一类.换句话说，类对并运算是封闭的.

定理1.20 令C_1与C_2是类，C_1与C_2的相对补

$$C_1\dot{-}C_2=\{x|x\in C_1\wedge x\notin C_2\}$$

还是一类.换句话说，类对于相对补运算是封闭的.

注记1.4 任一类的元素是个体或集合.所以对于每一类C，都有$C\subset \boldsymbol{V}$.这样，我们令

$$\overline{C}=\boldsymbol{V}\dot{-}C$$

并称$\overline{C}$为类C的补，因此，对类而言，补运算是封闭的.但是，当

S是一集合时，我们有

$$\overline{S}=\boldsymbol{V}\dot{-}S$$

不是集合而是一真类了.这是因为

$$\boldsymbol{V}=\overline{S}\cup S,$$

当S与$\overline{S}$都是一集合时，就得到了$\boldsymbol{V}$是一集合了.

定理1.21 令C是任一类，它的并

$$\bigcup C=\{x\mid\exists y(y\in C\wedge x\in y)\}$$

还是一类.

定理1.22 令C是任一类，它的交

$$\bigcap C=\{x\mid\forall y(y\in C\rightarrow x\in y)\}$$

还是一类.特别地

$$\bigcap\varnothing=\boldsymbol{V},$$

$$\bigcap V=\varnothing.$$

注记1.5 由式（1.16）（定义不空集合的广义交），读者能够获得

$$S_1\subset S_2\rightarrow\bigcap S_2\subset\bigcap S_1. \tag{1.26}$$

式（1.26）是说，集合愈小时它的广义交就愈大.但是，空集合的交是什么呢？仅在集合的范围内是没有办法回答这一问题的.有的作者把它规定为空集合$\varnothing$，有的作者对它不加定义.我们采取后一种办法.在集合范围内不定义空集合的交.而把它作为类的运算时，才给出了它的定义.并且这一定义和它的公式的表达式是一致的.

注记1.6 由于真类不能作为类的元素，所以，$\{V\}$无定义.这样，类对于无序对运算和幂运算都是不封闭的.

§11 存在极小元原则

定义1.20 令S是一不空集合，且$x\in S$，如果条件

$$S\cap x=\varnothing$$

成立，则称x为S的一**极小元**.

例1.5 令$S=\{\{\varnothing\},\{\{\varnothing\}\}\}$.

因为$\{\varnothing\}\in S$，且$\varnothing\notin S$，所以有

$$S\cap\{\varnothing\}=\varnothing$$

成立．因此$\{\varnothing\}$是S的一极小元．但是，虽然$\{\{\varnothing\}\}\in S$，因为$\{\varnothing\}\in S$，且$\{\varnothing\}\in\{\{\varnothing\}\}$，所以，$\{\varnothing\}$是这两个集合的共同元素，即

$$S\cap\{\{\varnothing\}\}=\{\{\varnothing\}\}\neq\varnothing,$$

这样，就有$\{\{\varnothing\}\}$不是S的一极小元．

例1.6 令$S=\{\{2\},\{3\}\}$，因为$\{2\}\in S$，且$\{2\}$中有唯一的元素2，而$2\notin S$．所以，有

$$S\cap\{2\}=\varnothing$$

成立。因此，$\{2\}$是S的一极小元．同理$\{3\}\in S$，$\{3\}$中有唯一的元素3，而$3\notin S$，所以，有

$$S\cap\{3\}=\varnothing$$

成立．因此，$\{3\}$是S的一极小元．

例1.6说明一不空集合，可以有多于1个的极小元．

存在极小元原则 每一不空集合都存在极小元．

这一原则是对集合的一种限制，它能够排除满足下述条件的集合x，y，z，x_0，x_1，…，x_3，…

（1）$x\in x$；

（2）$x\in y\wedge y\in x$；

（3）$x\in y\wedge y\in z\wedge z\in x$；

（4）$x_0\in x_1\wedge x_1\in x_2\wedge\cdots\wedge x_{n-1}\in x_n\wedge x_n\in x_0$；

（5）$\cdots\wedge x_{n+1}\in x_n\wedge x_n\in x_{n-1}\wedge\cdots\wedge x_1\in x_0$．

满足上述条件之一的集合称为**奇异集合**，现在，我们运用存在极小元原则证明不存在奇异集合．

定理1.23 对于任一集合x，都有$x\notin x$成立．

证明 如果定理不成立，即有一集合x，使得$x\in x$，这样x与集合$\{x\}$就有一个公共元x，然而，由上述原则取$\{x\}$作为原则中的不空集合，而且$\{x\}$恰有一个元素x，所以x与$\{x\}$就不能有公共元素，所以$x\notin x$．

定理1.24 对于任意的集合x和y，都有 $\neg(x\in y\wedge y\in x)$

成立.

证明 假定存在x，y使得：

$$x\in y\wedge y\in x \tag{1.27}$$

成立，我们做无序对集合$\{x,y\}$，当然，我们有$x\in\{x,y\}$和$y\in\{x,y\}$，由存在极小元原则，集合$\{x,y\}$必有一极小元，当然由于此集合仅有两个元，所以这一极小元只能是x或者y.不失一般性，设x是它的极小元，然而由（1.27）可得$y\in x$，这样从$y\in\{x,y\}$，就获得与x是集合$\{x,y\}$的极小元相冲突.所以，不能有集合x、y使得（1.27）成立.

定理1.25 对于任意的集合x，y,z，都有$\neg(x\in y\wedge y\in z\wedge z\in x)$成立.

证明 假定存在集合x，y，z使得

$$x\in y\wedge y\in z\wedge z\in x \tag{1.28}$$

成立.我们做集合$\{x,y,z\}$，显然，有$x\in\{x,y,z\}$，$y\in\{x,y,z\}$，$z\in\{x,y,z\}$成立.由存在极小元原则，此集合一定存在极小元.因为它仅有这三个元素，所以极小元也只能是这三个元素之一.不失一般性，我们不妨假定x是它的极小元.然而，由式（1.28），可得$z\in x$，并且$z\in\{x,y,z\}$，这与x是它的极小元的定义相冲突.所以式（1.28）不成立.这就获得了欲证结果.

定理1.26 不存在集合x_0，$x_1,\cdots,x_n$，使得

$$x_0\in x_1\cdots\in\cdots\in x_n\in x_0$$

成立.

证明 假定此定理不成立，亦即有集合
x_0，x_1，$\cdots,x_n$，使得

$$x_0\in x_1\in\cdots\in x_n\in x_0 \tag{1.29}$$

成立.我们作集合$\{x_0, x_1, \cdots x_n\}$，平行定理1.24的证明，即可获得我们欲证的结论.

定理1.27 不存在集合的序列x_0，x_1，$x_2\cdots\cdots$,使得

$$\cdots\in x_{n+1}\in x_n\in\cdots\in x_1\in x_0$$

成立.

证明 假定有集合的一序列x_0, x_1, x_2,…使得

$$\cdots\in x_{n+1}\in x_n\in\cdots\in x_1\in x_0 \tag{1.30}$$

成立.我们令集合S为$\{x_0, x_1, x_2,\cdots\}$.显然、对于任意自然数i,有$x_i\in S$.由存在极小元原则,S必有一极小元,又由于S的构成,它只能是某一x_{n_0},然而由式(1.30),我们有$x_{n_0+1}\in x_{n_0}$且$x_{n_0+1}\in S$,这与x_{n_0}的极小性相冲突.这就获得了我们欲证的结果.

定义1.21 若集合S中有$x_0, x_1,\cdots$,使得式(1.30)成立,则称$x_0, x_1,\cdots$,为S的$\in$**降链**.

定理1.28 若$S\neq\varnothing$,其中不存在$\in$降链,则S中有关于$\in$的极小元.

证明 假定上述定理不成立.即在S中不存在极小元,因此,对于S的任意元x,它不能是S的一极小元.令$x_0\in S$,x_0不是S的一极小元.因此,有$x_1\in x_0$且$x_1\in S$.同样,对于x_1而言,仍然有$x_2\in S$且$x_2\in x_1$.继续这一手续,就可以获得一个S的$\in$降链.

由上述定理,我们已经获得,任一不空集合都不存在关于$\in$的降链,那么存在极小元原则成立.

习 题

1.1 设A, B, C为任意的类,证明:

(1) $A\cap B\subset A$;

(2) $A\subset B\rightarrow A\cap C\subset B\cap C$;

(3) $C\subset A\wedge C\subset B\rightarrow C\subset A\cap B$;

(4) $A\cap(A\cup B)=A$;

(5) $A\cup(A\cap B)=A$;

(6) $A\cap(B\cup C)=(A\cap B)\cup(A\cap C)$;

(7) $A\cup(B\cap C)=(A\cup B)\cap(A\cup C)$.

1.2 设A, B为任意集合,证明:

(1) $A\subset B\rightarrow\mathscr{P}(A)\subset\mathscr{P}(B)$;

(2) $\mathscr{P}(A)\subset\mathscr{P}(B)\rightarrow A\subset B$;

(3) $\mathscr{P}(A)=\mathscr{P}(B)\longleftrightarrow A=B$;

（4）$\mathscr{P}(A)\in\mathscr{P}(B)\to A\in B$；

（5）举例说明$A\in B$但$\mathscr{P}(A)\notin\mathscr{P}(B)$，即（4）的逆不成立。

1.3 求：

（1）$\mathscr{P}(\varnothing)$；

（2）$\mathscr{P}(\mathscr{P}(\varnothing))$；

（3）$\mathscr{P}(\mathscr{P}(\mathscr{P}(\varnothing)))$；

（4）$\mathscr{P}(\mathscr{P}(\mathscr{P}(\mathscr{P}(\varnothing))))$。

1.4 求（其中$\mathscr{Z}$为整数集合，$\mathscr{N}$为自然数集合，$\mathscr{Q}$为有理数集合，$\mathscr{R}$为实数集合）：

（1）$\mathscr{Z}\dot{-}\mathscr{N}$；

（2）$\mathscr{Z}\cap\mathscr{N}$；

（3）$\mathscr{Z}\dot{-}(\mathscr{Z}\dot{-}\mathscr{N})$；

（4）$\mathscr{R}\cap\mathscr{Q}$；

（5）$\mathscr{R}\dot{-}\mathscr{Q}$。

1.5 令$0=\varnothing$，$1=0\cup\{0\}$，$2=1\cup\{1\}$，$3=2\cup\{2\}$，$4=3\cup\{3\}$。

（1）验证上述0，1，2，3，4都是集合；

（2）验证$1\in 2$，$1\in 3$，$1\in 4$，$2\in 3$，$3\in 4$，$0\in 4$；

（3）仅用$\varnothing$与$\{\quad\}$写出4来。

1.6 令$A=\{3,4\}$，$B=\{4,3\}\cup\varnothing$，

$C=\{4,3\}\cup\{\varnothing\}$，

$D=\{x\mid x^2-7x+12=0\}$，$E=\{\varnothing,3,4\}$，

$F=\{4,4,3\}$，$G=\{4,\varnothing,\varnothing,3\}$。

问上述集合中哪些是相等的，哪些是不等的？

1.7 设x、y为已知集合，计算：

$$\cup\cup\{\{x\},\{x,y\}\}。$$

1.8 令$x^+=x\cup\{x\}$，计算：$\cup\mathscr{P}(\varnothing^{+++})$与$\cup\cup\mathscr{P}(\varnothing^{+++})$

1.9 计算：$\mathscr{P}(\varnothing^{++}\cup\varnothing^{+++})$。

1.10 计算：$\cup(\varnothing^{++}\cap\varnothing^{+++})$。

1.11 设x，y是任意的类，证明下述结论恒成立：

（1） $x\cup y=\varnothing\longleftrightarrow x=\varnothing\wedge y=\varnothing$；

（2） $x\dot{-}y=x\longleftrightarrow y\dot{-}x=y$；

（3） $x\cup y=x\dot{-}y\longleftrightarrow y=\varnothing$；

（4） $x\cap y=x\dot{-}y\longleftrightarrow x=\varnothing$；

（5） $x\cap y=x\cup y\longleftrightarrow x=y$。

1.12 设x,y,z是任意的类，证明下述命题恒成立：

（1） $x\cup y\subset z\longleftrightarrow x\subset z\wedge y\subset z$；

（2） $z\subset x\cap y\longleftrightarrow z\subset x\wedge z\subset y$；

（3） $x\subset y\cup z\longleftrightarrow x\dot{-}y\subset z$；

（4） $x\subset y\subset z\longleftrightarrow x\cup y=y\cap z$。

1.13 对于任意的类x,y,z,u，证明下述含包式：

$$x\dot{-}u\subset(x\dot{-}y)\cup(y\dot{-}z)\cup(z\dot{-}u)$$

恒成立。

1.14 证明：对于任意类x,y，都有

$$\bigcup(x\cup y)=\bigcup x\cup\bigcup y.$$

1.15 证明：若x、y均为非空集合，则有

$$\bigcap(x\cup y)=\bigcap x\cap\bigcap y.$$

1.16 试给出集合x和y的例子，使得

（1） $x\cap y\neq\varnothing$，

（2） $\bigcap x\cap\bigcap y\neq\bigcap(x\cap y)$

同时成立。

1.17 试计算并化简：

（1） $\bigcup\{\mathscr{P}(\mathscr{P}(\mathscr{P}(\varnothing))),\mathscr{P}(\mathscr{P}(\varnothing)),\mathscr{P}(\varnothing),\varnothing\}$，

（2） $\bigcup\{\mathscr{P}(\mathscr{P}(\mathscr{T}(\varnothing))),\ \mathscr{P}(\varnothing),\varnothing\}$。

1.18 化简：

（1） $\bigcap\{\mathscr{P}(\mathscr{P}(\mathscr{P}(\varnothing))),\ \mathscr{P}(\mathscr{P}(\varnothing)),\mathscr{P}(\varnothing),\varnothing\}$，

（2） $\bigcap\{\mathscr{P}(\mathscr{P}(\mathscr{P}(\varnothing))),\ \mathscr{P}(\mathscr{P}(\varnothing)),\mathscr{P}(\varnothing)\}$。

1.19 设x,y为任意集合，证明：

（1） $\bigcup\mathscr{P}(x)=x$；

（2） $\mathscr{P}(x)\cap\mathscr{P}(y)=\mathscr{P}(x\cap y)$；

（3）$x \subset \mathscr{P}(\bigcup x)$，在什么条件下，可以把包含号 $\subset$ 换成等号呢？

1.20 证明：若 $x \in s$，$y \in s$，则它们的有序对

$$\langle x, y \rangle \in \mathscr{P}(\mathscr{P}(\mathscr{P}(\bigcup S))).$$

1.21 证明：对于任意集合 s_1，s_2，存在一集合 s，使得对于任意集合 y，都有一集合 $x \in s_1$，并且

$$y \in s \longleftrightarrow y = \{x\} \times s_2.$$

1.22 令 $s_1 = \{0,1,2\}$，$s_2 = \{2,3,4\}$ 求 $s_1 \times s_2$。

1.23 令 $s_1 = \{0,1\}$，$s_2 = \{2,4,5\}$，求 $s_1 \times s_2$。

1.24 证明：$x \times (y \cup z) = (x \times y) \cup (x \times z)$.

1.25 证明：$x \times y = x \times z$，并且 $x \neq \varnothing$ 则 $y = z$。

1.26 证明，对于任意的类关系 R_1，R_2，和任一集合 s_1，s_2，都有：

（1）$s_1 \subset s_2 \to R_1[\![s_1]\!] \subset R_1[\![s_2]\!]$

（2）$(R_1 \circ R_2)[\![s_1]\!] = R_1[\![(R_2[\![s_1]\!])]\!]$，

（3）$R_2 \upharpoonright (s_1 \cup s_2) = R_2 \upharpoonright s_1 \cup R_2 \upharpoonright s_2$。

1.27 假定 f 和 g 都是函数，证明 $f \subset g \longleftrightarrow \mathrm{dom}(f) \subset \mathrm{dom}(g) \wedge \forall x \in \mathrm{dom}(f)(f(x) = g(x))$。

1.28 假定 f 和 g 都是函数，若 $f \subset g$ 且 $\mathrm{dom}(g) \subset \mathrm{dom}(f)$ 则 $f = g$。

1.29 证明，不存在这样的集合，使一切函数都属于它。

1.30 设 $\mathscr{N}$ 为自然数集，已知 $n \in \mathscr{N}$ 个 $m \in \mathscr{N}$ 元的自然数函数 h_i，并且 $\mathrm{ran}(h_i) \subset \mathscr{N}$，$i \leqslant n$，已知 g 为 n 元的自然数函数，并且 $\mathrm{ran}(g) \subset \mathscr{N}$，证明由下式定义的 f 是一自然数函数，并且 $\mathrm{ran}(f) \subset \mathscr{N}$，

$$f(x_1 \cdots, x_m) = g(h_1(x_1, \cdots, x_m), \cdots, h_n(x_1, \cdots, x_m)).$$

1.31 令 R 是一个 $n+1$ 元自然数关系，并且有性质：

$\forall x_1 \in \mathscr{N} \cdots \forall x_n \in \mathscr{N} \exists y \in \omega R(x_1, \cdots, x_n, y)$ 成立，令

$(x_1, \cdots, x_n, y) \in f \longleftrightarrow R(x_1, \cdots, x_n, y)$

$\wedge \forall z \in \mathscr{N}(R(x_1, \cdots x_n, z) \to y \leqslant z)$，

证明：f 是一自然数的 n 元函数、并且对于任意的 $x_1, \cdots, x_n$

$\in \mathcal{N}$，$\langle x_1 \cdots, x_n \rangle$对于函数$f$都有定义.

1.32 对于任意的集合x, y和类关系R，都有：

$x \in \operatorname{ran}(R \upharpoonright y) \longleftrightarrow y \cap \operatorname{ran}(R^{-1} \cap \{x\}) \neq \varnothing$.

第二章　序　数

本章的目的是讨论一类特殊的集合，我们称之为序数．序数是集合论的精髓，对它应做透彻的研究．

自然数是序数的一个特殊部分．所以在讨论一般概念之前，首先讨论自然数，然而推广到序数的一般概念．

§1　自然数集合

定义2.1　对于任一集合x，令

$$x^{+}=x\cup\{x\},$$

称集合x^{+}为集合x的**后继**．

定义2.2

$0=\varnothing$,

$1=\{0\}$,

$2=1\cup\{1\}=\{0,1\}$,

$3=2\cup\{2\}=\{0,1,2\}$,

$4=3\cup\{3\}=\{0,1,2,3\}$.

上述0,1,2,3,4都是自然数．空集合$\varnothing$一无所有，自然数零也一无所有．因此，把数零定义为空集合是合理的．自然数1表示有一件东西，我们定义为由0组成的集合，自然数2表示有两件东西，我们定义为由0与1组成的集合．自然数3就定义为有三个元素0，1,2的集合，同样，自然数4就可定义为有四个元素0,1,2,3的集合．

定义2.3

（1）0是一自然数；

（2）若n是一自然数，则n^{+}也是一自然数；

（3）每一自然数都是经（1）与（2）而获得的．

由上，我们有

$$5=4\cup\{4\}=\{0,1,2,3,4\},$$

$$\vdots$$

$$n+1=n\cup\{n\}=\{0,1,\cdots,n\}.$$

对任一自然数n，n^+（即$n+1$）比n恰好多一个元素，这就是n自身。我们不断地使用定义2.3（2）（即后继运算），就可以不断地获得新的自然数。并且，我们有

$$0\in 1\in 2\in 3\in\cdots\cdots \tag{2.1}$$

和

$$0\subset 1\subset 2\subset 3\subset\cdots\cdots. \tag{2.2}$$

所有的自然数能否形成一个集合呢？由形成集合的原则1—6甚至增加上单值化原则也是不能推导出来的，这需要有一条新的原则，即下述原则7，我们称它为无穷集合存在原则。

原则7 所有自然数形成一集合。

当我们把原则7断定的自然数集合记做ω时，由定义2.3，我们有

$$0\in\omega\wedge\forall y\in\omega\ (y^+\in\omega), \tag{2.3}$$

$$\forall x\in\omega(x=0\vee\exists y\in\omega(x=y^+)) \tag{2.4}$$

成立。式（2.3）断定0属于ω，并且ω的任一元的后继还在ω中。式(2.4)断定ω仅仅由0与后继数组成。

定义2.4 对于任意的集合s，当它同时满足

（1）$0\in s$,

（2）对于任意的x，若$x\in s$，则$x^+\in s$

时，就称s是一**归纳集合**。

式（2.3）是说ω对后继是封闭的，即ω是一归纳集合，(2.4)是说ω是归纳集合中最小的那一个集合。这样，原则7断定的是存在一个集合，它的元素恰好是自然数。换句话说，所有自然数汇合成了一集合。

原则7可以换成一个表面上看来较弱的原则7a，并由它推导出，存在着一集合，它的元素恰由自然数所组成。

原则7a 存在着一归纳集合.

现在，我们由原则7a出发，去推导原则7. 由原则 7 a，我们令s为一归纳集合. 并且当y是一归纳集合时，由定义 2.4，可以写做公式

$$0\in y\wedge\forall z(z\in y)\to z^{+}\in y). \qquad (2.5)$$

自然数的共性是什么呢？这就是它们都属于每一个归纳集合，换句话说，若x是一自然数，当且仅当x属于每一个归纳集合，即

$$\forall y((0\in y\wedge\forall z(z\in y\to z^{+}\in y))\to x\in y). \qquad (2.6)$$

因为，已知s是一归纳集合，所以$x\in s$.这样，由子集合分离原则，我们有集合

$$\{x\mid x\in s\wedge\forall y(0\in y\wedge\forall z(z\in y\to z^{+}\in y)\to x\in y)\}, \qquad (2.7)$$

并且，此集合就是

$$\{x\mid\forall y(0\in y\wedge\forall z(z\in y\to z^{+}\in y)\to x\in y\}. \qquad (2.8)$$

这恰好是原则7所断定的集合ω.

综上，"属于一切归纳集合"是自然数的特征，是决定自然数的条件.

这里，请注意，我们上述论证的过程是把式（2.6）记做$A(x)$时，可以有：

$$\{x\mid A(x)\}$$

这一类. 由原则 7a，并运用子集合分离原则，我们就得了欲求结果.

定理2.1 集合ω是归纳的，并且对于所有的集合s，若s是归纳的，则$\omega\subset s$.

证明 由定义2.4和式（2.3）直接获得ω是归纳的. 再使用式（2.8），对于任意的x，我们有

$$x\in\omega\to\forall y(0\in y\wedge\forall z(z\in y\to z^{+}\in y)\to x\in y)$$

$$\to(0\in s\wedge\forall z(z\in s\to z^{+}\in s)\to x\in s)$$

$\to x\in s$（因为s是归纳的，所以，有$0\in s\wedge\forall z(z\in s\to$

$x^+\in s$）成立）。

因此，由s是归纳的，则$\omega\subset s$.

定理2.2 （ω归纳定理）若$T\subset\omega$且T是归纳的，则$T=\omega$.

定理2.2是定理2.1和外延原则直接获得的.定理2.2是说ω的任一归纳子集合都等于ω自身.例如,假设我们希望去证明，对于每一自然数n，命题$A(n)$成立.我们首先可以形成自然数的集合

$$T=\{n|n\in\omega\text{且}A(n)\}. \qquad (2.9)$$

其次，对于这一集合，如果我们能够证明$0\in T$并且T是归纳的，则由此就完成了我们的证明.这样一个证明叫做**归纳证明**.亦即**数学归纳方法**.下面的定理给出这种方法的一个非常简单的例子.

定理2.3 除0以外的每一个自然数均为某一个自然数的后继.

证明 令$T=\{n|n\in\omega\text{且}(\text{或}n=0\text{或}\exists m\in\omega(n=m^+))\}$.那么，$0\in T$.而且，如果$k\in T$，则$k^+\in T$.因此,由归纳法,就有：$T=\omega$.

皮阿诺（Peano）自然数公理系统是很著名的，简单说来，它是关于自然数0和后继运算以及集合ω上的结构的,人们也常记做$\langle\omega,y^+,0\rangle$,皮阿诺公理系统为下述三条，并且它们都是我们的定理：

（1）$\forall x\in\omega(x^+\neq 0)$,

（2）$\forall x\in\omega\forall y\in\omega(x^+=y^+\to x=y)$,

（3）$A(0)\wedge\forall x\in\omega(A(x)\to A(x^+))\to\forall x\in\omega A(x)$,

其中$A(x)$是任一公式.

（1）是显然的.

对于（2），设$x^+=y^+$，即$x\cup\{x\}=y\cup\{y\}$,这样,$x\in y\cup\{y\}$和$y\in x\cup\{x\}$，亦即：

$$(x\in y\vee x=y)\wedge(y\in x\vee y=x),$$

现在假定$x\neq y$，那么我们就有$x\in y\wedge y\in x$，这与定理1.23相矛盾，所以$x=y$,

（3）就是ω归纳原则的另一种形式

注记2.1 上述ω归纳原则是由ω的性质决定的，也是对ω的一种刻划．这一原则应用十分广泛，通常以皮阿诺公理（3）即数学归纳方法的名子而著称，这一方法是说，一个数学命题，当它是含有一个自然数与参数时，例如，它是命题$A(n)$时，当我们能够验证或证明$A(0)$成立，并且对于任意的自然数n，当我们假定$A(n)$成立，就能推演出$A(n+1)$也成立，那么，对于一切自然数x，都有$A(x)$成立，即

$$\forall x\in\omega A(x)$$

成立．这里应注意：

（1）$A(0)$成立（或$A(0)$可证），

（2）$\forall x\in\omega(A(x)\to A(x+1))$成立（或可证）．

这二条是靠其它方法获得的，它们不是数学归纳法的结果，而是数学归纳法的前提，有了这两条前提，我们获得的结论是命题

$$\forall x\in\omega A(x)$$

成立或可证，而不是命题$A(\omega)$，也就是说，我们获得的是$T=\omega$，而不是$\omega\in T$．初学者容易出现上述列举的错误，应慎重理解有关概念．

§2 传递集合

定义2.5 对于任一集合s，如果它的每一元的任一元都是s自身的一个元，即

$$\forall x\forall y(x\in y\land y\in s\to x\in s) \tag{2.10}$$

就称集合s是**传递的**．

定理2.4 集合s是传递的，当且仅当

$$\bigcup s\subset s. \tag{2.11}$$

定理2.5 集合s的传递性与下述任一条件都是等价的：

（1）$\forall x\in s(x\subset s)$； (2.12)

（2）$s\subset\mathscr{P}(s)$． (2.13)

例1.1 集合$\{\varnothing,\{\{\varnothing\}\}\}$不是一个传递集合．这是因为

$$\{\varnothing\}\in\{\{\varnothing\}\}\in\{\varnothing,\{\{\varnothing\}\}\},$$

但$\{\varnothing\}\notin\{\varnothing, \{\{\varnothing\}\}\}$。$\{0, 1, 5\}$也不是一个传递集合，因为$4\in 5\in\{0,1,5,\}$，而$4\notin\{0,1,5\}$.

定理2.6 对于任意传递集合x，有

$$\bigcup x^+=x.$$

证明 我们着手计算$\bigcup x^+$：

$$\begin{aligned}\bigcup x^+&=\bigcup(x\cup\{x\})\\&=\bigcup x\cup\bigcup\{x\}\\&=\bigcup x\cup x\\&=x.\end{aligned}$$

最后一步由传递集合x的一个性质$\bigcup x\subset x$所证明.

定理2.7 每一个自然数都是一个传递集合.

证明 用数学归纳法证明，我们去组成一个使定理成立的自然数集合：令$T=\{n|n\in\omega$且n为传递集合$\}$.

显见，$0\in T$. 如果$k\in T$，则显然有$k^+\in T$，因为，由计算：

$$\bigcup(k^+)=k,\quad k\subset k^+,$$

从而
$$\bigcup(k^+)\subset k^+.$$

因此，T是归纳的，故$T=\omega$.

定理2.8 $\forall x\forall y(x\in\omega\wedge y\in\omega\to(x^+=y^+\to x=y))$.

证明 如果对于ω中的m和n，有$m^+=n^+$，则$\bigcup(m^+)=\bigcup(n^+)$. 但是，由于$m$和$n$是传递集合，那么由定理2.6，有$\bigcup(m^+)=m$和$\bigcup(n^+)=n$.因此，$m=n$.

显然，定理2.8就是皮阿诺公理（2），这里又给出了它的一个证明方法。

定理2.9 集合ω为一个传递集合.

证明 我们要证明$\forall n\in\omega(n\subset\omega)$.令

$$T=\{n|n\in\omega\text{且}n\subset\omega\},$$

我们必须证明T是归纳的. 显然，$0\in T$.如果$k\in T$，则由T的定义，我们有

$$\{k\}\subset\omega\wedge k\subset\omega,$$

于是$k\cup\{k\}\subset\omega$，因此已证明$k^+\in T$。从而，T是归纳的，故$T=\omega$，再由T的定义，结论成立。

传递集合是一类很重要的集合，本书中我们还要多次论及它和使用它，因此，我们列举并证明它的几条一般性质。

定理2.10 若x为一传递集合，则x^+是一个传递集合。

证明 因为对于任意的集合y，z，我们有

$$y\in x^+\to y\in x\vee y=x,$$

$$y\in x^+\wedge z\in y\to(z\in y\wedge y\in x)\vee(z\in y\wedge y=x)$$
$$\to z\in x^+。$$

定理2.11 若x是一传递集合，则$\mathscr{P}(x)$是一传递集合。

证明 因为对于任意的集合y，z，我们有：

$$z\in y\wedge y\in\mathscr{P}(x)\to z\in y\wedge y\subset x$$
$$\to z\in x$$
$$\to z\subset x$$
$$\to z\in\mathscr{P}(x).$$

定理2.12 若$\mathscr{P}(x)$是一传递集合，则x是一传递集合。

证明 由$\mathscr{P}(x)$的传递性和（2.11），我们有：

$$\bigcup\mathscr{P}(x)\subset\mathscr{P}(x).$$

因为，由习题1.19，有$\bigcup\mathscr{P}(x)=x$，所以，我们获得：

$$x\subset\mathscr{P}(x).$$

这样，由（2.13），x是传递的。

定理2.13 若x是一个传递集合，则$\bigcup x$也是一个传递集合。

证明 设z为任一集合，我们有：

$$z\in y\wedge y\in\bigcup x\to z\in y\wedge\exists t\ (t\in x\wedge y\in t)$$
$$\to z\in y\wedge\exists t(y\in x)$$
$$\to z\in y\wedge y\in x$$
$$\to z\in\bigcup x.$$

注记2.2 在上述证明中我们曾使用了：

$$\exists t(y\in x)\to y\in x,$$

这里$\exists t$的辖域中$y\in x$不出现t，我们可以变换为$y\in x\wedge t=t$，因

此得到$\exists t(y\in x\wedge t=t)$，因为$y\in x$不含有变元$t$，故可能$y\in x\wedge \exists t(t=t)$ 而$\exists t(t=t)$ 为恒真命题，即得$y\in x$，也就是说，可以有：

$$\begin{aligned}\exists t(y\in x) &\longleftrightarrow \exists t(y\in x\wedge t=t)\\ &\longleftrightarrow y\in x\wedge\exists t(t=t)\\ &\longleftrightarrow y\in x.\end{aligned}$$

这些步骤都是谓词逻辑中的推演定律．我们将在第六章中概述谓词逻辑的有关结果．

定理2.14 如果集合x的每一元素都是传递集合，则$\bigcup x$是一传递集合．

证明 我们仅需证明，对于任意的集合y，z，当$z\in y$且$y\in\bigcup x$成立时，就一定有$z\in\bigcup x$．根据$y\in\bigcup x$的定义，我们有集合t，使得$y\in t$且$t\in x$成立．由题设，t是传递集合，因此，由$y\in t$和$z\in y$，获得$z\in t$．再由$t\in x$和$z\in t$，获得$z\in\bigcup x$．这就完成了定理的证明．

§3 自然数集合的三歧性

自然数是一种特殊的集合．由式（2.1）及（2.2），我们可获得：

$0\in 3$，$1\in 3$，$2\in 3$，$0\in 2$，$1\in 8$，$8\in 12$．等等，并且由于这样的条件，我们引进一个新的定义．

定义2.6 任意的n，$m\in\omega$，如果$n<m$，则

$$n\in m.$$

这样，我们不仅把自然数作特殊的集合进行了处理，而且也建立了它们的顺序．

定理2.15 任意n，$m\in\omega$，下述三式恰有一个成立：

$$n\in m,\quad n=m,\quad m\in n. \tag{2.14}$$

亦即：

$$n<m,\quad n=m,\quad m<n \tag{2.15}$$

中必有一个成立

满足（2.14）的称为$\in$**三歧性**，定理2.14断定ω有$\in$三歧

性，由 ω 的传递性，从而断定每一自然数都有 ω 三歧性。

证明 首先，式（2.14）中三个式子至少有一个成立，为此，我们使用数学归纳法，令

$$T=\{n \mid n\in\omega \wedge \forall m\in\omega(m\in n\vee m=n\vee n\in m)\}. \tag{2.16}$$

我们必须证明 $0\in T$，亦即证明

$$\forall m\in\omega(m\in 0\vee m=0\vee 0\in m) \tag{2.17}$$

成立，令公式 $A(m)$ 为 $m\in 0\vee m=0\vee 0\in m$。我们对 $A(m)$ 再作一次归纳方法（注意，这是归纳方法中的归纳方法）。显然 $A(0)$ 成立，因为我们总有 $0=0$，其次对任一 $k\in\omega$，若 $0=k\vee 0\in k$，则总有 $0\in k^{+}$，所以我们已有 $A(k)\to A(k^{+})$，这样式（2.17）成立。

现在假定 $k\in T$，考虑 k^{+}。由 $k\in T$，所以对于任意 $m\in\omega$，都有

$$m\in k\vee m=k\vee k\in m. \tag{2.18}$$

由 $m\in k$ 可得 $m\in k^{+}$，由 $m=k$，也得 $m\in k^{+}$，而当 $k\in m$ 时，可得 $k^{+}\in m\vee k^{+}=m$，这样在式（2.18）的每一情况下我们都有：

$$m\in k^{+}\vee m=k^{+}\vee k^{+}\in m, \tag{2.19}$$

亦即 $k^{+}\in T$。由于对任意的 k，假定 $k\in T$，都有 $k^{+}\in T$，所以 $T=\omega$。

其次，我们证明式(2.14)中三个式子至多有一个成立。由于 ω 的传递性，不管式（2.14）中那两个式子成立，都会获得与存在极小元原则相矛盾。不失一般性，令 $m\in n$ 且 $n=m$，显然，由此可获得，$m\in m$，而这是不可能的。

综上，自然数有三歧性和传递性，ω 也有三歧性和传递性，这样，这两点是它们的共性。这一共性启发我们可以推广自然数的概念。

§ 4 序数的定义

定义2.7

（1） 0是序数；

（2） 若 α 是一序数，则α^+是一序数；

（3） 若 s 是序数的一集合（即 s 的元都是序数），则 $\bigcup s$ 是一序数；

（4） 任一序数都是经（1）—（3）获得的。

定理2.16 每一自然数都是序数，并且 ω 是一序数。

证明 每一自然数都是一序数，这是由定义 2.3 与 2.7 直接获得的，现在证明 ω 是一序数。由 ω 的传递性，据式（2.11）我们有

$$\bigcup\omega\subset\omega. \tag{2.20}$$

另一方面，对于任一x，我们有

$$x\in\omega\longrightarrow x\in x^+\wedge x^+\in\omega\longrightarrow x\in\bigcup\omega,$$

所以

$$\omega\subset\bigcup\omega. \tag{2.21}$$

因此，由式（2.20），（2.21）和外延原则，我们有$\omega=\bigcup\omega$。因为ω是序数的一集合，所以$\bigcup\omega$是序数。即 ω 是一序数。

由定理2.15和定义2.7，我们获得

$\omega+1=\omega^+$，$\omega+2=\omega^{++}$，都是序数。并且，一般地，我们有：

定理2.17 对于任一自然数n，$\omega+n$是一序数。

定义2.8 $\omega+\omega=\bigcup\{\omega+n|n\in\omega\}$。

定理2.18 $\omega+\omega$是一序数。

证明 首先证明$\{\omega+n|n\in\omega\}$是一集合。令$F=\{\langle n,\ \omega+n\rangle|n\in\omega\}$。不难验证$F$是类函数，并且有

$$\mathrm{ran}(F\upharpoonright\omega)=\{\omega+n|n\in\omega\}. \tag{2.22}$$

由替换原则，$\{\omega+n|n\in\omega\}$是一集合，由于它的元素都是序数，据定义2.7(3)和定义2.8，就有 $\omega+\omega$ 是一序数。

依照上述过程，我们有序数，$\omega+\omega+1$，$\omega+\omega+2$，……，以至得到 $\omega+\omega+\omega$。并且令$\omega\cdot2=\omega+\omega$，$\omega\cdot3=\omega+\omega+\omega$，对于任意的 $n\in\omega$，可以得到$\omega\cdot n$，并且令

$$\omega\cdot\omega=\bigcup\{\omega\cdot n\mid n\in\omega\}. \tag{2.23}$$

仿定理2.18可证明$\omega\cdot\omega$是一序数.并且令$\omega^2=\omega\cdot\omega$.这一过程可以一直进行下去，获得相当复杂的序数.例如ω^3，ω^4,对于任意的$n\in\omega$，有ω^n，从而获得ω^ω，ω^{ω^ω}等等都是序数，还可获得更复杂的序数.

§5 序数的传递性与三歧性

定理2.19 任一序数都是集合.

证明 施归纳于序数的定义（即定义2.3).序数是0（即空集合）经取后继运算和集合的并运算获得的，任意集合经过这两个运算之后，仍然是集合，所以，任一序数都是一集合.

定理2.20 任一序数都是一传递集合.

证明 由定理2.10与2.14，仿定理2.19的证明施归纳于序数的定义，即得欲证结果.

定义2.9 对于任意的集合s，如果它满足条件，

$$\forall x\in s\forall y\in s(x\in y\vee x=y\vee y\in x) \tag{2.24}$$

成立，则称s是$\in$**连接的**（或称s是$\in$**线序的**).

定理2.15中讨论了ω的三歧性，其实这一定义是可以推广至任何集合的.这样，我们可以有下述定义.

定义2.10 对于任意的集合s，如果它满足条件：对于任意的x，$y\in s$，三个公式

$$x\in y,\ x=y,\ y\in x \tag{2.25}$$

中恰有一个成立时，则称s有**三歧性**。

显然，一集合的三歧性要求比$\in$连接更强一些,后者要求式(2.25)中三式至少有一个成立就可以了，前者除此之外，还有不能二式或三式同时成立。下一定理说明，在存在极小元原则之下，二者是等价的。

定理2.21 在存在极小元原则之下，我们有：任一集合s,若s是$\in$连接的，则s有三歧性.

证明 由假定，对于任意的x，$y\in s$，都有

$$x\in y\vee x=y\vee y\in x \qquad (2.26)$$

成立．我们只需证明上述式子中至多有一个成立．因为 若(1) $x\in y$和$x=y$同时成立，则有$x\in x$，这与定理1.23 相矛盾．若(2)$x=y$且$y\in x$成立，同样有$x\in x$，若(3)$x\in y$且$y\in x$同时成立．这与定理1.24 相矛盾．所以，我们有欲证结果成立．

在定理2.15中，我们已经证明了每一自然数和序数ω都有$\in$三歧性，从而它们都是$\in$连接的．下边，我们要证明每一序数都有这一性质．为了证明下述定理，我们先引进序数集合的两个概念．序数的集合s叫做**有最大元的**，如果在s中有一元α，使得

$$\forall\beta\in s\ (\beta\neq\alpha\rightarrow\beta<\alpha)$$

成立，这时称α为s的**最大元**．当s中没有最大元时，就称s是**无最大元的**．

定理2.22 任一序数都是$\in$连接的．

证明 我们仅需证明定义2.7(2)与(3)构造序数的保持三歧性．为此，仅需证明如下：

(1) 任一集合，若s是$\in$连接的，则s^+仍然是$\in$连接的．由后继的定义这是显然的，这里证明从略．

(2) 仅需证明：当s为一$\in$连接的且无最大元的序数集合的情形（当s为其它情形时，欲证结果是显然的）．事实上，对于此情形来说，因为，若$x\in\cup s$，$y\in\cup s$，由$\cup s$的定义，则有

$$x\in\alpha \text{ 且 } \alpha\in s$$
$$y\in\beta \text{ 且 } \beta\in s.$$

又由于s的条件，我们有

$$\alpha\in\beta\vee\alpha=\beta\vee\beta\in\alpha,$$

当$\alpha\in\beta$时，由β的传递性，有

$$x\in\beta,\ \ y\in\beta,$$

并且，因为$\beta<\cup s$，据归纳假设，有

$$x\in y\ \ \vee x=y\vee y\in x.$$

也就是说，由$\alpha\in\beta$即得欲证结果成立．当$\beta\in\alpha$或$\alpha=\beta$时，同样，也有欲证结果成立．

综上，我们就完成了定理2.22的证明.

注记2.3　由定理2.21与2.22，我们获得任意的序数α都有$\in$三歧性.

注记2.4　由定理2.19，任一序数都是一集合，由定理2.20任一序数都是传递集合，由定理2.22任一序数都是$\in$连接的.也就是说，一序数是具有传递的和$\in$连接的一集合.早在1925年，冯·诺意曼（von Neumann）曾把序数定义为具有$\in$三歧性的传递集合.也就是说，我们在定义2.3中定义的序数都是冯·诺意曼意义下的序数. 反之，是否任一冯·诺意曼意义下的序数都是我们的序数呢？

定理2.23　对于任意的集合x，若x是传递的、$\in$连接的，则x是一序数.

证明　假定定理不成立，也就是说，有一集合x，它是传递的、$\in$连接的，且x不是定义2.7意义下的一序数.令

$$s=\{y \mid y\in x^{+}\wedge y\text{是传递的、}\in\text{连接的并且}y\text{不是一序数}\}$$

由子集合分离原则，s是一集合，且$x\in s$.即s是一不空的集合.由极小元存在原则，有一集合$x_0\in s$且$x_0\cap s=\varnothing$. 显然，$x_0\neq 0$.这样，由于x_0是$\in$连接的，必有

（1）$\forall y\in x_0 \exists z\in x\,(y\in z)$，

（2）$\exists y\in x_0 \forall z\,(z\in y\vee z=y)$

二者之一成立.

当（2）成立时，就有$x_0=y^{+}$. 由x_0的最小性，y是一序数，从而获得x_0是一序数.这就矛盾于x_0的选择.

当（1）成立时，对于任一$y\in x_0$，有$z\in x_0$，使得$y\in z$，因此，有$y\in \bigcup x_0$，这样有$x_0\subset \bigcup x_0$.另外，由x_0传递，有$\bigcup x_0\subset x_0$，因此$x_0=\bigcup x_0$.由x_0的选择，集合x_0的元素都是序数. 因此，由定义2.7(3)，x_0也是一序数，这就又矛盾于x_0的选择.

综上，我们完成了欲证的结果.

定理2.23断定冯·诺意曼意义下的序数也是由定义2.7所给出的序数. 这就说明了上述序数的两个定义是等价的. 因此，对

于任一集合x只证明它是传递的且$\in$连接的，也就证明了x是一序数．今后，我们令$\mathbf{On}(x)$为公式

$$\forall y\forall z(z\in y\wedge y\in x\to z\in x)\wedge\forall y\in x\forall z\in x$$
$$(y\in z\vee y=z\vee z\in y),$$

这样，我们可以立即获得以下定理．

定理2.24 任一集合x，x是一序数当且仅当$\mathbf{On}(x)$成立．

我们也可以令$\mathbf{On}=\{x|\mathbf{On}(x)\}$．

定理4.25 $\mathbf{On}$ 是一真类，换句话说，$\mathbf{On}$ 不是一集合．

证明 我们假定$\mathbf{On}$是一集合，我们不难验证$\mathbf{On}$具有传递性与$\in$连接性．那么$\mathbf{On}$是一序数，从而我们有$\mathbf{On}\in\mathbf{On}$，这与定理1.23相矛盾．也就是说，$\mathbf{On}$不能是一集合．

$\mathbf{On}$ 不是一集合也说明概括原则对于集合不能成立，因为，否则由它的定义就获得$\mathbf{On}$是一集合，并且因为 $\mathbf{On}$ 是一序数，由序数对后继的封闭性可得：$\mathbf{On}^+=\mathbf{On}\cup\{\mathbf{On}\}$ 也是一序数，从而我们有：$\mathbf{On}\in\mathbf{On}^+$．然而，又因为$\mathbf{On}$ 是由所有序数所组成的集合，因此又有$\mathbf{On}^+\in\mathbf{On}$．这与序数的基本性质相矛盾．这就是布拉里-福蒂（Burali-Forti）悖论，它是布拉里-福蒂于1897年发现的．其实康托（Cantor）在1895年就已经发现了它．这一悖论已说明概括原则对集合是不能一般地成立的，然而由于序数理论较专门，并没有及时引起人们的注意，罗素（Russell）悖论，它从集合的基本概念出发，得出悖论，因而震动很大．

今后，我们常用$\mathbf{On}(x)$或$x\in\mathbf{On}$表示x为一序数，并且为了书写方便，我们常用希腊小写字母α，β，γ 或加下标表示序数，也使用下述记法：

$$\exists\alpha A(\alpha)\quad\text{表示}\quad\exists x(\mathbf{On}(x)\wedge A(x)),\tag{2.27}$$

$$\forall\alpha A(\alpha)\quad\text{表示}\quad\forall x(\mathbf{On}(x)\to A(x)),\tag{2.28}$$

其中$A(x)$为任一公式，并且x在其中自由出现．

§6 序数的性质

定义2.10 一序数α叫做**后继的**，如果存在一序数β，使得α

$=\beta^+$.一序数α叫做**极限序数**，如果它不为0日不是后继序数.

定义2.10把序数区分为三类，0，后继序数和极限序数.由定理2.3，所有非0的自然数都是后继序数；由上节可知ω^+，ω^{++}等等均是后继序数，那么，极限序数是否存在呢？

定理2.26 ω是一个极限序数.

证明 假定它是一后继序数，即有一序数β，使得$\omega=\beta^+$.由之$\beta\in\omega$，由定理2.1及ω的定义，β是一自然数，所以β^+（即ω）也是一自然数，而这是不可能的.

今后，为简便，我们令Succ(x)表示x为一后继序数，lim(x)表示x为一极限序数.亦即，我们定义：

$$\mathrm{Succ}(\alpha)=\exists\beta\in\alpha(\alpha=\beta\cup\{\beta\}), \tag{2.29}$$

$$\lim(\alpha)=\forall\beta\in\alpha\exists\delta\in\alpha(\beta\in\delta). \tag{2.30}$$

定义2.11 对于一集合s，如果有一公式A(x)，使用A(s)与$\exists!xA(x)$成立时，则称集合s是**公式*A*(x)引入的**，并称s是**可由公式引入的**.

由之，ω是可由公式引入的，并且从定理4.16的证明中，我们可以获得，ω还是一个最小的无穷序数，定义它的公式是：

$\mathbf{On}(x)\wedge\lim(x)\wedge x\neq\varnothing\wedge\forall y\in x(y\neq\varnothing\rightarrow\mathrm{Succ}(y))$.

我们把上述公式记作**Fli**(x)，那么我们有：

$$x=\omega\longleftrightarrow\mathbf{Fli}(x). \tag{2.31}$$

定义2.12 令x是一序数集合，即$x\subset\mathbf{On}$，若有序数α，使得对任意β，

$$\beta\in x\rightarrow\beta<\alpha,$$

我们称满足这一条件的最小的序数α为x的**最小上界**，并记作Sup$x$，其中$\beta<\alpha$指$\beta\in\alpha$.今后，对于任意的序数α,β，我们总是用$\beta<\alpha$标记$\beta\in\alpha$，用$\beta\leqslant\alpha$标记$\beta<\alpha\vee\beta=\alpha$.事实上，$\beta<\alpha$表达了$\alpha$与$\beta$的次序关系，并且称$\beta$小于$\alpha$，就意味着$\beta<\alpha$或$\beta\in\alpha$.

不空的序数集合x的最小元总是存在的，下述定理证明了x的最小元恰好是集合$\cap x$.

定理2.27 若$x\neq\varnothing$且$x\subset\mathbf{On}$，则$\cap x$也是一序数，并且$\cap x$

是x中的最小序数.

证明 我们需证明三点，第一，$\bigcap x$是一集合，这是显然的；第二，$\bigcap x$是传递的，即对于任意的y，z，若$z\in y$且$y\in\bigcap x$，则$z\in\bigcap x$.因为

$$
\begin{aligned}
z\in y\wedge y\in\bigcap x &\rightarrow z\in y\wedge\forall u(u\in x\rightarrow y\in u)\\
&\rightarrow z\in y\wedge\forall u((\neg u\in x)\vee y\in u)\\
&\rightarrow\forall u(z\in y\wedge(\neg(u\in x)\vee y\in u))\\
&\rightarrow\forall u(z\in y\wedge\neg(u\in x)\vee z\in y\wedge y\in u)\\
&\rightarrow\forall u(z\in y\wedge\neg u\in x\vee z\in u)\\
&\rightarrow\forall u((z\in y\vee z\in u)\wedge\\
&\qquad(\neg(u\in x)\vee z\in u))\\
&\rightarrow\forall u(u\in x\rightarrow z\in u)\\
&\rightarrow z\in\bigcap x.
\end{aligned}
$$

所以，$z\in\bigcap x$，这就证明了$\bigcap x$是传递的.第三，我们证明$\bigcap x$是$\in$连接的，亦即任意y，$z\in\bigcap x$，，必有：

$$y\in z\vee y=z\vee z\in y$$

成立.因为它们属于$\bigcap x$，它们必须属于x的元，所以上式显然成立.这样，$\bigcap x$是一序数.由$\bigcap x$的定义，对于任一$\alpha\in x$，$\bigcap x\subset\alpha$.并且由存在极小元原则，x不空，必有最小的集合$\alpha_0\in x$且$\alpha_0\cap x=\varnothing$.因此$\bigcap x\subset\alpha$.反之，也应有$\alpha_0\subset\bigcap x$，若不然，必有$\beta\in\alpha_0$.而$\beta\notin\bigcap x$，可是对于所有$\alpha\in x_1$有$\beta\in\alpha$,因此，有$\beta\in\bigcap x$，这就产生了一个矛盾.从而有$\bigcap x=\alpha_0$.

定理2.28 对于任意序数β，不存在α，使得$\beta<\alpha<\beta^+$，其中$\beta<\alpha$，$\alpha<\beta^+$分别指$\beta\in\alpha$，$\alpha\in\beta^+$.

这是显然的.

定义2.13 任一序数α，它的β节或β**前节** $\mathrm{Sec}(\beta)=\{\gamma|\gamma<\beta\}$，其中$\beta\leqslant\alpha$（即$\beta<\alpha$或$\beta=\alpha$）.

定理2.29 任一序数α的任何前节都是一序数.

这也是显然的.由此可以获得，任一传递的序数集合都是一序数.如下定理显然成立.

定理2.30 对于任意的序数α，β，我们有

（1）$\alpha\in\beta\rightarrow\alpha\subset_{+}\beta$，

（2）$\alpha\leqslant\beta\rightarrow\alpha\subset\beta$.

定义2.14 对于序数的任一集合s，和一个序数$\alpha\in s$，如果满足条件

$$\forall\beta\in s(\beta\in\alpha\vee\beta=\alpha) \tag{2.32}$$

时，则我们称α是s的一个**最大元**.

定义2.15 对于序数的任一集合s，如果存在α，使得α是s的最大元，则我们称s是**有最大元的**.

定义2.16 对于序数的任一集合s，如果满足条件

$$\forall\alpha\in s\exists\beta\in s\ (\alpha\in\beta), \tag{2.33}$$

则我们称s是**无最大元**的或称s是**无终端的**序数集合.

定理2.31 对于序数的任意集合s，如果序数α是s的最大元素，则我们有

$$\bigcup s=\alpha. \tag{2.34}$$

证明 对于任一x，若$x\in\bigcup s$，由此，有一β使得$x\in\beta$且$\beta\in s$. 由式(2.24)，有$\beta\in\alpha$. 并且由定理2.20，α是传递的，就有$x\in\alpha$. 这就证明了$\bigcup s\subset\alpha$.

对于任一x，若$x\in\alpha$，由题设$\alpha\in s$，故$x\in\bigcup s$. 因此，就有$\alpha\subset\bigcup s$.

综上，由外延性原则就有式(2.34)成立.

定理2.32 对于任一序数集合s，如果s是无最大元的，且$s\neq\varnothing$，则序数$\bigcup s$是一极限序数.

证明 由$s\neq\varnothing$，且s中元最大元，有$\bigcup s\neq 0$. 假定$\bigcup s$是一后继序数，即有一序数α使得$\bigcup s=\alpha^{+}$. 因此，有$\alpha\in\bigcup s$，所以有一序数β，使得$\alpha\in\beta$且$\beta\in s$. 因为s中无最大元，据式(2.33)，有一序数$\beta_1\in s$使$\beta\in\beta_1$. 另一方面，由$\alpha\in\beta$，有$\alpha^{+}\in\beta$或$\alpha^{+}=\beta$，由之，$\alpha^{+}\in\beta_1$，$\alpha^{+}\in\bigcup s$. 这与$\bigcup s=\alpha^{+}$相矛盾. 因此，欲证结果成立.

对于任意的集合$x\subset$ **On**，$\mathrm{Sup}x$总是存在的，并且我们有

$$\mathrm{Sup}\ x=\begin{cases}\cup x, & \text{当}x\text{中不存在最大元时,}\\ (\cup x)^{+}, & \text{其它情况.}\end{cases}$$

定理2.33 一序数α是自然数，当且仅当α的每一不空子集合都有一个最大元素.

证明 （1）当α为自然数时，它的最大元素为自然数$\alpha-1$，它的任一不空子集合，都是由小于α的一些元素组成，对于它的每一不空子集合s，我们可以从$\alpha-1$，$\alpha-2$，…依次逐一检查它们是否在s中，并且在依次逐一检查中第一个找到在s中的自然数就是它的最大元.

（2）现在证：若序数α的每一不空子集合都有一个最大元素，则序数α是一自然数.

为了上述目的，仅需证明：若α不是自然数.则存在α的一子集合，它没有最大元.

若α不是一自然数，故$\omega\leqslant\alpha$.并且ω是α的一子集合，ω没有最大元.

定理2.34 对于任意两个序数α，β，若有$\alpha\subset_{+}\beta$，则有$\alpha\in\beta$.

证明 由定理2.21与2.22，下述三式

$$\alpha\in\beta,\ \alpha=\beta,\ \beta\in\alpha$$

中恰有一个成立.若$\alpha=\beta$，有$\beta\subset\alpha$，这与前提$\alpha\subset_{+}\beta$相矛盾.若$\beta\in\alpha$，由于$\beta\notin\beta$，则它与前提$\alpha\subset_{+}\beta$也相矛盾.综上，必有$\alpha\in\beta$.这就得到了欲证结果.

注记2.5 由定理2.30与2.34，对于任意的序数α，β，我们有

（1）$\alpha\in\beta\longleftrightarrow\alpha\subset_{+}\beta$且$\alpha\subset_{+}\beta\longleftrightarrow\alpha<\beta$，

（2）$\alpha\leqslant\beta\longleftrightarrow\alpha\subset\beta$.

定理2.35 如果s是序数的一集合，则s具有三歧性.

证明 对于s中任意元α，β，因为α，β是序数，所以α^{+}，β^{+}以及$\cup\{\alpha^{+},\beta^{+}\}$均为序数.并且有$\alpha\in\cup\{\alpha^{+},\beta^{+}\}$，$\beta\in\cup\{\alpha^{+},\beta^{+}\}$，据定理2.21与2.22，序数$\cup\{\alpha^{+},\beta^{+}\}$有三歧性，从而我们有

$$\alpha\in\beta,\ \alpha=\beta,\ \beta\in\alpha$$

三式中恰有一个成立.这就完成了s具有三歧性的证明.

下述定理实质上给出了序数的另一定义．

定理2.36 假定x是一集合，那么，x是序数当且仅当下述两个条件同时成立：

（1）x是传递的，

（2）x的每一元都是传递的．

证明 先证（$\rightarrow$）。

（1）x是传递的，因为每一序数都是传递的．

（2）$y\in x\wedge z\in y\rightarrow z\subset y$． (2.35)

设x是序数，$y\in x$，我们欲证y是传递的．令z，t为任意的集合，并假定$z\in y$且$t\in z$，这时，我们有

$$z\in y\wedge t\in z\wedge y\in x\rightarrow z\in x\wedge t\in z\wedge y\in x$$
$$\rightarrow t\in x\wedge y\in x. \qquad (2.36)$$

由x是一序数，故有 $t\in y\vee t=y\vee y\in t$，但是：(i) $y\notin t$，因为若$y\in t$，且由前提中$t\in z\wedge z\in y$，可知，这与定理1.24矛盾，故$y\notin t$，(ii) $t\neq y$，因为若$t=y$，由前提同样得到$z\in y\wedge y\in z$，这与定理1.24相矛盾．所以必有$t\in y$，因此y是传递的．

再证（$\leftarrow$），我们可令$\mathrm{or}(x)$表示一集合满足条件（1）与（2）．现在来证明，若$\mathrm{or}(x)$，则$x\in\mathbf{On}$．

由（1）可知：$\forall y\in x(y\subset x)$． (2.37)

由（2）可知：$\forall y\in x\forall z\in y(z\subset y)$，先证：

$$y\in x\wedge\mathrm{or}(x)\rightarrow\mathrm{or}(y). \qquad (2.38)$$

因为$y\in x\rightarrow y\subset x$，所以任一$z\in y$就有$z\in x$，因此，$z$传递，即$\mathrm{or}(y)$．

由$\mathrm{or}(x)$时，x是传递的，我们有：

$$\mathrm{or}(x)\wedge z\in y\wedge y\in x\rightarrow z\in x. \qquad (2.39)$$

现在我们证明：当满足$\mathrm{or}(x)$时，对于任意集合$y\in x$，$z\in x$，我们有

$$y\in z\vee z=y\vee z\in y \qquad (2.40)$$

成立．为方便起见，令

$$B(u,t)=u\in t\vee u=t\vee t\in u.$$

当我们证明式（2.40）成立时，也就证明了 x 为一序数，为此，我们用反证法．假定

$$\exists u\in x\exists t\in x\neg B(u,t). \tag{2.41}$$

令

$$B_1=\{u\mid u\in x\wedge\exists t\in x\neg B(u,t)\}.$$

由式（2.41），B_1不空．由存在极小元原则，B_1中存在关于$\in$的极小元．令$y\in B_1$是B_1的一个$\in$极小元，并且由式（2.41）可知

$$B_2=\{t\mid t\in x\wedge\neg B(y,t)\}$$

不空，令z是B_2的一个$\in$极小元，所以我们有

$$\neg B(y,z) \tag{2.42}$$

成立．

对于如上的y，z，我们先证$z\subset y$．因为任一u，$u\in z$，由式（2.38），我们有

$$u\in z\rightarrow \mathrm{or}(u).$$

故$B(y,u)$真（因为z的极小性）．亦即

$$y\in u\vee u=y\vee u\in y \tag{2.43}$$

真．若$y\in u$，由$u\in z$和z的传递性，即得$y\in z$，由此可得$B(y,z)$，这与式（2.42）矛盾；若$u=y$，由$u\in z$，也可得$B(y,z)$，与式（2.42）矛盾．因此，由式（2.43）只能获得$u\in y$，所以我们有$z\subset y$．

其次，因为$z\subset y$且$\neg B(y,z)$，所以$\exists t\in y\dot{-}z$，而且$\mathrm{or}(t)$，且由y的选择，有$B(t,z)$真．又因为$t\notin z$，这就蕴涵着：$z\in t\vee z=t$但$t\in y$，因此就有$z\in y$，即有$B(y,z)$真，这就与式（2.42）相矛盾．因此，我们就获得式（2.41）不成立．亦即式（2.40）总是成立的．也就是说，由$\mathrm{or}(x)$得到了$\mathrm{On}(x)$，即x是一序数．

注记2.6　由定理2.36，我们有了序数的第三个定义．这就是一序数是一传递集合并且它的每一元素都是传递的．

序数还有许多重要性质，我们将在下两节：超穷归纳法，序数的运算以及其它章节进一步论及它们．

§7　超穷归纳法

我们已经讨论了自然数集合的归纳原则，把自然数推广到序

数，我们就获得超穷归纳法．为了讨论这种超穷归纳原则，首先讨论两个预备性结果．

定理2.37（最小序数存在定理）对于任意的性质 $A(x)$，如果 $\exists\alpha A(\alpha)$，那么存在一最小的序数α使得$A(\alpha)$ 成立。

证明 由$\exists\alpha A(\alpha)$ 成立，我们设α_0使得 $A(\alpha_0)$ 成立，由于集合分离原则我们令S是如下的序数集合

$$S=\{\alpha\mid\alpha\in\alpha_0^+\wedge A(\alpha)\},$$

可知$\alpha_0\in s$，故s为非空序数集合，由定理2.27序数$\cap s$就是我们欲求的最小序数．

对于任意的公式$A(x)$ 来说，我们令

$$C=\{\alpha\mid A(\alpha)\}.$$

显然$C\subset\mathbf{On}$，它是序数的类，由此，我们立刻得到

定理2.38 设 $C\subset\mathbf{On}$，若 C 不空，则有最小的序数α. 使得$\alpha\in C$。

现在，我们来讨论超穷归纳法．

定理2.39（超穷归纳法）对于任意的性质 $A(x)$，我们有：

Ⅰ $A(0)\wedge\forall\alpha(A(\alpha)\rightarrow A(\alpha^+))\wedge\forall\alpha(\lim(\alpha)\wedge\forall\beta\in\alpha A(\beta)\rightarrow A(\alpha))\rightarrow\forall\alpha A(\alpha)$.

Ⅱ $\forall\alpha(\forall\beta\in\alpha A(\beta)\rightarrow A(\alpha))\rightarrow\forall\alpha A(\alpha)$.

形式Ⅰ和Ⅱ实质上是等价的，Ⅰ是说，$A(0)$ 成立；对任意后继序数α^+，可由α^+的前驱α时的命题$A(\alpha)$ 成立，推导出$A(\alpha^+)$成立；并且对任意极限序数α而言，由所有小于α 的 β 都有命题$A(\beta)$ 成立，就能推导出$A(\alpha)$ 也成立，这时我们就能够获得对一切序数α而言，$A(\alpha)$ 均成立．Ⅱ是说，对每一序数α 而言，若可以由所有小于α的β都有 $A(\beta)$ 成立，就能推导出 $A(\alpha)$ 成立．这时，我们就获得了对一切α而言，$A(\alpha)$ 成立．这里当然包括$A(0)$成立，因为无序数小于0，因此可以认为

$$\text{“}\alpha<0\rightarrow A(\alpha)\text{”}$$

成立，它的前提“$\alpha<0$”是假的，故$A(0)$ 成立．形式Ⅰ的前提比形式Ⅱ的前提陈述得更细一些，我们仅需证明Ⅱ．

证明 假定定理不成立，即有序数α，使得$\neg A(\alpha)$成立。由定理2.37就有最小的序数α_0使得$\neg A(\alpha_0)$成立.因此，当$\beta<\alpha_0$，$A(\beta)$都成立. 这样，由归纳前提即得到$A(\alpha_0)$也成立，矛盾. 也就是说，对一切α，$A(\alpha)$成立.

还可换一种形式来陈述这一定理，即：

定理2.40 对于任意的类$C\subset \mathbf{On}$，我们有：

$$\forall \alpha(\alpha\subset C\to\alpha\in C)\to C=\mathbf{On}.$$

我们使用超穷归纳法时常常有些稍微变动的形式. 对于$C\subset\mathbf{On}$，还可用约定：

$$\exists\alpha\in CA(\alpha) \text{ 表示 } \exists\alpha(\alpha\in C\wedge A(\alpha)),$$

$$\forall\alpha\in CA(\alpha) \text{ 表示 } \forall\alpha(\alpha\in C\to A(\alpha)),$$

其中C可以是一真类，这时"$\alpha\in C$"就表示定义C的公式的缩写. 例如：定义C的性质为$C(x)$，而$C=\{\alpha|C(\alpha)\}$，这时我们把$\alpha\in C$看作是$C(\alpha)$.因此，上述约定的公式仍是我们语言中的公式。这时超穷归纳法可以是

定理2.41 对于任意的序数类C和公式$A(x)$而言，我们有：

$$\forall\alpha\in C(\forall\beta\in C(\beta\in\alpha\wedge A(\beta)\to A(\alpha))\to\forall\alpha\in CA(\alpha).$$

证明 若定理不成立，即有C中元素α使得$A(\alpha)$不成立，因此就有C中最小的元α_0，$A(\alpha_0)$不成立. 也就是说，$\forall\beta\in C(\beta<\alpha_0\to A(\beta))$成立.这样，由归纳前提，我们就得到了$A(\alpha_0)$成立. 这与$\alpha_0$的定义相矛盾.所以，这就完成了定理的证明.

也应指出，在归纳前提中，包含了对于C的最小元$\cap C$而言，$A(\cap C)$成立.

由上述定理可知，在我们证明数学定理时，若欲证$\forall\alpha\in CA(\alpha)$成立，仅需证明，对任意$\alpha\in C$，由"$\forall\beta\in C(\beta<\alpha\to A(\beta)$成立"可推导出"$A(\alpha)$成立"就足够了. 这一步是需要具体地去证明的，它不能由归纳法一般地获得，它是归纳法的前提，而不是归纳法的结论。也就是说对于某些C和某些$A(x)$而言，这个归纳前提可能是不成立的.

§8 序数算术

在这一节我们讨论序数的运算（加法、乘法和方幂）.当我们把序数限制于自然数时，和通常的算术运算（加、乘、幂）相一致.

定义2.17 对于任意的序数α,β,γ，定义

（1）$\alpha+0=\alpha$,

（2）$\alpha+\beta^{+}=(\alpha+\beta)^{+}$,

（3）$\alpha+\gamma=\bigcup\limits_{\beta<\gamma}(\alpha+\beta)$，当$\lim(\gamma)$.

定理2.42

（1）$\alpha+\beta=\alpha\cup\bigcup\{(\alpha+\zeta)^{+}|\zeta<\beta\}$,

（2）$\alpha+\beta=\alpha\cup\{\alpha+\zeta|\zeta<\beta\}$。

证明 对β施归纳进行之，先证（1）.

$\beta=0$，显然成立.当β已成立时，验证β^{+}时也成立：

$$\begin{aligned}&\alpha\cup\bigcup\{(\alpha+\zeta)^{+}|\zeta<\beta^{+}\}\\=&\alpha\cup\bigcup\{(\alpha+\zeta)^{+}|\zeta<\beta\}\cup(\alpha+\beta)^{+}\\=&(\alpha+\beta)\cup(\alpha+\beta)^{+}\\=&(\alpha+\beta)^{+}\\=&\alpha+\beta^{+}\end{aligned}$$

当$\lim(\beta)$时，不难看到

$$\begin{aligned}\alpha+\beta&=\bigcup_{\zeta<\beta}(\alpha+\zeta)\\&=\alpha\cup\bigcup\{\alpha+\zeta)^{+}|\zeta<\beta\}.\text{(使用定义 2.17)}\end{aligned}$$

对于（2），我们有：

$$\alpha\cup\{\alpha+\zeta|\zeta<\beta\}\subset\alpha+\beta.$$

并且反过来，由对β作归纳法，我们有：

$$\alpha+\beta\subset\alpha\cup\{\alpha+\zeta|\zeta<\beta\}.$$

由此，就可获得我们的欲证结果.

我们给出几个例题.

例2.2 $\alpha+1=\alpha+0^{+}=\alpha^{+}$.

例2.3 $0+\alpha=0\cup\{0+\zeta\mid\zeta<\alpha\}$

$=\{\zeta\mid\zeta<\alpha\}$

$=\alpha$.

例2.4 $\omega+\omega=\omega\cup\bigcup\{\omega+\zeta\mid\zeta<\omega\}$

$=\bigcup\limits_{\zeta\in\omega}(\omega+\zeta)$

$=\omega+\omega$.

定义2.18 对于任意的序数α，β，如果我们有$\alpha+\beta=\beta$，就称α是被β**吸收了**.

$$n+\omega=n\cup\{m+n\mid m<\omega\}=\omega.$$

定义2.19 二元运算τ叫做是交换的，如果对于任意的集合x，y，都有

$$\tau(x,y)=\tau(y,x).$$

一般地说，序数加不是交换的，因为

$$1+\omega=\omega\neq\omega^{+}=\omega+1.$$

定义2.20 二元运算τ叫做是**左递增的**，如果$x<y$，对于所有的z，都有

$$\tau(x,z)<\tau(y,z).$$

序数加法不是左递增的.例如，$0<1$，但是,我们有$0+\omega=1+\omega$，即$0+\omega\not<1+\omega$.

定理2.43 对于任意的序数α,β,γ，我们有

（1）$\alpha+(\beta+\gamma)=(\alpha+\beta)+\gamma$,

（2）$\alpha+\beta=\alpha+\gamma\longleftrightarrow\beta=\gamma$,

（3）$\alpha+\beta<\alpha+\gamma\longleftrightarrow\beta<\gamma$,

（4）$\alpha<\beta\rightarrow\alpha+\gamma\leqslant\beta+\gamma$,

（5）$\alpha+\gamma<\beta+\gamma\rightarrow\alpha<\beta$.

证明：（1）是由定理2.42(2)对γ做归纳获得的：

$$\alpha+(\beta+\gamma)=\alpha\cup\{\alpha+\zeta\mid\zeta<\beta+\gamma\}$$

$$=\alpha\cup\{\alpha+\zeta\mid\zeta<\beta\}\cup\{\alpha+(\beta+\delta)\mid\delta<\gamma\}$$

$$=(\alpha+\beta)\cup\{(\alpha+\beta)+\delta|\delta<\gamma\}$$
$$=(\alpha+\beta)\cup(\alpha+\beta)+\gamma$$
$$=(\alpha+\beta)+\gamma.$$

（2）由定义这是显然的.

（3）我们首先使用超穷归纳法去证明：

$$\beta<\gamma\to\alpha+\beta<\alpha+\gamma.$$

假定 $\beta<\gamma$，并且对于所有的 $\delta<\gamma$，都有：

$$\beta<\delta\to\alpha+\beta<\alpha+\delta.$$

如果 γ 是一后继数，$\gamma=\delta+1$，$\beta\leqslant\alpha$. 当 $\delta=\beta$ 时，欲证结果显然成立. 因为：

$$\alpha+\beta\leqslant\alpha+\delta<\alpha+(\delta+1)=\alpha+\gamma.$$

若 γ 是一极限序数，那么 $\beta+1<\gamma$，并且我们有：

$$\alpha+\beta<(\alpha+\beta)+1=\alpha+(\beta+1)$$
$$\leqslant\text{Sup}\{\alpha+\delta|\delta<\gamma\}$$
$$=\alpha+\gamma.$$

其次，为了证 $\alpha+\beta<\alpha+\gamma\to\beta<\gamma$，我们设 $\alpha+\beta<\alpha+\gamma$. 这时不可能有 $\beta=\gamma$，因为由 (2)，就得到 $\alpha+\beta=\alpha+\gamma$；如果 $\gamma<\beta$，这时我们获得

$$\alpha+\gamma<\alpha+\beta.$$

与题设相矛盾，因此，由序数的三歧性获得欲结果.

（4）归纳于 γ，假定 $\alpha<\beta$ 和 $\delta<\alpha+\gamma$，所以，我们有或者 $\delta<\alpha$，因此 $\alpha<\beta\leqslant\beta+\gamma$，或者对于某一 $\zeta<\gamma$，$\delta=\alpha+\zeta$. 由归纳假设和 (2)，我们有：

$$\alpha+\zeta\leqslant\beta+\zeta<\beta+\gamma,$$

不等式左边取上确界即得欲证结果.

（5）直接从（4）获得.

现在我们定义序数的乘法.

定义2.21 对于任意的序数 α，β，γ，我们有

（1）$\alpha\cdot0=0$,

（2）$\alpha\cdot\beta^{+}=(\alpha\cdot\beta)+\alpha$,

（3）$\alpha\cdot\gamma=\bigcup\limits_{\zeta<\gamma}(\alpha\cdot\zeta)$（当$\gamma$为极限序数时）。

定理2.44 对于任意的序数α，β，我们有：

（1）$\alpha\cdot\beta=\bigcup\{\alpha\cdot\zeta+\alpha|\zeta<\beta\}$，

（2）$\alpha\cdot\beta=\{\alpha\cdot\zeta+\delta|\zeta<\beta\wedge\delta<\alpha\}$．

证明 （1）归纳于β，当$\beta=0$时，显然下一步，当β^+时，我们有：

$$
\begin{aligned}
&\bigcup\{\alpha\cdot\zeta+\alpha|\zeta<\beta^+\}\\
&=\bigcup\{\alpha\cdot\zeta+\alpha|\zeta<\beta\}\cup(\alpha\cdot\beta+\alpha)\\
&=(\alpha\cdot\beta)\cup(\alpha\cdot\beta+\alpha)\\
&=(\alpha\cdot\beta)+\alpha\\
&=\alpha\cdot\beta^+.
\end{aligned}
$$

当β为极限序数时也是不难证明的。

（2） 由（1），我们得：当$\zeta<\beta$和$\delta<\alpha$时，$\alpha\cdot\zeta+\delta\in\alpha\cdot\beta$，反之，假定$\eta<\alpha\cdot\beta$，据（1），对于某一$\zeta<\beta$，有

$$\eta<\alpha\cdot\zeta+\alpha.$$

这样就有$\eta<\alpha\cdot\zeta$或者对于某一$\delta<\alpha$，$\eta=\alpha\cdot\zeta+\delta$。所以，由对$\beta$的归纳法，我们即得欲证结果。

定理2.45 对于任意序数α，β，γ，我们有：

（1）$\alpha\cdot(\beta\cdot\gamma)=(\alpha\cdot\beta)\cdot\gamma$；

（2）$\alpha\cdot(\beta+\gamma)=\alpha\cdot\beta+\alpha\cdot\gamma$；

（3）$\alpha\cdot\beta<\alpha\cdot\gamma\longleftrightarrow(\beta<\gamma\wedge\alpha\neq0)$；

（4）$\alpha\cdot\beta=\alpha\cdot\gamma\rightarrow(\beta=\gamma\vee\alpha=0)$；

（5）$\alpha<\beta\rightarrow\alpha\cdot\gamma\leqslant\beta\cdot\gamma$；

（6）$\alpha\cdot\gamma<\beta\cdot\gamma\rightarrow\alpha<\beta$。

证明 先证（2），借助于定理2.42和2.44，对γ作归纳法，我们可以获得欲证结果。

$$
\begin{aligned}
\alpha\cdot(\beta+\gamma)&=\{\alpha\cdot\zeta+\eta|\zeta<(\beta+\gamma)\wedge\eta<\alpha\}\\
&=\{\alpha\cdot\zeta+\eta|\zeta\in(\beta\cup\{\beta+\delta|\delta<\gamma\})\wedge\eta<\alpha\}\\
&=\{\alpha\cdot\zeta+\eta|\zeta\in\beta\wedge\eta<\alpha\}\cup
\end{aligned}
$$

$$\{\alpha\cdot\xi+\eta\mid\xi\in\{\beta+\delta\mid\delta<\gamma\}\wedge\eta<\alpha\}$$
$$=\alpha\cdot\beta\cup\{\alpha\cdot(\beta+\delta)+\eta\mid\delta<\gamma\wedge\eta<\alpha\}$$
$$=\alpha\cdot\beta\cup\{\alpha\cdot\beta+(\alpha\cdot\delta+\eta)\mid\delta<\gamma\wedge\eta<\alpha\}$$
$$=\alpha\cdot\beta\cup\{\alpha\cdot\beta+\xi\mid\xi\in\{\alpha\cdot\delta+\eta\mid\delta<\gamma\wedge\eta<\alpha\}\}$$
$$=\alpha\cdot\beta\cup\{\alpha\cdot\beta+\xi\mid\xi<\alpha\cdot\gamma\}$$
$$=\alpha\cdot\beta+\alpha\cdot\gamma。$$

类似地使用定理2。44（2）和上述（2），我们可得（1）。

（3）可以使用定理2.44（2）去获得：

$$\beta<\gamma\wedge\alpha\neq0\rightarrow\alpha\cdot\beta<\alpha\cdot\gamma.$$

反过来的情形是直接获得的。

（4）可直接从（3)获得；

（5）对γ做归纳法；

（6）是（5)的一个直接的推论。

注意，对右边的乘法分配律是不成立的。

下边讨论序数的方幂概念。

定义2.22 对于任意的序数α，β，γ，我们有：

（1）$\alpha^0=1$；

（2）$\alpha^{\beta+1}=\alpha^\beta\cdot\alpha$；

（3）$\alpha^\gamma=\bigcup_{\zeta\in\gamma}\alpha^\zeta$，当$\gamma$为一极限序数时。

定理2.46 若$\alpha>0$，则

（1）$\alpha^\beta=1\cup\bigcup\{\alpha^\zeta\cdot\alpha\mid\zeta<\beta\}$；

（2）$\alpha^\beta=1\cup\{\alpha^\zeta\cdot\delta+\eta\mid\zeta<\beta\wedge\delta<\alpha\wedge\eta<\alpha^\zeta\}$。

证明 （1）是对β做归纳法，当它为后继数时：

$$1\cup\bigcup\{\alpha^\zeta\cdot\alpha\mid\zeta<\beta^+\}=1\cup\bigcup\{\alpha^\zeta\cdot\alpha\mid\zeta<\beta\}\cup\alpha^\beta\cdot\alpha$$
$$=\alpha^\beta\cup\alpha^\beta\cdot\alpha=\alpha^\beta\cdot\alpha=\alpha^{\beta+}.$$

当$\beta=0$和为一极限序数时，显然成立。

关于（2)，首先右边是左边的一子集合，因为：$0<\alpha^\beta$；并且若$\zeta<\beta$，$\delta<\alpha$和$\eta<\alpha^\zeta$，那么

$$\alpha^\zeta\cdot\delta+\eta<\alpha^\zeta\cdot\delta+\alpha^\zeta=\alpha^\zeta(\delta+1)\leqslant\alpha^\zeta\cdot\alpha$$

$$=\alpha^{\xi+1}\leqslant\alpha^{\beta}.$$

反之，左边也是右边的一子集合。假设$\gamma<\alpha^{\beta}$，存在一最小的ζ'使得$\gamma<\alpha^{\zeta'}$．由定义2.22，ζ'不是一极限序数．若$\zeta'=0$，则$\alpha^{\zeta'}=1$，$\gamma=0$这时，我们已完成了证明．若不然，$\zeta'=\zeta+1$，$\zeta<\beta$，且$\alpha^{\zeta}\leqslant\gamma<\alpha^{\zeta}\cdot\alpha$，所以有一最小的序数$\delta'\leqslant\alpha$存在，使得$\gamma<\alpha^{\zeta}\cdot\delta'$．由定义2.21，$\delta$是一后继序数，这样$\delta<\alpha$，且$\alpha^{\zeta}\cdot\delta\leqslant\gamma\leqslant\alpha^{\zeta}\cdot\delta+\alpha^{\zeta}$，最后取最小的$\eta'$，使得$\gamma<\alpha^{\zeta}\cdot\delta+\eta'$，再次，$\eta'=\eta+1$且$\eta<\alpha^{\zeta}$，因此$\alpha^{\zeta}\cdot\delta+\eta\leqslant\gamma<\alpha^{\zeta}\cdot\delta+\eta'$．由此可知$\gamma=\alpha^{\zeta}\cdot\delta+\eta$．

例2.5 $\beta\cdot1=\beta\cdot(0+1)=\beta\cdot0+\beta=0+\beta=\beta$．

例2.6 $\beta\cdot2=\beta\cdot(1+1)=\beta\cdot1+\beta=\beta+\beta$，

特别地$\omega\cdot2=\omega+\omega$。

例2.7 $\beta\cdot(2+1)=\beta\cdot2+\beta=\beta+\beta+\beta$．

例2.8 $\beta\cdot\omega=\bigcup\{\beta\cdot n\mid n\in\omega\}$

$=\bigcup\{\beta,\beta+\beta,\ \beta+\beta+\beta,\cdots\}$．

例2.9 $1\cdot\alpha=\alpha$。

例2.10 $2\cdot\omega=\bigcup\{2\cdot n\mid n\in\omega\}=\omega$．

例2.11 $\beta^1=\beta$，$\beta^2=\beta\cdot\beta$，$\beta^3=\beta^2\cdot\beta=\beta\cdot\beta\cdot\beta$，$\cdots$．

例2.12 $\beta^{\omega}=\bigcup\{\beta^n\mid n\in\omega\}$，特别地，

$$1^{\omega}=1,\ 2^{\omega}=\omega,\ 3^{\omega}=\omega,\cdots,$$

并且

$$\forall n\in\omega(n^{\omega}=\omega),$$
$$\omega^{\omega}=\bigcup\{\omega^n\mid n\in\omega\}.$$

§9 良序关系与良序集合

定义2.23 令R为集合s上的一关系，如果R具有性质

（1）对于任意给定的$x\in s$，$y\in s$，下述三个命题

$$xRy,\quad x=y,\quad yRx$$

中恰有一个成立（R在s上有三歧性）；

（2）对于任意给定的$x\in s$，$y\in s$和$z\in s$，都有

$$xRy \wedge yRz \longrightarrow xRz$$

成立（R在s上是传递的）；

则称R为集合 s 上的**线序关系**（或**全序关系**）；如果 s 上的线序关系R还具有性质：

（3）对于 s 的任意的不空子集合u，都有

$$\exists x \in u \wedge \forall y \in u (\neg yRx)$$

成立．则称R为 s 上的**良序关系**．有时，也称满足上式的那个 x 为 u 中关系R的首元素．

由定义2.23，任一有穷集合，我们都可以排成一良序集合；任意的序数α也都是可以由关系$\in$所良序的．为了理解良序关系与良序集合的概念．我们列举一些良序集合的例子，为了直观显明，在下述例子中列出一些序列，以序列先后的次序表示元素间的关系．

例 2.13 序列

$$0,\ 2,\ 4,\ 6,\ \cdots \tag{2.44}$$

是由偶数集合按从小到大的自然次序所组成．不难验证式(2.44)是良序的．

例 2.14 序列

$$0,\ 2,\ 4,\ 6,\ 8\cdots\cdots,\ 1,\ 3,\ 5,\ 7,\ 9,\ \cdots\cdots \tag{2.45}$$

是由自然数集合 ω 按如上次序给出的线序集合，不难验证，上述序列是良序的．

当我们把例 2.14 的关系记做 R 时，由式（2.45），显然有 $0R2$、$0R4$，$0R6$，$4R6$，$4R8$，$8R1$，$8R3$，$5R9$等命题成立，并且$3R4$，$5R8$，$9R3$等命题都不成立．

定义 2.24 对于任一集合s，如果R是 s 上的一良序关系(即 fld $R=s$)，则称集合 s 是**由关系R所良序的**．有时也称$\langle s,R\rangle$为**良序结构**．对于任意一集合 s，如果有一关系R，使得 s 是由 R所良序的，就称集合s是**可良序的**，或称s是**良序的**．

注意：任一良序集合的任一子集合都是良序的．

定义 2.25 对于集合 s 上任一良序关系R，和任一$x\in s$，我们

称集合

$$\{y \mid yRx \wedge y \in s\}$$

为R的**前节**或关系R的**x前节**，并记做$O_R(x)$。

由上所述，任意的序数α是由关系$\in$所良序的传递集合．反之，任一传递集合s，如果s是由关系$\in$所良序的，则s就是一序数。

定义2.26 对于良序集合s与u（不妨假定它们的良序分别为R_1与R_2）和一函数f：$s \to u$，如果对于任意的x，$y \in s$，都有

$$xR_1y \to f(x)R_2f(y)$$

成立，则称函数f是**保序的**。

今后，当我们已指出集合s为良序集合，在不致引起误解时，常用符号$<$表示s上的良序关系。

定义2.27 一个保序的双射f，如果它从一个良序集合映射到另一良序集合的一前节，则称f是一个**好的映射**。

定义2.28 假定s为一良序集合，并且$T \subset s$，令$\mathrm{Sup}T$为$s \dot{-} T$的**首元素**，特别地$\mathrm{Sup}\varnothing$为s的首元素。

由定义2.28，显然$(\mathrm{Sup}s) \notin s$．因此，一般地$\mathrm{Sup}s$是不定义的．有时，为了某种目的，我们令$\mathrm{Sup}s$为s之外的一特定元素，并定义

$$s_1 = s \cup \{\mathrm{Sup}s\},$$

$$\forall x \in s(x < \mathrm{Sup}s).$$

这样，我们就有s_1为s的一良序延拓。

定理2.47 如果集合s与u都是良序的，那么：

（1）存在唯一的保序函数f，使得f是由s映射到u的一前节，亦即有$y \in u$，使得

$$f: s \to u$$

$$\mathrm{ran}f = \{x \mid x < y \wedge x \in u\}, \text{ 或者}$$

（2）存在唯一的保序函数g，使得g是由u映射到s的一前节，亦即有$y \in s$，使得

$$g: u \to s,$$

$$\text{rang}=\{x \mid x<y \wedge x \in s\}.$$

也就是说，良序集合 s 与 u 之间存在一个好的映射。

证明 我们分下述六步来完成本定理的证明：

（1）如果f是一好的映射，并且$f: s \to u$，则对于每一x，我们必须有，

$$f(x)=\operatorname{Sup}\{f(y) \mid y<x\}. \tag{2.46}$$

因为f是保序的，如果$y<x$，则有

$$f(y)<f(x),$$

所以，令$t=\operatorname{Sup}\{f(y) \mid y<x\}$时，必有$f(x) \geqslant t$，假定$f(x)>t$成立。那么$t$必须在$f$的值域之中，因为这一值域是一前节，又因为$f$的保序性，就必有某一$y<x$，使得$t=f(y)$。而这矛盾于$t$的定义，所以我们有式(2.46)成立。对于$f: u \to s$时，上述结果是类似的，这里从略。

（2）我们注意到，对于任意的良序集合s与u，至多有一个由s到u的好的映射。因为，假定有两个这样的映射f与h，并且对于s的某一元素x，使得$f(u) \neq h(x)$。令

$$c=\{x \mid f(x) \neq h(x) \wedge x \in s\},$$

c是一不空集合，因此，由良序的定义，c中有关于$<$的首元素a，$f(a) \neq h(a)$，然而，对于任一$x \in s$，若$x<a$则$f(x)=h(x)$，这样就有

$$\begin{aligned} f(a) &= \operatorname{Sup}\{f(x) \mid x<a \wedge x \in s\} \\ &= \operatorname{Sup}\{h(x) \mid x<a \wedge x \in s\} \\ &= h(a), \end{aligned}$$

从而形成矛盾，因而欲证结果成立。

（3）假定 $f: s \to u$，且f是一好的映射，B是s的一前节，即有一$x_0 \in s$，$B=\{y \mid y<x_0 \wedge y \in s\}$，令$h=f \upharpoonright B$，这时$h$是一好的映射。因为$h$是保序的，令$z \in u$，若有$x \in B$，$z<h(x)$，因为$f$是好的映射，所以有一$y$，使得$f(y)=z$。并且因为$y<x$，所以$y \in B$，因此$z=h(y)$。$h$是从$s$的一前节$B$到$u$的一好的映射。

（4）令

$$c=\{x \mid x\in s\wedge \text{有一好的映射}g\text{，使得}B_x\text{映射到}u\}，$$
其中B_x是 s 中 x 的前节，亦即

$$B_x=\{y \mid y\leqslant x\wedge y\in s\}.$$

对于任意的$x\in s$，如果$x\in c$，$y<x$，且f是从B_x到 u 的一好的映射，令$z\in c$，$h=f\upharpoonright B_z$，h仍然是一好的映射。因此，c是一前节。

（5）对于$x\in c$，令f_x为从B_x到u的那个唯一的好的映射。显然，当$z\leqslant x\leqslant y$时，有$f_x(z)=f_y(z)$ 对于每一$x\in c$，都有 $f(x)=f_x(x)$ 如果$x,y\in c$且$x<y$，则

$$f(x)=f_x(x)=f(x)<f_y(y)=f(y).$$

这样，f是保序的。

如果$x\in c$。$t<f(x)$，那么$t<f_x(x)$，这样，就有一y，$y<x$且$t=f_x(y)=f_y(y)=f(y)$。因此，f是一好的映射。

（6）对于上述定义的 c，如果 $c=s$，由上述论证我们已证明了定理。如果$c\neq s$，令$t=\mathrm{Sup}\ c$，且令

$$c'=\mathrm{ran}(f\upharpoonright c),$$

如果$c'=u$，那么f的逆映射f^{-1}是从u 双射到 s 的前节的一保序映射。

如果$c'\neq u$，令$t_1=\mathrm{Sup}\ c'$且如果令

$$f(t)=t_1,$$

因为$t_1\in u$，这时，容易看到，我们已经延拓f为B_t双射到 u 的一前节的映射，并且$c\subset_+ B_t$，这与c 的假设形成一矛盾，由之，定理得证。

定理2.48 如果$f:s\to u$且$g:u\to s$并且 f与 g 是好的映射，则$u=\mathrm{ran}f$，$s=\mathrm{ran}g$并且f与g互为逆的，即$f=g^{-1}$。

证明 由题设，$f:s\to u$，f是一好的映射，令$B=\mathrm{ran}f$，显然$B\subset u$，这样令$h=g\upharpoonright B$，h是由B到s的一好的映射，故 $h=f^{-1}$。但这时，已有$\mathrm{ran}f^{-1}=s$。又因为h是一对一的，所以，$B=u$，故$g=f^{-1}$。

定义2.29 如果$\langle s_1, R_1\rangle$，$\langle s_2, R_2\rangle$为两个良序结构。并且有

一函数$f:s_1\to s_2$，f为一好的映射，$s_2=\mathrm{ran}f$，则称函数f是结构$\langle s_1, R_1\rangle$与$\langle s_2, R_2\rangle$之间的**同构映射**，此时也简称s_1与s_2是**同构的**，并记做$\mathrm{Iso}(s_1,s_2; R_1,R_2)$。当$R_1$，$R_2$分别为集合$s_1$，$s_2$的自然次序，并且不致引起误解时，也可简写作$\mathrm{Iso}(s_1,s_2)$。

当$f:s_1\to s_2$是s_1与s_2之间的一同构时，显然有$f^{-1}:s_2\to s_1$也是它们之间的一同构映射。

定理2.49 对于任一良序结构$\langle s,R\rangle$，都有唯一的序数α，使得$\langle s, R\rangle$与$\langle \alpha, \in\rangle$是同构的，亦即有$\mathrm{Iso}(s,\alpha,R,\in)$。

证明 我们作一序数值函数f如下：

（1）$\mathrm{dom}f=s$；

（2）对于任一$x\in s$，令

$$f(x)=\mathrm{Sup}\{f(y)\mid yRx\wedge y\in s\}.$$

由此，当$a\in s$，a为s中R的首元素时，就有$f(a)=0$。一般地，对于任意的$x\in s$，由f的定义及R良序s这一基本性质，集合$f(x)$是传递的和$\in$连接的，因此，$f(x)$是一序数。由替换原则，$\mathrm{ran}f$是一集合，同理它也是传递的和$\in$连接的，因此，$\mathrm{ran}f$是一序数，令$\alpha=\mathrm{ran}f$。我们证明函数是保序的，因为对于任意的x，$y\in s$，若$x\neq y$，则xRy，或yRx，不失一般性，不妨假定yRx，这样，由f的定义就有$f(y)\in f(x)$。

综上，函数$f:s\to\alpha$是双射的和保序的并且α的唯一性是显然的，这就完成了欲证结果。

不难验证，由例2.13给出的良序集合与序数ω同构，由例2.14给出的良序集合与序数$\omega\cdot 2$同构。

例2.15 序列2，4，6，8，……1，3，5，7，……，0所决定的集合也是一良序集合，并且可验证它与序数$(\omega\cdot 2)+1$同构。

序列1，3，5，7，……，2，4，6，8……也与序数$\omega\cdot 2$同构，由此可见，不同的良序集合可以与同一序数同构。

注记2.7 早在一百一十年前，康托尔曾经把序数定义作良序集合的序型，什么是序型呢？从现在来看，这一概念是不清楚的。粗略地说，任意两个同型的良序集合都是同构的。同型的良序集合的代表可以取作与它们同构的那个序数。弄清了那个序数，从同构的意义上讲，也就弄清了与它同构的一切良序集合。每一良序集合都有一个序数与它同构。这样，就把良序集合的研究转换为对序数的研究了，因此从数学发展上看，良序的概念是极其重要的，因此，从一个方面说明了序数的研究是极其重要的。

习 题

2.1 证明$1\neq 3$，即$\varnothing^{+}\neq\varnothing^{+++}$。

2.2 证明$2\neq 3$，即$\varnothing^{++}\neq\varnothing^{+++}$。

2.3 判断$\{3,5,6\}$是否是传递集合。

2.4 判断$\bigcup\{3,5,6\}$是否是传递集合。

2.5 如果集合x的每一元素都是传递集合，试证明广义交集合$\bigcap x$也是一个传递集合。

2.6 如果$\bigcup(x^{+})=x$，试证明x是一传递集合。

2.7 当α是非零序数时，证明α是一极限序数当且仅当$\bigcup\alpha=\alpha$。

2.8 证明：对于任意的序数α，都有$\bigcup\alpha^{+}=\alpha$。

2.9 证明：若α和β是序数，且$\beta<\alpha$，则$\beta\leqslant\bigcup\alpha$。

2.10 证明：如果类$C\subset\mathbf{On}$，则类C具有$\in$三歧性。

2.11 设α，β为任意的两个序数，函数f是$\langle\alpha,\in\rangle$与$\langle\beta,\in\rangle$之间的一同构映射，试证明：$\alpha=\beta$，且f为一恒等函数，即对于任一$x\in\alpha$，都有$f(x)=x$。

2.12 令

$$\boldsymbol{K}_{\mathrm{I}}=\{x\mid\mathrm{succ}(x)\},$$
$$\boldsymbol{K}_{\mathrm{II}}=\{x\mid\lim(x)\},$$

试证明：$\boldsymbol{K}_{\mathrm{I}}$与$\boldsymbol{K}_{\mathrm{II}}$对$\in$而言都是良序的。

第三章 基 数

§1 可数序数

定义3.1 对于任意的序数α，如果存在ω与α之间的双射函数，即α与ω是一一对应的，则称α是一**可数无穷序数**(简称**可数序数**)。

由定义3.1，对于任意的$n\in\omega$，都有$\omega+n$是可数的，并且$\omega+\omega$也是可数的。例如，令

$$f(n)=\begin{cases}k, & n=2k,\\ \omega+k, & n=2k+1,\end{cases}$$

它的值依次是

$$0,\ \omega,\ 1,\ \omega+1,\ 2,\ \omega+2,\ \cdots\cdots.$$

因此有 $\mathrm{dom} f=\omega$，$\mathrm{ran} f=\omega+\omega$.

对于任一自然数m，序数$\omega\cdot m$是可数的。因为对于任一自然数n，都可唯一地确定自然数i，j，使得

$$n=m\cdot i+j \text{ 并且} 0\leqslant j<m \tag{3.1}$$

成立。

对于满足式(3.1)的自然数i，j，令

$$f(n)=(\omega\cdot j)+i,$$

不难验证 f是一对一的，并且$\mathrm{dom} f=\omega$，$\mathrm{ran} f=\omega\cdot m$，也就是说，序数$\omega\cdot m$是可数的。为了醒目，我们取$m$为10。这时$\omega\cdot 10$的元素依次可排为(先由上至下排第1列，然后，由上至下排第2列，等等)。

$$
\left.\begin{array}{l|l|l|l|l}
0, & 1, & 2, & 3, & \cdots\cdots \\
\omega, & \omega+1, & \omega+2, & \omega+3, & \cdots\cdots \\
(\omega\cdot 2), & (\omega\cdot 2)+1, & (\omega\cdot 2)+2, & (\omega\cdot 2)+3, & \cdots\cdots \\
(\omega\cdot 3), & (\omega\cdot 3)+1, & (\omega\cdot 3)+2, & (\omega\cdot 3)+3, & \cdots\cdots \\
\vdots & \vdots & \vdots & \vdots & \cdots\cdots \\
(\omega\cdot 9), & (\omega\cdot 9)+1, & (\omega\cdot 9)+2, & (\omega\cdot 9)+3, & \cdots\cdots
\end{array}\right\}. \tag{3.2}
$$

例如，$f(0)=0$，$f(1)=\omega$，$f(2)=\omega\cdot 2$，$f(3)=\omega\cdot 3$，$f(9)=\omega\cdot 9$，$f(10)=1$，$f(11)=\omega+1$，$f(12)=(\omega\cdot 2)+1$，$f(19)=(\omega\cdot 9)+1$，$f(28)=(\omega\cdot 8)+2$，等等。

显然，f是一对一的，并且$\operatorname{dom} f=\omega$，$\operatorname{ran} f=\omega\cdot 10$。所以，序数$\omega\cdot 10$是可数的。

定理3.1 序数ω^2是可数的。

证明 我们仅需给出ω与ω^2的一个双射函数。我们可按下述形式排序ω^2即$\omega\cdot\omega$的元素。

$$
\left.\begin{array}{lllll}
0 & 1 & 2 & 3 & \cdots\cdots \\
\omega & \omega+1 & \omega+2 & \omega+3 & \cdots\cdots \\
\omega\cdot 2 & (\omega\cdot 2)+1 & (\omega\cdot 2)+2 & (\omega\cdot 2)+3 & \cdots\cdots \\
\omega\cdot 3 & (\omega\cdot 3)+1 & (\omega\cdot 3)+2 & (\omega\cdot 3)+3 & \cdots\cdots \\
\omega\cdot 4 & (\omega\cdot 4)+1 & (\omega\cdot 4)+2 & (\omega\cdot 4)+3 & \cdots\cdots \\
\vdots & \vdots & \vdots & \vdots & \\
\omega\cdot n & (\omega\cdot n)+1 & (\omega\cdot n)+2 & (\omega\cdot n)+3 & \cdots\cdots \\
\vdots & \vdots & \vdots & \vdots & \\
\vdots & \vdots & \vdots & \vdots &
\end{array}\right\}. \tag{3.3}
$$

可以看出，式(3.3)恰好枚举了$\omega\cdot\omega$的元素。我们可以把式(3.3)的形式改写为

$$\left.\begin{array}{lllll}
\langle 0,0\rangle, & \langle 0,1\rangle & \langle 0,2\rangle, & \langle 0,3\rangle, & \cdots\cdots \\
\langle 1,0\rangle, & \langle 1,1\rangle & \langle 1,2\rangle, & \langle 1,3\rangle, & \cdots\cdots \\
\langle 2,0\rangle, & \langle 2,1\rangle & \langle 2,2\rangle, & \langle 2,3\rangle, & \cdots\cdots \\
\langle 3,0\rangle, & \langle 3,1\rangle & \langle 3,2\rangle, & \langle 3,3\rangle, & \cdots\cdots \\
\langle 4,0\rangle, & \langle 4,1\rangle & \langle 4,2\rangle, & \langle 4,3\rangle, & \cdots\cdots \\
\vdots & \vdots & \vdots & \vdots & \\
\langle n,0\rangle, & \langle n,1\rangle, & \langle n,2\rangle, & \langle n,3\rangle, & \cdots\cdots \\
\vdots & \vdots & \vdots & \vdots & \\
\vdots & \vdots & \vdots & \vdots &
\end{array}\right\}. \qquad (3.4)$$

显然，对于式(3.4)中的有序对$\langle i,j\rangle$恰好对应于式(3.3)中的序数$(\omega\cdot i)+j$，并且反之，式(3.3)中的任一序数$(\omega\cdot i)+j$，都恰好对应于(3.4)中的有序对$\langle i,j\rangle$.这就是说，式(3.3)中的序数与式(3.4)中的自然数有序对是一一对应的．而式(3.4)恰好枚举了$\omega\times\omega$中的所有元素．不难验证，函数

$$f(i,j)=\frac{1}{2}((i+j)^2+i+3j)$$

是$\omega\times\omega$与ω的一双射函数．从而有ω^2与ω的双射函数．这就完成了ω^2是可数序数的证明．

定理3.2　序数ω^3是可数的．

证明　式(3.3)已枚举了ω^2的所有元素，可以把它看作在第一层平面上的枚举．现在对于任一$k\in\omega$，我们有在第k层平面上枚举序数集合

$$s_k=\{\alpha\mid\alpha\text{是一序数且}\,\omega^2\cdot k\leqslant\alpha<\omega^2\cdot k+1\} \qquad (3.5)$$

如下：

$$\left.\begin{array}{llll}
\omega^2\cdot k, & (\omega^2\cdot k)+1, & (\omega^2\cdot k)+2, & \cdots \\
\omega^2\cdot k+\omega, & (\omega^2\cdot k+\omega)+1, & (\omega^2\cdot k+\omega)+2, & \cdots \\
\omega^2\cdot k+\omega\cdot 2, & (\omega^2\cdot k+\omega\cdot 2)+1, & (\omega^2\cdot k+\omega\cdot 2)+2, & \cdots \\
\omega^2\cdot k+\omega\cdot 3, & (\omega^2\cdot k+\omega\cdot 3)+1, & (\omega^2\cdot k+\omega\cdot 3)+2, & \cdots \\
\omega^2\cdot k+\omega\cdot 4, & (\omega^2\cdot k+\omega\cdot 4)+1, & (\omega^2\cdot k+\omega\cdot 4)+2, & \cdots \\
\vdots & \vdots & \vdots & \\
\omega^2\cdot k+\omega\cdot n, & (\omega^2\cdot k+\omega\cdot n)+1, & (\omega^2\cdot k+\omega\cdot n)+2, & \cdots \\
\vdots & \vdots & \vdots & \\
\vdots & \vdots & \vdots &
\end{array}\right\} . \quad (3.6)$$

式（3.6）恰好枚举了由式（3.5）所定义的序数集合s_k. 并且$\omega^3=\bigcup_{k\in\omega}s_k$.不难看出式(3.6) 中的元都可写作形式 $(\omega^2\cdot k+\omega\cdot i)+j$，其中$k$，$i$，$j$为自然数.这样，我们有$s_k$与$\omega$的一双射函数，亦即对于每一自然数$k$,$s_k$都是可数的.我们可以把$\omega$分解为可数个两两不交的可数集合.由此我们获得序数$\omega^3$是可数的.

使用定理3.1的证明方法，我们可以证明,对于任意的自然数n，若ω^n为可数序数，则ω^{n+}为可数序数.从而，由数学归纳法,我们可得下述定理.

定理3.3 对于任意的自然数n，序数ω^n是可数的.

定理3.4 序数ω^ω是可数的.

证明 我们令

$$T_0=\omega,$$
$$T_k=\{\alpha\mid\omega^k\leqslant\alpha<\omega^{k+1}\}.$$

对于每一个自然数k,T_k是可数的.这些序数集合T_k是两两不交的(即若$k_1\neq k_2$,则$T_{k_1}\cap T_{k_2}=\varnothing$)，并且有$\omega^\omega=\bigcup_{k\in\omega}T_k$. 注意到可把$\omega$分解为可数个两两不交的可数集合，由此，我们就获得了欲证结果.

上述两条定理的证明中都用到“把ω分解为可数个两两不交的可数集合”.这一结论已暗含在定理3.1的证明中.在那里我们给出的配对函数f的值相应于式(3.4)就得到了：

$$
\left.\begin{array}{llllll}
0, & 2, & 5, & 9, & 14, & \cdots\cdots \\
1, & 4, & 8, & 13, & \cdots\cdots & \\
3, & 7, & 12, & \cdots\cdots & & \\
6, & 11, & \cdots\cdots & & & \\
10, & \cdots\cdots & & & & \\
\vdots & \vdots & \vdots & & & \\
\vdots & \vdots & \vdots & & &
\end{array}\right\}. \tag{3.7}
$$

式（3.7）是按斜行逐一枚举ω的元，每一横行组成一可数集合，恰有可数个横行，它们都是两两不交的．这样，我们就获得了欲证结果．

定理3.5 若α，β为可数序数，则$\alpha+\beta$，$\alpha\cdot\beta$与α^{β}都是可数序数．

证明 $\alpha+\beta$显然是可数的．对于$\alpha\cdot\beta$假定β是使得$\alpha\cdot\beta$不可数的最小的序数，这时若β为一后继序数．即有γ，使得$\beta=\gamma+1$，这时$\alpha\cdot\beta=\alpha\cdot\gamma+\alpha$，显然$\alpha\cdot\gamma$与$\alpha$可数．因此$\alpha\cdot\gamma+\alpha$可数，从而获得$\alpha\cdot\beta$可数．若$\beta$为一极限序数．并且$\beta_n$是$\beta$的所有元素（因为$\beta$可数）．这样，$\alpha\cdot\beta=\bigcup\{\alpha\cdot\gamma_n|\gamma_n\in\beta\wedge n\in\omega\}$．因为由假定$\alpha\cdot\gamma_n$可数．仿定理3.1的证明过程，可得$\alpha\cdot\beta$可数．这就完成了$\alpha\cdot\beta$可数的证明．$\alpha^{\beta}$与$\alpha\cdot\beta$的证明过程相类似，这里从略．

定义3.2 令$\lambda_0=\omega$，$\lambda_{n+1}=\omega^{\lambda_n}$，且$\lambda=\bigcup\{\lambda_n|n\in\omega\}$．

定理3.6 序数λ_n与λ都是可数的．

证明 由定理3.5并使用数学归纳法可得到对于每一自然数n，序数λ_n是可数的．而λ是可数序数的可数并，仿定理3.1的证明，λ是可数的．

可数序数是能够极端复杂的，甚至是几乎难以想像的．然而，我们将要看到在一定意义下它们仍然是很小的．

§2 基数的定义

定义3.3 对于任意的序数α，β，如果存在一对一的函数f，使得$f:\alpha\to\beta$，则记做符号$\bar{\bar{\alpha}}\leqslant\bar{\bar{\beta}}$．

定义3.4 对于任意的序数α，β，如果不存在α与β的双射函数f，则称α与β是**不等势的**，并记做$\overline{\overline{\alpha}}\neq\overline{\overline{\beta}}$.令

$$\overline{\overline{\alpha}}<\overline{\overline{\beta}}=\overline{\overline{\alpha}}\leqslant\overline{\overline{\beta}}\wedge\overline{\overline{\alpha}}\neq\overline{\overline{\beta}}.$$

例3.1 若$n\in\omega$，则$\overline{\overline{n}}<\overline{\overline{\omega}}$，$\overline{\overline{n^2}}<\overline{\overline{\omega}}$.

定义3.5 设α为一序数，如果它满足条件

$$\forall\beta(\beta<\alpha\rightarrow\overline{\overline{\beta}}<\overline{\overline{\alpha}})$$

时，则称序数α为**一基数**（即开始序数）.并称基数所对应的序数的次序为基数的**自然次序**.

由定义3.5，立刻有下述两条定理成立.

定理3.7 任一自然数n，n是一基数.

定理3.8 序数ω是一基数.

有时，当ω作为基数时，就记为ω_0.

例3.2 $\omega+1$，$\omega\cdot 2$，$\omega\cdot 3$，ω^2，ω^ω都不是基数.因为，它们都是与ω一一对应的.

§3 基数ω_1

定义3.6 令$\omega_1=\{\alpha|\mathbf{On}(\alpha)\wedge\overline{\overline{\alpha}}\leqslant\overline{\overline{\omega}}\}$.

为了证明序数类ω_1是一基数，我们需要引进一些概念，建立一些定理.

若R为ω内的任一良序关系，则$R\subset\omega\times\omega$.由良序关系的定义和子集合分离原则，可以获得$R$为一集合.

定义3.7 令

$$M=\{R|R\text{是}\omega\text{内一良序关系}\}.\qquad(3.8)$$

由式（3.8），可以看出：$M\subset\mathscr{P}(\omega\times\omega)$.亦即我们有$M\in\mathscr{P}(\mathscr{P}(\omega\times\omega))$.因此，使用子集合分离原则，就获得$M$为一集合.

定理3.9 存在一类函数F，使得对于任一R，$R\in M$，都有$F(R)\in\omega_1$.

证明 首先，定义一类函数f_R如下，对于任一$R\in M$，令

（1）$\mathrm{dom}\,f_R=\mathrm{ran}\,R$,

（2） $f_R(x)=\mathrm{Sup}\{f_R(y)\mid yRx\wedge y\in\omega\}$.

由R为良序关系，当$x\in\mathrm{ran}R$时$f_R(x)$总是一序数. $\mathrm{ran}f_R$是一序数集合并且是传递的，因而也是一序数.并且$\mathrm{ran}f_R$是由R唯一确定的一个可数序数，或有穷序数.其次

（3） $\mathrm{dom}F=M$,

（4） 并且对于任意的$R\in M$，有

$$F(R)=\mathrm{ran}f_R.$$

由R的性质，$F(R)$总是可数的或有穷的序数，即$F(R)\in\omega_1$.

定理3.10 对于任意的$\alpha\in\omega_1$，都有一R，$R\in M$，使得$F(R)=\alpha$.其中F是定理3.9中引进的类函数.

证明 因为$\alpha\in\omega_1$，即$\overline{\overline{\alpha}}\leqslant\overline{\overline{\omega}}$，换言之，$\alpha$是有穷的，或者是可数的序数.仅需讨论后一种情况. α为一可数序数，即有一双射函数$g:\omega\to\alpha$，亦即，对于任一$\beta\in\alpha$，都有一自然数n，使得$\beta=g(n)$.我们定义ω上一关系R，对于任意的n_1，$n_2\in\omega$，令

$$n_1Rn_2=g(n_1)\in g(n_2).$$

由α的三歧性获得R有三歧性，由α的传递性获得R的传递性，因为α的任一不空子集合都有最小元，所以.R在ω的任一不空子集合上也有极小元，这样，$R\in M$.并且显然有$F(R)=\alpha$.

定理3.11 ω_1是一集合.

证明 因为由定理3.10，我们有$\omega_1=\mathrm{ran}F$，并且因为M是一集合，且$\mathrm{dom}F=M$.由替换原则，获得了欲证结果.

定理3.12 ω_1是一基数.

证明 首先，证明ω_1是一序数，由于ω_1是序数的一集合.我们仅需证明$\omega_1=\bigcup\omega_1$. 为此，只需证明ω_1是传递的并且无最大元.

（1） ω_1是传递的：对于任意的x，y，若$x\in y$且$y\in\omega_1$，因为y是一序数.所以x也是一序数，且$x\subset y$. 这样，$\overline{\overline{x}}\leqslant\overline{\overline{y}}\leqslant\overline{\overline{\omega}}$. 即$x\in\omega_1$.

（2） ω_1无最大元，假定不然，设$\alpha\in\omega_1$，为ω_1的最大元. 这样，$\overline{\overline{\alpha}}\leqslant\overline{\overline{\omega}}$.但是，由此可得$\overline{\overline{\alpha+1}}\leqslant\overline{\overline{\omega}}$并且$\alpha<\alpha+1$.这就与$\alpha$为$\omega_1$的

最大元相矛盾.

其次，我们来证明ω_1满足定义3.5.假定不然，即ω_1是一可数序数，即$\overline{\overline{\omega_1}} \leqslant \overline{\overline{\omega}}$.由定义3.6，就有$\omega_1 \in \omega_1$.这与定理1.23相矛盾.所以，$\omega_1$是基数.

§4 大于ω_1的基数

定义3.8 对于任意的序数α，令

$$\omega_{\alpha+1} = \{\beta \mid \mathbf{On}(\beta) \wedge \overline{\overline{\beta}} \leqslant \overline{\overline{\omega_\alpha}}\},$$

并且当λ为极限序数时，令$\omega_\lambda = \bigcup_{\alpha<\lambda} \omega_\alpha$.

定理3.13 对于任意给定的一序数α，ω_α是一基数.

证明 当α为后继序数时，即有序数β使得$\alpha = \beta + 1$.此时，我们假定ω_β为一基数.使用定义3.8并且仿ω_1为一基数的证明方法，可获得$\omega_{\beta+1}$为一基数.这样，我们不仅要证明$\omega_{\beta+1}$是一集合，而且还要证明它是一开始序数.首先，令R为ω_β内的一良序关系.由此，$\mathrm{dom}R$是一集合.我们可以做一函数f_R使得

（1）$\mathrm{dom} f_R = \mathrm{ran} R$,

（2）对于任一$x \in \mathrm{dom} f_R$，令

$$f_R(x) = \sup\{f_R(y) \mid yRx \wedge y \in \omega_\beta\}.$$

由于R为一良序关系，当$x \in \mathrm{dom} f_R$即$x \in \mathrm{ran} R$时，$f_R(x)$为一序数.并且$\mathrm{ran} f_R$是由R唯一确定的ω_β型序数α_1（即$\overline{\overline{\alpha_1}} \leqslant \overline{\overline{\omega_\beta}}$并且$\alpha_1$是一序数）.

其次，令

$$M = \{R \mid R\text{是}\omega_\beta\text{内的一良序关系}\}.$$

并且由于$M \subset \mathscr{P}(\omega_\beta \times \omega_\beta)$和良序关系的性质，使用子集合分离原则，可获得$M$是一集合.做一函数$F$，使得

（1）$\mathrm{dom} F = M$,

（2）对于任意的$R \in M$，有

$$F(R) = \mathrm{ran} f_R,\ \text{即} \langle R, \mathrm{ran} f_R \rangle \in F.$$

这样，对于任一$R \in M$,$F(R)$都是ω_β型的一序数,即

$F(R) \in \omega_{\beta+1}$。由此，仿$\omega_1$的证法可得欲证结果.

当α为一极限序数时，假定对于所有的序数$\beta<\alpha$,ω_β都是已确定的基数.并且我们已经有：

$$\beta_1<\beta_2<\alpha \to \omega_{\beta_1}<\omega_{\beta_2}.$$

这时，我们令

$$\omega_\alpha = \bigcup_{\beta<\alpha} \omega_\beta$$

$$= \bigcup \{\omega_\beta \mid \beta<\alpha\}.$$

显然，ω_α是一序数.因为对于任一序数$\gamma<\omega_\alpha$，有序数β，使得$\gamma \in \omega_\beta \wedge \beta<\alpha$。因此$\overline{\overline{\gamma}} \leqslant \overline{\overline{\omega}}_\beta$，并且有$\beta_1$使得

$$\beta<\beta_1, \quad \overline{\overline{\gamma}} \leqslant \overline{\overline{\omega}}_\beta < \omega_{\beta_1}.$$

因此，有$\overline{\overline{\gamma}}<\overline{\overline{\omega}}_\alpha$这就完成了$\omega_\alpha$是一基数的证明.

综上，并使用超穷归纳法，就完成了欲证结果.

对于基数ω_α，今后在它与其它序数β相比较时，我们直接写做$\omega_\alpha=\overline{\overline{\beta}}$，或$\omega_\alpha<\overline{\overline{\beta}}$或$\overline{\overline{\beta}}<\omega_\alpha$，而不再写做$\overline{\overline{\omega}}_\alpha$. 这样，对于任一序数$\alpha$，都有基数$\omega_\alpha$.由定理3.12，我们直接获得$\omega_0<\omega_1$. 这里小于关系$<$是基数的小于关系，并且，一般地说，对于任意的序数$\alpha$，$\beta$，当$\alpha<\beta$时，都有$\omega_\alpha<\omega_\beta$.这样，由序数的线序性就直接获得了基数的线序性. 因此，我们可以把所有的无穷基数按从小到大的次序排列为

$$\omega_0,\ \omega_1,\ \omega_2,\ \omega_3,\ \cdots\cdots, \omega_\omega,\ \cdots\cdots,\ \omega_\alpha,\ \cdots\cdots. \quad (3.9)$$

在文献中，也常常把(3.9)写为，

$$\aleph_0,\ \aleph_1,\ \aleph_2,\ \aleph_3,\ \cdots,\ \aleph_\omega,\ \cdots\cdots,\ \aleph_\alpha, \cdots\cdots. (3.10)$$

亦即$\aleph_\alpha=\omega_\alpha$.其中$\aleph$读做阿列夫. 我们常常用$\kappa$或$\kappa_\alpha$，$\kappa_\beta$等表示基数.

注记3.1　对于任意的序数α，β，都有

$$\alpha<\beta \to \aleph_\alpha < \aleph_\beta$$

成立.

§5 基数的三歧性

由定义3.5，我们知道，一基数是满足特定性质的序数.这一性质就是按一一对应的标准对序数进行分类时，各类中那个最小的序数作为代表，就称为基数.或者说，开始序数就是基数.以ω_0与ω_1为例，ω_0是最小的无穷序数，ω_1是第一个不可数的序数.在它们之间还存在着无穷多个序数.这就是$\omega+1$，$\omega+2$，…….$\omega\cdot2$，……，$\omega\cdot\omega$，……，ω^{ω}，……等等.并且任一序数都是由小于它的所有序数所组成，特别地ω_1是由所有的有穷序数和所有可数序数所组成.对于任意的两个基数ω_α与$\omega_{\alpha+1}$也有类似的情况.这样，由序数的三歧性，表面上看自然也有基数的三歧性了.但是，应当注意，基数的三歧性与序数的三歧性含义是不同的.作为序数的小于关系<是由$\in$定义的，亦即$\alpha<\beta$等价于$\alpha\in\beta$.而作为基数的小于关系<是使用了存在内射函数而又不存在双射函数定义的.也就是说：$\kappa_1<\kappa_2$等价于$\bar{\bar{\kappa}}_1\leqslant\bar{\bar{\kappa}}_2\wedge\bar{\bar{\kappa}}_1\neq\bar{\bar{\kappa}}_2$，其中$\bar{\bar{\kappa}}_1\leqslant\bar{\bar{\kappa}}_2$是说存在单射函数$f\in\mathscr{P}(\kappa_1\times\kappa_2)$使得$f:\kappa_1\rightarrow\kappa_2$。$\bar{\bar{\kappa}}_1\neq\bar{\bar{\kappa}}_2$是说，不存在双射函数$g\in\mathscr{P}(\kappa_1\times\kappa_2)$，使得$g:\kappa_1\rightarrow\kappa_2$，基数的三歧性可以依据定理3.12与3.13直接获得.这就是下述定理：

定理3.14 对于任意的基数κ_1与κ_2，我们有

$$\kappa_1<\kappa_2,\quad \kappa_1=\kappa_2,\quad \kappa_2<\kappa_1$$

三式中恰好一个成立.

从式（3.9）来看，对于任意的两个基数κ_1与κ_2而言，都有序数α与β，使得

$$\kappa_1=\omega_\alpha \text{且} \kappa_2=\omega_\beta$$

成立，这样由序数α与β的三歧性就决定了相应的基数ω_α与ω_β亦即κ_1与κ_2的三歧性了.

§6 共 尾 性

定义3.9 一函数f，如果它同时满足下述三条件

（1）$\mathrm{dom} f\in\mathbf{On}$，即$f$的定义域为某一序数，

（2）$\text{ran}f \subset \mathbf{On}$，即 f 取序数值，

（3）$\forall\alpha\in\text{dom}f\,\forall\beta\in\text{dom}f(\alpha<\beta\rightarrow f(\alpha)<f(\beta))$ 时，则称 f 为**一严格单调递增的序数函数**，并记做 $\text{Smo}(f)$。

定义3.10 对于任意的序数α与β，如果$\beta\leqslant\alpha$，并且存在一个由β到α的严格单调递增的序数函数f，使得α的每一元都小于或等于$\text{ran}f$中的某一元，则称序数α是**共尾**于序数β的，并记做$\text{cof}(\alpha,\beta)$。

例3.3 若$\alpha\in\boldsymbol{K}_{\text{I}}$，即$\alpha$是一后继序数，则$\text{cof}(\alpha,1)$。因为$1\leqslant\alpha$，且设$\alpha=\beta^{+}$并且令$f(0)=\beta$。显然$f$满足定义3.9的条件（1）—(3)和定义3.10的条件。

从例3.3看出，任一序数$\alpha\in\boldsymbol{K}_{I}$，都有$\alpha$共尾于1，这样看共尾的概念对后继序数是没有什么意义的。因此，有些学者在讨论共尾概念时仅考虑极限序数。我们认为虽然对后继序数不会有什么有趣的结果，但定义广一些，然后将重点再集中于极限序数，这样，对两大类序数的理解是有益的。

例3.4 $\text{cof}(\omega\cdot2,\omega)$。因为令函数$f$满足$\text{dom}f=\omega$，且对于任一$n\in\omega$，$f(n)=\omega+n$。这时，$\text{ran}f=\{\omega+n|n\in\omega\}$，因此，有$\text{ran}f\subset\mathbf{On}$。并且有$\text{Smo}(f)$成立，定义3.10的条件也是满足的。

例3.5 $\text{cof}(\aleph_{\omega},\omega)$。此时，取函数$f$为

（1）$\text{dom}f=\omega$，

（2）对于每一$n\in\omega$，$f(n)=\aleph_{n}$。

不难验证，f满足共尾的条件。

例3.6 $\text{cof}(0,0)$并且$\text{cof}(\alpha,0)\rightarrow\alpha=0$。

定理3.15 若$\text{cof}(\alpha,\beta)$，则$\alpha\in\boldsymbol{K}_{\text{II}}\longleftrightarrow\beta\in\boldsymbol{K}_{\text{II}}$。

证明 假定$\text{cof}(\alpha,\beta)$且$\alpha\in\boldsymbol{K}_{\text{II}}$(即$\alpha$是一极限序数)。若$\beta\in\boldsymbol{K}_{\text{I}}$，有序数$\beta_1$，使得$\beta=\beta_1{}^{+}$。并且$f$是使$\alpha$共尾于$\beta$的函数，令$\alpha_1\in\alpha$，$f(\beta_1)=\alpha_1$，这时由$\alpha\in\boldsymbol{K}_{\text{II}}$，有$\alpha_2\in\alpha$，且$\alpha_1<\alpha_2$。因此应有$\beta_2\in\beta$，使得$f(\beta_2)=\alpha_2$。然而，这是不可能的(因为$\beta_2\leqslant\beta_1$且$f$是严格单调递增的)。因此，不能有$\beta\in\boldsymbol{K}_{\text{I}}$，并且$\beta$不可能为0，这样，就有$\beta\in\boldsymbol{K}_{\text{II}}$。

另一方面，若 $\beta\in\boldsymbol{K}_{\text{II}}$. f是使序数α共尾于β的函数．这样，对于任一$\alpha_1\in\alpha$，都还应当有 $\alpha_2\in\alpha$且$\alpha_1<\alpha_2$，亦即α应当是一极限序数．这是因为对于α_1，应当有 $\beta_1\in\beta$，使得$f(\beta_1)=\alpha_1$，由f的性质和 $\beta\in\boldsymbol{K}_{\text{II}}$，就应有$\beta_2\in\beta$，且 $\beta_1<\beta_2$．这样，$f(\beta_2)\in\alpha$，且 $f(\beta_1)<f(\beta_2)$．令$\alpha_2=f(\beta_2)$．这就完成了定理的证明．

定理3.16 对于任意的序数α，$\beta\in\boldsymbol{K}_{\text{II}}$，若 $\mathrm{cof}(\alpha,\beta)$，则有一函数$f$，$\mathrm{dom}f=\beta$，使得

$$\alpha=\bigcup(\mathrm{ran}f). \tag{3.11}$$

证明 令f使序数α共尾于序数β，由定义，就有$\mathrm{dom}f=\beta$，并且对于任意的序数β_1，我们有：

$$\begin{aligned}\beta_1\in\alpha &\longleftrightarrow \beta_1<f(\beta_2)\wedge\beta_2\in\beta,\quad(\text{有一}\beta_2)\\ &\longleftrightarrow \beta_1\in f(\beta_2)\wedge f(\beta_2)\in\mathrm{ran}f,\\ &\longleftrightarrow \beta_1\in\beta_3\wedge\beta_3\in\mathrm{ran}f,\quad(\beta_3=f(\beta_2))\\ &\longleftrightarrow \beta_1\in\bigcup(\mathrm{ran}f).\end{aligned}$$

由于β_1的任意性，使用外延原则，欲证结果成立．

这一定理告诉我们，对极限序数而言，α共尾于β的概念是，虽然$\beta<\alpha$，但是有一定义在β上的函数f，f的取值由下边逼近于α，f的值域（即$\mathrm{ran}f$）虽然可以是α的真子集合，但是它的并恰好就是α．

定理3.17 对于任意的序数α，都有 $\mathrm{cof}(\alpha,\alpha)$，亦即 cof具有自反性质．

证明 令$f=\{\langle\beta,\beta\rangle\mid\beta\in\alpha\}$，此时$\mathrm{dom}f=\alpha$，并且 $f(\beta)=\beta$，$\beta\in\alpha$，显然有欲证结果成立．

由定理3.17，对于任意的序数α，都存在β，使得 $\mathrm{cof}(\alpha,\beta)$成立．

定理3.18 对于任意的序数α_1，α_2，α_3，我们有

$$\mathrm{cof}(\alpha_1,\alpha_2)\wedge\mathrm{cof}(\alpha_2,\alpha_3)\to\mathrm{cof}(\alpha_1,\alpha_3),$$

亦即 cof 具有传递性．

证明 令f是使α_1共尾于α_2的函数，且g是使α_2共尾于α_3的函数，令$h=f\circ g$．不难验证，h是使α_1共尾于α_3的函数．

定理3.19 对于任意的序数α，我们有

$$\alpha \in K_{\mathrm{II}} \longrightarrow \mathrm{cof}(\aleph_\alpha, \alpha).$$

证明 令

$$f = \{ \langle \beta, \aleph_\beta \rangle \mid \beta \in \alpha \}.$$

不难验证，f是使序数$\aleph_\alpha$共尾于序数α的函数.

定理3.20 若集合$s \subset \mathbf{On}$，则有一序数α和一个一对一的函数f，使得$\mathrm{dom} f = \alpha$，$\mathrm{ran} f = s$，且对于任意的序数α_1，$\alpha_2 \in \alpha$，都有

$$\alpha_1 \in \alpha_2 \longleftrightarrow f(\alpha_1) \in f(\alpha_2). \qquad (3.12)$$

证明 对于任意$\beta \in s$，令

$$g(\beta) = \mathrm{Sup}\{ g(\beta_1) \mid \beta_1 < \beta \wedge \beta_1 \in s \}.$$

由于s具有三岐性，$g(\beta)$为一序数并且$\mathrm{ran} g$也是一序数. 令$f = g^{-1}$且$\alpha = \mathrm{ran} g$，这时有$\mathrm{dom} f = \alpha$，并且式（3.12）成立.

定理3.21 对于任意的序数α, β，如果$\beta \leqslant \alpha$，并且存在一函数$f: \beta \to \alpha$满足条件：对于任意的$\alpha_1 \in \alpha$，都有$\beta_1 \in \beta$，使得$\alpha_1 \leqslant f(\beta_1)$，则有一序数$\beta_0 \in \beta^+$，$\alpha$共尾于$\beta_0$。即有$\mathrm{cof}(\alpha, \beta_0)$成立. 形式地，就是

$$\forall \alpha \forall \beta (\beta \leqslant \alpha \wedge \exists f(\mathrm{dom} f = \beta \wedge \mathrm{ran} f \subset \alpha$$
$$\wedge \forall \alpha_1 \in \alpha \exists \beta_1 \in \beta(\alpha_1 \leqslant f(\beta_1))) \to \exists \beta_0 \in \beta^+(\mathrm{cof}(\alpha, \beta_0))).$$

证明 如果令

$$s = \{ \beta_1 \mid \beta_1 \in \beta \wedge \forall \beta_2 \in \beta_1 (f(\beta_2) < f(\beta_1)) \},$$

则$s \subset \beta$. 由定理3.20，有一序数$\beta_0 \leqslant \beta$，和定义在β_0上的一个一对一的函数g，使得对于任意的序数β_1，$\beta_2 \in \beta_0$都有

$$\beta_1 \in \beta_2 \longleftrightarrow g(\beta_1) \in g(\beta_2).$$

令 $h = f \circ g$，因此，$h: \beta_0 \to \alpha$，为了证明h是严格单调递增的. 我们注意到，若$\beta_1 < \beta_2 < \beta_0$，则有$g(\beta_1) < g(\beta_2)$，$h(\beta_1) \in \alpha$，且$h(\beta_2) \in \alpha$. 由$s$的定义，可获得

$$f(g(\beta_1)) < f(g(\beta_2)).$$

亦即 $h(\beta_1) < h(\beta_2)$. 因此，h是严格单调递增的.

另一方面，因为由题设，$\forall \alpha_1 \in \alpha \exists \beta_1 \in \beta (f(\beta_1) \geqslant \alpha_1)$ 成立.

这就获得有满足这一条件的最小的序数 β_1。因为$\beta_1\in s$，并且还有

$$\exists\beta_2\in\beta_0(g(\beta_2)=\beta_1),$$

而且
$$h(\beta_2)=f(g(\beta_2))=f(\beta_1)\geqslant\alpha_1$$

所以，α共尾于 β_0。

定理3.22 对于任意的序数α，β，如果$\beta\leqslant\alpha$并且$\bar{\bar{\beta}}=\bar{\bar{\alpha}}$，则存在一序数$\beta_0\in\beta^+$，使得$\mathrm{cof}(\alpha,\beta_0)$ 成立。

证明 如果$\bar{\bar{\beta}}=\bar{\bar{\alpha}}$，则存在一个一对一的函数$f$，使得$\mathrm{dom}f=\beta$，$\mathrm{ran}f=\alpha$，并且这样就有对于任一$\alpha_1\in\alpha$，有$\beta_1\in\beta$使得$f(\beta_1)=\alpha_1$。由此，使用定理3.21就有$\beta_0\in\beta^+$使得 $\mathrm{cof}(\alpha,\beta_0)$ 成立。

定理3.23 对于任意的序数 α，β_1，β_2，如果 $\beta_1\leqslant\beta_2$ 且$\mathrm{cof}(\alpha,\beta_1)$，与$\mathrm{cof}(\alpha,\beta_2)$成立，则有一序数$\beta_0\in\beta_1{}^+$使得$\mathrm{cof}(\beta_2,\beta_0)$成立。

证明 由前提，有严格单调递增的函数 f，g使得

$$g:\beta_1\to\alpha\text{且}\forall\alpha_1\in\alpha\exists\beta_3\in\beta_1(g(\beta_3)\geqslant\alpha_1), \tag{3.13}$$

$$f:\beta_2\to\alpha\text{且}\forall\alpha_2\in\alpha\exists\beta_4\in\beta_2(f\beta_4)\geqslant\alpha_2). \tag{3.14}$$

特别地，若$\beta_4<\beta_1$，则$g(\beta_4)<\alpha$，并且，这样有$\beta_5\in\beta_2$，使得$f(\beta_5)\geqslant g(\beta_4)$ 成立。因此，存在着这样的最小β_5。

如果令$F(\beta_4)$ 为使得 $f(\beta_5)\geqslant g(\beta_4)$ 成立的最小的 β_5（其中$\beta_4\in\beta_1$），则F为β_1到β_2的函数。我们希望证明 $\forall\beta_6\in\beta_2\exists\beta_7\in\beta_1(F(\beta_7)\geqslant\beta_6)$成立。为了这一目的，我们注意到如果$\beta_6\in\beta_2$，则$\beta_6\leqslant f(\beta_6)<\alpha$。所以，存在$\beta_7\in\beta_1$使得$g(\beta_7)\geqslant f(\beta_6)$。因为$f$是严格单调递增的，如果$\beta_5\in\beta_7$，则 $f(\beta_5)<f(\beta_7)\leqslant g(\beta_6)$。这样，那个最小的序数$\beta_5$，对于 $f(\beta_5)\geqslant g(\beta_6)$ 是大于或等于β_6。这就是：$F(\beta_6)$为使得 $f(\beta_5)\geqslant g(\beta_6)\geqslant\beta_7$ 成立的最小的序数β_5。由定理 3.21获得有$\beta_0\in\beta_1{}^+$使得 $\mathrm{cof}(\beta_2,\beta_0)$ 成立。

定义3.11 对于任意的序数α，使得 $\mathrm{cof}(\alpha,\beta)$ 成立的最小的序数β叫做α的**共尾性的特征数**，并记做 $\mathrm{cf}(\alpha)$。

引理3.24 对于任意的序数α，我们有

（1）$\mathrm{cf}(\alpha)\leqslant\alpha$，

（2）$\mathrm{cf}(\alpha+1)=1$，

（3）$\mathrm{cof}(\alpha,\mathrm{cf}(\alpha))$.

由定义3.11，此引理是显然的.证明从略.

例3.7 $\mathrm{cf}(0)=0$，$\mathrm{cf}(\omega)=\omega$，$\mathrm{cf}(\omega\cdot 2)=\omega$.

定理3.25 对于任一序数α，$\mathrm{cf}(\alpha)$ 是一基数.

证明 假定 $\beta=\mathrm{cf}(\alpha)$，为了证明 β是基数，我们仅需证明对于任意的序数 β_1，若 $\overline{\overline{\beta_1}}=\overline{\overline{\beta}}$，则有$\beta\leqslant\beta_1$成立.假定不然，即 $\beta_1<\beta$，由定理3.22，有序数 $\beta_2\leqslant\beta_1$使得 $\mathrm{cof}(\beta,\beta_2)$ 成立.但由此就获得了$\beta\leqslant\beta_2\leqslant\beta_1$.这就获得了一个矛盾.这就完成了欲证结果.

§7 正则基数与奇异基数

定义3.12 令

$$\mathbf{Car}=\{\omega_\alpha \mid \alpha\in\mathbf{On}\}$$

$$\mathbf{Ca}=\omega\cup\mathbf{Car}.$$

不难证明，**Car**，**Ca**都是真类，并且 $\mathbf{On}=\bigcup\mathbf{Ca}$.

定理3.26 $\forall\alpha(\alpha\in\mathbf{Car}\to\mathrm{cf}(\alpha)\in\mathbf{Car})$.

证明 因为若 $\alpha\in\mathbf{Car}$，则 $\alpha\in\boldsymbol{K}_{\mathrm{II}}$，又因为 $\mathrm{cof}(\alpha,\mathrm{cf}(\alpha))$成立.由定理3.15，获得$\mathrm{cf}(\alpha)\in\boldsymbol{K}_{\mathrm{II}}$.这样，$\omega\leqslant\mathrm{cf}(\alpha)$.并且由定理3.25，获得了 $\mathrm{cf}(\alpha)\in\mathbf{Car}$.

定理3.27 $\alpha\in\boldsymbol{K}_{\mathrm{II}}\to\mathrm{cf}(\alpha)=\mathrm{cf}(\aleph_\alpha)$.

证明 因为$\alpha\in\boldsymbol{K}_{\mathrm{II}}$，由定理3.19，有 $\mathrm{cof}(\aleph_\alpha,\alpha)$成立.即$\aleph_\alpha$共尾于$\alpha$.又因为$\alpha$ 共尾于 $\mathrm{cf}(\alpha)$，由定理 3.18从而获得$\aleph_\alpha$共尾于$\mathrm{cf}(\alpha)$.所以，我们有

$$\mathrm{cf}(\aleph_\alpha)\leqslant\mathrm{cf}(\alpha). \tag{3.15}$$

另一方面，$\aleph_\alpha$共尾于$\mathrm{cf}(\aleph_\alpha)$，且$\aleph_\alpha$共尾于 $\mathrm{cf}(\alpha)$ 由定理3.23，就有一序数 $\beta\leqslant\mathrm{cf}(\aleph_\alpha)$ 使得 $\mathrm{cof}(\mathrm{cf}(\alpha),\beta)$ 成立.但是α共尾于$\mathrm{cf}(\alpha)$，这样就获得α共尾于β.因此我们 有

$$\mathrm{cf}(\alpha)\leqslant\beta\leqslant\mathrm{cf}(\aleph_\alpha), \tag{3.16}$$

由式（3.15）与（3.16），定理3.27证毕.

定义3.13 对于任意的无穷基数κ，如果 $\mathrm{cf}(\kappa)=\kappa$，则称$\kappa$为**正则基数**.如果 $\mathrm{cf}(\kappa)<\kappa$，则称$\kappa$为**奇异基数**.

例3.8 $\aleph_\omega$是一奇异基数.因为$\aleph_\omega$共尾于ω，并且$\mathrm{cf}(\aleph_\omega)=\omega<\aleph_\omega$.事实上，$\aleph_{\omega\cdot 2}$，$\aleph_{\omega\cdot 3}$，$\aleph_{\omega\cdot 4}$，$\aleph_{\omega^2}$等等都是奇异基数.因为，$\mathrm{cf}(\aleph_0)=\aleph_0$.因此，$\aleph_0$为一正则基数.

定理3.28 $\aleph_1$为一正则基数.

证明 假定$\aleph_1$是一奇异基数，也就是，假定$\mathrm{cf}(\aleph_1)<\aleph_1$，因为，有$\mathrm{cof}(\aleph_1, \mathrm{cf}(\aleph_1))$成立.又因为$\mathrm{cf}(\aleph_1)\in\mathbf{Car}$，所以，$\mathrm{cf}(\aleph_1)=\aleph_0$.这样，有一个一对一的单调递增的函数$f$，使得

$$f: \aleph_0 \longrightarrow \aleph_1, \tag{3.17}$$

且

$$\aleph_1=\bigcup \mathrm{ran} f. \tag{3.18}$$

由于，对于任一α，$\alpha\in\aleph_0$，都有$f(\alpha)<\aleph_1$，所以，$f(\alpha)$是一可数序数，即$\overline{\overline{f(\alpha)}}\leqslant\aleph_0$.这样，我们有$\bigcup\mathrm{ran}f$为可数个至多可数序数的并，并且总有$\alpha_0\in\aleph_0$，使得$\overline{\overline{f(\alpha_0)}}=\aleph_0$，所以，我们有$\overline{\overline{\bigcup\mathrm{ran}f}}=\aleph_0$.这与式（3.18）相矛盾.因此，$\aleph_1$不能是奇异基数.从而获得了定理3.28的证明.

注记3.2 除了$\aleph_0$，$\aleph_1$外，还有正则基数吗？在第五章，我们将要证明，对于任意的$\alpha\in\boldsymbol{K}_{\mathrm{I}}$，$\aleph_\alpha$都是正则的.若$\alpha\in\boldsymbol{K}_{\mathrm{II}}$，$\aleph_\alpha$共尾于$\alpha$，因此，有$\mathrm{cf}(\aleph_\alpha)\leqslant\alpha$成立.由于我们已有$\alpha\leqslant\aleph_\alpha$，并且当$\alpha<\aleph_\alpha$时.$\aleph_\alpha$是奇异的，是否有$\alpha$，使得$\alpha=\aleph_\alpha$成立呢？若有这样的$\aleph_\alpha$，它是奇异的呢？还是正则的呢？后者要求$\alpha=\mathrm{cf}(\alpha)$成立.

§8 弱不可达基数

定理3.29 若s为一不空集合，并且令

$$f: s \longrightarrow \mathbf{Ca},$$

则$\bigcup\mathrm{ran}f$是一基数.

证明 由s是一集合，据替换原则，$\mathrm{ran}f$是一集合.并且是一序数集合.这样，$\bigcup\mathrm{ran}f$是序数.令$\beta=\bigcup\mathrm{ran}f$，就有$\overline{\overline{\beta}}\leqslant\beta$.我们希望去证明$\beta=\overline{\overline{\beta}}$.若不然，即$\overline{\overline{\beta}}<\beta$.则有一$x\in s$，使得$\overline{\overline{\beta}}<f(x)$且$f(x)\in\mathrm{ran}f$.因此$f(x)\leqslant\beta$，并且又因为$f(x)\in\mathbf{Ca}$,所以，

$f(x)=\overline{\overline{f(x)}}\leqslant\bar{\beta}$。这就产生了一个矛盾：$\bar{\bar{\beta}}<f(x)$与$f(x)\leqslant\bar{\bar{\beta}}$同时成立。因此，获得了欲证结果成立。

定理3.30 若s为一不空集合，并且令

$$f:s\longrightarrow \mathbf{Ca},$$

且有一$x\in s$，使得$f(x)$为无穷基数。即$f(x)\in \mathbf{Car}$ 则$\bigcup \mathrm{ran}f$ 为一无穷基数，即

$$\bigcup \mathrm{ran}f\in \mathbf{Car}.$$

证明 由定理3.29，$\bigcup \mathrm{ran}f\in \mathbf{Car}$，并且对于 $x\in s$。由题设，$f(x)\in \mathbf{Car}$且$f(x)\leqslant\bigcup \mathrm{ran}f$。欲证结果成立。

定理3.31 存在一序数α，使得

$$\alpha=\aleph_\alpha$$

成立。

证明 现在我们定义一函数h，使得

$$h:\omega\rightarrow \mathbf{Car}$$

且

$$h(0)=\aleph_0,$$

$$h_{(n+1)}=\aleph_{h(n)}\qquad (n\in\omega)$$

成立。由定理3.30，我们有 $\bigcup \mathrm{ran}h\in \mathbf{Car}$。因此，有$\alpha\in \mathbf{On}$，使得$\aleph_\alpha=\bigcup \mathrm{ran}h$并且$\alpha\leqslant\aleph_\alpha$。假定$\alpha<\aleph_\alpha$。因此，就存在$n\in\omega,\alpha<h(n)$。由注记3.1，就有

$$\aleph_\alpha<\aleph_{h(n)}=h_{(n+1)}\leqslant\aleph_\alpha,$$

这一矛盾，说明了$\alpha=\aleph_\alpha$

定义3.14 一基数$\aleph_\alpha$，如果 $\alpha\in \boldsymbol{K}_{\mathrm{II}}$ 且$\aleph_\alpha$是正则的（即$\mathrm{cf}(\aleph_\alpha)=\aleph_\alpha$），则称$\aleph_\alpha$ 是弱不可达的。

注记3.3 是否存在弱不可达基数呢？这是一个尚未解决的问题。也就是说如像定理3.31中的序数α，我们不知道是否有$\mathrm{cf}(\alpha)=\alpha$成立。

§9 序数的划分与良序集合的划分

我们已经指出，基数是对序数按它们是否存在双射函数所作的分类，由于双射函数的性质，容易获得这种分类还具有三个性

质.自反的，（即任一序数α都与α是一一对应的），传递的（若α与β是一一对应的，β与γ是一一对应的，则α与γ也是一一对应的）和对称的（若α与β是一一对应的，则β与α是一一对应的）.具有这三性质的分类也常称为等价类或划分，由序数的性质和子集合分离原则，我们指出，每一个划分都是一集合，在这些划分（序数集合）中，按序数的自然次序（即$\in$关系），那个最小的序数称为基数.按照这种划分，每一个序数α都属于某一划分，该划分的最小序数（开始序数），就称为α的基数.也就是说，每一序数都有它的基数，即它的代表.

在序数的上述划分中，每一有穷序数（自然数）所对应的划分中，都恰有一个元素，就是和它们相对应的那个自然数.而每一无穷序数所对应的划分都是序数的无穷集合.对此，我们引进下一定义.

定义3.15 对于任意的序数集合s和基数$\beta\in s$，如果满足条件：

（1）若$x\in s$，则$\beta\in x$或$\beta=x$；

（2）若α是大于β的那个最小基数，则$\forall x\in\alpha(\beta\leqslant x\rightarrow x\in s)$，那么我们称$s$为序数的一截段（**$\beta$的上截段**）.

对于有穷序数，我们可以看作它们都是退化了的（退化到一点）截段.这样，每一截段都有唯一的基数与之对应，并且反之亦然，序数的截段与基数是一一对应的.

定义3.16 对于任意的序数α、β，我们称集合

$$\{x|(x=\alpha\vee\alpha\in x)\wedge x\in\beta\}$$

为序数α到β之间的一段，并记做$\mathrm{Seg}(\alpha,\beta)$.

显然，当$\alpha=0$时，$\mathrm{Seg}(0,\beta)$是β的前节，当$\beta\leqslant\alpha$时，$\mathrm{Seg}(\alpha,\beta)$是空集合$\varnothing$.显然，对于任意的序数$\alpha,\beta$，$\langle\mathrm{Seg}(\alpha,\beta),\in\rangle$都是一良序结构.

定理2.49 已经指出，任意的良序集合，都有一序数与之同构，在我们对序数作进一步分析时，就不难看出，与任一序数α同构的良序集合进行汇合时，可以获得这是一个类.也就是说，对于

任意的序数α，我们有类

$$\{s\mid\exists R(R\text{良序}s\wedge \mathrm{Iso}(s,\alpha,R,\in))\},\qquad(3.19)$$

并且可以把这一类记做$\mathbf{Is}(\alpha)$，这样就对良序集合作了一种分类，容易证明这些类都是不空的，并且分类的原则是存在保存的函数，这样，这种分类的原则就说明分类的类关系是自反的，传递的和对称的.这就对良序集合作了一个等价的划分.

定理3.32 对于每一序数α，类$\mathbf{Is}(\alpha)$都是真类.

证明从略.

基数是对序数的划分,每一划分都是序数的一截段,无穷基数对应的截段本身也是一无穷集合.每一序数,又是一类良序集合的代表.这样，基数也就是若干类良序集合的代表了.具体地说，对于每一良序集合s，都有唯一的序数α，使得它们是同构的，而序数α有它的相应的基数K，即$K=\bar{\bar{\alpha}}$，这时，我们也可以说，K是良序集合s的基数.

由上述基数对于良序集合的分类过程，所使用的类关系也是自反的，传递的和对称的，所以，基数对良序集合的分类也是一种划分,基数只是这种划分的代表而已.这里我们再次看到分类、划分并且进而选择代表的方法是数学中一个常用的基本方法.

§10 On与Ca的同构性

定义3.17 任一类C，和关系$R\subset C\times C$，R是传递的，三歧的，对于C的任一不空子类C_0，在C_0中都有一R首元素，并且如果C对于R是左狭窄的，亦即对于任一$x\in C$，

$$O_R(x)=\{y\mid y\in C\wedge yRx\}$$

都是一集合，则称关系R是**良序了类C**；

一类C，如果存在一关系R良序了C，则称C是一**良序类**，当C是一真类时，也称C为**良序的真类**.

定理3.33 序数类On是一良序的真类.

证明 仅需指出$\in$良序了On.我们已经知道$\in$对于On是传递的，三歧的且On的任一不空子类中都有首元素，由序数的性

质，显然，On对于$\in$是左狭窄的．这就完成了欲证结果．

定理3.34 所有无穷基数组成的类Car是一真类．

证明 由基数的性质和定义3.12，我们有一类函数 f:On→Car，并且这一函数f是一对一的，即对于任意的α，$\beta\in$On，$\alpha\neq\beta$时，$f(\alpha)=\omega_\alpha$，$f(\beta)=\omega_\beta$ $\omega_\alpha\neq\omega_\beta$ ran$f$=Car．由此，可得f^{-1}：Car→On．且On=ranf^{-1}，因此，若Car是一集合，由替换原则，可得，On是一集合，这是一个矛盾，从而完成了欲证结果．

定理3.35 Ca是一真类．

证明 因为Ca$=\omega\cup$Car，所以，我们有Car=Ca$\dot{-}\omega$，若Ca是一集合，则Car是一集合，从而获得一矛盾，欲证结果成立．

定理3.36 Car是良序的，并且基数的自然次序<良序了Car．

证明 由定义3.5，直接获得基数的自然次序<是传递的，有三歧性的，并且Car的任一不空子类都有首元素（因为序数的任一不空类都有一最小序数，它就是所要求的首元素）．Car的左狭窄性是因为，对于任意的$x\in$Car，我们令

$$O(x)=\{y|y\in \text{Car}\wedge y<x\},$$

由定义3.12，有类函数f:On→Car，因此有序数α，使得$x=\omega_\alpha$，α是集合，这样ran（$f\upharpoonright\alpha$）是一集合，而$O(x)$=ran($f\upharpoonright\alpha$)．这就完成了欲证结果．

定义3.18 令C_1与C_2为两个真类，关系R_1与R_2分别良序了C_1与C_2，如果存在一个一对一的类函数f:$C_1\to C_2$使得对于任意的x，$y\in C_1$，都有

$$xR_1y\to f(x)R_2f(y)$$

成立，则称$\langle C_1,R_1\rangle$与$\langle C_2,R_2\rangle$是**同构的**．

定理3.37 两个良序类On与Car是同构的．

证明 据类函数f的定义，使得对于任意序数α，$f(\alpha)=\omega_\alpha$，这一函数f是保序的，也就是说，对于任意的序数α,β，如果$\alpha<\beta$，则有$\omega_\alpha<\omega_\beta$，亦即$f(\alpha)<f(\beta)$ 因此函数f是保序的．这就得到了欲证结果．

习 题

3.1 令函数 $J:\omega\times\omega\to\omega$ 是如下定义的函数：

$$J(x,y)=\begin{cases}x^2+y, & \text{当}y<x,\\ y^2+y+x, & \text{当}x\leqslant y.\end{cases}$$

证明 （1）J 是 $\omega\times\omega$ 与 ω 的一双射函数；

（2）存在一对一的函数 $K:\omega\to\omega$ 与 $L:\omega\to\omega$，使得对于任意的 $z\in\omega$，都有

$$J(K(z),\ L(z))=z.$$

3.2 给出由习题3.1中函数 J 确定的次序 R，并验证 R 是 $\omega\times\omega$ 上一良序关系.

3.3 令 R 是集合 s 内的一良序关系，定义一函数 f_R 如下：

(1) $\operatorname{dom} f_R=\operatorname{ran}R$,

(2) 对于任一 $x\in\operatorname{dom} f_R$ 令

$$f_R(x)=\operatorname{Sup}\{f_R(y)\mid y\in\operatorname{ran}R\wedge yRx\},$$

证明：

(1) 对于任一 $x\in\operatorname{dom} f_R$，$f_R(x)$ 为一序数；

(2) $\operatorname{ran} f_R$ 是一序数.

3.4 对于任意的集合 s，它的哈拉格斯（Hartogs）数 $H(s)$ 为最小的序数 α 使得不存在从 α 到 s 的单射 f.

证明：

(1) 对于任意集合 s，$H(s)$ 是基数，

(2) 对于任意的序数，$H(\alpha)$ 是大于 α 的最小的基数.

3.5 试证明：

(1) $\mathbf{On}=\bigcup\mathbf{Ca}$,

(2) $\mathbf{On}=\bigcup\mathbf{Car}$.

第四章　秩、递归定理与良基关系

本章前三节建立传递闭包、集合的秩、良基集合与外延集合等概念，第四节建立集合的分层，第五节证明函数相容性定理，给出了从函数簇去构造函数的方法，第六、七节建立了递归定理和超穷递归定理，第八至十节阐述良基概念，第十一节建立同构的一般概念．本章的基本思想是运用序数概念，对集合进行分层处理，建立良基概念，得到一些重要的方法．

§1　传递闭包

在第二章中我们引进了传递集合的概念，它构成序数的一个基本条件，在集合论中，传递集合还有它自身的独立的意义．在第二章中我们已讨论了许多传递集合，任一序数都是一传递集合．当然，有许多集合是不传递的．现在，我们来举二个例子：

例 4.1　$\{2\}$是不传递的．因为$1\in 2$，$2\in\{2\}$，显然，$1\notin\{2\}$，故$\{2\}$是不传递的．

例 4.2　令$s=\{\omega,\ \omega+1,\ \omega+2,\ \cdots\cdots,\ \omega+\omega\}$，显然，$s$也是不传递的，因为，$\omega\in s$，$0\in\omega$，$1\in\omega$，但是$0\notin s$　$1\notin s$，可见，无穷集合也有不传递的．

序数一定是传递集合，但并非一切传递集合都是一序数．

例 4.3　$s=\{0,\ 1,\ \{1\}\}$是一传递集合，但s并非是一序数．

传递集合比序数要广泛一些，但并非一切集合都是传递集合．

虽然如上给的集合$\{2\}$是不传递的．但是，我们可以构造出比它大的传递集合

$$s_1=\{0,1,2,\{2\}\},$$

$$s_2=\{0,\ 1,2,\{2\},\ \{\{2\}\}\}.$$

不难验证，集合s_1与s_2都是传递的，并且有$\{2\}\in s_1$，$\{2\}\in s_2$

与$s_1 \subset_+ s_2$. 对于例4.2中的集合s，我们也可以构造集合

$$s_3 = \{0,1,2,\cdots\cdots,\omega,\omega+1,\cdots\cdots\omega+\omega,s\},$$

$$s_4 = \{0,1,2,\cdots\cdots,\omega,\omega+1,\cdots\cdots\omega+\omega,s,\{s\}\}.$$

不难验证，集合s_3与s_4都是传递的，并且有$s \in s_3$，$s \in s_4$与$s_3 \subset_+ s_4$. 减少s_2的元素到s_1，它仍然传递，且有条件$\{2\} \in s_1$，而如果要求保持把$\{2\}$作为元素条件，再去减少它的元素，那就必然获得不传递的集合．换句话说，s_1具有某种最小性质．类似地，s_3也具有某种最小的性质．为了获得如上所述的具有某种最小性质的集合，我们引进下述定义，建立相应的定理．

对于任意给定的集合x，我们令

$$s_0(x) = \{x\},$$

$$s_{n+1}(x) = \bigcup s_n(x),$$

$$s_\omega(x) = \bigcup_{n \in \omega} s_n(x).$$

定义4.1 对于任意给定的集合x，如果集合y为满足条件$x \in y$的最小传递集合，则称集合y为x的**传递闭包**.

定理4.1 对于任意的集合x，$s_\omega(x)$是x的传递闭包，亦即

（1）$x \in s_\omega(x)$，

（2）$s_\omega(x)$是传递的，

（3）若$x \in y$且y是传递的，则$s_\omega(x) \subset y$.

证明 （1）$x \in \{x\} \subset s_\omega(x)$.

（2）若$z \in s_\omega(x)$，那么就有某一$n \in \omega$，使得$z \in s_n(x)$，这样，若$t \in z$，则$t \in s_{n+1}(x)$，从而$t \in s_\omega(x)$. 亦即$s_\omega(x)$是传递的.

（3）设y是传递的，且$x \in y$，因此$s_0(x) \subset y$，若$s_n(x) \subset y$，那么由y的传递性，就意味着$s_{n+1}(x) \subset y$，这就有$s_\omega(x) \subset y$. 这就完成了定理4.1的证明.

显然，例4.1中集合$\{2\}$的传递闭包是s_1，例4.2中s的传递闭包是s_3.

例 4.4 令$s = \{\omega,\{\omega,\{\omega\}\}\}$，求其传递闭包$s_\omega(s)$.

解 $s_0 = \{s\} = \{\{\omega,\{\omega,\{\omega\}\}\}\}$,

$s_1=\bigcup s_0=s$,

$s_2=\{0,1,\cdots\cdots,\omega,\{\omega\}\}$,

$s_3=\bigcup s_2=\{0,1,\cdots\cdots,\omega\}$, （即$\omega+1$）

$s_4=\bigcup s_3=\omega$.

因为当 $i\in\omega$, 且$4\leqslant i$ 时，s_i 恒为 ω.所以，我们有：

$$s_\omega(s)=\bigcup_{n\in\omega}s_n$$

$$=\{0,1,\cdots\cdots,\omega,\{\omega\},\{\omega,\{\omega\}\},\{\omega,\{\omega,\{\omega\}\}\}\}.$$

例 4.5 令$s=\{0,1,\cdots\{\{\omega\}\}\}$求其传递闭包$s_\omega(s)$.

解： $s_0=\{s\}=\{\{0,1,\cdots\cdots,\{\{\omega\}\}\}\}$,

$s_1=\bigcup s_0=s$,

$s_2=\bigcup s_1=\{0,1,\cdots\cdots,\{\omega\}\}$,

$s_3=\bigcup s_2=\{0,1,\cdots\cdots,\omega\}$, （即$\omega+1$）

$s_4=\bigcup s_3=\omega$.

当$i\in\omega$且$4\leqslant i$时，s_i恒为ω，所以，我们有

$$s_\omega=\bigcup_{i\in\omega}s_i$$

$$=\{0,1,\cdots\cdots,\omega,\{\omega\},\{\{\omega\}\},\{0,1,\cdots\cdots,\{\{\omega\}\}\}\}.$$

例4.4中的 s 是一有穷集合，它的传递闭包为一无穷集合．由定理4.1，对于任意的集合 x，它的传递闭包总是存在的，也就是$s_\omega(x)$.任意的集合 x，它的传递闭包在 ω 步内总是可以获得的.这两个例子说明了，求传递闭包的运算过程与方法.

§2 集合的秩与良基集合

定义4.2 令s是一传递集合，我们定义s的秩函数rnk如下：

（1）$\mathrm{dom}(\mathrm{rnk})=s$,

（2）$\mathrm{ran}(\mathrm{rnk})\subset\mathbf{On}$,

（3）对于任意的$x\in s$,

$$\mathrm{rnk}(x)=\mathrm{Sup}\{\mathrm{rnk}(y)\mid y\in x\wedge y\in s\}.$$

例 4.6 令$s_1=\{0,1,2,\{2\}\}$，显然，这是一传递集合.对于任一$x\in s_1$，我们可以按下述步骤求出$\mathrm{rnk}(x)$ 的值：

$$\begin{aligned}
\mathrm{rnk}(0) &= 0,\\
\mathrm{rnk}(1) &= \mathrm{Sup}\{\mathrm{rnk}(y) \mid y\in 1\}\\
&= \mathrm{Sup}\{\mathrm{rnk}(0) \mid 0\in 1\wedge 0\in s_1\}\\
&= 1,\\
\mathrm{rnk}(2) &= \mathrm{Sup}\{\mathrm{rnk}\,y \mid y\in 2\}\\
&= 2,\\
\mathrm{rnk}(\{2\}) &= \mathrm{Sup}\{\mathrm{rnk}\,y \mid y\in\{2\}\}\\
&= 3。
\end{aligned}$$

例 4.7 令$s_2=\{0,1,2,3,\{2\},\{3\},\{\{3\}\}\}$.显然$s_2$是一传递集合.对于任一$x\in s_1$，我们可按下述步骤求出$\mathrm{rnk}(x)$的值：

$$\begin{aligned}
\mathrm{rnk}(0) &= 0,\\
\mathrm{rnk}(1) &= \mathrm{Sup}\{\mathrm{rnk}(y) \mid y\in 1\}\\
&= \mathrm{Sup}\{\mathrm{rnk}(0) \mid 0\in 1\}\\
&= 1,\\
\mathrm{rnk}(2) &= \mathrm{Sup}\{\mathrm{rnk}\,y \mid y\in 2\}\\
&= 2,\\
\mathrm{rnk}(\{2\}) &= \mathrm{Sup}\{\mathrm{rnk}\,y \mid y\in\{2\}\}\\
&= 3.
\end{aligned}$$

我们如果令$s_3=\{0,1,2,3,\{2\},\{3\},\{\{2\}\}\}$，则显然$s_3$是一传递集合.对于任一$x\in s_3$，我们求$\mathrm{rnk}(x)$的值如下，经计算：$\mathrm{rnk}(0)=0$，$\mathrm{rnk}(1)=1$，$\mathrm{rnk}(2)=2$，$\mathrm{rnk}(\{2\})=3$.此外，还有：

$$\begin{aligned}
\mathrm{rnk}(3) &= \mathrm{Sup}\{\mathrm{rnk}(y) \mid y\in 3\}\\
&= 3,\\
\mathrm{rnk}(\{\{2\}\}) &= 4,\\
\mathrm{rnk}(\{3\}) &= 4.
\end{aligned}$$

由上述例子，不难看出，对于上述传递集合s_1定义的秩函数我们记做rnk_1，而对于传递集合s_2定义的秩函数记做rnk_2.这时，我们有$\mathrm{rnk}_1\upharpoonright(s_1\cap s_2)=\mathrm{rnk}_2\upharpoonright(s_1\cap s_2)$。而这种情形是否一般都成立？进一步问，对于任意的集合x，其秩函数$\mathrm{rnk}(x)$是否是存在且唯一的呢？这是我们需要研究的．定理4.2的结论是说，若存在的话，一定是唯一的，定理 4.3 证明了它的存在性，也就是说，定义4.2是合理的．

定理4.2 若s_1，s_2为传递集合，rnk_1，rnk_2分别为它们的秩函数，那么$s_1 \cap s_2$是传递的，并且$rnk_1 \upharpoonright (s_1 \cap s_2) = rnk_2 \upharpoonright (s_1 \cap s_2)$．

证明 首先，若$x \in s_1 \cap s_2$，$y \in x$，由s_1与s_2的传递性，我们有$y \in s_1$，$y \in s_2$，故$y \in s_1 \cap s_2$，亦即$s_1 \cap s_2$是传递的．

其次，若有$x \in s_1 \cap s_2$，使得$rnk_1(x) \neq rnk_2(x)$，我们可令α为最小的序数$\alpha = rnk_1(y)$，使得$rnk_1(y) \neq rnk_2(y)$，$y \in s_1 \cap s_2$，如果$z \in y$，$rnk_1(z) < \alpha$，故$rnk_1(z) = rnk_2(z)$，然而

$$
\begin{aligned}
rnk_2(y) &= \mathrm{Sup}\{rnk_2(z) \mid z \in y\} \\
&= \mathrm{Sup}\{rnk_1(z) \mid z \in y\} \\
&= rnk_1(y),
\end{aligned}
$$

这矛盾于y的选取，故欲证结果成立．

由定理4.2，对任意集合x，它在其传递闭包$s_\omega(x)$上的秩函数如果存在的话，它就一定是唯一的；由之，对它我们记为$rnk(x)$是合法的．

定义4.3 一集合x叫做**良基的**，如果它属于某一传递集合并且在其中它的秩函数是存在的．

定理4.3 每一集合都是良基的．

证明 由定理4.1，任一集合x都属于传递集合$s_\omega(x)$．问题在于它是否都有秩函数（我们已经指出，如果有的话它一定是唯一的）．现在假定x不是良基的．由存在极小元原则，在传递闭包$s_\omega(x)$中必有一集合y不是良基的．并且假定y是在$s_\omega(x)$中满足这种非良基性的关于$\in$的最小的元素，所以，若$z \in y$，则z是良基的。令$s = s_\omega(y)$．这样，$s = \{y\} \cup \bigcup_{z \in y} s_\omega(z)$，对于每一$z \in y$，都存在$s_\omega(z)$上的秩函数，由引理4.2，我们在$\bigcup_{z \in y} s_\omega(z)$上就有秩函数$rnk(z)$．现在，我们令：

$$
f(y) = \mathrm{Sup}\{rnk(z) \mid z \in y\},
$$

显然，$f(y)$ 就是s上的一秩函数，这样，y 是良基的，这与y的选择矛盾．因而证明了我们欲证的结果．

定义4.4 对于任一集合x，我们称$\mathrm{rnk}(x)$ 为x的**秩**．

§3 外延集合

定义4.5 对于任一集合s，如果满足条件

$\forall x\in s\forall y\in s(x\neq y\rightarrow\exists z\in s(z\in x\wedge z\notin y\vee z\notin x\wedge z\in y))$，

则称集合s为**外延集合**．

例 4.8 令$s=\{0,1,2,\omega^+\}$，我们验证s是一外延集合．首先，$0\neq 1$，因为$0\notin 0$，但$0\in 1$．同理，可以获得$0\neq 2$，$0\neq\omega^+$．其次，$1\neq 2$，因为$1\notin 1$，但$1\in 2$，同理，可以获得$1\neq\omega^+$．第三，$2\neq\omega^+$．因为$2\in\omega^+$，$2\notin 2$．

例 4.9 令 $s=\{0,1,2,\omega^+,\{\omega\}\}$，我们验证它不是一外延集合．因为我们在$s$中无法判断$0\neq\{\omega\}$．

例 4.10 令$s=\{1,2,\{5\},\{\omega\}\}$，$s$不是外延集合，因为我们在$s$中无法判断$\{5\}$与$\{\omega\}$是否相等．

定义4.6 如果有从s到u的双射函数f，使得：对于任意的集合x，y，都有：

$$x\in y\longleftrightarrow f(x)\in f(y),$$

则集合s与u称做是$\in$**同构的**．

定理4.4 若s是一外延集合，则存在一传递集合u和从s到u的唯一的双射函数f，使得它们是$\in$同构的．

证明 我们施归纳于集合x的秩$\mathrm{rnk}(x)$来定义函数f，若$\mathrm{rnk}(x)=0$，令$f(x)=\varnothing$，如果对于使得$\mathrm{rnk}(y)<\alpha$的所有的y，f已被定义，那么若$x\in s$且$\mathrm{rnk}(x)=\alpha$，令

$$f(x)=\{f(y)\mid y\in x\wedge y\in s\},\tag{4.1}$$

这样，我们就定义了函数f，取

$$u=\mathrm{ran}(f),$$

那么，显然，$y\in x\rightarrow f(y)\in f(x)$．

我们先指出f是一对一的．亦即，若$x\neq y$，则$f(x)\neq f(y)$．我

们施归纳于$\alpha=\text{Max}(\text{rnk}(x),\text{rnk}(y))$.当$\alpha=0$,我们有$x=y=\varnothing$.若对于所有秩小于$\alpha$时，论断是真的，那么当$x\neq y$且$\text{rnk}(x)=\text{rnk}(y)=\alpha$,有$z\in s$,不失一般性,设$z\in x$且$z\notin y$.故$f(z)\in f(x)$.若$f(z)\in f(y)$,那么对于某一$t\in y$,$f(z)=f(t)$.但是,$\text{Max}(\text{rnk}(z),\text{rnk}(t))<\alpha$，这样$z=t$.因此，$z\in y$，矛盾.所以$f(z)\notin f(y)$，故$f(x)\neq f(y)$.这就完成了一对一的证明.

现在，设$f(x)\in f(y)$，那么由f的定义,我们有$\exists t\in s(t\in y\wedge f(t)=f(x))$，所以，$t=x$，故$x\in y$，这样，$f$是$s$与$u$的$\in$同构.

现在，我们来验证u是传递的.因为如果$x\in f(y)$，由f的构造，则有$z\in s$，$z\in y$且$x=f(z)$，因此，我们有$x\in u$，亦即u是传递的.

再证唯一性.若不唯一，且f_1，f_2是满足这一性质的两个函数，令α是满足条件：

$$x\in s,\ \text{rnk}(x)=\alpha,$$
$$f_1(x)\neq f_2(x)$$

的最小的序数.不失一般性，设集合y满足：

$$y\in f_1(x)\wedge y\notin f_2(x). \tag{4.2}$$

但是，因为它们的值域是传递的，所以就存在$z\in x$且$y=f_1(z)$，$\text{rnk}(z)<\text{rnk}(x)=\alpha$.这样就有$f_1(z)=f_2(z)$，这样就有$f_2(z)\in f_2(x)$，即$y\in f_2(x)$，这与(4.2)相矛盾.所以，$f_1=f_2$.

综上，就完成了定理4.4的证明.

这是一条重要的定理，不仅在集合论的研究中起着重要的作用.而且它的证明方法也是值得重视的.这种对于集合的秩施行归纳法，我们今后还要多次使用.

§4 集合的分层

首先，我们把那些它自身不是集合而我们又希望它们作为集合的元的一切事物聚集起来.把这样的事物叫做原子（或称为本元）.例如，我们希望有可能谈论一切英文字母串的集合，那么我们必须把所有这26个英文字母形成的串包括在我们的原子集合之中.

现在，我们着手建立集合的一个层次（图4.1）.

$$U_0 \subset U_1 \subset U_2 \subset \cdots\cdots.$$

我们在底层（如图4.1中的垂直排列）取 $U_0=\Delta$ 为本元或原子的集合.

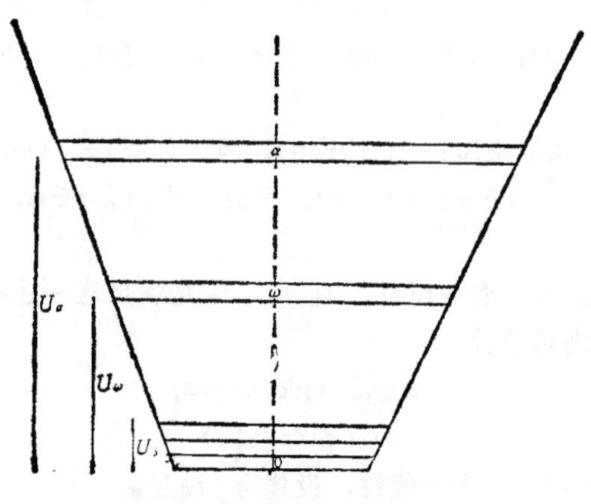

图 4.1 U_0是原子的集合Δ

第二层将包含原子集合及原子集合的所有子集合：

$$U_1=U_0 \cup \mathscr{P}(U_0)=\Delta \cup \mathscr{P}(\Delta).$$

第三层包含前一层中的每件事物并加上以前各层事物的所有子集合：

$$U_2=U_1 \cup \mathscr{P}(U_1).$$

一般地，

$$U_{n+1}=U_n \cup \mathscr{P}(U_n).$$

因此，我们相继获得U_0，U_1，U_2，…….但是甚至连这个无穷层次也没有包含足够的集合.例如，$\varnothing \in U_1$，$\{\varnothing\} \in U_2$，$\{\varnothing, \{\varnothing\}\} \in U_3$，等等.但我们还是没有无穷集合.

$$\{\varnothing, \{\varnothing\}, \{\{\varnothing\}\}, \cdots\cdots\}.$$

为了补救这个缺陷，我们取无穷并

$$U_\omega = U_0 \cup U_1 \cup \cdots\cdots.$$

然后，又令 $U_{\omega+1} = U_\omega \cup \mathscr{P}(U_\omega)$，而且连续不断．一般地，对于任何序数$\alpha$，

$$U_{\alpha+1} = U_\alpha \cup \mathscr{P}(U_\alpha), \tag{4.3}$$

并且一直进行到"永远"。只要你能想到构造是有所终结的，那你总不能仅取至今所获得所有层的并，而须取那个并的幂集合，并且继续不断．

"永远"这一概念，可以理解为我们的序数的不断增大．序数从0，1，2，……开始，其次有无穷序数ω，然后$\omega+1$，$\omega+2$，……一直进行到"永远"．

基本原理叙述如下：每一个集合都出现在这一层次中的某个地方，亦即，每一个集合s都存在某一个满足$s \in U_{\alpha+1}$的α．那么，一集合是什么呢？集合就是我们的层次中某一层的元．

例如，假设x和y是集合．也就是说，存在序数α，β使得$x \in U_{\alpha+1}$且$y \in U_{\beta+1}$；并且如果$U_{\beta+1}$在层次中"高于"$U_{\alpha+1}$．那么，x，y两者都在$U_{\beta+1}$中．因为每一层都包含以前的一切层．因此．在$U_{\beta+2}$中，我们有对集合$\{x, y\}$。另一方面，我们不能获得一个所有集合的集合，即一个具有将一切集合作为元的集合．现在，我们令

$$U = \bigcup_{\alpha \in \mathrm{On}} U_\alpha. \tag{4.4}$$

为了解决基础问题和逻辑问题，原子集合Δ是没有必要的，正如我们已经进行的那样．我们把数（自然数、整数、有理数、实数和复数）都用某种集合来代替，亦即在这样的论域中的一切都是集合，连集合的元素也都是集合．这样的系统，人们称之为纯集合系统．仅从应用角度考察问题，而不是研究集合论乃至数学的基础问题，有原子论域的确要方便一些．不过，我们还是应当了解纯集合系统，了解它的意义．并了解序数是集合论的中枢。

当我们排除掉原子，即$\Delta = \varnothing$时，图形变窄了（图4.2）．这个构造简化了．我们简单地有

$$\boldsymbol{V}_0=\varnothing,\ \boldsymbol{V}_{\alpha+1}=\boldsymbol{V}_\alpha\cup\mathscr{P}(\boldsymbol{V}_\alpha),$$

$$\boldsymbol{V}_\lambda=\bigcup_{\alpha<\lambda}\boldsymbol{V}_\alpha,\ \boldsymbol{V}=\bigcup_{\alpha\in\mathrm{On}}\boldsymbol{V}_\alpha. \tag{4.5}$$

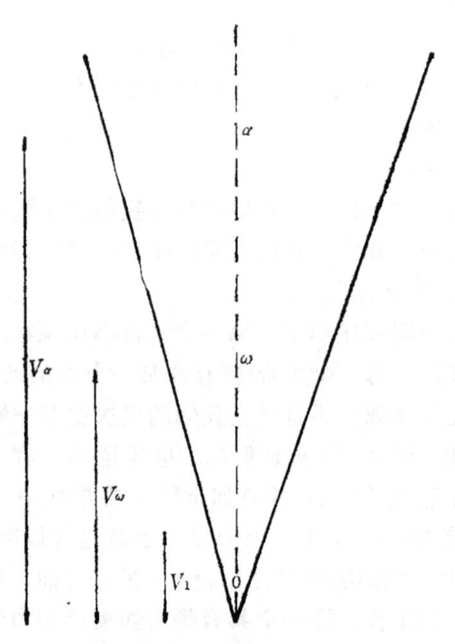

图 4.2 序数是全域的中枢

§5 函数的相容性

现在我们讨论函数的相容性这一概念.

定义4.7 对于任意的两个函数 f, g, 如果对于任意的 $x\in\mathrm{dom}(f)\cap\mathrm{dom}(g)$, 都有

$$f(x)=g(x)$$

成立, 则称函数f和g是**相容的**.

定义4.8 由某些函数构成的集合 c, 如果c中任意两个函数f, g都是相容的, 则称c是**相容的**.

定理4.5 函数f, g是相容的, 当且仅当$f\cup g$是一函数.

定理4.6 函数f, g是相容的, 当且仅当

$f\upharpoonright(\mathrm{dom}(f)\cap\mathrm{dom}(g))=g\upharpoonright(\mathrm{dom}(f)\cap\mathrm{dom}(g))$.

上述两个定理是直接从定义获得的.

定理4.7 如果c是一相容的函数集合，则$\bigcup c$是一函数，并且$\mathrm{dom}(\bigcup c)=\bigcup\{\mathrm{dom}(f)\mid f\in c\}$.

证明 显然，$\bigcup c$是一关系. 现在我们来证明它还是函数，令$F=\bigcup c$，若$\langle x, y_1\rangle\in F$，$\langle x, y_2\rangle\in F$，有$f_1$，$f_2\in c$，使得$\langle x,y_1\rangle\in f_1$，$\langle x,y_2\rangle\in f_2$，但是由于$f_1,f_2$相容，并且$x\in\mathrm{dom}(f_1)\cap\mathrm{dom}(f_2)$，故有

$$y_1=f_1(x)=f_2(x)=y_2.$$

对于定义域的证明是容易的，从略

上述定理告诉我们，从相容的函数集合出发，我们能够形成一新的函数，这一函数开拓了所有的已知的相容函数.

§6 递归定理

在第二章§8序数算术中定义序数的加、乘和方幂时，定义方式有点特别，在定义函数在序数α的值时，常常用到在自变量取小于α的序数时f的值，但是当时我们没有讨论这种定义的合法性. 本节和下一节我们来讨论这一问题，并且在本节我们把函数的定义域局限在ω上，然后，在下一节我们讨论把定义域扩充到真类**On**上的情形.

我们首先考察两个例题.

例4.11 函数$g:\omega\to\omega$是如下定义的：

$$g(0)=1,$$
$$g(n^+)=n^2,\ 对于每一n\in\omega.$$

例4.12 函数$f:\omega\to\omega$是如下定义的：

$$f(0)=1,$$
$$f(n^+)=f(n)\cdot n^+.\ 对于每一n\in\omega.$$

这两个例子虽然简单，但定义的格式是不同的. 函数g的定义给出了：对于任意的$n\in\omega$，去计算g的显式指令，确切地说，它能够使我们塑造一条件$p(x,y)$使得

$$g(x)=y \quad 当且仅当 \quad p(x,y)。$$

例如：可令：$(x=0\to y=1)\lor\exists n\in\omega(x=n^{+}\to y=n^{2}))$ 为公式 $p(x,y)$，满足此条件的函数g的存在唯一性可由分离原则和外延原则并利用下式得到

$$g=\{\langle x,y\rangle|\langle x,y\rangle\in\omega\land p(x,y)\}.$$

相反地，例4.12中f的定义并未告诉我们对于$x\in\omega$时，如何去计算$f(x)$的显式指令，而它需依赖于对于某些自变量小于x时，函数f已经获得的值，它不是直接明显地去陈述一个条件p，而且p中不包含函数f的已给出的值，使得

$$f(x)=y \quad 当且仅当 \quad p(x,y).$$

但是我们能够说例4.12中的函数f应该满足已经给定的条件："f是从ω到ω的一函数并且它满足初始条件：$f(0)=1$和递归条件：$\forall n\in\omega f(n^{+})=f(n)\cdot(n^{+})$"。

这种定义方式在数学中已经广泛地采用了。就例4.12而言，它定义了阶乘这一函数$n!$，它的计算步骤可以是(对于$n^{+}\in\omega$)：

0 步：　　1,

1 步：　　$1\cdot1$,

2 步：　　$(1\cdot1)\cdot2$,

3 步：　　$((1\cdot1)\cdot2)\cdot3$,

4 步：　　$(((1\cdot1)\cdot2)\cdot3)\cdot4$,

⋮　　　　⋮

n^{+}步：　　$(\cdots((((1\cdot1)\cdot2)\cdot3)\cdot4)\cdots n)n^{+}$.

按照上述步骤，对于任意的自然数n，我们都可以一步一步地求出f的值，也就是说，这一函数是应当存在的。

定理4.8　对于任意给定的元$a\in\omega$和函数

$$g:\omega\to\omega,$$

都有唯一的函数 $f:\omega\to\omega$使得

(1) $f(0)=a$,

(2) $f(n^{+})=g(f(n))$,

证明 先证存在性。我们定义对于一自然数n^+为定义域的函数$t: n^+ \to \omega$使得它满足如下的条件：

$$\mathrm{Fun}(t) \wedge \mathrm{dom}(t) = n^+ \wedge \langle 0, a \rangle \in t \wedge \forall y \in n \exists ! z \exists ! u$$
$$(\langle y, z \rangle \in t \wedge \langle z, u \rangle \in g \to \langle y^+, u \rangle \in t).$$

我们把这一公式记做$A(t, n)$，令

$$K = \{ t \mid \exists n A(t, n) \}, \tag{4.6}$$

$$f = \bigcup K. \tag{4.7}$$

我们断定f是一函数，由定理4.7仅需证明K是相容的。令t_1，$t_2 \in K$，$\mathrm{dom}(t_1) = n_1 \in \omega$，$\mathrm{dom}(t_2) = n_2 \in \omega$。不失一般性，假定$n_1 \leqslant n_2$，亦即$n_1 \subset n_2$。仅需指出，对于所有的$k \in n_1$，我们有$t_1(k) = t_2(k)$。我们由归纳法论证这一事实，因为$t_1(0) = a = t_2(0)$，令$k^+ \in n_1$并且使得$t_1(k) = t_2(k)$，那么$t_1(k^+) = g(t_1(k)) = g(t_2(k)) = t_2(k^+)$，所以对于所有的$k \in n_1$，都有$t_1(k) = t_2(k)$。

再证：$\mathrm{dom}(f) = \omega$，$\mathrm{ran}(f) \subset \omega$。显然有$\mathrm{dom}(f) \subset \omega$，欲证明$\mathrm{dom}(f) = \omega$，只需证明对于每一$n \in \omega$，都存在一函数$t$，使得$t \in K$。假定对$n$我们已有$t \in K$，$\mathrm{dom}(t) = n$，我们来定义$t_1$，使得

$$t_1(m) = \begin{cases} t(m), & \text{当} m \in n \text{时}, \\ g(t(n-1)), & \text{当} m = n \text{时}. \end{cases}$$

这样$t_1 \in K$，且$\mathrm{dom}(t_1) = n^+$，所以$\mathrm{dom}(f) = \omega$。

显然，$\mathrm{ran}(f) \subset \mathrm{ran}(g) \subset \omega$。

再证：f满足条件(1)与(2)。因为对于每一$t \in K$，$t(0) = a$，故$f(0) = a$，并且对于任意的$n \in \omega$，$t \in K$，$n \in \mathrm{dom}(t)$，

$$f(n^+) = t(n^+) = g(t(n)) = g(f(n)).$$

这就完成了定理所要求的函数的存在性的证明。

现在证明唯一性。假定还有另外一个函数$h: \omega \to \omega$，并且满足：

(a) $h(0) = a$，

(b) $h(n^+) = g(h(n))$，对于所有$n \in \omega$。

现在指出，对每一$n \in \omega$，使用数学归纳法，我们都有$f(n) =$

$h(n)$，因为：

$$f(0)=a=h(0).$$

若 $$f(n)=h(n),$$

则 $$f(n^+)=g(f(n))=g(h(n))=h(n^+),$$

所以，$f=h$，即得欲证结果。

定理4.9 已知函数$h:\underbrace{\omega\times\omega\times\cdots\cdots\times\omega}_{n次}\to\omega$，

$$函数g:\underbrace{\omega\times\omega\times\cdots\cdots\times\omega}_{n+1次}\to\omega,$$

那么存在一个$n+1$元函数$f:\underbrace{\omega\times\omega\times\cdots\cdots\times\omega}_{n+1次}\to\omega$，使得

（1）$f(0,x_1,\cdots\cdots,x_n)=h(x_1,x_2,\cdots\cdots,x_n)$，

（2）$f(x^+,x_1,x_2,\cdots\cdots x_n)$

$=g(f(x,x_1,x_2\cdots\cdots x_n),x_1,\cdots\cdots;x_n)$.

定理4.9的证明仅是把定理4.8的证明推广到参变量的情形，从略。

正如，我们例4.9中指出的那样，在计算$f(n^+)$的值时，不仅依赖于$f(n)$，而且依赖于$k<n$时其它的值。这样，我们就需要递归定理的下述形式。

定理4.10 若函数$g:\mathscr{P}(\omega\times\omega)\to\omega$，则唯一存在一函数$f$，使得：对于所有的$n\in\omega$，有

$$f(n)=g(f\upharpoonright n).$$

特别地，$f(0)=g(f\upharpoonright 0)=g(\varnothing)=g(0)$.

我们把这一定理的证明留给读者去完成。

例4.13 前驱函数$f:\omega\to\omega$，对于任意自然数n，当$n=0$时，$f(0)=0$，当$n>0$时，$f(n)=n-1$，亦即

$$\begin{cases} f(0)=0,\\ f(n^+)=n. \end{cases}$$

例4.14 算术差$m\dot{-}n$，当$n\geqslant m$时，它为0，否则它为$m-n$，亦即

$$\begin{cases} m\dot{-}0=m, \\ m\dot{-}n^{+}=(m\dot{-}n)\dot{-}1=f(m-n), \end{cases}$$

其中f是例4.13中给出的前驱函数。

例4.15 符号函数$\mathrm{Sg}:\omega\to\omega$，

$$\begin{cases} \mathrm{Sg}(0)=0, \\ \mathrm{Sg}(n^{+})=1. \end{cases}$$

例4.16 反符号函数$\overline{\mathrm{Sg}}:\omega\to\omega$，

$$\begin{cases} \overline{\mathrm{Sg}}(0)=1, \\ \overline{\mathrm{Sg}}(n+1)=0. \end{cases}$$

定理4.11（递归定理） 对于任意的类函数$G:V\to V$，和集合s，都唯一地存在一函数f使得

（1） $\mathrm{dom}f=\omega$，

（2） $f(0)=s$，

（3） $f(n^{+})=G(f(n))$。

在下一节中我们把递归定理推广到更一般的情形，建立超穷递归定义的概念，并证明超穷递归定理。

§7 超穷递归

在集合论研究中，常常是已知类函数G，我们希望超穷递归地定义一个类函数F，使得F的定义域为$\mathbf{On}$（记作$\mathrm{Fun}(F,\ \mathbf{On})$）且有

$$F(\alpha)=G(F\upharpoonright\alpha).$$

这就是说，决定F在序数α时的值依赖于F在α之前的值。因为α是由所有小于α的序数所组成。这样，$F\upharpoonright\alpha$就是把自变元限制于小于α时的类函数F。所以，由超穷归纳，就应当有$F(\alpha)=G(F\upharpoonright\alpha)$。

定理4.12 如果G为一已知的类函数，那么存在唯一的类函数F，满足

$$\mathrm{Fun}(F,\mathbf{On})\wedge F(\alpha)=G(F\upharpoonright\alpha). \tag{4.8}$$

证明 让我们来构造这一函数F，首先对于任一集合函数f，任一序数α，$f\upharpoonright\alpha$仍然是一(集合)函数．并且$G(x,y)$为定义函数G的公式，这样我们可以有公式：

$$\exists y(G(f\upharpoonright\alpha,y)\wedge\langle\alpha,y\rangle\in f). \tag{4.9}$$

等价地，可以把式（4.9）写做：

$$f(\alpha)=G(f\upharpoonright\alpha). \tag{4.10}$$

由于，式（4.10）是一公式，所以

$$\mathrm{Fun}(f,\beta)\wedge\forall\alpha\in\beta\ f(\alpha)=G(f\upharpoonright\alpha) \tag{4.11}$$

也是一公式，其中β为任一序数．所以我们有类K，定义如下：

$$K=\{f\mid\exists\beta(\mathrm{Fun}(f,\beta)\wedge\forall\alpha\in\beta f(\alpha)=G(f\upharpoonright\alpha))\}。$$

现在令$F=\bigcup K$．我们来证明这一F正是满足定理4.10所要求的类函数．

其次，我们证明F是一个类函数．因为对于任意f，$g\in K$，不妨假设有

$$\mathrm{Fun}(f,\beta)\wedge\mathrm{Fun}(f,\delta)\wedge\beta\leqslant\delta,$$

我们欲证：$f=g\upharpoonright\beta$，因为对于任意$\alpha\in\beta$，f与g都满足公式：

$$f(\alpha)=G(f\upharpoonright\alpha). \tag{4.12}$$

而式（4.12）就决定了f在β上是唯一的．这就意味着对于任意的$f,g\in K$，它们在共同的定义域上是同一函数．所以F就是一函数，并且F的定义域为$\bigcup\{\mathrm{dom}(f)\mid f\in K\}$，亦即有

$$\mathrm{dom}(F)=\bigcup_{f\in K}\mathrm{dom}(f). \tag{4.13}$$

现在，我们证明$\mathrm{dom}(F)=\mathbf{On}$．显然$\mathrm{dom}(F)\subset\mathbf{On}$，再证反包含也成立．因为对于每一函数$f\in K$，在$\mathrm{dom}(f)$内$F$与$f$相重合，亦即我们有$f=F\upharpoonright\mathrm{dom}(f)$．这样，对于每一$\alpha\in\mathrm{dom}(F)$，$F$也满足公式(4.13)，因为由$\alpha\in\mathrm{dom}(F)$就蕴涵对每一$f\in K$，$\alpha\in\mathrm{dom}(f)\in\mathbf{On}$，而$f$在$\mathrm{dom}(f)$中满足（4.12），并且$f=F\upharpoonright\mathrm{dom}(f)$．假定$\mathrm{dom}(F)\in\mathbf{On}$．则$F$就是一集合．令$\alpha=\mathrm{dom}(F)$，这样扩充$F$到$H$并使$\mathrm{dom}(H)=\alpha_0+1$，所以我们有$H\in K$，这就得到$\alpha_0+1$

$\subset \alpha_0$，所以，由这一矛盾就获得$\mathrm{dom}(F)=\mathbf{On}$.

最后，我们建立F的唯一性.假定还有不同于F的F_1，我们考虑最小的序数α.使得

$$F(\alpha)\neq F_1(\alpha),$$

但是由α的选择，我们有：

$$F\upharpoonright \alpha=F_1\upharpoonright \alpha.$$

这样，由（4.8）就获得$F(\alpha)=F_1(\alpha)$.因此，F是唯一的.

定义4.9 对于类函数F，如果F的定义域为某一序数α或为$\mathbf{On}$并且已满足条件：

$$\mathrm{Fun}(F,A)\wedge \mathrm{ran}(F)\subset \mathbf{On},$$

此时，则称F是一**序数函数**.

定义4.10 一序数函数F，如果我们有：当α、$\beta\in \mathrm{dom}(F)$时，有$\alpha<\beta\rightarrow F(\alpha)<F(\beta)$，则称$F$为**递增的**.

定理4.13 若序数函数F是递增的,则对于每一$\alpha\in \mathrm{dom}(F)$，$\alpha\leqslant F(\alpha)$.

这一定理是直接从定义4.9与4.10推得，并且由此我们立刻获得：不存在两个不同的序数类的$\in$同构对应.也就是说，我们有

定理4.14 若A，B是二个序数类,并且A,B之间存在$\in$同构函数F，亦即对于任意的$\alpha,\beta\in A$,都有$\alpha\in\beta\longleftrightarrow F(\alpha)\in F(\beta)$.那么就有$B=A$，并且$F=I_A$.

证明 由F的定义，对于任意的α、$\beta\in A$若$\alpha\in\beta$，则$F(\alpha)\in F(\beta)$.亦即F是递增的.由定理4.13,$F(\alpha)\geqslant\alpha$(当$\alpha\in A$时).类似地.由F的逆F^{-1}，有$(F^{-1})(F(\alpha))\geqslant F(\alpha)$，亦即$\alpha\geqslant F(\alpha)$.所以当$\alpha\in A$时，有$F(\alpha)=\alpha$.换句话说，我们有$A=B$.并且$F=I\upharpoonright A=I_A$.

§8 良基关系

对于任给一集合s.令关系$R\subset s\times s$，满足条件

（1）传递的，

（2）反对称的，即$\forall x\in s\forall y\in s(xRy\wedge yRx\rightarrow x=y)$。

这时，就称R是s的**偏序**，并且称$\langle s,R\rangle$为一偏序结构．当$\langle s,R\rangle$为一偏序结构或线序结构时，也常称之为**序结构**．当s为一真类，关系R满足上述条件（1），（2）时，也称s为**偏序真类**．

对于任意序数集合s，考虑偏序结构$\langle s,\in_s\rangle$，由序数的性质，这一序结构有一个特点，就是对于任一$s_1\subset s$，若s_1不空，都有s_1关于$\in$的最小元s_0，亦即有$s_0\in s_1$，且$s_0\cap s_1=\varnothing$．这种性质可以叫做序结构的**良基性质**．

一般来说，对于任意的集合s，虽然$\in_s$可能并不形成一序关系，但它仍具有这种良基性质．亦即它有这样的特点，对于任意的非空的$s_1\subset s$，总有$s_0\in s_1$，并且$s_0\cap s_1=\varnothing$．亦即不存在$x\in s_1$使得$x\in s_0$，或$\forall x\in s_1(x\notin s_0)$．

现在我们推广极小元的概念．

定义4.11 令R是任一二元关系，D为任一不空集合，我们称D中a为R的一**极小元**，如果

$$\forall x\in D\overline{R(x,a)}$$

成立，其中$\overline{R(x,a)}=\neg R(x,a)$．

定义4.12 一关系R称为**良基的**，如果对一切非空集合D，都含有一个R极小元．

如果此定义中的D不是$\mathrm{fld}(R)$的一个子集合，显然它一定含有一个R极小元，事实上，$D\dot{-}\mathrm{fld}(R)$中任一元a，都是D对R的一极小元．因此起作用的是D为$\mathrm{fld}(R)$的子集合．

定理4.15 一关系R为良基的，当且仅当不存在具有定义域为ω的函数f，使得对于每一$n\in\omega$，都有$R(f(n^+),f(n))$．

人们也称这种序列：

$$\cdots,\ f(n^+),\ f(n),\ \cdots f(1),\ f(0) \tag{4.14}$$

为R**降链**，并且对于上述f，我们令

$$D=\{f(n)\mid n\in\omega\}, \tag{4.15}$$

并称这一D为$\mathrm{fld}(R)$的一**降链子集合**．

证明 假设一关系R不是良基的，那么存在一非空集合s，它

没有R极小元素，亦即

$$\forall x \in s \exists y \in s R(y,x). \tag{4.16}$$

直观地讲，因为s不空，任取$s_0 \in s$，由式（4.16）就有a_1，使得$R(a_1, a_0)$成立，又由于$a_1 \in s$，由式（4.16）就有$a_2 \in s$，使得$R(a_2, a_1)$成立。这里可以取a_2不同于a_0，因为由s中没有R的极小元，那么，$s_1 = s \dot{-} \{a_0\}$中也没有R极小元，把s_1应用于式（4.16）即得$a_2 \neq a_0$，把这一过程无限地作下去，即得到下述无穷序列：

$$a_0, \ a_1, \ a_2, \ \cdots, \tag{4.17}$$

并且有：对于每一$n \in \omega$，都有

$$R(a_{n+1}, a_n), \tag{4.18}$$

或者记做：$a_{n+1} R a_n$。

这样我们可以令：

$$f = \{\langle n, an \rangle | n \in \omega\}. \tag{4.19}$$

由（7.6）与（7.7），即得欲证结果。

反之，若存在一函数$f: \omega \to \mathrm{fld}(R)$，我们令：

$$s = \{y | \exists n \in \omega f(n) = y\}, \tag{4.20}$$

不难证明由式（4.20）给出的集合s中没有R极小元。

注记4.1　在上述证明中，我们说“把一过程无限地进行下去，即得到下述无穷序列”（指获得式（4.17））。这句话包含着有无穷多情形，并且在每一种情形下都需要由a去找一个b，使得bRa，我们知道虽然$\exists y \in sR(y,a)$，但是式（4.16）并未给出去选择y的方案。也就是说可能有许多元甚至无穷多元y满足yRx，根据什么原则去挑选唯一的元b呢？人们已经证明没有单值化原则是不可能实现的，它要求使用单值化原则，不过，这里仅需用单值化原则的一种较弱的形式称之为依赖选择原则，它意味着允许人们依次进行ω次的选择。

依赖选择原则（Bernays, 1942）：如果T是在不空集合s上的一个关系，使得对于每一$x \in s$，都存在$y \in s$有$T(x,y)$，那么就存在一序列：

$$a_0, a_1, a_2, \cdots, a_n, a_{n+1}, \cdots, \tag{4.21}$$

使得

$$a_0Ta_1,\ a_1Ta_2,\ a_2Ta_3,\cdots,a_nTa_{n+1},\cdots \tag{4.22}$$

成立

现在我们令依赖选择原则中的$T(x,y)$为

$$T(x,y)=R(y,x),$$

其中，R为定理4.15中的关系，据依赖选择原则，由式（4.16）即可获得式（4.17）。

从单值化原则可以直接推演出依赖原则。我们现在省略这一证明，留给读者去思考，在第七章中我们将给出这一证明的主要步骤。

定义4.13 令$\langle s,R\rangle$为一偏序集合，若R是一良基关系，那么我们就称$\langle s,R\rangle$为**良偏集合**，也称R为s上的**良偏序关系**。

§9 树

定义4.14

（1）树是一个偏序集合$\langle s,R\rangle$，使得对于每一$x\in s$，x的前节集合$O_R(x)$是被R所良序的，其中$O_R(x)=\{y\mid y\in s\wedge yRx\}$。

（2）对于偏序集合$\langle s,R\rangle$而言，由R线序的s的子集合A叫做一个R**链**；一个极大链（亦即一链A，使得$\forall x\in s\dot{-}A$，$A\cup\{x\}$不是链）叫做**分枝**；**通路**是一链且没有空隙，亦即一链A是一通路，如果对于任意$x,y\in A,z\in s$，若xRz,zRy，则$z\in A$。在图4.3中集合$\{a,b,d,c,f\}$不是一链，集合$\{a,d,e\}$是一链但不是一通路，集合$\{b,d,e\}$是一通路，但不是一分枝，集合$\{a,b,d,e\}$是一分枝。

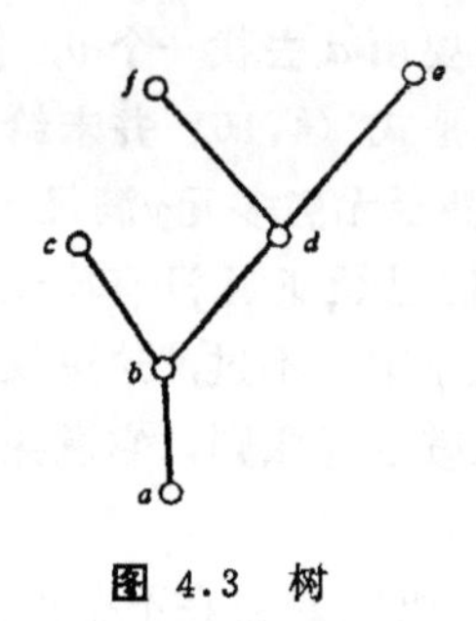

图 4.3 树

（3）对于一偏序集合$\langle s,R\rangle$，我们称y是x的**直接后继**，如果xRy且没有$z\in s$使得xRz，zRy同时成立，s的没有后继的元叫做s的R**叶**，如图4.3中的c、f、e都是树叶，没有前驱的点叫**树**

根，图6中的a即为一树根．树中既不是根也不是叶的点叫做**节点**，图4.3中b，d都是节点．

定理4.16 如果$\langle s,R\rangle$是树，那么R对集合s是一良基关系，并且在树$\langle s,R\rangle$中每一链c都是一良序集合．

证明 因为s是一集合，我们仅需指出，对于s的每一不空子集合A都有一R极小元．令z是A的一元素，如果z不是s的R极小元，那么集合$\{x|x\in A\wedge xRz\}$是良序集合$O_R(z)$的一不空子集合，所以它有一R极小元y，这样y就应是A的R极小元，因为当$x\in A$且xRy，那么由xRy和yRz，也有xRz和

$$x\in\{x|x\in A\wedge xRz\},$$

这与y是R极小元相矛盾．

若c是s中一链，那么R是良基于c的，因为$\langle c,R\rangle$是线序且R良基于c，故c是由R所良序的．

对于树$\langle s,R\rangle$（下边不妨简记做T）而言，当$x\in s$，$O_R(x)$的序型叫做**x在树T中的高度**，并记做$\mathrm{ht}(x)$．显然，$\mathrm{ht}(x)$是一序数．树T的**α层的点**是指集合

$$T_\alpha=\{x|x\in s\text{且}\mathrm{ht}(x)=\alpha\}.$$

树T的高度是满足条件$T_\alpha=\varnothing$那个最小的序数α，常常记做$\mathrm{ht}(T)$．

s的一子集合叫做**反链**，如果其中任意两个元素x，y，恒有xRy与yRx均不成立（这时，也称x与y是R不可比较的，简称是不可比较的）．

如果树T的一分枝与T的每一层的交集合都不空，则称这一分枝为T的**共尾枝**．

设T为一树，κ为一无穷基数，如果树T满足下述两个条件：

（1）$\mathrm{ht}(T)=\kappa$；

（2）对于任一序数$\alpha<\kappa$，有$\overline{\overline{T_\alpha}}<\kappa$；则称$T$为**$\kappa$树**．

对于任一无穷基数κ，一κ树T叫做**κ苏斯林（Suslin）树**，如果T的每一链和每一反链的基数都小于κ．

一树T，如果它满足下述三个条件：

（1）$\mathrm{ht}(T)=\omega_1$；

（2）T中的每一分枝都是至多可数的；

（3）T中的每一反链都是至多可数的；则称 T 为一**苏斯林树**. 换言之，一ω_1苏斯林树就称之为苏斯林树。

令α为一序数，$\alpha\leqslant\omega_1$，一树T满足下述六个条件：

（1）$\mathrm{ht}(T)=\alpha$；

（2）T有唯一的最小节点（即树根）；

（3）T的每一层是至多可数的；

（4）如果在T中x不是极大元，则存在无穷多个元y，使得y为x的直接后继. 亦即x的的直接后继为一无穷集合；

（5）如果在T中x不是极大元，则在小于α的每一更大的层上，都存在某些y，使得xRy；

（6）如果β是一极限序数，$\beta<\alpha$，x与y均为β层上的元素，且$\{z|zRx\}=\{z|zRy\}$，则$x=y$；

就称T为一**正规的α树**.

对于任一基数κ，一κ树 T 叫做 **κ 克瑞扑**（Kurepa）**树**，如果它至少有κ^+个共尾枝.

上述树的概念都是很重要很基本的，它们涉及到集合论以至其它数学分支中的一系列重要的命题.

§10 良基的类关系

我们可以把良基的概念推广到类关系上去.

定义4.15（Zermelo，1935）一类关系R，如果它满足：

（1）对于每一不空集合y都有一R极小元x，亦即存在y的一元x使得

$$\neg\exists z\in y(zRx)；$$

（2）R是左狭窄的，亦即对于每一集合y，类$\{x|xRy\}$都是一集合.

则称R是**良基的类关系**.

定理4.17 令R是良基的类关系，若$\exists xA(x)$，那么存在一R

极小元x，使得$A(x)$成立.

证明 令$A=\{x|A(x)\}$，因为由假设$\exists xA(x)$，故$A\neq\varnothing$. 我们希望证明不空的类A中有一R极小元，而良基的定义仅要求每一不空的集合都有一R极小元. 所以,需寻找一不空集合u,使得u的每一R极小元也是A的一R极小元，为了去获得这样一集合，令$z\in A$我们使用R的左狭窄性如下. 令

$$u=A\cap\{x|xR^*z\}\cup\{z\}, \tag{4.23}$$

其中$xR^*z=\exists n\in\omega(n>0\wedge xR^nz)$，并且$R'=R$，$R^{n+1}=R^n\circ R$ $(n\geqslant1)$，式(4.23)的右边是一集合，因为R^*也是左狭窄的，R是良基的和$u\neq\varnothing$.（因为$z\in u$），u就有一R极小元. 又因为$u\subset A$，$x\in A$，让我们证明x是A的一R极小元. 假定存在一$y\in A$使得yRx，因为$x\in u$，由u的定义我们有xR^*z或$x=z$,所以,我们获得yR^*z,即$y\in\{x|xR^*z\}$.又因为$y\in A$，由u的定义,得$y\in u$. 现在我们已有：$y\in u$和yRx，这就矛盾于x的选择，由此x是A的一R极小元，因此，由A的定义x就是满足$A(x)$的对象之间的一R极小元.

定理4.18 令R是一类良基关系并且$\forall x\exists yR(x,y)$，我们有：

$$\forall x(\forall y(yRx\rightarrow \mathrm{A}(y))\rightarrow \mathrm{A}(x))\rightarrow\forall x\mathrm{A}(x).$$

亦即,若对于任意给定的x，当对于满足yRx的所有y，都有$\mathrm{A}(y)$成立能够获得$\mathrm{A}(x)$成立时，那么对于每一x都有$\mathrm{A}(x)$成立.

我们可以称定理4.18为良基归纳法,在应用这种良基归纳法时，由假定$\forall y(yRx\rightarrow\mathrm{A}(y))$能够推断出$\mathrm{A}(x)$，被称之为归纳假设。

证明 假定对于某一x，我们有$\neg\mathrm{A}(x)$，那么由定理4.17，就存在一个满足$\neg\mathrm{A}(x)$的对象中具有R极小的x，对于这一x，我们有$\neg\mathrm{A}(x)$，和$\forall y(yRx\rightarrow\mathrm{A}(x))$，这矛盾于定理的前提.

定义4.16 对于关系R和类C，如果对于任何的集合x，有$x\in c$和xRy，则必有$y\in c$成立，就称类c是闭的.

定理4.19（在良基关系上进行递归定义，Tarski 1955，

Montague 1955）令R是一类良基关系，τ 是一类函数，那么存在唯一的V上函数F，使得对于每一x，都有：

$$F(x)=\tau(x,F\upharpoonright\{y\mid yRx\}). \tag{4.24}$$

证明 这个证明本质上是与定理4.12相同的，只是由于一序数的前节概念是由R^{-1}的闭类概念所代替，并由之增加了一些复杂性。

（1）先证唯一性：

令f_1与f_2是在R^{-1}的闭类上的两个函数，使得每一个函数，对于在其定义域中任一x都满足式(4.24)，那么我们将证明f_1与f_2是相容的。这样，就建立了定理中函数F的唯一性，因为在V上任何两个相容的函数都是恒等的。

令f_1和f_2为如上所述，我们将施归纳于R证明：

$$x\in\operatorname{dom}(f_1)\cap\operatorname{dom}(f_2)\rightarrow f_1(x)=f_2(x). \tag{4.25}$$

假定 $x\in\operatorname{dom}(f_1)\cap\operatorname{dom}(f_2)$，并且由归纳假设，对于使得$yRx$成立的每一$y$，都有

$$y\in\operatorname{dom}(f_1)\cap\operatorname{dom}(f_2)\rightarrow f_1(y)=f_2(y). \tag{4.26}$$

令y是使得yRx成立的任一对象，因为$\operatorname{dom}(f_1)$，$\operatorname{dom}(f_2)$与R^{-1}都是闭类，我们已经有$y\in\operatorname{dom}(f_1)\cap\operatorname{dom}(f_2)$，所以，由归纳假设$f_1(y)=f_2(y)$，这样，我们有：

$$f_1\upharpoonright\{y\mid yRx\}=f_2\upharpoonright\{y\mid yRx\}. \tag{4.27}$$

由式(4.24)，我们有

$$\begin{aligned}f_1(x)&=\tau(x,f_1\upharpoonright\{y\mid yRx\})\\&=\tau(x,f_2\upharpoonright\{y\mid yRx\})\\&=f_2(x),\end{aligned}$$

这样，由定理4.18，我们有：对于所有x，若$x\in\operatorname{dom}(f_1)\cap\operatorname{dom}(f_2)$则$f_1(x)=f_2(x)$，亦即$f_1$与$f_2$是相容的。

（2）构造满足式(4.24)的类函数F：

令T是所有下述函数f的类，这样的函数f（当然它们都是集合）的定义域是R^{-1}的闭集合并且满足式(4.24)，亦即

$$x\in\operatorname{dom}(f)\rightarrow f(x)=\tau(x,f\upharpoonright\{y\mid yRx\}). \tag{4.28}$$

由(1)知道，这样的函数每二个都是相容的，因此，由定理4.7，$\bigcup T$是一函数，我们令$F=\bigcup T$，为完成定理的证明，现在我们仅需证明：$\mathrm{dom}(F)=V$并且F满足式(4.24)。

(3) 我们验证F满足式(4.24)：

令 $x\in\mathrm{dom}(F)$，因为$f\in T$，$\mathrm{dom}(f)$ 是R^{-1}闭的。因为$x\in\mathrm{dom}(f)$，我们有$\{y\mid yRx\}\subset\mathrm{dom}(f)$。因为$F=\bigcup T$，故$f\subset F$，我们就有$F(x)=f(x)$ 和 $F\upharpoonright\{y\mid yRx\}=f\upharpoonright\{y\mid yRx\}$ 由式(4.28)，我们获得：

$$\begin{aligned}F(x)&=f(x)=\tau(x,f\upharpoonright\{y\mid yRx\})\\&=\tau(x,F\upharpoonright\{y\mid yRx\}),\end{aligned}$$

这就建立了式(4.24)。

(4) 我们证明$\mathrm{dom}(f)=V$。因为从$\mathrm{dom}(F)\subset_{+}V$中，我们将推导出一个矛盾。令$z$是$V\dot{-}\mathrm{dom}(F)$ 的一极小元。证明的思路是：借助等式(4.24)，去扩充F到z，所以与F的极大性相矛盾。为了去实现这一证明，我们首先注意到$\mathrm{dom}(F)$ 是R^{-1}闭的。因为$F=\bigcup T$蕴涵着$\mathrm{dom}(F)=\bigcup\{\mathrm{dom}(f)\mid f\in T\}$，并且对于每一$f\in T$，$\mathrm{dom}(f)$ 是R^{-1}闭的，对于上述z，我们选取

$$f=F\upharpoonright\{y\mid yR^*z\}\cup\{\langle z,\tau(z,F\upharpoonright\{y\mid yRz\})\rangle\}.\qquad(4.29)$$

式(4.29)的右边是一集合，因为由R^*是左狭窄的。$f\in T$并且$z\in\mathrm{dom}(f)\subset\mathrm{dom}(F)$，这样我们就得到一个与$z$的选择相矛盾的结论，$f$是一函数，并且$z\notin\mathrm{dom}(F)$。现在，让我们证明$\mathrm{dom}(f)$是$R^{-1}$闭的。令

$u=\mathrm{dom}(F\upharpoonright\{y\mid yR^*z\})=\mathrm{dom}(F)\cap\{y\mid yR^*\tau\}$，$u$是$R^{-1}$闭的，因为它是$R^{-1}$的两个闭类的交。为了去证明$\mathrm{dom}(f)=u\cup\{z\}$也是$R^{-1}$闭的，只需证明$\{y\mid yRz\}\subset u$。显然，我们有

$$\{y\mid yRx\}\subset\{y\mid yR^*x\}.$$

因为z是$V\dot{-}\mathrm{dom}(F)$的一R极小元，我们有$\{y\mid yRx\}\subset\mathrm{dom}(F)$；所以

$$\{y\mid yRz\}\subset\mathrm{dom}(F)\cap\{y\mid yR^*z\}=u,$$

这就获得了$\mathrm{dom}(f)$ 是一R^{-1}闭的。现在证明$f\in T$。上边我们已

经看到u是R^{-1}闭的，并且$\{y|yRz\}\subset u$，所以若$x\in \mathrm{dom}(f)=u\cup\{z\}$，那么$\{y|yRx\}\subset u$,所以，由$f$的定义式(4.29)：

$$f\upharpoonright\{y|yRx\}=F\upharpoonright\{y|yRx\}.$$

现在，让我们区分$x\in u$和$x=z$这两种情况，若$x\in u$，那么，由f的定义，$f(x)=F(x)$。并且由之我们已经知道F满足式(4.24)。

$$f(x)=F(x)=\tau(x,F\upharpoonright\{y|yRx\})$$
$$=\tau(x,f\upharpoonright\{y|yRx\}).$$

亦即式(4.28)成立；若$x=z$，那么，由f的定义，

$$f(z)=\tau(z,F\upharpoonright\{y|yRz\})$$
$$=\tau(z,f\upharpoonright\{y|yRx\}).$$

因此，式(4.28)成立。

定义4.17 我们令R为一类关系，B为一类，如果类关系

$$R\upharpoonright B=R\cap(B\times B)$$

是良基的，则称R在B上的**良基的**，这是就称$\langle B,R\rangle$是**一良基结构**。

下述三个定理的证明是平凡的。

定理4.20 一类关系R在类C上是良基的，当且仅当，C的每一不空子集合y都有R极小元，并且对于每一$x\in c$，$\{z|z\in c\wedge zRx\}$都是一集合。

定理4.21 若R是C上一良基的类关系，且$B\subset C$，则R是B上的一良基类关系。

对一良基关系R，我们来定义一集合x的**R秩**的概念。任一R极小元（即一集合x，对于它不存在一集合y，使得yRx成立）的R秩为0；若对于一集合x，仅有R极小元y使得yRx成立，则x的R秩为1；如此下去。

定义4.18（关于良基关系秩的定义，Zermelo 1935）令R是一良基关系，序数值函数rnk$R$或记作ρ_R，递归于R定义如下：

$$\rho_R(x)=\mathrm{Sup}\{\rho_R(y)|yRx\}. \qquad (4.30)$$

注意，因为R是左狭窄的，$\{y|yRx\}$是一集合，并且由此$\{\rho_R(y)|yRx\}$也是一集合，由式(4.30)可以对R归纳地证明

$\rho_R(x)$ 是对于x的R秩序数.

定理4.22 若R是良基的类关系，则对于所有集合x，y都有：

$$xRy\to\rho_R(x)<\rho_R(y).$$

注记4.2 由定理4.19的证明看出定义4.15中的左狭窄的条件是不可缺少的，满足条件(1)的关系不一定都满足条件(2)，例如我们令$C=\mathbf{On}\cup\{\{\omega\}\}$，对于任意的$x$，$y\in C$，令$R$为

$$xRy=x\in\mathbf{On}\wedge y\in\mathbf{On}\wedge x\in y$$
$$\vee x\in\mathbf{On}\wedge y=\{\omega\}.$$

这一关系R显然是满足条件(1)的，但是$O_R(\{\omega\})=\mathbf{On}$，因此它不是在左狭窄的．读者还可以给出更多的不是左狭窄关系的例子．由定义4.15，当我们讨论良基关系时，仅限于讨论左狭窄的关系．

§11 同构

本节推广同构的概念，并讨论有关性质．

定义4.19 两个有序集合$\langle s_1,R_1\rangle$和$\langle s_2,R_2\rangle$之间的**同构**是指：具有定义域为s_1和值域为s_2的一个双射，使得对于任意的x，$y\in s_1$，都有：

$$R_1(x,y)\longleftrightarrow R_2(f(x),\ f(y)) \qquad (4.31)$$

成立．

这里有序集合是指线序集合或偏序集合．显然，上述定义是定义2.29的推广．

定理4.23 令$\langle s_1,R_1\rangle$和$\langle s_2,R_2\rangle$是强线序集合，f是s_1与s_2之是的一双射函数，使得对于任意的x，$y\in s_1$，都有

$$R_1(x,y)\to R_2(f(x),\ f(y)),$$

那么，f是$\langle s_1,R,\rangle$与$\langle s_2,R_2\rangle$之间的一同构．

证明 我们仅需证明：对于使得$R_2(f(x,f(y))$成立的任意的$x,y\in s$，都有$R_1(x,y)$成立．假定不然，因为R_1是s_1的线序关系，就必然有$x=y$或$R(y,x)$，由题设，当$x=y$时，有$f(x)=$

$f(y)$；当$R_1(y,x)$时，有$R_2(f(y),f(x))$。从而获得矛盾。所以就获得欲证结果。

我们曾谈到结构的概念，我们现在再作一推广。

定义4.20 我们称有序对$\langle U, \mathscr{R}\rangle$为**结构**，如果$U\subset V$（$U$可以是一集合，也可以是一真类），$\mathscr{R}=\mathscr{R}_1\cup\mathscr{R}_2$，$\mathscr{R}_1$与$\mathscr{R}_2$不交，而$\mathscr{R}_1$为$U$上的关系集合，$\mathscr{R}_2$为$U$上的函数集合（允许有常函数，即$U$中的特定元素）。在通常情况下，$\mathscr{R}$为一有穷集合（即有一$n\in\omega$，$\mathscr{R}$与$n$之间有一双射函数）。特别地，$\mathscr{R}$可以仅由一个关系（或函数）所组成，我们称$V$为这一结构的域。$\mathscr{R}_1$中的元称为**基本关系**，$\mathscr{R}_2$中的元称为**基本函数**。

例4.17 令s为一集合，R_1R_2为s上二关系，f，g分别为s上的一元函数和二元函数，并且令$\mathscr{R}=\{R_1,R_2,f,g\}$，这时有序对$\langle s,\mathscr{R}\rangle$就是一结构，为了醒目，有时，也把此结构写作$\langle s,R_1,R_2,f,g\rangle$。

例4.18 我们令$<$表示自然集合ω上的自然次序，$+$表示ω上的加法运算、$\cdot$表示ω上的乘法运算，我们可以用$\langle\omega,<\rangle$表示自然数的有序结构，用$\langle\omega,+\rangle$表示加法算术，用$\langle\omega,+,\cdot\rangle$表示皮阿诺算术结构，当我们还要强调$\omega$上的次序关系时，也可以写作$\langle\omega,<,+\rangle$或$\langle\omega,<,+,\cdot\rangle$。

例4.19 每一个有序集合$\langle s,R\rangle$都是一结构（具有二元关系R）。

例4.20 $\langle\mathscr{P}(s),\subset_s,\cup_s,\cap_s\rangle$是一结构，$\subset_s$为$\mathscr{P}(s)$上二元关系$\cup_s$与$\cap_s$为二个二元函数。

例4.21 $\langle V,\in\rangle$是一结构，其中V为全域，$\in$为V上的属于关系。

定义4.21 两个结构$\langle U,\mathscr{R}\rangle$与$\langle U',\mathscr{R}'\rangle$之间的**同构**是指具有以$U$为定义域，以$U'$为值域的一个一对一的函数$f$，使得当$U$中元素$x$，$y$对在$\mathscr{R}$中元素$R$成立时，即$xRy$成立，当且仅当$x$与$y$在$U'$中的对应元素$f(x)$，$f(y)$对于$\mathscr{R}'$中对应元素$R'$也成立，即$f(x)R'f(y)$成立（见图4.4），并且对于$\mathscr{R}$中任一函数$h$

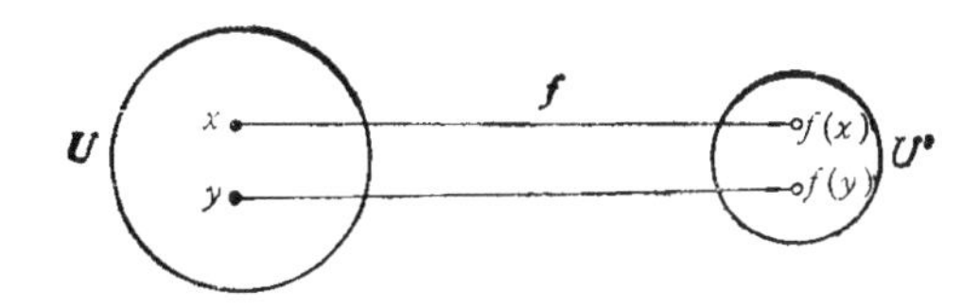

图 4.4 相应元对相应关系xRy与$f(x)R'f(y)$同时成立或不成立

和任意元$x\in U$，$y\in U$，若$h(x)=y$，则对于$\mathscr{R}$中的相应函数h'和相应元$f(x)$，$f(y)$也有$h'(f(x))=f(y)$，反之亦然（见图4.5）．对于多元函数也保持上述对应的结果．也可以概括地说U与U'之间的双射函数f保持结构的关系与函数的性质．

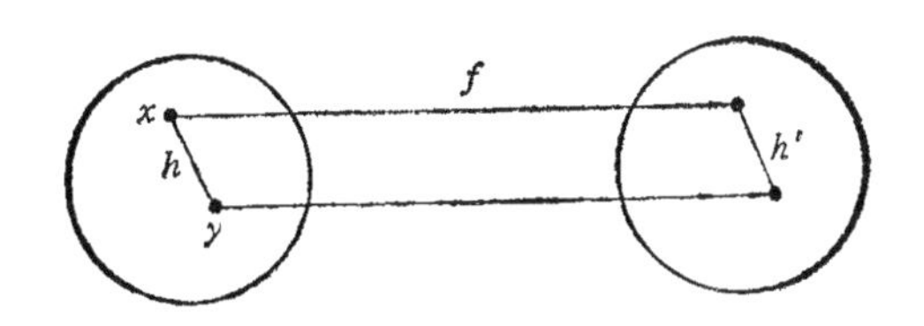

图 4.5 h,h'为二相应函数，$h(x)=y$当且仅当$h'(f(x))=f(y)$

例4.22 令两结构$\langle U,R_1,R_2,g,h\rangle$，$\langle U',R_1',R_2',g',h'\rangle$是同构的，并且它们分别具有二元关系$R_1$，$R_2$与$R_1'$，$R_2'$，一元函数$g$，$g'$，二元函数$h$，$h'$．那么$f$是此二结构之间的一同构，如果下述五条均成立．

（1）f为U与U'之间的双射函数；

（2）对于任意x，$y\in U$，都有

$$xR_1y\longleftrightarrow f(x)R_1'f(y);$$

（3）对于任意x，$y\in U$，都有

$$xR_2y\longleftrightarrow f(x)R_2'f(y);$$

（4）对于任意$x\in U$，$g(x)$有定义当且仅当$g'(f(x))$有定义并且$f(g(x))=g'(f(x))$；

（5）对于任意$x,y\in U,h(x,y)$有定义当且仅当$h'(f(x),$

$f(y)$) 有定义，并且$f(h(x,y))=h'(f(x), f(y))$.

二结构叫做同构的，如果它们之间存在着一同构映射.

定理4.24 若$\langle s_1,R_1\rangle$与$\langle s_2,R_2\rangle$是同构的（其中R_1，R_2是二元关系），那么，有

（1）R_1是s_1的一偏序当且仅当R_2是s_2的一偏序；

（2）s_1有一最小元当且仅当s_2有一最小元.

证明 令f是$\langle s_1,R_1\rangle$与$\langle s_2,R_2\rangle$的同构.假定R_1是s_1的一偏序，我们来证明R_2是s_2的一偏序.首先，我们证明R_2在s_2中是传递的.因为，令y_1，y_2，$y_3\in s_2$，且$y_1R_2y_2$，$y_2R_2y_3$.由于f是s_1与s_2的双射，故存在x_1，x_2，$x_3\in s_1$使得$y_1=f(x_1)$，$y_2=f(x_2)$，$y_3=f(x_3)$，并且$x_1R_1x_2$当且仅当$f(x_1)R_2f(x_2)$，亦即$y_1R_2y_2$，因为$y_1R_2y_2$，所以有$x_1R_1x_2$.类似地，由$y_2R_2y_3$可得到$x_2R_1x_3$.并且由R_1对s_1传递.因此，我们有$x_1R_1x_3$成立.由同构，我们有$f(x_1)R_2f(x_3)$，亦即$y_1R_2y_3$成立.故R_2对s_2是传递的.对于偏序的其它条件是不难验证的.

现在，假定s_1有最小元，我们来推断s_2也有一最小元，令$a\in s_1$是s_1的最小元.亦即对所有$x\in s$，都有aRx成立.由同构就有：$f(a)R_2f(x)$成立，$f(a)$就应当是s_2的最小元.因为如果$y\in s_2$，由f的性质，必有$x\in s_1$使得$y=f(x)$.但是，对于这一x，我们有aRx，故有$f(a)Rf(x)$.所以，$f(a)$是s_2的最小元.

从$\langle s_2,R_2\rangle$到$\langle s_1,R_1\rangle$的证明是类似的.

定理4.25 令$\langle s,<_s\rangle$是一不空的线序集合并具有下述性质：

（1）对于任一$x\in s$，都有$y\in s$，使得$x<_sy$，

（2）s的每一不空子集合都有一个$<_s$最小元，

（3）s的每一不空的有界子集合，都有一个$<_s$最大元，

那么$\langle s,<_s\rangle$与$\langle \omega,<\rangle$同构.

证明 我们使用递归定理来构造这一同构.令a是s的最小元，并且令$g(x)$是s中比x大的最小元.由于条件（2），对于每一$x\in s$，函数$g(x)$是有意义的.

由递归定理，下述函数$f:\omega\to s$是存在的：

(i) $f(0)=a$,

(ii) $f(n+1)=g(f(n))$.

显然，对于每一$n\in\omega$，我们有 $f(n)<_s f(n+1)$. 由归纳法我们不难获得，当$n<m$时，$f(n)<f(m)$. 而且，f 是一个一对一的函数. 现在，我们仅需证明：$s=\operatorname{ran}f$.

假定不然，即$s\dot{-}\operatorname{ran}f\neq\varnothing$. 由之，可令$b$是$s\dot{-}\operatorname{ran}(f)$的最小元. 那么集合$T$：

$$T=\{x\mid x<_s b\}$$

是有界的（上界为b）和不空的. 令c是T的最大元. 因为$c<_s b$，所以存在一$m\in\omega$，使得$c=f(m)$. 但是，不难看出，b是s的大于c的最小元，所以$b=f(m+1)$，即$b\in\operatorname{ran}f$. 这与b的选择相矛盾，故$s=\operatorname{ran}f$.

习　题

4.1　令$s=\{\{4\},\{\{4\}\}\}$，求s的传递闭包.

4.2　令$s=\{\omega,\{\omega\},\omega+1\}$，求$s$的传递闭包.

4.3　求集合$s=\{\{4\},\{\{4\}\}$的秩.

4.4　说明$s=\{0,1,2,5,\omega,\omega^+,\{\{\omega\}\}\}$不是一外延集合.

4.5　(1)给出一个外延集合但不是传递集合的例子.

(2)证明：任一序数α，集合V_α是传递的.

4.6　证明：对于关系R，$R^*\circ R=R\circ R^*\subset R^*$。

4.7　证明：如果R和s是关系，且有$s\circ R\subset s$，那么$s\circ R^*\subset s$.

4.8　证明：$(R^{-1})^*=(R^*)^{-1}$.

4.9　证明：$R^*=R$当且仅当R是一传递关系.

4.10　证明：$R^{**}=R^*$.

4.11　证明：若λ是任一极限序数，则λ是$\in_\lambda$闭的。

4.12　证明：如果R是一良基关系，那么R^*也是一良基关系.

4.13　证明：若R是一良基关系，则有$xRy\to\rho_R(x)<\rho_R(y)$。

4.14　证明：若R是左狭窄的，并且存在一函数$f:\mathbf{V}\to\mathbf{On}$使得式(4.31)成立，那么$R$是一良基的类关系.

4.15 若R是一良基关系并且有$T\subset R$，则对于每一集合x，都有$\rho_T(x)\leqslant\rho_R(x)$。

4.16 对于一良基关系R，秩函数ρ_R是唯一的.

4.17 证明：

(Ⅰ) $\langle s,R,f\rangle$与$\langle s,R,f\rangle$同构。

(Ⅱ) 若$\langle s_1,R_1,f_1\rangle$与$\langle s_2,R_2,f_2\rangle$同构，则$\langle s_2,R_2,f_2\rangle$与$\langle s_1,R_1,f_1\rangle$同构。

(Ⅲ) 若$\langle s_1,R_1,f_1\rangle$与$\langle s_2,R_2,f_2\rangle$同构，且$\langle s_2,R_2,f_2\rangle$与$\langle s_3,R_3,f_3\rangle$同构，则$\langle s_1,R_1\ f_1\rangle$与$\langle s_3,R_3,f_3\rangle$同构.

也就是说，同构看作是两个有序对之间的一关系，而且这一关系是一等价关系.

4.18 试证明：对于任意的集合$s\subset\mathbf{On}$，都有唯一的序数α和函数f，使得f是$\langle s,\in\rangle$与$\langle\alpha,\in\rangle$之间的同构映射.并且对于任一序数$\beta\in s$，都有$\beta=\mathrm{ran}(f\upharpoonright\beta)$，换言之，对于任一$\delta\in\beta$，都有$f(\delta)=\delta$。

4.19 试证明：如果树T的高度为ω，并且T的每一层都是有穷的，则T有一无穷的枝。

第五章 集合的势

§1 势的概念

集合的势是对集合的一种度量，它刻划了集合所含元素的多寡。

定义5.1 对于集合 s，如果存在自然数 n 及n与s之间的一个双射函数f（即s恰有n 个元素），则称s为**有穷集合**。否则，就称s为**无穷集合**。

定义5.2 对于任意的集合 s_1 与 s_2，如果有 s_1 与 s_2 的一双射函数f，则称s_1与s_2是**等势的**。这时记做$\overline{\overline{s_1}}=\overline{\overline{s_2}}$，或记做$\mathrm{Ep}(s_1, s_2)$。

定理5.1 关系$\mathrm{Ep}(x_1,x_2)$ 是一等价的类关系。亦即它是自返的、传递的和对称的。这就是，对于任意的集合x，y，z，我们有

（1）$\mathrm{Ep}(x,x)$；

（2）$\mathrm{Ep}(x,y)\wedge\mathrm{Ep}(y,z)\to\mathrm{Ep}(x,z)$；

（3）$\mathrm{Ep}(x,y)\to\mathrm{Ep}(y,x)$。

由双射函数的概念，定理5.1是显然的。

因为 $\mathrm{Ep}\subset \boldsymbol{V}\times\boldsymbol{V}$，我们可按关系Ep把 $\boldsymbol{V}$ 作为等价类进行划分。即对于每一$x\in\boldsymbol{V}$；我们令

$$\mathrm{Ep}(x)=\{y\mid y\in\boldsymbol{V}\wedge\mathrm{Ep}(x,y)\}. \tag{5.1}$$

因为总有$x\in\mathrm{Ep}(x)$，所以，对于每一$x\in\boldsymbol{V}$，都有

$$\mathrm{Ep}(x)\neq\varnothing. \tag{5.2}$$

对于任意的$\mathrm{Ep}(x)$与$\mathrm{Ep}(y)$，我们有

$$\mathrm{Ep}(x)\neq\mathrm{Ep}(y)\to\mathrm{Ep}(x)\cap\mathrm{Ep}(y)=\varnothing. \tag{5.3}$$

这就是说，当$\mathrm{Ep}(x)$ 与$\mathrm{Ep}(y)$ 不等时，它们就不交。因为，如果$\mathrm{Ep}(x)\neq\mathrm{Ep}(y)$，并且$\mathrm{Ep}(x)\cap\mathrm{Ep}(y)\neq\varnothing$，即有一集合z，使得$z\in\mathrm{Ep}(x)$ 且$z\in\mathrm{Ep}(y)$。亦即有$\mathrm{Ep}(x,z)$ 且$\mathrm{Ep}(z,y)$。由传递性就有$\mathrm{Ep}(x,y)$，于是$\mathrm{Ep}(x)=\mathrm{Ep}(y)$，由此推出矛盾。因此，

式（5.3）成立。我们可以按关系Ep将$\boldsymbol{V}$划分等价类。这些等价类都是不空的并且是两两不交的。我们可以从每一个等价类中选取恰好一个代表元素，并把这些代表组成一个类，叫做**集合势的采样类**。这是一真类。记做Po。显然有$\mathrm{Po}\subset_{+}\boldsymbol{V}$。

对于每一集合x，它在Po中都有一代表元素y，满足$\overline{\overline{x}}=\overline{\overline{y}}$。我们称这一代表元$y$为集合$x$的势，并直接写做$\overline{\overline{x}}=y$。

在形成采样类时，我们使用了类的采样原则。我们以后还要讨论这一原则，为了便于理解，下边我们陈述集合的采样原则。

采样原则 若c是一不空集合，并且c的任一元都是不空的。c的任意二个元素不相等时就不相交，则存在一集合s，它由c的每一元素中恰取一个元素所组成。

在第七章我们将要证明采样原则与单值化原则是等价的。

由此可见，在Po的形成过程中，我们使用了关于类的采样原则。如果我们不使用这一原则，我们就可以规定一集合的势"是等价性的类关系Ep所划分的等价类"。把等价类作为势的定义也是有效的。在我们在不使用采样原则时，常常可以这样理解势的概念。

注记5.1 一集合的势是什么呢？按上述说明，它还是一集合，是在真类Po中与集合x有一一对应的那个集合。这一集合是存在唯一的。这样，我们有一类函数F：$\boldsymbol{V}\to\mathrm{Po}$使得对于任一集合$x\in\boldsymbol{V}$，都有$\overline{\overline{x}}=F(x)\in\mathrm{Po}$。Po是由集合的势所组成的，每一集合的势都在Po之中。我们称Po为**势类**。如何选择势类Po呢？对于有穷集合s，我们不妨选择与s等势的自然数n作为代表。与ω一一对应的集合我们称做**可数（无穷）集合**。我们选择ω即$\aleph_0$作为它们的代表。进一步地说，与某一基数$\aleph_\alpha$一一对应的集合，我们选择ω_α作为代表。这样，我们就有$\mathrm{Ca}\subset\mathrm{Po}$了。即任一基数都是势（也就是序数的势），然而是否还有集合x，它的势不等于任意的基数呢？这是我们本章将要讨论的问题之一。

注记5.2 对于集合的势，我们也可以简单地理解为，将所有的集合给以如下的分类：等势的两集合属于同一类。不等势的两集合，不属于同一类。对于按如上原则划分了的类，每一类中选择一代表，这些代表全体组成类 **Po**，并且 **Po** 中每一元都称为**势**。或者说，**Po**中任一元都是此元素所代表的类中任一集合的势（简称为势），无穷集合的势简称为**无穷势**。

注记5.3 对于任一不空的集合x，Ep(x)是一真类。而不是一集合。例如Ep(1)，即恰含有一个元素的集合所组成的Ep(1)是真类，因为类：

$$\{\{x\} \mid x \in \boldsymbol{V}\}$$

是一真类，并且它包含在类Ep(1)之中。

§2 类Po的偏序性

现在我们在类**Po**上来建立序关系，这一序关系的基础仍然是一一对应。

定义5.3 对于任意的两个势a与b，如果存在一个单射函数f，使得

$$f: a \to b,$$

则称a**小于等于**b，记做$a \leqslant b$。

定义5.4 若a，$b \in$ **Po**，$a \leqslant b \wedge a \neq b$则称$a$**小于**$b$，记作$a < b$。

定理5.2（康托尔-伯恩斯坦定理） 对于任意的a，$b \in$ **Po**，如果$a \leqslant b$且$b \leqslant a$，则$a = b$。

证明 假定有一个由a到b的单射函数并且也有一个由b到a的单射函数，我们依此做出一个a与b之间的双射函数。不失一般性，我们选择集合s_1与s_2，使得$\bar{\bar{s}}_1 = a$，$\bar{\bar{s}}_2 = b$且$s_1 \cap s_2 = \varnothing$。

首先，我们指出$s_1 \cup s_2$是具有下述形式的所有序列

$$s = \{\cdots\cdots, x_n;\ y_n, \cdots\cdots\}$$

的不交并，其中序列的左边可能中止也可能不中止，右边都不中止，$x_n \in s_1$，$y_n \in s_2$，n为整数，并且$f(x_n) = y_n$，$g(y_n) = x_{n+1}$。若$x_n \in \operatorname{ran} g$，则有$y_{n-1}$在$s$中出现。否则，$y_{n-1}$不在$s$中出现。同样，若$y_n$在$f$的值域之中，即$y_n \in \operatorname{ran} f$，则$x_n$在$s$中出现，否则，即当$y_n \notin \operatorname{ran} f$，则$x_n$不在$s$中出现，这样，我们不难理解在任一序

列s中，右边总是不中止的，而左边是可能中止的．综上，我们有三种类型的序列．我们可以设想一个集合簇K，使得$s\in K$当且仅当s是属于下述形式之一的序列：

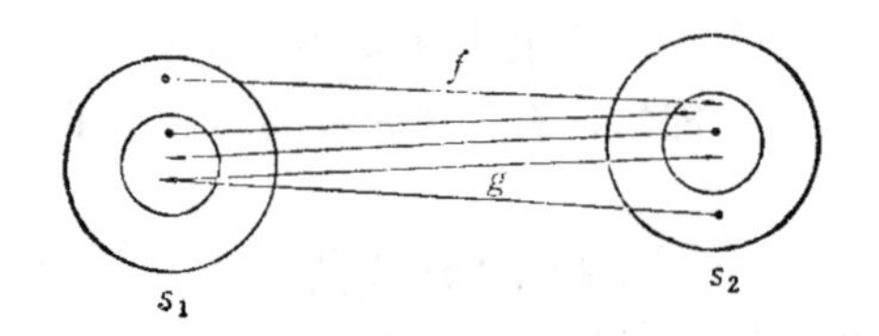

图 5.1　构造集合s的示意图

（1）左边不中止，即

$$s=\{\cdots\cdots,x_n,y_n,\cdots\cdots\},\quad n\in\mathbf{Z}.$$

这种情况如图1所示，连线的起点和终点始终在ran$g$与ran$f$中摆动．

（2）左边中止于某一x_m，其中m为某一固定的整数，即

$$s=\{x_m,y_m,x_{m+1},y_{m+1},\cdots\cdots\}.$$

在这种情况下，连线的起点在$s_1\dot{-}\text{ran}g$中．

（3）左边中止于某一y_m，其中m为某一固定的整数，亦即

$$s=\{y_m,x_{m+1},y_{m+1},\cdots\cdots\}.$$

在这种情况下，连线的起点在$s_2\dot{-}\text{ran}f$中．由函数f与g的一对一的性质，不难验证上述定义的集合簇K是两两不交的，并且

$$s_1\cup s_2=\cup K.$$

现在，我们依据上述三种不同的类型集合s，定义下述各个从$s\cap s_1$到$s\cap s_2$上的一对一双射函数φ．也就是说，我们定义一函数簇Φ，使得$\varphi\in\Phi$当且仅当φ满足下述条件之一：

(i) 对于上述情况（1），也就是说，对于每一整数n，都有x_n与y_n在s中出现．这时我们令

$$\varphi(x_n)=y_n,\quad n\in z;$$

(ii) 对应于上述情况（2），我们令

$$\varphi(x_n)=y_n,\quad m\leqslant n;$$

(iii) 对于上述情况（3），我们令

$$\varphi(x_n)=y_{n-1},\quad m<n.$$

上述定义的这一簇函数Φ有这样的两条性质：

（1） 若$\varphi\in\Phi$，则$\varphi\subset s_1\times s_2$，

（2） Φ是两两不交的，即若$\varphi_1\in\Phi$，$\varphi_2\in\Phi$，则

$$\varphi_1\neq\varphi_2\to\varphi_1\cap\varphi_2=\varnothing.$$

令$h=\bigcup\Phi$.

h是由s_1到s_2的函数，是一对一的，并且是满射的.即h是s_1与s_2之间的双射函数，因此有$\overline{\overline{s}}_1=\overline{\overline{s}}_2$，并且$\overline{\overline{s}}_1=a$，$\overline{\overline{s}}=b$，因此，我们有$a=b$.

定理 5.3 对于$a,b,c\in\mathbf{Po}$，若$a\leqslant b$且$b\leqslant c$，则$a\leqslant c$.

证明 由定理的前提，我们有单射函数f_1与f_2，使得

$$f_1:a\to b,$$
$$f_2:b\to c.$$

令 $f=f_2\circ f_1$，易证f是单射，并且

$$f:a\to c.$$

这就得到了欲证结果（见图2）.

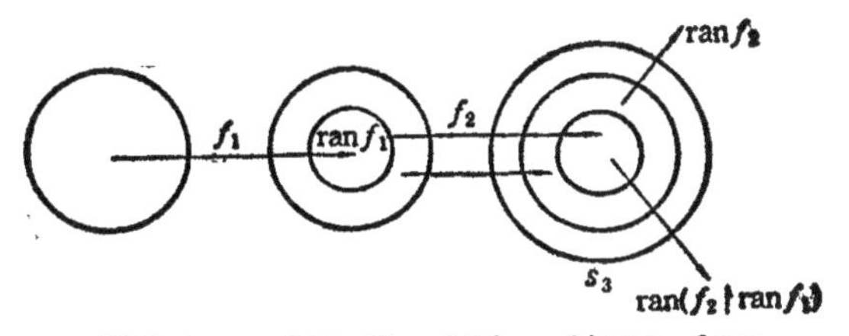

图 5.2 ran $f_1\subset s_2$且ran(f_2↾ran f_1)$\subset$ran $f_2\subset s_3$

定理5.2说明由定义5.3确定的类Po上的关系$\leqslant$是反对称的，定理5.3说明$\leqslant$是传递的.由此，可以说$\leqslant$形成Po上一偏序关系.由此可见，定理5.2和5.3是势理论的基本定理，它们使集合的势具有了大小的性质.

定理5.4 对于任意的集合s_1与s_2，若$s_1\subset s_2$，则$\overline{\overline{s}}_1\leqslant\overline{\overline{s}}_2$.

这是定理5.2的直接推论，可以看出，其中"$\leqslant$"是$<$或$=$

(这直接依赖于是否有$\overline{\overline{s}}_2\leqslant\overline{\overline{s}}_1$同时成立)。

§3 康托尔定理

定理5.5 对于任一集合s，都有$\overline{\overline{s}}<\mathscr{P}(\overline{\overline{s}})$。

证明 对于任一$x\in s$，令$f(x)=\{x\}$，由于当$x_1\neq x_2$时，有$\{x_1\}\neq\{x_2\}$，即$f(x_1)\neq f(x_2)$，所以f就是$s\to\mathscr{P}(s)$的一内射函数，因此$\overline{\overline{s}}\leqslant\overline{\overline{\mathscr{P}(s)}}$，下面，我们来证明这个等号是不能成立的。

假定不然，亦即存在一双射函数$\varphi: s\to\mathscr{P}(s)$，对于任一$x\in s$，$\varphi(x)\in\mathscr{P}(s)$，即$\varphi(x)\subset s$，当然我们可以问：这一$x$属于$\varphi(x)$吗？首先，令$s_0$为所有使得$x\notin\varphi(x)$的那些元$x$所组成，亦即

$$s_0=\{x \mid x\notin\varphi(x)\wedge x\in s\}. \tag{5.4}$$

显然s_0是s的一子集合，即$s_0\in\mathscr{P}(s)$，因为φ是$s\to\mathscr{P}(s)$上的双射函数，所以在s中必有一元素y，使得$s_0=\varphi(y)$。其次我们提出$y\in s_0$是否成立这样一个问题。

若$y\in s_0$由(5.4)得到$y\notin\varphi(y)$，但是，由y的定义，$s_0=\varphi(y)$，所以$y\notin s_0$；

若$y\notin s_0$，由$s_0=\varphi(y)$，得到$y\notin\varphi(y)$，但是由(5.4)，$y\in s_0$。

这样，不管y是否属于s_0，都要导出矛盾，因此，这样的双射函数φ是不存在的。定理5.5得证。

由康托尔的上述定理，立即可得下述定理：

定理5.6 $\aleph_0<\overline{\overline{\mathscr{P}(\omega)}}$。

康托尔定理在集合论的发展史上具有重要意义，它首先揭示了存在一列集合，其势越来越大，并且是无尽止的(对于任意给定一集合s，总有势比s的势更大的集合存在)。

康托尔定理还揭示了证明数学定理的一个重要方法——对角方法(或对角过程)。

注记5.4 由康托尔定理，对任一$a\in\mathbf{Po}$，都有b，使得$a<b$。这样，在偏序结构$\langle\mathbf{Po},<\rangle$中就没有孤立点了。集合可以通过取

幂集合逐步扩大，势也可通过取幂逐步扩大．而且这种扩大是无止境的．

注记5.5　当s为有穷集合时，比如，有一自然数n，使得$\overline{\overline{s}}=n$．易证$\overline{\overline{\mathscr{P}(s)}}=2^n$．亦即$\overline{\overline{\mathscr{P}(s)}}=2^{\overline{\overline{s}}}$．仿此，当$s$为无穷集合时，我们也将$\overline{\overline{\mathscr{P}(s)}}$记做$2^{\overline{\overline{s}}}$．这样，定理5.5就是，$\overline{\overline{s}}<2^{\overline{\overline{s}}}$，定理5.6是，$\aleph_0<2^{\aleph_0}$．

由康托尔定理，我们可以超穷递归地定义势的无穷序列．

定义5.5　令

$$\beth_0=\omega_0,$$

$$\beth_{\alpha+1}=2^{\beth_\alpha},$$

$$\beth_\lambda=\bigcup_{\alpha<\lambda}\beth_\alpha,\qquad 当\lambda\in K_{\text{II}}时.$$

其中$\beth$是希伯莱文的“贝斯”字母，这样，$\beth_\alpha$就称为**贝斯数**．由此，我们再次获得了无穷势的一个无穷序列（贝斯数的无穷序列）：

$$\beth_0,\ \beth_1,\ \beth_2,\ \cdots,\beth_\omega,\cdots,\beth_\alpha,\cdots\cdots. \tag{5.5}$$

序列（5.5）与序列（3.9）的关系是什么呢？当然，由定义$\beth_0=\omega_0$，也就是它们的首项是相当的，其余的项是否相等呢？特别地，$\beth_1=\omega_1$是否成立呢？这是需要我们讨论的问题．

§4　连续统假设

$\beth_1=\omega_1$是否成立呢？这是我们需要着重讨论的问题．ω_1是第一个不可数的序数，也是第二个无穷基数，而$\beth_1$是集合$\mathscr{P}(\omega)$的势．这就是说，我们的问题是

$$\overline{\overline{\mathscr{P}(\omega)}}=\omega_1$$

是否成立．由式（3.9）和ω_1的定义我们知道，ω_1是大于ω_0的最小的基数．因此就有

$$\omega_1\leqslant 2^{\omega_0}, \tag{5.6}$$

或者ω_1与2^{ω_0}是不可比较的．而康托尔认为任二集合的势都是可比较的．

势的三歧性原则（或势的三分法）对于任意的集合s_1，s_2，下述三式

$$\bar{\bar{s}}_1 < \bar{\bar{s}}_2,\quad \bar{\bar{s}}_1 = \bar{\bar{s}}_2,\quad \bar{\bar{s}}_2 < \bar{\bar{s}}_1$$

中恰有一个成立.或者说，对于任意的$a, b \in \mathbf{Po}$，下述三式

$$a < b,\quad a = b,\quad b < a$$

中恰有一个成立.

由势的三分法，式（5.6）无疑是成立的.但是式（5.6）中的等号是否成立呢？如果它不成立，2^{ω_0}应当等于式（3.9）中那一个基数呢？康托尔猜想等号是成立的，也就是说，应当有

$$2^{\aleph_0} = \aleph_1, \tag{5.7}$$

亦即$\beth_1 = \omega_1$，这就是著名的**连续统假设**，也称康托尔猜想.并且1882年集合论的奠基者康托尔曾宣布，他已经证明了$2^{\aleph_0} = \aleph_1$.并说即将公布证明.但是，直至康托尔（1845年3月3日～1918年1月6日）去世，也没有能公布他的证明.大概在1882年后，他发现了他原来的证明有错误而未公布.这位贡献卓著的伟大数学家在临死前，对他未能解决这一问题还表示了遗憾.

1900年，著名数学家希尔伯特（D.Hilbert）在巴黎数学大会上的著名演讲《数学问题》中列举了二十三个未解决的数学问题，向本世纪的数学家挑战，其中第一个就是“$2^{\aleph_0}$等于$\aleph_1$吗？”1925年，希尔伯特曾提出一个试图解决连续统猜想的大纲，他认为按照他的大纲是可以证明$2^{\aleph_0} = \aleph_1$的.然而，后来人们发现他的大纲也是错误的，因为他用了“自然数集合的每一子集合都是递归集合”这一命题.但是，后来，递归函数理论（数理逻辑的一个分支）对**算法**的概念逐步精确化，在本世纪三十年发现：并非自然数集合的一切子集合都是递归的，递归子集合只有$\aleph_0$个，大量的子集合是不递归的.

ω_0是最小的无穷基数，在注记5.1中我们曾规定：任一集合s，如果存在一函数f使得s与ω是一一对应的，就称集合s是可数的.不难证明奇数集合、偶数集合、平方数集合、素数集合、整数集合、甚至有理数集合、代数数集合都是可数的.

为了进一步说明对角线方法，下边我们来证明区间〔0.1〕中一切实数所构成的集合是不可数的.

定理5.7 集合〔0,1〕是不可数的.

证明 假定〔0,1〕是可数的，并且枚举它的所有的元素为a_0，a_1，a_3,a_4,…,我们知道,在0与1之间的每一实数都可以表示成为形式如

$$0.p_0p_1p_2p_3\cdots\cdots \tag{5.8}$$

那样的无穷小数，其中$0\leqslant p_i\leqslant 9$，$i\in\omega$.

$$a_0,\ a_1,\ a_2,\ a_3,\ \cdots\cdots \tag{5.9}$$

便可表示为

$$\left.\begin{array}{l} a_0=0\cdot p_{00}\ p_{01}\ p_{02}\ p_{03}\cdots\cdots \\ a_1=0\cdot p_{10}\ p_{11}\ p_{12}\ p_{13}\cdots\cdots \\ a_2=0\cdot p_{20}\ p_{21}\ p_{22}\ p_{23}\cdots\cdots \\ a_3=0\cdot p_{30}\ p_{31}\ p_{32}\ p_{33}\cdots\cdots \\ \vdots \quad\ \vdots \quad \vdots \quad \vdots \\ \vdots \quad\ \vdots \quad \vdots \quad \vdots \end{array}\right\}. \tag{5.10}$$

其中对于任意的i，$i\in\omega$，都有$0\leqslant p_{i,j}\leqslant 9$.现在构造一数$q$，使得

（1）$q\in$〔0,1〕,

（2）q不等于式（5.9）中的任一数,

令

$$q_i=\begin{cases} 5,\ \text{当}\ p_{ii}\neq 5\ \text{时}, \\ 4,\ \text{当}\ p_{ii}=5\ \text{时}, \end{cases}$$

$$q=0.q_0q_1q_2q_3\cdots q_i\cdots\cdots,\ i\in\omega, \tag{5.11}$$

显然，(1)与(2)成立.因为对于每一$i\in\omega$，$q_i\neq p_{ii}$，所以，$q\neq a_i$.这就是说，式（5.9）并没有枚举了〔0,1〕中所有元素.因此，假定〔0.1〕可数就获得了矛盾.这样,〔0,1〕是不可数的.

注记5.6 上述定理5.7的证明方法是，首先假定集合〔0,1〕是可数的,既然是可数的,就有一对一的函数f,使得f: $\omega\to$〔0,1〕,

且$f(i)=a_i\in[0,1]$，并且$\text{ran}f=[0,1]$.我们把ra n f 列举为式（5.9），即[0,1]中全部元素都列在式（5.9）中了.因为[0.1]中任一元都可表为一无限小数，即式（5.8）.其次，当我们找到了一数q，并满足证明中的条件（1）、（2）时，从而获得了一个矛盾.因此，题设[0,1]可数是错误的.从而完成了欲证结果.但是，一些初学的读者，常常对上述过程弄不清楚，有人提出，把找到的数q放在式（5.9）中不就可数了吗？我们说，不能这样做.因为，前提已经规定了[0,1]中元都在式（5.9）中.证明的过程不在于找到一数，而在于找到了由题设所得到的矛盾命题，从而说明题设是不成立的.这是人们使用反证法、归谬律证明数学定理时的一个基本步骤.

定义5.6 我们把集合[0,1]的势记做$\aleph$，亦即$\aleph=\overline{\overline{[1,0]}}$.有时，也把$\aleph$记作$c$.

定理5.8 令$a\in\mathscr{R}$，$b\in\mathscr{R}$，且$a<b$，则$[a,b]$，$[a,b)$，$(a,b]$与(a,b)的势都是$\aleph$.

证明 令$f(x)=a+(b-a)x$，显然f为$[0,1]\to[a,b]$的一双射函数，这就证明了$[a,b]$的势也是$\aleph$，由于任一无穷集合删去有穷个点仍然与原来集合对等，从而知$[a,b)$，$(a,b]$，(a,b)的势也都是$\aleph$.

定理5.9 对于任意的自然数n，n个势为$\aleph$的两两不相交的集合之并集合，其势仍然是$\aleph$.

证明 令n个不交集合为s_1，$s_2,\cdots,s_n$，$s=s_1\cup s_2\cup\cdots\cup s_n$.并且$\overline{\overline{s_i}}=\aleph$，$1\leqslant i<n$.我们将半闭区间$[0,1)$，$a_0=0<a_1<a_2<\cdots<a_{n-1}<a_n=1$分成$n$个半闭区间$[a_{i-1},\ a_1)$，$i=1,\ 2,\cdots,n$.每一个半闭区间的势都是$\aleph$，所以可以使$[a_{i-1},\ a_i)$与$s_i$做成一一对应，又因[0,1]为这些小半闭区间之并集合，所以s与[0,1]成一一对应，定理得证.

定理5.10 全体实数所组成的集合$\mathscr{R}$的势也是$\aleph$.

证明 因为$\mathscr{R}$可分割成可数无穷个半闭区间之并集合，例如

$$\mathscr{R}=\bigcup_{k\in\omega}\{[k-1,k)\cup[-k,-k+1)\}. \qquad (5.12)$$

而区间(0,1]可依下列方式分割成可数无穷个半闭区间的并集合。

$$(0,1]=\bigcup_{k\in\omega}\left\{\left(\frac{1}{k+2},\ \frac{1}{k+1}\right]\right\}, \qquad (5.13)$$

由定理5.9，(1/(k+2),1/(k+1)]与[k-1,k)∪[-k,-k+1)是等势的，所以，由式（5.12）与(5.13)可以获得$\mathscr{R}$与半闭区间(0,1]等势，即$\overline{\overline{\mathscr{R}}}=\aleph$。

由定理5.7与定义5.6，我们有$\aleph_0<\aleph$，我们已有$\aleph_0<2^{\aleph_0}$，但是，$\aleph$与$2^{\aleph_0}$的关系是什么呢？它们是否相等呢？

定理5.11 集合[0,1]与集合$\mathscr{P}(\omega)$是等势的，即

$$\aleph=2^{\aleph_0}$$

证明从略.

定理5.11说明：自然数集合ω有多少子集合的问题，就是区间[0,1]上有多少实数的问题，也就是实数有多少的问题，或直线上点有多少的问题.所以，这个问题就称之为连续统问题.连续统假设（英文为continuum hypothesis）时常缩写为CH，而广义连续统假设（generalized continuum hypothesis）

$$2^{\aleph_\alpha}=\aleph_{\alpha+1} \qquad (5.14)$$

时常缩写为GCH.

假设（5.7）成立，而且我们知道在$\aleph_0$与$\aleph_1$之间没有其它势，这样，在$\aleph_0$与$2^{\aleph_0}$之间就没有其它势了，因此，CH就是说，实数集合$\mathscr{R}$的任一无穷子集合，它的势或者是可数的（亦即为$\aleph_0$），或者是$2^{\aleph_0}$（亦即与$\mathscr{R}$是一一对应的），用公式来表示，就是：

$$\forall s(s\subset\mathscr{R}\rightarrow\overline{\overline{s}}\leqslant\aleph_0\vee\overline{\overline{s}}=2^{\aleph_0}). \qquad (5.15)$$

希尔伯特在《数学问题》一文中说："康托尔关于这种集合的研究，提出了一个似乎很合理的定理，可是，尽管经过坚持不懈的努力，还没有人能够成功地证明这条定理，这一定理就是：每个由无穷多实数组成的系统，亦即实数集合$\mathscr{R}$的无穷子集合

(或点集合)，或者与自然数1,2,3…组成的集合等势，或者与全体实数组成的集合等势，从而与连续统(即一条直线上的点的全体)等势；因此，就等势关系而言，实数的无穷子集合只有两种：可数集合和连续统."他接着又说："由这条定理，立即可以得出结论：连续统所具有的势，紧接在可数集合势之后；所以，这一定理的证明，将在可数集合与连续统之间架起一座新的桥梁."希尔伯特的这些话，充分地表现了他对连续统问题的高度评价，并且在他的长长的二十三个问题的表中，第一个就写上了："康托尔的连续统势的问题."

正因为连续统问题是数学中这样一个很根本的问题，或称为数学基础的问题，长期以来它一直是数理逻辑（特别是它的一个分支——公理集合论）的一个中心问题.近一百年来，虽然经过许多著名数学家的不懈的努力，取得了几项重大进展(这些发展，我们将在第九、十章中给以较详细的说明)，但并未完全解决，至今仍是数理逻辑的中心问题之一，仍有不少著名的数学家为寻求它的答案不懈地努力.

连续统问题的最终解决，将给数学带来重大影响. 早在1934年，谢宾斯基（W.Sierpinski）在他的《连续统假设》的专著中，曾列举了十二个与CH在逻辑上等价的数学问题，并列举了CH的82个推论.近年来，又有新的推论出现.

连续统问题是数学问题来源于几何、力学、物理等方面的现实问题的一个范例，希尔伯特在《数学问题》一文中曾严肃地批评一些数学家片面理解数学的严格性，他说："这种意见，有时为一些颇有名望的人所提倡，我认为是完全错误的，对于严格性要求的这种片面理解，会立即导致对一切从几何、力学和物理中提出的概念的排斥，从而堵塞来自外部世界的新的材料源泉，最终实际上必然会拒绝接受连续统和无理数的思想，这样一来，由于排斥几何和数学物理，一条多么重要的、关系到数学生命的神经被切断了！"希尔伯特的意见是十分清楚的：纯数学需要从外部世界中吸取新材料，外部世界是数学的新的源泉.希尔伯特热情地坚持数学与外部世界的联系，把它提到"数学生命的神经"这样的高度.

注记5.7　式（5.6）成立是根据势的三歧性原则获得的；换言之，若势的三歧性原则不成立，则ω_1与2^{ω_0}可能是不可比较的，即式（5.6）不成立.所以，式（5.7）是与势的三歧性原则有关的.同样，广义连续统假设（5.14）也是依赖于势的三歧性原则作出来的.但是，连续统假设的式（5.15）是与势的三歧性原则无关的.类似地，对于任意的无穷势b，我们令b'是大于b的最小的势（它的存在性是由康托尔定理保证了的）.这样，与势的三歧性原则无关的广义连续统假设的形式是

$$2^b=b', \tag{5.16}$$

其中b为任意的无穷势.

注记5.8　在势的三歧性原则之下，$\langle \mathbf{Po}, < \rangle$不仅是一偏序，而且也是一线序了.此时，有$\mathbf{Po}=\mathbf{Ca}$.今后，在不特别说明时，我们都假定势的三歧性原则成立.

§5　基数的初等运算

由于$\mathbf{Po}=\mathbf{Ca}$成立，今后基数与集合的势就统一起来了，并且在建立新概念、证明新定理时我们就统一运用它们的性质了.

定义5.7　设$\kappa, \lambda\in\mathbf{Ca}$，定义

（1）$k+\lambda=\overline{\overline{s_1\cup s_2}}$，其中$\overline{\overline{s_1}}=\kappa$，$\overline{\overline{s_2}}=\lambda$，且$s_1\cap s_2=\varnothing$，

（2）$\kappa\cdot\lambda=\overline{\overline{s_1\times s_2}}$，其中$\overline{\overline{s_1}}=k$，$\overline{\overline{s_2}}=\lambda$，

（3）$k^\lambda=\overline{\overline{s_1\uparrow s_2}}$，其中$\overline{\overline{s_1}}=k$，$\overline{\overline{s_2}}=\lambda$.并且

$s_1\uparrow s_2=\{f\mid f: s_2\to s_1\}$.

注记5.9　可以看出注记5.5中$\overline{\overline{\mathscr{P}(s)}}=2^{\overline{\overline{s}}}$的约定和定义5.7是一致的.$f: s\to 2$说明$f$是集合$s$的特征函数，特征函数与$s$的子集合是一一对应的.$\overline{\overline{\mathscr{P}(s)}}$为$s$的所有子集合的数目，而$2^{\overline{\overline{s}}}$为$s$的子集合的特征函数的数目.因此，$\overline{\overline{\mathscr{P}(s)}}=2^{\overline{\overline{s}}}$.$\mathscr{P}(s)$已称为$s$的幂集合，$s_1\uparrow s_2$称做$s_1$对$s_2$的超幂或由集合$s_2$到集合$s_1$的超幂.因此，在定义5.7中$k+\lambda$称基数$k$与$\lambda$之和，$k\cdot\lambda$称基数$k$与$\lambda$之积，$k^\lambda$称基数$k$对

λ之超幂.

定义5.8 对于任意的序数α_1, α_2, β_1, β_2, 令

$$\begin{aligned}\langle\alpha_1\alpha_2\rangle R\langle\beta_1,\beta_2\rangle = &\max(\alpha_1,\alpha_2)<\max(\beta_1,\beta_2)\\ &\vee(\max(\alpha_1,\alpha_2)=\max(\beta_1,\beta_2)\wedge\alpha_1<\beta_1)\\ &\vee(\max(\alpha_1,\alpha_2)=\max(\beta_1,\beta_2)\wedge\alpha_1=\beta_1\\ &\wedge\alpha_2<\beta_2).\end{aligned}$$

定理5.12 由定义5.8给出的关系R是$\mathbf{On}\times\mathbf{On}$的一良序，并且对于任意的序数$\alpha$, $\omega_\alpha\times\omega_\alpha$是$\mathbf{On}\times\mathbf{On}$的一$R$前节.

证明从略.

定理5.13 对于任意的序数α, 都有$\langle\omega_\alpha, \in\rangle$与$\langle\omega_\alpha\times\omega_\alpha,R\rangle$是同构的，其中$R$是定义5.8中定义的类关系.从而有$\omega_\alpha^2=\omega_\alpha$.

证明 假定α是使得定理不成立的最小的序数.则，ω_α同构于$\omega_\alpha\times\omega_\alpha$的一真的$R$前节，比如它同构于

$$O_R(\langle\beta_1,\beta_2\rangle)=\{\langle\alpha_1,\alpha_2\rangle\mid\langle\alpha_1,\alpha_2\rangle R\langle\beta_1,\beta_2\rangle\}.$$

令 $\beta_3<\omega_\alpha$使得$\beta_1<\beta_3$, $\beta_2<\beta_3$, 这样，有

$$O_R(\langle\beta_1,\beta_2\rangle)\subset\beta_3\times\beta_3.$$

由此，我们有一$\beta<\alpha$, 使得

$$\omega_\alpha=\overline{\overline{O_R(\langle\beta_1,\beta_2\rangle)}}\leqslant\overline{\overline{\beta_3\times\beta_3}}=\omega_\beta^2$$

成立.由假定 $\omega_\beta^2=\omega_\beta$.由此，有

$$\omega_\alpha\leqslant\omega_\beta<\omega_\alpha.$$

这是一个矛盾.因此，欲证结果成立.

以下三条定理是显然的.

定理5.14 $\omega_\alpha+\omega_\beta=\max(\omega_\alpha,\omega_\beta)$,

$\omega_\alpha\cdot\omega_\beta=\max(\omega_\alpha,\omega_\beta)$.

定理5.15 对于任意的无穷集合s, 都有$\overline{\overline{s^2}}=\overline{\overline{s}}$, 其中$s^2=s\times s$.

定理5.16 若s_1为无穷集合，$s_2\neq\varnothing$, 则

$$\overline{\overline{s_1\times s_2}}=\overline{\overline{s_1\cup s_2}}=\max(\overline{\overline{s_1}},\overline{\overline{s_2}}).$$

§6 莱文海姆-斯科伦定理

定理5.17 若 f 是一函数，且对于每一 $x\in\mathrm{dom}f$，都有 $\overline{\overline{f(x)}}\leqslant\omega_a$，则有

$$\overline{\overline{\bigcup(\mathrm{ran}f)}}\leqslant\overline{\overline{\omega_a\times\mathrm{dom}f}}.$$

证明

$$\begin{aligned}\overline{\overline{\bigcup(\mathrm{ran}f)}}&\leqslant(\max_{x\in\mathrm{dom}f}\overline{\overline{f(x)}})\cdot\overline{\overline{\mathrm{dom}f}}\\&\leqslant\omega_a\cdot\overline{\overline{\mathrm{dom}f}}\\&\leqslant\overline{\overline{\omega_a\times\mathrm{dom}f}}.\end{aligned}$$

定义5.9 令 F 是一类函数，s 为一集合，如果

$$\mathrm{ran}(F\restriction s)\subset s,$$

则称集合 s 是**关于 F 封闭的**.

定义5.10 若类 s_1 是满足下述两个性质

（1）$s_2\subset s_1$,

（2）$\mathrm{ran}(F\restriction s_1)\subset s_1$

的最小的类，则称 s_1 是类 s_2 **关于 F 的闭包**.

定理5.18（莱文海姆-斯科伦定理）若 s 是一集合，且 F 是一类函数，则存在 s 关于 F 的闭包 T，且 T 是一集合，当 s 为无穷集合时，$\overline{\overline{T}}=\overline{\overline{s}}$.

证明 对于任一集合 x，令

$$G(x)=x\cup\mathrm{ran}(F\restriction x).$$

显然，G 是一个类函数.现在，递归地定义函数 f 如下：

$$f(0)=s;$$
$$f(n+1)=G(f(n)),$$

则 $\mathrm{dom}f=\omega$，$\mathrm{ran}f$ 是一集合，令 $T=\bigcup(\mathrm{ran}f)$，则 T 是一集合，并且易证它是 s 关于 F 的一闭包.当 s 是一无穷集合时，有

$$\overline{\overline{\mathrm{ran}(F\restriction s)}}\leqslant\overline{\overline{s}},$$
$$\overline{\overline{f(o)}}=\overline{\overline{s}},\quad\overline{\overline{f(n)}}=\overline{\overline{s}},$$
$$\overline{\overline{\bigcup(\mathrm{ran}f)}}\leqslant\overline{\overline{s\times\omega}}=\max(\overline{\overline{s}},\omega)=\overline{\overline{s}},$$

并且 $\overline{\overline{\bigcup(\mathrm{ran}f)}} \geqslant \overline{\overline{f(o)}} = \overline{\overline{s}}$.

因此 $\overline{\overline{T}} = \overline{\overline{\bigcup(\mathrm{ran}f)}} = \overline{\overline{s}}$.

定理5.18是一个基本定理，它首先由莱文海姆(Löwenheim, L.)1915年给出，斯科伦 (Skolem, T.)于1920年作出了推广并给出了新的证明方法. 这一定理还有以下的推广形式.

定理5.19 若 s 是一集合，且 F_1, …, F_k 是一元类函数，H_1, …, H_m是二元类函数. 即

$$F_i: \boldsymbol{V} \to \boldsymbol{V},\ i=1, \cdots, k,$$

$$H_j: \boldsymbol{V} \times \boldsymbol{V} \to \boldsymbol{V},\ j=1, \cdots, m,$$

则存在s关于类函数F_1, …, F_k与H_1, …, H_m的一个闭包T，且T是一集合，当s为无穷集合时，$\overline{\overline{T}}=\overline{\overline{s}}$.

证明 对于任一集合x，令

$$G(x) = x \cup \mathrm{ran}(F_1 \upharpoonright x) \cup \cdots \cup \mathrm{ran}(F_k \upharpoonright x)$$
$$\cup\ \mathrm{an}(H_1 \upharpoonright x \times x) \cup \cdots \cup \mathrm{ran}(H_m \upharpoonright x \times x).$$

显然，G 是一个类函数. 类似定理5.18的证明，可获得欲证结果.

§7 蔻尼定理

定义5.11 令 I 为任一集合，对于任意的$i \in I$，κ_i 都是一基数，即 $\{\kappa_i | i \in I\}$ 是一簇基数. 任取集合簇 $\{s_i | i \in I\}$，使得 $\kappa_i = \overline{\overline{s_i}}$且使集合簇中集合两两不交. 令

$$\sum_{i \in I} k_i = \overline{\overline{\bigcup_{i \in I} s_i}},$$

并称$\sum\limits_{i \in I} k$为**基数簇** $\{\kappa_i | i \in I\}$ 的和.

上述定义中簇 $\{s_i | i \in I\}$ 两两不交的限制是非本质的，如可取$s_i = \{i\} \times \kappa_i$, $i \in I$易证，这一簇集合是两两不交的.

定义5.12 令 I 是任一集合，$\{\kappa_i | i \in I\}$ 是一簇基数，集合簇 $\{s_i | i \in I\}$ 使得$\kappa_i = \overline{\overline{s_1}}$，称

$$\prod_{i \in I} s_i = \{f | (f: I \to \bigcup_{i \in I} s_i) \wedge \forall i \in I (f(i) \in s_i)\}$$

为此集合簇的超积（或广义笛氏积）．并把

$$\prod_{i\in I} k_i=\prod_{i\in I} S_i$$

称之为基数簇的超积（或广义笛氏积，有时 I 也称为标号集合）．

由定义5.12可知，若 I 为有穷集合，且对任一$i\in I$，κ_i 都是自然数，则 $\sum\limits_{i\in I}\kappa$和 $\prod\limits_{i\in I}\kappa_i$分别为有穷的算术和与算术乘积．

定理5.20 对于任意的自然数n及大于0的基数 κ_0，κ_1，…，κ_n，其中至少有一个是无穷基数，我们有

（1）$\sum\limits_{i\in n^+}\kappa_i=\max(\kappa_0,\kappa_1,\cdots,\kappa_n)$，

（2）$\prod\limits_{i\in n^+}\kappa_i=\max(\kappa_0,\kappa_1,\cdots,\kappa_n)$．

证明 (1) 是显然的，证明从略．这里仅证明 (2)．我们施归纳于自然数 n．$n=0$，结论显然成立．假定对于任一自然数 m (2) 成立，现在来证明$m+1$时 (2) 也成立．

对于自然数m时，归纳前提 (2) 成立．可以分为两个步骤：

$$\prod_{i\in m^+}\kappa_i=\kappa_0\cdot\kappa_1\cdot\cdots\cdot\kappa_m, \tag{5.17}$$

$$\kappa_0\cdot\kappa_1\cdots\kappa_m=\max(\kappa_0,\kappa_1,\cdots,\kappa_m), \tag{5.18}$$

我们来证明

$$\prod_{i\in m+2}\kappa_i=\kappa_0\cdot\kappa_1\cdot\cdots\cdot\kappa_m\cdot\kappa_{m+1}, \tag{5.19}$$

$$k_0\cdot k_1\cdots k_m\cdot k_{m+1}=\max(k_0,k_1,\cdots,k_{m+1})． \tag{5.20}$$

由定理5.14和式 (5.18)，式 (5.20) 是显然的．对于式 (5.19)，由式 (5.17) 可知，满足条件

$$f: m^+\to(\bigcup_{i\in m^+}\kappa_i), \tag{5.21}$$

$$\forall i\in m^+(f(i)\in\kappa_i) \tag{5.22}$$

的函数的数目为$k_0\cdot k_1\cdot\cdots\cdot k_m$。令

$$k=k_0\cdot k_1\cdot\cdots\cdot k_m．$$

现在把满足条件式 (5.21) 与 (5.22) 的每一函数 f 如下延拓为g：

$\mathrm{dom}\, g = m+2$,

$$g(i)=\begin{cases} f(i), & i\in m+1, \\ a, & i=m+1 \text{且} a\in k_{m+1}. \end{cases}$$

显然，对于每一f，都可获得k_{m+1}个函数g.因之，式(5.21)成立.这就证明了式（5.19），从而获得了欲证结果成立.

定理5.21 若对于任一序数β，基数k与$k_\alpha(\alpha\in\beta)$皆不为0且至少有一个为无穷基数，则有

（1）若$s=\{\langle\alpha,\xi\rangle|\alpha\in\beta\wedge\xi\in k_\alpha\}$，

则$\sum\limits_{\alpha\in\beta}\kappa_\alpha=\overline{\overline{s}}$，

（2）$\kappa\cdot\sum\limits_{\alpha\in\beta}\kappa_\alpha=\sum\limits_{\alpha\in\beta}(\kappa\cdot\kappa_\alpha)$，

（3）$\sum\limits_{\alpha\in\beta}k=k\cdot\overline{\overline{\beta}}$，

（4）$\sum\limits_{\alpha\in\beta}\kappa\cdot\kappa_\alpha=\kappa\cdot\overline{\overline{s}}$.

建议读者自己证明这一定理.

定理5.22 对于每一序数α，$\aleph_{\alpha+1}$是正则的.

证明 假定不然，$\aleph_{\alpha+1}$至多是$\aleph_\alpha$个集合的并，并且它们的每一个都小于等于$\aleph_\alpha$，这样，我们有：

$$\aleph_{\alpha+1}\leqslant\sum_{\beta\in\omega_\alpha}\aleph_\alpha=\aleph_\alpha\cdot\aleph_\alpha=\aleph_\alpha,$$

这是一个矛盾，因此，$\aleph_{\alpha+1}$是正则的.

定理5.22是说，对于任一$\alpha\in\boldsymbol{K}_I$，$\aleph_\alpha$是正则的.

定理5.23 对于任意的基数k_1，k_2，若$2\leqslant k_1\leqslant k_2$，则$k_1^{k_2}=2^{k_2}$.

证明 $2^{k_2}\leqslant k_1^{k_2}$ （1）

$\leqslant\overline{\overline{\mathscr{P}(k_2\times k_1)}}$ （2）

$=2^{k_2\cdot k_1}$ （3）

$=2^{k_2}$. （4）

其中（1）是由于$2\subset k_1$，（2）是由于由k_2到k_1的任一函数f都有$f\subset k_2\times k_1$，（3）是据注记5.9，(4)是由于$k_2\cdot k_1=\max(k_2,k_1)=$

k_2.这就获得了欲证结果.

定理5.24 （蔻尼定理） 对于每一$i\in I$,若$\kappa_i<\lambda_i$，则有

$$\sum_{i\in I}k_i<\prod_{i\in I}\lambda_i,$$

其中κ_i，λ_i为任意基数.

证明 先证$\sum\limits_{i\in I}k_i\leqslant\prod\limits_{i\in I}\lambda_i$. 令$\overline{\overline{s_i}}=\kappa_i$，$\overline{\overline{T_i}}=\lambda_i$，$s_i\subset T_i$ 且 s_i 是两两不交的，T_i也是两两不交的，令

$$s=\bigcup_{i\in I}s_i,\quad T=\prod_{i\in I}T_i, \tag{5.23}$$

因为对于每一$i\in I$，有 $c_i=T_i\dot{-}s_i\neq\varnothing$，在$c_i$中取一固定元记做$t_i$.对于每一$x\in s_i$，作一函数$g_{ix}$如下：

$$\mathrm{dom}(g_{ix})=I, \tag{5.24}$$

$$g_{ix}(j)=\begin{cases}x, & \text{当}j=i,\\ t_j, & \text{当}j\neq i,\quad j\in I.\end{cases} \tag{5.25}$$

现在，作一对一的函数$f:s\to T$使得当$x\in s_i$时，$f(x)=g_{ix}$.因为由式（5.24）与（5.25）可知$g_{ix}\in T$并且是两两不交的. 为了直观地解理它们，不妨假设I为一有序集合，这时可知，g_{ix}分别为

$$\begin{cases}\langle x_1,\ t_2,\ t_3,\ \cdots,\ t_i,\ \cdots\cdots\rangle, & x_1\in s_1,\\ \langle t_1,\ x_2,\ t_3,\ \cdots,\ t_i,\ \cdots\cdots\rangle, & x_2\in s_2,\\ \cdots\quad\cdots\quad\cdots\quad\cdots\quad\cdots & \\ \langle t_1,\ t_2,\ t_3,\ \cdots,\ x_i,\ \cdots\cdots\rangle, & x_i\in s_i,\\ \cdots\quad\cdots\quad\cdots\quad\cdots\quad\cdots & \end{cases}$$

每一个I序列都恰好含有一个x_i，其余的全为固定元素t_j.当x_i遍历所属集合s_i时，就分别构成了T的一子集合，这些子集合互不相交，且各个都与$s_i(i\in I)$等势.因此，s与T的一子集合等势，即$\overline{\overline{s}}\leqslant\overline{\overline{T}}$.

其次，我们证明$\overline{\overline{s}}\neq\overline{\overline{T}}$.假定不然，就有$s$与$T$之间一一对应函数$g$，即$g$是一对一的，且

$$\mathrm{dom}\,g=\bigcup_{i\in I}s_i,\quad \mathrm{ran}\,g=\prod_{i\in I}T_i. \tag{5.26}$$

因为由定义5.12，T中元素都是函数，其中任一函数f满足下述两个条件：

$$f: I \to \bigcup_{i \in I} T_i, \tag{5.27}$$

$$\forall i \in I(f(i) \in T_i). \tag{5.28}$$

由式（5.26），对于任一$x \in s$，有$g(x) \in T$．因此$g(x)$是满足式（5.27）与（5.28）的某一函数f（由于g的一对一性质，f是存在唯一的）．对于这一函数f和任意的$i \in I$，都有$f(i) \in T$，换言之，$\langle x, f \rangle \in g$，$f(i) \in T$．令

$$g_i = \{\langle x, f(i) \rangle \mid i \in I \wedge x \in s \wedge f = g(x)\}, \tag{5.29}$$

则g_i是函数g在T_i上的投影，显然g_i仍然是一对一的．并且有

$$\overline{\overline{\mathrm{ran}(g_i \upharpoonright s_i)}} = \overline{\overline{s_i}} < \overline{\overline{T_i}}.$$

令$c_i = T_i \dot{-} \mathrm{ran}(g_i \upharpoonright s_i)$，有$c_i \neq \varnothing$，于是，我们有

$$\prod_{i \in I} c_i \neq \varnothing. \tag{5.30}$$

取函数$f_0 \in \prod_{i \in I} c_i$，显然$f_0 \in T$．由$g$的定义，总有一$x_0 \in s$，使得

$$g(x_0) = f_0.$$

对于这一x_0，由s的定义，必有一$i_0 \in I$，使得$x_0 \in s_{i_0}$，由此，$f_0 \in \mathrm{ran}(g \upharpoonright s_{i_0})$．因此，对于每一$i \in I$，都有

$$f_0(i) \in \mathrm{ran}(g_i \upharpoonright s_{i_0}).$$

特别地，应当有

$$f_0(i_0) \in \mathrm{ran}(g_{i_0} \upharpoonright s_{i_0}). \tag{5.31}$$

然而，对任一i，都有$f_0(i) \in c_i$，由c_i的定义，就有

$$f_0(i) \notin \mathrm{ran}(g_i \upharpoonright s_i).$$

特别地，就有

$$f_0(i_0) \notin \mathrm{ran}(g_{i_0} \upharpoonright s_{i_0}). \tag{5.32}$$

这样，式（5.31）与（5.32）是一矛盾．显然，这一矛盾是由于假定s与T之间的双射函数g引起的．因此，这样的函数g是不存在的，亦即$\overline{\overline{s}} \neq \overline{\overline{T}}$．

综上，我们已经证明了定理5.24成立．

注记5.10　定理5.24的证明过程也是对角方法的一个典型的

应用．为了说明这一点，我们进一步分析上述证明过程，对于满足条件（5.26）的函数g，我们曾据式（5.29）定义函数g在T_i上的投影．现在作些推广，令

$$g_{i,j}=\{\langle x,f(i)\rangle | i\in I\wedge j\in I\wedge x\in s_j\wedge f=g(x)\}.$$

这实际上就是函数$g_i\upharpoonright s_j$．可以称为函数g从集合s_j在T_i上的投影．对$g_{i,j}$取对角即$g_{i,i}$，显然有

$$\overline{\overline{s_i}}=\overline{\overline{\mathrm{ram}\, g_i}},\ i<\overline{\overline{T_i}}.$$

这就说明了$\mathrm{ran}\ g_{i,i}\subset_+ T_i$，从而有

$$c_i=T_i \dot{-} \mathrm{rang}_{i,i}\neq\varnothing.$$

这时，作集合簇$\{c_i | i\in I\}$的超积，其中的元f_0，有$f_0(i)\in c_i$对一切$i\in I$都成立．f_0是由对角方法获得的函数．并称之为对角函数．

例5.1 令标号集合为ω，s_i恒为1，T_i恒为2．由定理5.24，有

$$\sum_{i\in\omega}1<\prod_{i\in\omega}2, \tag{5.33}$$

即 $\aleph_0<2^{\aleph_0}$．

我们来考察$\prod\limits_{i\in\omega}2$的情况．由定义5.12，式（5.33），函数集合$\{f | f:\omega\to 2\}$的数目如图5.2所示，这一簇中的每一函数对应于图5.3中无穷树的一个枝．这一树有一个树根（A点）和许多节点，

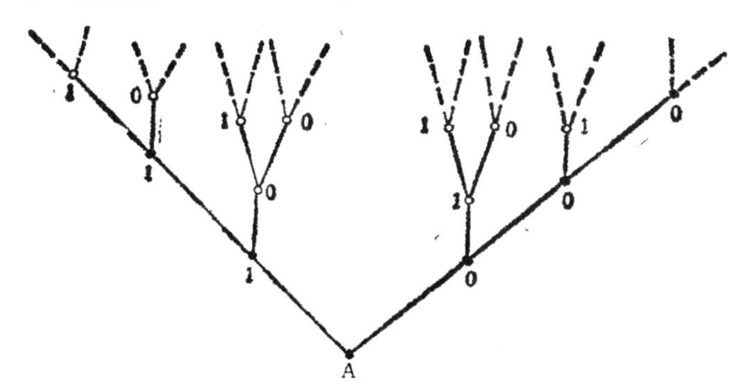

图 5.3 一棵丰满的ω层二枝树

每个节点都生出两个树叉，向左的树叉的高一层节点标上1，向右

的则标上0，依此类推．树高为ω．这一树的各树枝（即通路）对应于各个函数$f:\omega\to 2$的取值．也就是说，此树的每一通路都恰好表达满足$f:\omega\to 2$的一函数，即$\prod\limits_{i\in\omega}2$的一元．

对任一$i\in\omega$，令，

$$c_i = T_i \dot{-} s_i,$$

其中c_i中恰有一点，$\prod\limits_{i\in\omega}c_i\neq\varnothing$．由对角方法，在$\prod\limits_{i\in\omega}c_i$中获得的函数$f_0$就是一个对角函数．

注记5.11　式（5.30）的前提是，对于每一$i\in I$，$c_i\neq\varnothing$由此获得式（5.30），这里隐含着一条重要的原则，这就是下述乘积原则，或乘积定理．我们将证明它也是选择公理的一种等价的形式．

乘积原则　对于任意的标志集合I和定义在I上的函数$g(i)$，若$\forall i\in I(g(i)\neq\varnothing)$，则

$$\prod_{i\in I}g(i)\neq\varnothing.$$

定理5.25　对于任意的集合s_1，s_2与s_3，我们有

$$\mathrm{Ep}((s_1\uparrow s_2)\uparrow s_3,\ s_1\uparrow(s_2\times s_3))$$

成立。即$\overline{\overline{(s_1\uparrow s_3)\uparrow s_3}} = \overline{\overline{s_1\uparrow(s_2\times s_3)}}$．

证明　我们按下述方法定义集合$(s_1\uparrow s_2)\uparrow s_3$上的函数$g$，若$f\in(s_1\uparrow s_2)\uparrow s_3$且$y\in s_3$，则$f(y)\in(s_1\uparrow s_2)$．也就是说$f(y)$是满足

$$f(y):s_2\to s_1. \tag{5.34}$$

的函数．这样，如果$x\in s_2$，则有

$$(f(y))(x)\in s_1. \tag{5.35}$$

这时，我们用下式指定函数$g(f)$：

$$(g(f))(x,y)=(f(y))(x), \tag{5.36}$$

于是有$g(f)$：$s_2\times s_3\to s_1$．这样，有

$$g(f)\in s_1\uparrow(s_1\times s_2). \tag{5.37}$$

从而，获得

$$g:(s_1\uparrow s_2)\uparrow s_3\to s_1\uparrow(s_2\times s_3).$$

现在我们来证明g是集合（$s_1\uparrow s_2$）$\uparrow s_3$到$s_1\uparrow(s_2\times s_3)$的双射函数．为此，我们证明

（1）若　$h\in s\uparrow(s_2\times s_3)$，则有$f\in(s_1\uparrow s_2)\uparrow s_3$，使得$g(f)=h$．

此时，对于任一$y\in s_3$，令

$$\varphi_y(x)=h(x,y),\quad x\in s_2,$$

因为$h(x,y)\in s_1$，即$\varphi_y(x)\in s_1$，所以有$\varphi_y\in(s_1\uparrow s_2)$．令$f(y)=\varphi_y$，因此，我们有$f\in(s_1\uparrow s_2)\uparrow s_3$，并且有

$$h(x,y)=(f(y))(x),\tag{5.38}$$

从而有$g(f)=h$．即函数g是满射．

（2）现在我们来证明g是单射，即如果$f_1\in(s_1\uparrow s_2)\uparrow s_3$，$f_2\in(s_1\uparrow s_2)\uparrow s_3$，并且$g(f_1)=g(f_2)$，则$f_1=s_2$．

因为f_1与f_2定义域均为s_2，值域均为（$s_1\uparrow s_2$），而$f_1(y)$与$f_2(y)$定义域均为s_2，值域均为s_1，并且由式(5.36)和式(5.35)，我们有

$$\begin{aligned}g(f_1)=g(f_2)&\to\forall y\in s_3\forall x\in s_2((f_1(y))(x)=(f_2(y)(x))\\&\to\forall y\in s_3(f_1(y)=f_2(y))\\&\to f_1=f_2.\end{aligned}$$

这样，我们就完成了(2)的证明．

综上，我们就得到了欲证结果．

定理5.26　对于任意的基数κ_1，κ_2，κ_3，我们有$(\kappa_1{}^{\kappa_2})^{\kappa_3}=\kappa_1^{\kappa_2\kappa_3}$．

注记5.12　定理5.26对于有穷基数与无穷基数都遵守同一运算法则．

蔻尼定理（D. König，1905）有几个重要的推论，下面我们将看到它为广义连续统假设提供了某种肯定性结论．

定理5.27　对于每一序数α，都有

$$\aleph_\alpha<\mathrm{cf}(2^{\aleph_\alpha}).$$

证明 假如$\mathrm{cf}(2^{\aleph_\alpha})\leqslant\omega_\alpha$,则有基数簇$\{\kappa_i|i\in\omega_\alpha\}$，使得对于每一$i\in\omega_\alpha$，有$\kappa_i<2^{\aleph_\alpha}$，并且$\sum\limits_{i\in\omega_\alpha}\kappa_i=2^{\aleph_\alpha}$成立．然而由定理5.24，我们有：

$$\sum_{i\in\omega^\alpha}\kappa_i<\prod_{i\in\omega^\alpha}2^{\aleph_\alpha}=(2^{\aleph_\alpha})^{\aleph_\alpha}=2^{\aleph_\alpha},$$

这是一个矛盾，因此，有$\omega_\alpha<\mathrm{cf}(2^{\aleph})$．

定理5.28 对于任一序数α，若α共尾于ω，则$2^{\aleph_0}\neq\aleph_\alpha$．

证明 由定理5.27，$\mathrm{cf}(2^{\aleph_0})$是不可数的。然而由定理3.27，及$\alpha$共尾于$\omega$，有$\mathrm{cf}(\aleph_\alpha)=\mathrm{cf}(\alpha)=\omega$.这就获得了欲证结果．

§8 不可达基数

在定义3.14中，我们曾经引进了弱不可达基数的概念，本节我们使用这一概念进一步建立不可达基数的概念．

定义5.13 对于任意的基数κ，如果κ同时满足下述三条：

（1）$\omega<\kappa$；

（2）若s是序数的一集合，$\forall\alpha(\alpha\in s\to\alpha<\kappa)$且$\overline{\overline{s}}<\kappa$，则$\bigcup s<\kappa$；

（3）$\forall x(\overline{\overline{x}}<\kappa\to 2^{\overline{\overline{x}}}<\kappa)$,

则称κ为一**不可达基数**．

当取κ为ω时，上述定义中的条件（2）与（3)是同时成立的．对照定义3.14不难看出,条件（2）表示κ是一正则基数．亦即$\mathrm{cf}(\kappa)=\kappa$。据注记3.2，对于任意的$\alpha\in\boldsymbol{K}_{I}$，$\aleph_\alpha$为正则基数．然而这样的基数不可能满足定义中的条件（3）．因为当β为α的前驱时，据定理5.5，有$\aleph\leqslant 2^{\aleph_\beta}$．因此，对于不可达基数，显然我们有下述定理．

定理5.29 基数$\aleph_\alpha$是不可达的，当且仅当$\aleph_\alpha$是弱不可达的且$\forall x(\overline{\overline{x}}<\aleph_\alpha\to 2^{\overline{\overline{x}}}<\aleph_\alpha)$．

据式（4.5)，对于每一序数α，我们有集合$\boldsymbol{V}_\alpha$（习题4.5(2)证明$\boldsymbol{V}_\alpha$是传递集合)。定义5.5又引进了贝斯数，现在我们来探讨$\boldsymbol{V}_\alpha$的基数、贝斯数和不可达基数的一些性质．

定理5.30 对于任意的α，都有

$$\boldsymbol{V}_{\omega+\alpha}=\beth_{\alpha}.$$

证明 我们对序数α作超穷归纳法来证明这一定理.

（1）$\alpha=0$，我们需证明$\overline{\overline{\boldsymbol{V}}}_{\omega}=\aleph_0$.因为，$\boldsymbol{V}_{\omega}=\bigcup_{n\in\omega}\boldsymbol{V}_n$，对于每一自然$n$，设$\overline{\overline{\boldsymbol{V}}}_n=m$，有$\overline{\overline{\boldsymbol{V}}}_{n+1}=2^m$，因为$\overline{\overline{\boldsymbol{V}}}_{n+1}=\overline{\overline{\mathscr{P}(\boldsymbol{V}_n)}}$.换言之，$\boldsymbol{V}_n$，$\boldsymbol{V}_{n+1}$都是有穷集合，而且它们的势是一递增的$\omega$序列.显然，可以建立$\boldsymbol{V}_{\omega}$与$\omega$之间的一一对应.

（2）若α是一后继序数，即有一序数β，使得$\alpha=\beta^+$则有

$$\boldsymbol{V}_{\omega+\alpha}=\boldsymbol{V}_{(\omega+\beta)^+}=\mathscr{P}(\boldsymbol{V}_{\omega+\beta}).$$

据归纳假设，$\overline{\overline{\boldsymbol{V}}}_{\omega+\beta}=\beth_{\beta}$，因此，

$$\overline{\overline{\mathscr{P}(\boldsymbol{V}_{\omega+\beta})}}=2^{\overline{\overline{\boldsymbol{V}}}_{\omega+\beta}}=2^{\beth_{\beta}}=\beth_{\beta^+}.$$

（3）若α是一极限序数，则$\omega+\alpha$还是一极限序数，这样，$\omega+\alpha=\mathrm{Sup}\{\omega+\delta|\delta\in\alpha\}$，而且由$\boldsymbol{V}_{\omega+\delta}$的传递性有

$$\boldsymbol{V}_{\omega+\alpha}=\bigcup_{\delta\in\alpha}\boldsymbol{V}_{\omega+\delta}.$$

因为据归纳假设，$\overline{\overline{\boldsymbol{V}}}_{\omega+\delta}=\beth_{\delta}$，所以，有

$$\overline{\overline{\boldsymbol{V}}}_{\omega+\alpha}\leqslant\bigcup_{\delta\in\alpha}\overline{\overline{\boldsymbol{V}}}_{\omega+\delta}=\sum_{\delta\in\alpha}\beth_{\delta}=\beth_{\alpha};$$

另一方面，因为$\overline{\overline{\alpha}}\leqslant\alpha$且$\alpha\leqslant\beth_{\alpha}$，并且据定义5.5，贝斯数序列是单调递增的，所以有

$$\overline{\overline{\boldsymbol{V}}}_{\omega+\alpha}=\beth_{\alpha}.$$

定理5.31 如果κ是一不可达基数，且α是小于κ的任一序数，则$\beth_{\alpha}<\kappa$.

证明 对序数α作超穷归纳法来证明这一定理.设α为满足定理前提的任一序数，即$\alpha<\kappa$，对于小于α的所有序数假设定理成立.

（1）若$\alpha=0$，则$\beth_0=\aleph_0$，据定义5.13(1)，$\beth_0<\kappa$.

（2）若α为一后继序数，有一序数β，使得$\alpha=\beta^+$.由归纳假设，$\beth_{\beta}<\kappa$，且由定义5.13(3)有$\beth_{\alpha}=2^{\beth_{\beta}}<\kappa$.

（3）若α是一极限序数，则由归纳假设，对于每一$\delta<\alpha$，$\beth_\delta<\kappa$.又因为κ不是小于κ个（因为$\bar{\bar{\alpha}}<\kappa$）更小的基数之最小上界，所以，有

$$\beth_\alpha=\mathrm{Sup}\{\beth_\delta|\delta<\alpha\}<\kappa.$$

综上，定理得证.

定理5.32 如果κ是一不可达基数，且$x\in \boldsymbol{V}_\kappa$，则$\bar{\bar{x}}<\kappa$.

证明 假定$x\in \boldsymbol{V}_\kappa$，由$\boldsymbol{V}_\kappa=\bigcup\limits_{\alpha<\kappa}U_\alpha$，我们有$x\subset \boldsymbol{V}_\alpha$，因此$\bar{\bar{x}}\leqslant\overline{\overline{\boldsymbol{V}}}_\alpha$.再使用定理5.31，有$\overline{\overline{\boldsymbol{V}}}_\alpha\leqslant\beth_\alpha$且$\beth_\alpha<\kappa$，从而有$\bar{\bar{x}}<\kappa$.这就完成了欲证结果.

定理中κ为不可达基数是重要的条件，当基数取为通常基数时，定理可能是不成立的.

习　题

5.1 （1）对于ω的任一子集合s而言，如果s是有穷的或者$\omega\dot{-}s$是有穷的，则称s为共有穷的集合.试证明：由所有共有穷的集合所组成的集合是一可数集合；

（2）令$\mathscr{Q}$是有理数集合，证明$\bar{\bar{\mathscr{Q}}}=\aleph_0$.

5.2 令$\mathscr{A}$是代数数集合，证明$\bar{\bar{\mathscr{A}}}=\aleph_0$.

5.3 令$\mathscr{I}$是超越数集合，即$\mathscr{I}=\mathscr{R}\dot{-}\mathscr{A}$，其中$\mathscr{A}$为代数数集合，证明$\bar{\bar{\mathscr{I}}}=\aleph$.

5.4 证明：可数个可数集合之并集合还是可数的（注意：在没有单值化原则时上述结果是不成立的）.

5.5 证明定理5.11.

5.6 证明定理5.21.

5.7 设$\{\kappa_\alpha|\alpha\in\beta\}$，$\{\lambda_\alpha|\alpha\in\beta\}$为基数的簇，证明

（1）$\sum\limits_{\alpha\in\beta}(\kappa_\alpha+\lambda_\alpha)=(\sum\limits_{\alpha\in\beta}\kappa_\alpha)+(\sum\limits_{\alpha\in\beta}\lambda_\alpha)$；

（2）$\sum\limits_{\alpha\in\beta}(\kappa_\alpha\cdot\lambda_\alpha)=(\sum\limits_{\alpha\in\beta}\kappa_\alpha)\cdot(\sum\limits_{\alpha\in\beta}\lambda_\alpha)$；

（3）$\sum\limits_{\alpha\in\beta}(\kappa_\alpha+\lambda_\alpha)=(\sum\limits_{\alpha\in\beta}\lambda_\alpha)+(\sum\limits_{\alpha\in\beta}\kappa_\alpha)$；

(4) $\sum_{\alpha\in\beta}(\kappa_\alpha\cdot\lambda_\alpha)=(\sum_{\alpha\in\beta}\lambda_\alpha)\cdot(\sum_{\alpha\in\beta}\kappa_\alpha)$;

(5) $\prod_{\alpha\in\beta}(\kappa_\alpha+\lambda_\alpha)=(\prod_{\alpha\in\beta}\kappa_\alpha)+(\prod_{\alpha\in\beta}\lambda_\alpha)$;

(6) $\prod_{\alpha\in\beta}(\kappa_\alpha\cdot\lambda_\alpha)=(\prod_{\alpha\in\beta}\kappa_\alpha)\cdot(\prod_{\alpha\in\beta}\lambda_\alpha)$.

5.8 对于基数簇 $\{\kappa_{\alpha,\beta}|\alpha\in\gamma\wedge\beta\in\delta\}$，我们有

$$\prod_{\alpha\in\gamma}\sum_{\beta\in\delta}\kappa_{\alpha,\beta}=\sum_{f\in(\delta\uparrow\gamma)}\prod_{\alpha\in\gamma}\kappa_{\alpha,f(\alpha)},$$

5.9 证明$\kappa<\kappa^{\mathrm{cf}(\kappa)}$,

第六章　公理与逻辑

在第一至五章中，我们阐述了直观集合论的基本内容．本章开始讨论形式集合论，也就是说建立集合论的形式化理论．§1是对公理方法的导引；§2陈述ZF的形式语言，这是对集合（不包括真类）的形式化描述；§3借助ZF形式语言陈述集合论公理，也就是在ZF语言中将直观集合论中的基本原则形式化；§4陈述集合论演算，包括逻辑公理和推演规则；§5概述形式证明与形式定理，这些都是形式集合论的语法部分；§6介绍协调性和可满足性的概念，把形式集合论赋予语义的解释；§7讲述完全性的概念，在语法与语义之间架起了桥梁；§8—11借助于语法与语义的方法讨论ZFC公理之间的关系；§9中的内模型方法是我们将要着重讨论的可构成方法的一个基本导引．本章是由直观集合论到形式集合论与集合论元数学的过渡．这里引进的形式化的和元数学的概念对于今后各章都是十分重要的．

§1　公理方法

数学中的公理方法是古希腊欧几里得首创的．他在整理总结数学的丰富知识时，运用了亚里士多德的逻辑方法，选取少数基本概念和命题，作为定义、公理与公设．使它们成为几何学的出发点和逻辑依据．然后运用逻辑推演出一些命题，从而获得一系列几何定理．欧氏几何不仅使几何知识系统化，同时也是为了消除数学中的逻辑隐患．

自从欧几里得创立第一个数学公理系统后，公理方法一直是数学的一个重要方法．当一门数学（甚至其它科学）发展到相当成熟的阶段时，使用公理方法进行综合整理，获得更系统的知识，同时也可发现并消除某些逻辑隐患．

皮阿诺算术公理也是最著名的公理系统之一。他的关于自然数的五条公理是：

（1）0是一个自然数；

（2）0不是任何其它自然数的后继者；

（3）每一个自然数a都有一个后继者；

（4）如果a的后继者与b的后继者相等，则a与b相等；

（5）数学归纳法成立。

当我们用a、b、c等表示自然数，并且把自然数a的后继者记做a^+时，自然数加法就是：

$$a+0=a,$$
$$a+b^+=(a+b)^+.$$

依据上述已定义的加法，自然数的乘法可以定义为：

$$a\cdot 0=0,$$
$$a\cdot b^+=a\cdot b+a.$$

当人们把上述系统作形式化处理时，就把0作为个体词，而把后继作为一个函数（即上述（3）总是成立的）。这时，皮阿诺的算术公理就是下述七条：

(i) 0不是其它任何自然数的后继者，即

$$\forall x(x^+\neq 0);$$

(ii) $\forall x\forall y(x^+=y^+\longrightarrow x=y)$;

(iii) $\forall x(x+0=x)$;

(iv) $\forall x\forall y(x+y^+=(x+y)^+)$;

(v) $\forall x(x\cdot 0=0)$;

(vi) $\forall x\forall y(x\cdot y^+=x\cdot y+x)$;

(vii) 数学归纳法，亦即推论2.2所表达的基本思想。当我们用$p(n)$表示关于自然数的某一性质时，数学归纳法是说，如果$p(0)$成立，并且对于任一自然数n，若$p(n)$成立，则可推得$p(n^+)$也成立时，那么就有对于每一自然数n，都有$p(n)$成立。即

$$p(0)\wedge\forall n(p(n)\rightarrow p(n^+))\rightarrow\forall n p(n).$$

怎样描述$p(n)$是自然数的一性质呢？从形式语言角度来看，就是从常项0和变元x，y，z等出发，使用后继运算，加与乘的运算，等号＝以及$\neg$(非)，$\wedge$，$\vee$，$\rightarrow$，$\longleftrightarrow$，$\exists$，$\forall$等逻辑符号经形成规则所获得的公式，当变元n取为特定的自然数n_0时，$p(n_0)$是一命题。

皮阿诺算术公理的建立，尤其是1899年出版的希尔伯特的《几何基础》具体地解决了公理方法的一些基本的逻辑问题．纠正了欧氏公理的错误，并建立了几何学的一个严谨的公理系统．这使公理方法有了系统性和广泛的应用．这样，本世纪初，集合论就有了蓬勃的发展，被广泛地应用于数学的许多分支，并有不少数学家认为集合论是数学的基础；但同时集合论中还有一些急待解决的困难问题，如连续统假设、选择公理的合理性等问题，这就需要对集合论的已有的丰富知识进行整理与总结，使其更条理化．集合论悖论的出现促使人们从整体上去研究集合论问题，建立它的形式公理系统．1908年出现了两个引人注意的集合论系统，罗素类型论与蔡梅罗系统．随后，弗兰克尔(A.Fraenkel)、斯科伦、冯·诺意曼、贝尔纳斯(P.Bernays)和哥德尔(K. Gödel)等著名学者都在集合论公理系统方面作出了贡献．本章阐述由蔡梅罗开始经斯科伦和弗兰克尔修改而形成的ZF系统．

形式化的集合论公理系统有两方面的内容，一是它的形式语言、逻辑演算(包括逻辑公理与推演规则)，二是非逻辑公理或称集合论公理．

§2 ZF形式语言

现在，我们来概述ZF系统的形式语言，也可称之为集合论形式语言．这一语言中有

形式符号：

(1) 变元x，y，z(或加下标)，有可数多个变元，它们都意指集合；

(2) 二目关系符号$\in$，等词$=$；

（3）逻辑符号：$\neg$（否定词），$\wedge$（合取词），$\vee$（析取词），$\rightarrow$（蕴涵词），$\longleftrightarrow$（双蕴涵词），$\exists$（存在量词），$\forall$（全称量词）；

（4）技术性符号：左括号（，右括号）.

形成规则：

（1）对于任意的变元x，y，$x\in y$，$x=y$为初级公式.任意的初级公式都是公式.变元x与y在$x\in y$与$x=y$中都是自由出现的，其它变元在其中都是不出现的.

（2）如果A与B为公式，则$\neg A$，$(A\wedge B)$，$(A\vee B)$，$(A\rightarrow B)$与$(A\longleftrightarrow B)$都是公式.在公式A中自由出现的变元在公式$\neg A$中也是自由出现的，在公式A中或在B中自由出现的变元在公式$(A\wedge B)$，$(A\vee B)$，$(A\rightarrow B)$与$(A\longleftrightarrow B)$中也是自由出现的.

（3）如果$A(x)$是一公式，并且变元x在公式$A(x)$中是自由出现的，则$\forall xA(x)$与$\exists xA(x)$都是公式.并且称变元x在公式$\forall xA(x)$与$\exists xA(x)$中是约束出现的；公式$\exists xA(x)$和$\forall xA(x)$中x以外的变元是在其中是否自由出现取决于它们在$A(x)$中是否自由出现.

在不引起误解时，按照习惯某些括号是可以省去的.

（5）一公式中没有变元自由出现时就称它为一命题（有时也称命题为语句）.

注记6.1　我们把变元的取值范围局限于集合.集合与属于关系$\in$是这一系统的两个原始概念。由此，集合和集合之间有些什么联系呢？这些都是由公理系统所刻划的.读者将会看到在ZF公理系统之下我们能够定义一些特殊的集合，对于这些集合，我们也允许它们作为已定义了的对象在公式中出现，这种扩充了的语言可称为半形式化语言。

§3　ZF公理系统

首先，我们陈述ZF公理系统，并给出一些必要的说明.

1．外延公理

$$\forall x\forall y(\forall z(z\in x\longleftrightarrow z\in y)\rightarrow x=y).$$

这一公理就是"任一集合都是由它的元素决定的"（外延原则）的形式化．

2．空集合存在公理

$$\exists x\forall y(\neg y\in x).$$

这一公理是说，存在一集合x，对于任意的集合y，y都不属于x，这就是空集合．由外延公理，空集合是唯一的．因此，仿直观集合论，我们仍用符号$\varnothing$表示空集合．

3．无序对集合存在公理

$$\forall x\forall y\exists z\forall u(u\in z\longleftrightarrow u=x\vee u=y).$$

这一公理就是第一章中原则2的形式化．对于任意二个集合x，y，都有唯一集合$\{x,y\}$（唯一性是由外延公理获得的）。

4．幂集合存在公理

$$\forall x\exists y\forall z(z\in y\longleftrightarrow\forall u(u\in z\rightarrow u\in x)).$$

显然$\forall u(u\in z\rightarrow u\in x)$是$z\subset x$的形式表达，因此，满足上述公理的集合$y$正好是$x$的幂集合．这一公理正好是第一章原则3的形式化．

5．并集合存在公理

$$\forall x\exists y\forall z(z\in y\longleftrightarrow\exists u(u\in x\wedge z\in u)).$$

公式$\exists u(u\in x\wedge z\in u)$表达$z$是集合$x$的元素的元素．这样，这一公理就是第一章原则4的形式化．

6．分离公理模式

对于ZF形式语言中的任一公式$A(x)$，都有

$$\forall y\exists z\forall u(u\in z\longleftrightarrow u\in y\wedge A(u)).$$

这一公理模式是第一章原则5的形式化．因为对于ZF语言中的任一公式$A(x)$都有上述模式成立，所以，它不同于公理1—5，它是一模式，实际上是无穷多条公理（因为ZF的形式语言中公式的数目为$\aleph_0$，所以这是$\aleph_0$条公理）．

注记6.2　在公理6的陈述中还应指出变元y与z不在$A(x)$中

自由出现。我们能这样作是由于我们有无穷多变元，而$A(x)$为已知公式，在其中出现的变元总是有穷多个，因此，我们总可找到不在其中自由出现的变元y，z（或加下标）。此外，公式$A(x)$中还可以有若干自由出现的参变元。例如，它为$A(x,t_1,\cdots,t_n)$，其中t_1，$\cdots,t_n$为参变元。这时公理6就可写为

$$\forall t_1\cdots\forall t_n\forall y\exists z\forall u(u\in z\longleftrightarrow u\in y\wedge A(u,t_1,\cdots,t_n)).$$

7. 替换公理模式

对于ZF形式语言中的任一公式$A(x,y)$，都有

$$\forall x\exists!yA(x,y)\to\forall x\exists y\forall z(z\in y\longleftrightarrow\exists u\in xA(u,z)).$$

其中$\exists!yA(x,y)=\exists y(A(x,y)\wedge\forall z(A(x,z)\to z=y))$，(6.1)

$$\exists u\in xA(u,z)=\exists u(u\in x\wedge A(u,z)).\qquad(6.2)$$

公理7是第一章中替换原则的形式化。其中变元出现的情况也适用于注记6.2。

8. 无穷公理（或称无穷集合存在公理）

$$\exists x(\varnothing\in x\wedge\forall y\in x(y\cup\{y\}\in x)).$$

其中“$\forall y\in x$”是缩写符号，即

$$\forall y\in xA(y)=\forall y(y\in x\to A(y)).\qquad(6.3)$$

注记6.3　$\exists y\in x$与$\forall y\in x$称为受囿量词，它们分别是式(6.2)与式(6.3)定义出来的常用的缩写符号。由式(6.1)定义的符号$\exists!y$也是常用的一个缩写符号。在公理8中出现的$y\cup\{y\}\in x$如同直观集合一样，是由公理3—4定义的。类似地还可以定义有序对集合。笛卡积、关系与函数等概念，读者可以平行于直观集合论完成相应的定义，这里从略。

9. 正则公理

$$\forall x(x\neq\varnothing\to\exists y\in x\forall z\in y(\neg z\in x)).$$

公理9是说，对任一不空集合x都存在它的一元素y，y的任意元都不属于x，换句话说，它肯定任一不空集合都有一极小元，这正是第一章中存在极小元原则的形式化。

10. 选择公理

$$\forall x\forall y\in x(y\neq\varnothing\to\exists f(\mathrm{Fun}(f)\wedge\forall y\in xf(y)\in y)).$$

其中Fun(f) 表示f是一函数，也就是说，

$$\mathrm{Fun}(f)=\forall x\in f(\exists y\exists z(x=\langle y,z\rangle)\wedge\forall y\in\mathrm{dom}f\exists!z(\langle y,z\rangle\in f). \tag{6.4}$$

如同直观集合论一样，我们令$f(y)$表示 满足条件$\langle y,f(y)\rangle\in f$. 即$f$ (y) 是使得$\langle y,z\rangle\in f$ 成 立 的 那个 唯 一 的 z, 且$y\in\mathrm{dom}f=\exists z(\langle y,z\rangle\in f)$.

以上陈述的公理 1—10就是通常说的**ZF**公理系统. 有时为了讨论选择公理的作用也把公理1—9记做**ZF**, 公理 10 记做**AC**, 而把公理1—10记做**ZFC**.1908年蔡梅罗给出的公理系统实质上是公理1—6与8—10, 因此, 有时也把这一组公理记做**Z**.

注记6.4　我们在陈述**ZF**公理时已经使用了半形式化语言的描述方法.例如，正则公理中的$x\neq\varnothing$,无穷 公理中的$\varnothing\in x$与$y\cup\{y\}\in x$和选择公理中的$y\neq\varnothing$等都不 是用 **ZF** 形式语言描述出来的，因为那样做会带来许多烦锁，也有些冗长. 例如，正则公理的纯形式公式是：

$$\forall x(\exists y(y\in x)\to\exists y(y\in x\wedge\forall z(z\in y\to\neg z\in x))), \tag{6.5}$$

而无穷公理的纯形式公式是

$$\exists x(\exists y(\forall z(\neg z\in y)\wedge y\in x)\wedge\forall y(y\in x\to\exists z(\forall u(u\in z\longleftrightarrow u\in y\vee u=y)\wedge z\in x))), \tag{6.6}$$

由此，我们也看到了使用半形式化语言既方便直观同时也是严格的.

对照第一、二章的直观集合论基本 原 则不难理解公理1—10的含义和作用，并且可以理解到**ZFC**正是直观集 合论的一个形式的刻画，或者说**ZFC**就是直观集合论的形式化。

注记6.5　由式 (6.4),(6.5) 与 (6.6), 我们对公式的辖域等概念作一些补充说明，式 (6.4) 中关于y有 量 词 $\exists y$与$\forall y$, 由形成规则可知$\exists y$的辖域是$\exists z(x=\langle y,z\rangle)$, 而 $\forall y$ 的 辖域是公式 $\exists!z(\langle y,z\rangle\in f)$.同样，在式 (6.5) 中有两个关于$y$的存在量

词$\exists y$，据形成规则，前一量词$\exists y$的辖域是$y \in x$，后一个$\exists y$的辖域是

$$y \in x \wedge \forall z(z \in y \rightarrow \neg z \in x).$$

类似地，读者可获得式（6.6）中$\exists y$，$\forall y$，$\forall z$与$\exists z$的各个辖域.

注记6.6　由无穷公理的半形式化公式到它的纯形式公式即式（6.6），我们看出表达式

$$y \cup \{y\} \tag{6.7}$$

可以大为缩短我们的公式.由公理1，3，5我们知道式（6.7）表达唯一的一个集合，这就是由集合y确定的一函数．因为对任一集合y，都有唯一的集合x，因此这是集合的一个运算F，即$F(y)=y \cup \{y\}$.类似地，我们有一目运算$\cup x$，$\mathscr{P}(x)$以及二目运算$\cup\{x,y\}$（即$x \cup y$），$\mathscr{P}(x \cup y)$等等，这些运算都是由公理保证了的．把它们作为半形式化语言的对象对于缩短公式的长度是十分有益的.

注记6.7　选择公理也是使用半形式化语言作的缩写，其中$x \neq \varnothing$仍然可换成$\exists y(y \in x)$，而Fun(f)是由式（6.4）定义的，这是一个特定的公式，今后我们还常常使用这一公式，去说明某一集合是否是一个函数．这种使用公式去刻画某一集合是否具有某一性质的方法，我们将不断用到.

在ZFC中我们可以定义自然数0，1，2，3，等等，也可以定义自然数集合ω，以及$\omega+1$，$\omega+2$，$\cdots$.这些都是已定义了的集合，我们还可以有其它已定义了的集合.

§4　逻辑演算

在§2中按照规则我们给出了命题的定义，命题在推理中有着特殊的作用．一命题或者是真的，或者是假的，并且二者必居其一．命题都有明显的含义，也就是说，每个命题都表达特定的集合论含义．但是在推理过程中，我们仅考察命题的形式结构而不管命题的具体含义．也就是说，只考虑它的语法，不考虑它的

语义。令A，B，C为任意给定的命题.我们有下述公理：

1． $A\to(B\to A)$，

2。 $(A\to A)\to((A\to(B\to C))\to(A\to C))$，

3． $A\to(B\to(A\wedge B))$，

4a．$A\wedge B\to A$，

4b．$A\wedge B\to B$，

5a．$A\to A\vee B$，

5b。$B\to A\vee B$，

6． $(A\to C)\to((B\to C)\to(A\vee B\to C))$，

7． $(A\to B)\to((A\to\neg B)\to\neg A)$，

8． $\neg\neg A\to A$.

分离规则R_0：从命题$A\to B$和A分离（或推演）出命题B.

在分离规则中，$A\to B$称为**大前提**，A称为**小前提**，B称为**结论**.

公理1—8与分离规则一起可称为**命题演算**. 为陈述下述公理与规则，我们再引进一些概念.

定义6.1 归纳地定义ZF中**项**的概念（不出现变元的项也称为**个体常项**）：

（1）任一变元x是一项；

（2）任一在ZF中已定义了的集合都是一项；

（3）若F是一个n目运算，并且$t_1,\cdots,t_n$为已知的项，则$F(t_1,\cdots,t_n)$为项；

（4）项都是经有穷次使用（1）—（3）获得的.

例6.1 集合$\varnothing$，ω是项，变元x是一项，$\mathscr{P}(x)$，$\mathscr{P}(\varnothing)$，$\mathscr{P}(\omega)$，$\bigcup x$等都是项.

定义6.2 令$A(x)$是一公式，变元x在其中是自由出现的，t是一项，公式$A(t)$是指**把公式$A(x)$中每一自由出现的x都替换为t的结果**.

定义6.3 令$A(x)$为一公式，x为一变元，t是一项，且对于t中任一出现的变元y，如果x在公式$A(x)$中的任一出现都不

自由出现在量词$\exists y$或$\forall y$的辖域之内，则称项t**对于变元x在公式$A(x)$中的出现是自由的**，也就是项t**对代入的位置是自由的**。

令$A(x)$为一公式，变元x在公式$A(x)$中是自由出现的，t，t_1和t_2是项，并且项t，t_1与t_2对于变元x在公式$A(x)$中的出现是自由的。令D为任一公式，并且变元x不在其中自由出现。这时，我们有如下的逻辑公理与推演规则。

9. $\forall xA(x)\to A(t)$,

10. $A(t)\to\exists xA(x)$,

11. $\forall x(x=x)$,

12. $t_1=t_2\to(A(t_1)\to A(t_2))$.

形式推演规则

R_1　从$D\to A(x)$ 推演出　$D\to\forall xA(x)$,

R_2　从$A(t)\to D$　推演出　$\exists xA(x)\to D$.

在作推演时，公理1—8与分离规则R_0中的命题可以推广为任意公式。今后在不作特别说明时，对于那些公理与规则都理解为这种推广后的形式。由公理1—12与规则R_0，R_1，R_3一起称为**谓词演算**。由于我们所涉及的公式都是ZF公式，因此上述演算可以称之为**集合论演算**。

对于公式$A\longleftrightarrow B$，我们理解为公式$(A\to B)\wedge(B\to A)$的缩写。

注记6.8　为了推演的方便，我们可以把变元区分为两个不交的部分，而且每一部分都是可数无穷的，第一部分仍以x，y，z等或加下标表示，第二部分以a，b，c或a_0，a_1，a_2，…，表示，并称为**个体词**，后者在纯集合论公式中不出现，仅在论证中起辅助作用，并规定它们不再起约束变元的作用，即在任一公式中都没有$\exists\mathrm{a}$或$\forall\mathrm{a}$等出现。在项中可以出现个体词，因此，由公理9，可以有$\forall xA(x)\to A(\mathrm{a})$，并且$R_1$可改为“从$D\to A(\mathrm{a})$ 推演出$D\to\forall xA(x)$”。由分离规则，我们获得“若D推得$A(\mathrm{a})$，则D推得$\forall xA(x)$”。其中a不在D中出现，并且a在$A(\mathrm{a})$中出现。

上述的12条公理除公理11外都是公理模式，因此如同分离公理模式一样，每一条公理模式，都是无穷条公理，每一条推演规则都是无穷条规则．例如当A为$x\in y$，B为$y\in z$时，由公理模式1，有

$$x\in y\rightarrow(y\in z\rightarrow x\in y)$$

为一公理．当A为$\exists x\forall y(\neg y\in x)$，$B$为$\exists x(x\neq\varnothing)$时，由公理模式1，有

$$\exists x\forall y(\neg y\in x)\rightarrow(\exists x(x\neq\varnothing)\rightarrow\exists x\forall y(\neg y\in x))$$

为一公理．

推演规则也是这样，它们仅要求相应的格式。必须按照R_0，R_1与R_2的格式进行推演．如何推演呢？这是我们下节将要讨论的内容．

§5 证明与定理

定义6.4 令

$$A_1,\ A_2,\ \cdots,\ A_i,\ \cdots,\ A_n \tag{6.8}$$

是公式的一个有穷序列，如果对于任意的自然数i，

（1）A_i是ZF中的一条公理，或者

（2）A_i是一条逻辑公理，或者

（3）有j_1，$j_2<i$，使得A_{j_1}为$A_{j_2}\rightarrow A_i$，或者

（4）有$j<i$，且有公式$A(x)$，x在$A(x)$中自由出现，有项t，t对于变元x在公式$A(x)$的出现是自由的，有一公式D，x在D中不自由出现，使得A_j为$A(t)\rightarrow D$，A_i为$\exists xA(x)\rightarrow D$（或者$A_j$为$D\rightarrow A(x)$，$A_i$为$D\rightarrow\forall xA(x)$），

则称式（6.8）为一**形式证明**（简称为一证明）．注意，可以使用注记6.8中的说明．

定义6.5 对于一公式A，如果有一形如式（6.8）的证明使得A_n就是A，则称A为**ZFC系统中的一条定理**，并记做ZFC$\vdash A$，其中符号"$\vdash$"是一元数学符号．

显然，ZFC中任一公理都是一定理，且一逻辑公理也是一定理．

第一至五章中所述的直观集合论中有关集合的概念、命题和

定理都是可以在ZF中形式化的，已有定理的证明过程也是可以在ZFC中形式化的．因此直观集合论中有关集合的每一定理都是ZFC中的定理．我们不再作一一说明．当然在ZFC中给出的证明要烦琐与冗长得多，同时也严谨得多，甚至可能是无懈可击的。

注记6.9 在下述的论证过程中，我们常常要提到在ZF（即去掉选择公理）或Z中的定理，它们是指在定义6.4中不能使用被去掉的公理，如在ZF中不允许使用AC，在Z中的证明不允许使用公理7，并且分别记做ZF$\vdash A$（表示A是ZF中的一定理）与Z$\vdash A$（表示A是系统Z中一定理）．以后，我们还要引进用语言陈述的其它公理，也将使用相应的规定．并且一般来说，对于任意的公式集合Γ，把定义6.4中的“A_i是ZF中一条公理”改变为“A_i是在Γ中的一公式”，由定义6.5就可获得$\Gamma\vdash A$的概念，并称A是从Γ推导的．特别地，当Γ为空集合时，我们就记做$\vdash A$，并称A为一逻辑定理．任一逻辑公理都是一逻辑定理．

§6 协调性与可满足性

定义6.6 对于公式的集合Γ，如果存在一公式A（不要求A在Γ中）使得

$$\Gamma\vdash A\wedge\neg A \tag{6.9}$$

则称Γ是**不协调的**（或称Γ是**矛盾的**）；如果不存在公式A使得式(6.9)成立，则称Γ是**协调的**．

我们已经指出，ZF形式语言中的符号都只是一个形式的对象，并没赋予任何的意义．要对形式对象赋予意义，就必须在一论域中进行．所谓论域是指一不空的集合M．我们需在论域M中讨论命题的真假问题，这就要取定M上任意的一个二元关系$\in_M$，并且对于ZF语言中任一公式A，把A作这样的解释：A中出现的任意给定的集合都解释为M中的元素，形式符号$\in$解释为$\in_M$，变元解释为变域为M的变元（可以自然地使用A中的变元符号），逻辑词项赋予M上直观相应的含义，并且在M上解释后的公式记做A^M．当A是一形式命题时，A^M就一定是关于M的命题，它或者

是真的，或者是假的，或真或假二者必居其一，二者只居其一。

现在，我们对赋值（解释）与模型以定义的形式做一些进一步地确切地刻划。

定义6.7 对于不空的集合M和M上的一二元关系R（即$R\subset M\times M$），称M是结构$\langle M,R\rangle$的**域**或**基础集合**，M中元也称为M中的**个体**。一个由ZF形式语言到$\langle M,R\rangle$的一个**解释**或**赋值**是指有一函数φ，使得：任一给定的ZF公式A在M中有一解释。对于A中出现的个体词或常项a（即已定义的集合，如$\varnothing$，ω，等），都有$\varphi(a)\in M$。并且有（归纳于公式A的构造）：

（1）$\langle M,R\rangle\models aRb$，当且仅当$\varphi(a)R\varphi(b)$；

（2）$\langle M,R\rangle\models\neg A_1$，当且仅当$\langle M,R\rangle\not\models A_1$；

（3）$\langle M,R\rangle\models A_1\wedge A_2$，当且仅当$\langle M,R\rangle\models A_1$且$\langle M, R\rangle\models A_2$；

（4）$\langle M,R\rangle\models A_1\vee A_2$，当且仅当$\langle M, R\rangle\models A_1$或$\langle M,R\rangle\models A_2$；

（5）$\langle M,R\rangle\models A_1\rightarrow A_2$，当且仅当$\langle M,R\rangle\models\neg A_1$或$\langle M, R\rangle\models A_2$；

（6）$\langle M,R\rangle\models\forall xA(x)$，当且仅当任一$x\in M$，有：$\langle M,R\rangle\models A(x)$；

（7）$\langle M,R\rangle\models\exists xA(x)$，当且仅当存在$x\in M$，使得：$\langle M,R\rangle\models A(x)$。

对于任意的结构$\langle M,R\rangle$和形式命题A，如果有$\langle M,R\rangle\models A$，我们就称形式命题$A$在结构$\langle M,R\rangle$中是**可满足的**，也称$\langle M,R\rangle$是$A$的**一个模型**，在上下文不致于引起误解时，也称M是A的一模型，并简写做$M\models A$。

当R为M上一属于关系$\in$时，即$R=\in\upharpoonright M$（有时也把R记为$\in_M$），我们就称$\langle M,R\rangle$为一**标准结构**，当$M\models A$时，也称M为A的一**标准模型**。

定义 6.8

（1）任一公式A，如果在其中自由出现的不同变元为

$x_1, \cdots, x_n$，并且没有其它的变元在A中自由出现，则我们称命题

$$\forall x_1 \cdots \forall x_n A$$

为公式A的**全称闭包**，并记做$(\quad)A$。

显然，对于任一形式命题A来说，$(\quad)A$就是A自身。

（2）对于一个公式A，如果有一不空集合M作论域，和一种解释使得A的全称闭包在M中是一真命题，即$((\quad)A)^M$（简记做$(\quad)A^M$）是真的，则称M是A的**模型**，并记做$M \models A$。这时就称A是**有模型的**，也称公式A是M可满足的或A是可满足的。

定义 6.9 对于公式的一集合S，如果有一不空集合M作论域和一种解释，使得S中每一公式的全称闭包在这一解释下都是真的，则称M是S的一**模型**（记做$M \models S$）或S是**有模型的**，并且也称S在M中是**可满足的**。

对于ZF公式的一集合Γ而言，它的协调性是一语法概念，是关于可推演性的概念，是Γ的形式特征。而它的可满足性（有模型的概念）是语义的概念，是关于解释和真假的概念。这两者之间有无联系呢？这是我们将要讨论的问题。

定理 6.1 如果公式的集合Γ是可满足的，则Γ是协调的。

证明 由Γ可满足，不妨假定$M \models \Gamma$。首先证明，对于任一命题A，若$\Gamma \vdash A$，则有$M \models A$。因为，$\Gamma \vdash A$，有公式序列

$$A_1, \ A_2, \ \cdots A_i, \ \cdots, \ A_n, \qquad (6.10)$$

如果A_i在Γ中，则有$M \models A_i$；如果A_i是一逻辑公理，不难证明也有$M \models A_i$（事实上，这时A_i在任一不空集合的任何解释下都是真的）；如果A_i是从前边的两个公式经R_0而获得，则这时显然也有$M \models A_i$；如果前边有公式A_j，使得A_i是由A_j经R_1（或R_2）而推得，则可得到$M \models A_i$。由于对i作归纳，即可获得式（6.10）中每一命题在M中都是真的。又因为不可能有B使得$M \models B \wedge \neg B$成立，因此，不可能有公式$B$，使得

$$\Gamma \vdash B \wedge \neg B$$

成立。由此，获得Γ是协调的。

定理 6.1的逆是否成立呢？下节将作出肯定性回答。

§7 完全性定理

定理 6.2 如果Γ是命题的一协调的集合，A为任一命题.则$\Gamma \cup \{A\}$是协调的或者$\Gamma \cup \{\neg A\}$是协调的。

证明 假定不然,即$\Gamma \cup \{A\}$与$\Gamma \cup \{\neg A\}$都不协调，就可获得Γ不协调。因为，如果$\Gamma \cup \{A\}$是不协调的，则有一命题C，使得有公式序列

$$A_1, A_2, \cdots, A_i, \cdots, A_n$$

为一证明，并且A_n为$C \wedge \neg C$。其中任一$i(1 \leqslant i \leqslant n)$，$A_i$或为逻辑公理，或是$\Gamma$中命题，或者为$A$,或者是由前边的命题经规则$R_0$，$R_1$，$R_2$而获得。这样在这一有穷序列中仅用到$\Gamma$中有穷多命题，不妨假定它们是$B_1$，…，$B_m$.因此，我们有：

$$B_1, \cdots, B_m, A \vdash C \wedge \neg C。 \quad (6.11)$$

如果$\Gamma \cup \{\neg A\}$是不协调的，类似的有Γ中命题D_1，…，D_k，使得

$$D_1, \cdots, D_k, \neg A \vdash C \wedge \neg C. \quad (6.12)$$

由命题演算，从式(6.11)与(6.12)可得

$$B_1, \cdots, B_m, D_1, \cdots, D_k \vdash C \wedge \neg C.$$

从而获得Γ是不协调的，与题设相矛盾，因此，有欲证结果成立.

定理 6.3 对于ZF形式语言中无量词出现的命题集合Γ而言，若Γ是协调的，则Γ有模型.

证明 假定Γ中出现的个体词和个体常项依次为c_0，c_1，…，c_k…,可能有穷的但至多是可数的.这样我们可以作出所有形式为$c_i = c_j$,$c_i \in c_j$的命题(至多可数的并且是良序的)。将所有这些命题依次排列为：

$$F_0, F_1, F_2, \cdots, F_n, \cdots\cdots. \quad (6.13)$$

现在我们归纳地定义命题G_n如下：

如果$\Gamma \cup \{G_i \mid i < n\} \cup \{F_n\}$是协调的.则令$G_n$为$F_n$，否则令$G_n$为$\neg F_n$。这样，由引理6.2并施归纳于$n$,就获得了对于任一自然数$n$，$\Gamma \cup \{G_i \mid i \leqslant n\}$都是协调的.令如上依据式(6.13)定义

的所有G_i之并为G，我们有$T=\Gamma\cup G$是协调的．

对于上述每一c_i，定义d_i为c_j，使得j是$c_i=c_j$属于T的最小下标码．这个最小码是一定存在的（因为$c_i=c_i$在式（6.13）中由逻辑公理11，它属于T）．令M为所有d_i的集合，它是不空的．令

$\in_M=\{\langle d_i,d_j\rangle|c_i\in c_j$属于$T$中$\}$．

这样，M是在T中出现的所有个体词、个体常项的一个子集合，由逻辑公理11与12和推演规则，在M中对于关系$\in_M$的任何矛盾都必然引起T的不协调性．容易看出，在Γ中每一命题的否定式不可能是如上定义的G_i的后承，而且Γ中每一命题都是某些G_i的后承．因为如上定义的M使得所有G_i都是真的，所以M是T的一模型，从而M也是Γ的一模型．

定义 6.10

$$Q_1x_1Q_2x_2\cdots Q_nx_nA(x_1,\cdots,x_n) \tag{6.14}$$

是一**ZF**公式，其中Q_i为$\exists$或者是$\forall$，$A(x_1,\cdots,x_2)$无量词出现，是Q_nx_n的辖域，这时，称式（6.14）为**前束范式**．

例 6.2 $\exists x\forall y(\neg y\in x)$是一前束范式．

例 6.3 式（6.5）与（6.6）等都不是前束范式．

定理 6.4 对于任意的公式A，都有一前束范式B，使得

$$\vdash A\longleftrightarrow B.$$

证明可施归纳于A中出现的量词的数目，这里从略，请读者自己完成这一定理的证明．

定理 6.5（完全性定理）如果Γ是**ZF**命题的一协调集合，则Γ有一模型．

证明 我们在扩充的**ZF**语言中完成这一证明．由定理6.4，不妨设Γ中命题都是前束范式．由Γ我们逐步作如下的扩充．

令H是任一具有前束范式形式的良序的命题集合，依次考察H中命题．对于H中形式为$\forall xA(x)$的命题，这时把命题$A(\mathrm{c})$附加于H，其中c是在H中出现的个体词（即H中任一c，都附加上$A(\mathrm{c})$）．对于H中形式为$\exists xA(x)$的命题，任取一不在H中出现的个体词c，并把$A(\mathrm{c})$附加于H．反复履行这一手续获得的结果集

合记为H^*、注意：$H \subset H^*$。

我们证明，若H协调，则H^*协调。因为如果H^*不协调，则由规则R_1与R_2，就可直接获得H不协调．我们令$\Gamma_1=\Gamma$，$\Gamma_{n+1}=\Gamma_n^*$，$T_1=\bigcup\limits_{n\in\omega}\Gamma_n$，$T_2$是$T_1$中所有不含有量词的命题所组成的集合。显然$T_1$是协调的，从而$T_2$也是协调的。

M是使用定理6.3的方法给出的T_2的模型。现在证明M也是T_1的一模型．施归纳于T_1中命题A的量词数目n，$n=0$时，即它为T_1中命题，A^M显然为真．假定所有$r<n$时，T_1中含有r个量词的命题在M中都是真的．现在$n>0$，故A为$\forall xB(x)$或$\exists xB(x)$的形式．M中的任一元d_i必须有形式c_i，其中c_i是T_1中出现的个体词．这样，就有一自然数k，使得A与c_i都在Γ_k中出现．因为$B(c)$在Γ_k中，所以也在T_1中出现，并且由归纳假定$B(c)$在M中是真的．这样，对于任意c_i，$B(c_i)$在M中是真的，所以$(\forall xB(x))^M$也是真的．当A为形式$\exists xB(x)$时，因为有$B(c)$真，所以$(\exists xB(x))^M$真．这样，M是T_1的模型，从而获得M是Γ的一模型．

定理 6.5 是ZF语言中哥德尔完全性定理，证明方法是恒钦(L. A。Henkin)的一般方法在ZF语言中的应用。

由定理6.1与定理6.5，我们立即有下述推论．

定理 6.6 对于ZF命题的任意集合Γ，我们有：

Γ是协调的，当且仅当Γ有一模型。

定理6.7 对于ZF命题的任一集合Γ和任一命题A，我们有：

$$\Gamma\cup\{A\}\text{是协调的当且仅当}\Gamma\nvdash\neg A.$$

其中$\Gamma\nvdash A$表示："从Γ不能推演出A"．并且为了书写方便起见，常常把$\Gamma\cup\{A\}$记做$\Gamma+A$.

证明 假定$\Gamma+A$协调．如果又有$\Gamma\vdash\neg A$，那么，有$\Gamma+A\vdash\neg A$.并且$\Gamma+A\vdash A$，这样，$\Gamma+A$就不协调了，这是一个矛盾，因此，就有$\Gamma\nvdash\neg A$.

反之、假定$\Gamma\nvdash\neg A$．如果又有$\Gamma+A$不协调，则有一命题C.使得$\Gamma+A\vdash C\wedge\neg C$.由命题演算就获得了$\Gamma\vdash\neg A$这与题设矛盾。因

此，就有$\Gamma+A$是协调的。

定理 6.8 对于ZF语言中命题的任一集合Γ和任一命题A，都有：

$\Gamma\vdash A$，当且仅当对于任意M，若$M\models\Gamma$则$M\models A$（即Γ的任一模型M都是A的一模型）。

定理 6.9 对于任意的ZF命题A，都有$\vdash A$当且仅当对于任一模型M，有$M\models A$。

定义 6.11 已知满足条件$\exists xF(x)$的ZF公式$F(x)$（变元x在其中自由出现），对于任意的ZF公式A，如果A中无量词出现，则令A_F为A。如果A中有$n+1$量词出现，并且最左边的量词为$\forall x$其辖域为$B(x)$，则我们用公式$\forall x(F(x)\to B(x))$替换A中的$\forall xB(x)$（类似地，用$\exists x(F(x)\wedge B(x)$替换$A$中的$\exists xB(x)$）；并把结果公式记做$A_1$（我们称$A$中形式为$\forall x(F(x)\to B(x))$和$\exists x(F(x)\wedge B(x))$的子公式为***F*受囿子公式**，相应的量词称为***F*受囿量词**）；继续上述手续于A_1中的非F受囿量词，并将获得的结果记做A_2。将上述手续做$n+1$步时，A_{n+1}中已没有非F受囿的量词出现了。令A_F为A_{n+1}，称A_F为公式A的***F*受囿公式**。

例6.4 令

$$A=\exists x\forall y(\neg y\in x),$$

有A_F为$\exists x(F(x)\wedge\forall y(F(y)\to\neg y\in x))$。

定理6.10 对于任意的ZF命题A，如果$\vdash A$，则$\vdash A_F$。

证明 若$\vdash A$，由定理6.9，对于任意不空集合M，有$\langle M,\in\rangle\models A$，令$M_1=\{x\mid x\in M\wedge F(x)\}$，显然，$M_1$不空。因此，$\langle M_1,\in\rangle\models A$，从而使用定义6.11，就有：$\langle M,\in\rangle\models A_F$。由此，由$M$的任意性，再次使用定理6.9，就获得：$\vdash A_F$。

§8 系统Z与替换公理

我们首先指出在Z中不可能推演出替换公理。由定理6.7这仅需要给一模型，使得Z的公理是真的，而替换公理不真就够了。

定理 6.11 存在一模型M，使得

$$M \models \mathbf{Z} \text{ 且 } M \models \neg A,$$

其中A是替换公理的一特例.

证明 我们仍用$\mathscr{P}(x)$表示集合x的幂集合。令$s_0=\varnothing$, $s_{n+1}=\mathscr{P}(s_n)$且$s=\bigcup_{n\in\omega} s_n$.不难验证：$s$是系统$\mathbf{Z}_1$(由$\mathbf{Z}$中去掉无穷公理后所剩下的其余公理所组成)的一模型。令$c_0=s$, $c_{n+1}=\mathscr{P}(c_n)$.$M=\bigcup_{n\in\omega} c_n$。这样，不难验证我们有：$M \models z$并且$\omega\in M$.

但是，在ZF中可以定义函数f，使得对于任意$n\in\omega$，有$f(n)=c_n$成立.即有一公式$B(x,y)$，满足$\forall x\exists ! yB(x,y)$以及$B(n,c_n)$在$M$中为真。由此，如果有$M \models A$，则$f$的值域$\{c_0,c_1,\cdots c_n,\cdots\}$就是$M$中集合.令$x=\operatorname{ran} f$，若$x\in M$，则$\bigcup x\in M$.然而$\bigcup x=M$.这一矛盾说明了欲证结果成立.

其次，我们指出由替换公理模式可以获得分离公理模式.具体地说，令$\mathbf{Z}_2$由公理1—5与7—9所组成.由$\mathbf{Z}_2$可推演出分离公理模式成立.

定理 6.12 在$\mathbf{Z}_2$中可以证明分离公理模式成立。

证明 对于任意的ZF公式$A(x)$，为了证明有

$$\forall y\exists z\forall u(u\in z\longleftrightarrow u\in y\wedge A(u)) \tag{6.15}$$

成立。我们令

$$B(x,y)=y=x\wedge A(x), \tag{6.16}$$

显然，在$A(x)$成立的任一模型中，也有$\forall x\exists ! yB(x,y)$成立.这样，由替换公理可以获得

$$\forall y\exists z\forall u(u\in z\longleftrightarrow \exists t\in yB(t,u)). \tag{6.17}$$

由式(6.17)与式(6.16)不难获得式(6.15).

由定理6.12，在ZF中分离公理模式是可以省略的.但是，由于它便于理解，并且运用方便，所以，我们还是不省略它.对于我们来讲，公理系统之间的独立性是不必考虑的.其实空集合存在公理，无序对集合存在公理也是可以由ZF的其它公理获得的.

对于任何一公理系统，协调性问题都是重要的，ZF是否协调呢？由哥德尔不完全性定理可以知道，如果ZF是协调的，则它的

协调性在ZF中是不可证明的。它需要有更强的公理（如增加大基数公理）才能证明ZF的协调性．因此，我们只讨论某些公理的相对协调性问题．

§9 正则公理

定理4.3已经指出了在存在极小元原则之下每一集合都是良基的。当然，如果没有这一原则，定理4.3是不成立的．令$W(x)$表示“x是一良基集合”．并且把集合论公理1—8记做Z_3．把公理9记作R．

下边的定理6.14—6.21都不使用正则公理，这些定理及其证明都是在Z_3中进行的．

定理6.14 如果对于每一$y\in x$，y都是良基的，则x是良基的．

证明 由集合x，首先作出$s_\omega(x)$．对于每一$y\in x$，$s_\omega(y)$是含有y的最小传递集合并且$s_\omega(y)$有一秩函数．这样，对于任一$t\in \bigcup\limits_{y\in x} s_\omega(y)$，令$r(t)=\mathrm{rnk}(t)$．如果我们令

$$r(x)=\mathrm{Sup}\{r(y)\mid y\in x\}.$$

就获得了定义集合$s_\omega(x)$上x的秩函数了．从而获得了欲证结果．

定理 6.15 每一序数α都是良基的，并且$\mathrm{rnk}(\alpha)=\alpha$．

证明 由于任一序数都是由所有小于它的序数所组成的集合，使用定理6.14与超穷归纳法即可获得欲证结果．

定理 6.16 如果不空集合s是良基的，则s有极小元．

证明 令

$$T=\{\mathrm{rnk}(x)\mid x\in s\}.$$

显然，T是一不空的序数集合，因此$\bigcap T$是T的一最小的序数，这样s中满足$\mathrm{rnk}(x)=\bigcap T$的那些集合$x$就是$s$的极小元．假定不然，还有一$y\in x$且$y\in s$，这样就有$\mathrm{rnk}(y)<\mathrm{rnk}(x)$，即$\mathrm{rnk}(y)<\bigcap T$，这与$\bigcap T$为$T$的最小元相矛盾。这就获得了欲证的结果．

定理 6.17 $\mathbf{R}_W$在$\mathbf{Z}_3$中是可证明的.

证明 正则公理是说每一不空集合都有极小元，即任一$x \neq \varnothing$，有一$y \in x$，$y \cap x = \varnothing$.定理6.16正是肯定每一不空的良基集合都有一极小元，同时，证明过程没有用到$\mathbf{Z}_3$之外的其它的公理，因此，定理6.17成立.

定理 6.18 如果一集合x是良基的，则幂集合$\mathscr{P}(x)$是良基的.

证明 因为x是良基的，所以它的每一子集合也是良基的，由定理6.14，这就获得了$\mathscr{P}(x)$是良基的.

定理 6.19 如果A是$\mathbf{Z}_3$的一公理，则A_W在$\mathbf{Z}_3$中是可证的.

证明 为了产生A_W的证明，我们有一简单的算法.因为$\varnothing$是良基的，所以空集合存在公理对良基集合是成立的，外延公理对于良基集合是成立的.因为如果$x \in y$且y是良基的，则x也是良基的.如果x与y是良基的，那么$\{x, y\}$也是良基的，所以公理3对于良基集合成立.因为若x是良基的，从而$y \in x$时，y是良基的，并且$z \in y$，z也是良基的.这样由定理6.13，$\bigcup x$是良基的.因此并集合存在公理对于良基集合是成立的.若x是良基的，由定理6.14.幂集合存在公理对于良基集合是成立的.因为ω是良基的，所以无穷公理成立.替换公理对于良基集合成立理由如下：令$y = f(x)$是一函数，对于良基集合其值y也是良基的，这样对于任一良基的s，f的值域仅由良基集合组成，所以$\mathrm{ran}(f \upharpoonright s)$也是良基的.由定理12，分离公理显然也成立，这就完成了定理的证明。

定理 6.20 如果$\mathbf{Z}_3$是协调的，则ZF（即$\mathbf{Z}_3 + \mathbf{R}$）是协调的.

证明 如果ZF是不协调的，则有ZF命题B，使得$\mathrm{ZF} \vdash B \wedge \neg B$.这样，就有ZF公理$A_1$，…，$A_n$，使得

$$\vdash A_1 \wedge \cdots \wedge A_n \wedge \mathbf{R} \to B \wedge \neg B. \qquad (6.18)$$

式（6.18）是逻辑定理，并且A_1，…，A_n是$\mathbf{Z}_3$中的公理，$\mathbf{R}$是正则公理.由式（6.18），使用定理6.10，我们有

$$\vdash A_{1W} \wedge \cdots \wedge A_{nW} \wedge \mathbf{R}_W \to B_W \wedge \neg B_W. \qquad (6.19)$$

但是由定理6.19，A_{iW}在$\mathbf{Z}_3$中是可证的，由定理6.17，$\mathbf{R}_W$在

$\mathbf{Z}_3$中是可证明的。这样，我们有

$$\mathbf{Z}_3 \vdash B_W \wedge \neg B_W,$$

即获得了$\mathbf{Z}_3$是不协调的。与题设相矛盾。从而完成了定理的证明。

定义 6.12 令Γ是命题的集合，A为一命题，若$\Gamma \nvdash A$，则称A是独立于Γ的。

定理 6.21 正则公理是独立于ZF的其它公理的，换言之，$\mathbf{Z}_3 \nvdash \mathbf{R}$。

证明 令 a_0, a_1, …, a_n, a_{n+1}, ……为个体词，我们形式定义$a_{i+1} \in a_i$，$i \in \omega$，且当 $j \neq i+1$时，$a_j \notin a_i$令$\mathscr{R}(0)=\{a_0, a_1, \cdots, a_n, \cdots\}$。对于任意的大于零的序数$\alpha$，令

$$\mathscr{R}(\alpha)=\mathscr{P}(\bigcup_{\beta<\alpha}\mathscr{R}(\beta)), \tag{6.20}$$

其中 $\mathscr{P}(x)$为x的幂集合。当$\alpha>0$时，$\mathscr{R}(\alpha)$ 中的对象都是集合，$\mathscr{R}(0)$ 仅由这些个体a_i组成。令$\mathscr{U}=\bigcup_{\alpha \in \mathrm{on}}\mathscr{R}(\alpha)$，并且定义 $\in$ 关系如下：对于集合$\mathscr{R}(\alpha)$ 的元素u_1与u_2，如果u_1 是一集合，u_2 是u_1的一元素，这时令$u_2 \in u_1$，否则$u_2 \notin u_1$。如果$u_1=a_i$，且有$u_2=a_{i+1}$，则$u_2 \in u_1$。当$u_2 \neq a_{i+1}$时，有 $u_2 \notin u_1$。这样，$\mathscr{U}$ 中有一个$\in$降链，即有a_0, a_1, …, a_n, a_{n+1}, ……使得$a_{i+1} \in a_i$成立。这样，在$\mathscr{U}$中正则公理不成立。然而，不难验证 ZF 的其它公理在 $\mathscr{U}$ 中都成立。这样，即可获得欲证结果。

§10 ZFC的有穷子系统

分离公理模式和替换公理模式实际上是无穷多条公理，所以ZFC是一无穷的公理系统。这一公理系统能否有穷公理化呢？也就是说，能否从ZFC中找到有穷条公理使得它们能够推演出 ZFC 呢？这是本节要回答的问题。

定理 6.22 令$A(x_1, \cdots, x_n)$ 是ZF公式，在ZFC中可以证明：对于任意的集合S，都有一集S'，使得$\overline{\overline{S'}} \leqslant \max\{\aleph_0, \overline{\overline{S}}\}$，且对于任意的$x_1$, …, $x_n \in s'$，都有

$$A(x_1, \cdots, x_n) \longleftrightarrow A_{s'}(x_1, \cdots, x_n) \tag{6.21}$$

成立.

证明 不妨假定公式A具有前束形式

$$Q_1 y_1 \cdots Q_m y_m B(x_1, \cdots, x_n, y_1, \cdots, y_m), \qquad (6.22)$$

并且B中是无量词的.

首先，对于任一集合T，我们考察式（6.22）中第一个量词Q_1，当Q_1为存在量词$\exists$，并且对于任意的$x_1, \cdots, x_n \in T$，如果存在一集合y_1，使得

$$Q_2 y_2 \cdots Q_m y_m B(x_1, \cdots, x_n y_1, y_2, \cdots, y_m) \qquad (6.23)$$

成立，则由选择公理，可取定y_1，并令$T_1 = T \cup \{y_1\}$，如果不存在y_1使得式（6.23）成立，则令$T_1 = T$.

当Q_1为$\forall$时，考察式（6.22）的否定式：

$$\overline{Q_1} y_1 \overline{Q_2} y_2 \cdots \overline{Q}_m y_m \overline{B}(x_1, \cdots x_n, y_1, \cdots, y_m), \qquad (6.24)$$

这里，$\overline{Q_i} = \begin{cases} \forall, & \text{当} Q_i \text{为} \exists \text{时}, \\ \exists, & \text{当} Q_i \text{为} \forall \text{时}, \end{cases}$ $i = 1, 2, \cdots, m$. 因为Q_1是$\forall$，故$\overline{Q}_1$为$\exists$（据谓词演算）.类似地完成上述过程，也获得T_1.应当注意，y_1不一定在T中，因此，我们有$T \subset T_1$.

其次，在Q_1为$\exists$时，考察式（6.23），当Q_2为$\exists$时，对于任意的$x_1, \cdots, x_n \in T_1$，如果存在一集合y_2，使得

$$Q_3 y_3 \cdots Q_m y_m B(x_1, \cdots x_n, y_1, y_2, \cdots, y_m)$$

成立，则由选择公理，可取定y_2，并令$T_2 = T_1 ? \{y_2\}$，如果不存在y_2，使得式（6.23）成立，则令$T_2 = T_1$.当Q_2为$\forall$时，考察式（6.23）的否定式，并完成上述类似的过程.在Q_1为$\forall$时，考察式（6.24）并完成上述过程，也获得T_2，且$T_1 \subset T_2$.

对于式（6.22）的所有量词$Q_1, \cdots, Q_m$，继续上述过程，就获得了集合T_m，并且令$T^* = T_m$.如上，对任给的T，我们可得T^*.下面，不断使用这一过程.令$S_0 = S$，$S_{i+1} = S_i^*$，$S' = \bigcup_{h \in \omega} S_n$.这就获得了欲求的集合$S'$.显然，当$S$为有穷集合时，$S'$至多可数；当$S$为无穷集合，总有$\overline{\overline{S'}} = \overline{\overline{S}}$.

现在，我们证明式（6.21）成立.对于$1 \leqslant k < m, x_1, \cdots, x_n$,

$y_1, \cdots, y_k \in S'$，令$C(x_1, \cdots, x_n, y_1, \cdots, y_k)$指称公式

$$Q_{k+1}y_{k+1}\cdots Q_m y_m B(x_1,\cdots x_n, y_1,\cdots y_k, y_{k+1},\cdots,y_m).$$

并且总有一i，使得$x_1,\cdots,x_n,y_1,\cdots,y_k \in S_i$．当$Q_{k+1}$为$\exists$时，如果$C(x_1,\cdots,x_n,y_1,\cdots,y_k)$真，则在$S_{i+1}$中总有一$y_{k+1}$，使得$C(x_1, \cdots,x_n,y_1,\cdots y_k,y_{k+1})$，即$Q_{k+2}y_{k+2}\cdots Q_m y_m B(x_1,\cdots, x_n,y_1,\cdots, y_{k+1},y_{k+2},\cdots,y_m)$真；否则若$C(x_1,\cdots,x_n,y_1,\cdots,y_k)$假，则对于任意的$y_{k+1}$，$C(x_1,\cdots,x_n,y_1,\cdots,y_k,y_{k+1})$假，所以，在$S'$中它亦假．对于$Q_{k+1}$为$\forall$时与上述论证相类似．这样我们就完成了定理的证明。

定理 6.23 ZFC的任意有穷子系统(ZFC)′的协调性在ZFC中都是可证明的．

证明 因为(ZFC)′为有穷个命题，所以可以用合取词连接为一个命题A．这样，由定理6.22，我们可以证明有一个至多可数的集合S，使得

$$A \longleftrightarrow A_S$$

成立，也就是说，A是协调的，当且仅当S是A的一个模型．

定理6.24 ZFC是不可有穷化的，也就是说，不存在有穷多的ZF公理$A_1,\cdots,A_n$，使得对于ZFC的任一公理B，都有

$$A_1,\cdots,A_n \vdash B. \qquad (6.25)$$

证明 假定不然，即有$A_1,\cdots,A_n$，使式(6.25)成立．令A为$A_1 \wedge \cdots \wedge A_n$，这样，$A$的协调性在ZFC中是可以证明的，由于$A$是充分丰富的（因为式(6.25)成立），所以由哥德尔不完全性定理，A的协调性在其中是不可证明的．但是，由于A的协调性在ZFC中是可证明的，并且由于式(6.25)成立，A的协调性也就可以在A中证明了．这是一个矛盾．从而获得了欲证结果．

定理6.22是定理5.18由类函数到公式的推广．因此，在一些文献中也称定理6.22为莱文海姆-斯科伦定理．

§11 形式推演

在定理6.12的证明中，我们曾经指出由式(6.17)与式

(6.16) 不难获得式 (6.15).现在我们来完成这一形式推演.首先给出推演的斜式步骤。然后，说明这一推演的合法性.

(1) $\forall y\exists z\forall u(u\in z\longleftrightarrow\exists t\in yB(t,u))$,

(2) $\forall y\exists z\forall u(u\in z\longleftrightarrow\exists t(t\in y\wedge u=t\wedge A(t)))$,

(3) $\exists z\forall u(u\in z\longleftrightarrow\exists t(t\in a\wedge u=t\wedge A(t))$,

(4) $\quad\forall u(u\in b\longleftrightarrow\exists t(t\in a\wedge u=t\wedge A(t))$,

(5) $\quad c\in b\longleftrightarrow\exists t(t\in a\wedge c=t\wedge A(t))$,

(6) $\qquad c\in b$,

(7) $\qquad\exists t(t\in a\wedge c=t\wedge A(t))$,

(8) $\qquad\quad d\in a\wedge c=d\wedge A(d)$,

(9) $\qquad\quad c=d$,

(10) $\qquad\quad d\in a\wedge A(d)$,

(11) $\qquad\quad c\in a\wedge A(c)$,

(12) $\qquad c\in a\wedge A(c)$,

(13) $\quad c\in b\to c\in a\wedge A(c)$,

(14) $\qquad c\in a\wedge A(c)$,

(15) $\qquad c=c$,

(16) $\qquad c\in a\wedge c=c\wedge A(c)$,

(17) $\qquad\exists t(t\in a\wedge c=t\wedge A(t))$,

(18) $\qquad c\in b$,

(19) $\quad c\in a\wedge A(c)\to c\in b$,

(20) $\quad c\in b\longleftrightarrow c\in a\wedge A(c)$,

(21) $\quad\forall u(u\in b\longleftrightarrow u\in a\wedge A(u))$,

(22) $\quad\exists z\forall u(u\in z\longleftrightarrow u\in a\wedge A(u))$,

(23) $\exists z\forall u(u\in z\longleftrightarrow u\in a\wedge A(u))$,

(24) $\forall y\exists z\forall u(u\in z\longleftrightarrow u\in y\wedge A(u))$.

其中a, b, c, d互不相同，且都不在(1)中出现.现在我们来说明由(1)到(24)的逻辑严谨性。由(1)到(2)是使用了式(6.16)作替换的结果.由(2)到(3)是脱去全称量词的结果。一般地说，由$\forall xA(x)$可以获得$A(t)$.其中t为任意的项.这

是由公理9和规则R获得的“导出推演规则”，并记做

〔$\forall_-$〕　$\forall xA(x)\vdash A(t)$.

对于（3），我们取不在（1）中出现的个体词a，（4）是一假定的辅助前提，并且取不在（1）中出现的个体词b，且b不同于a．由（4）使用〔$\forall_-$〕可获得（5）．并且任取c为一不在（1）中出现且不同于a，b的个体词．（6）是辅助假设，由（6）与（5）可获得（7）．（8）也是辅助假设，由（8）得到（9）与（10）可经公理4及R获得．（11）是由（9），（10）与公理12并经过R获得．这样，由（8）可获得（11）．并且个体词d不出现在（11）中．这样，即可由前提（7）获得（12）．（11）与（12）两式相同，但在推演中位置或地位不同．这一过程可以概述为：对于任一公式$B(a)$，个体词a在$B(a)$中出现，不在公式D中出现，并且有下述导出的推演规则，并记做

〔$\exists_-$〕　如果$B(a)\vdash D$，则$\exists xB(x)\vdash D$.

当我们令$B(d)$为“$d\in a\wedge c=d\wedge A(d)$”并且$D$为“$c\in a\wedge A(c)$”时，这时$\exists tB(t)$为“$\exists t(t\in a\wedge c=t\wedge A(t))$”即（7）．上述（8）至（11）表明已有$B(d)\vdash D$，因此，由〔$\exists_-$〕即得

$$\exists t(t\in a\wedge c=t\wedge A(t))\vdash D$$

是（7）到（12）的一形式推演．这样，由于（7）是由（6）与（5）获得，所以由（6）即得（12）．于是，由命题演算即得（13）。另一方面，假定（14）作为一辅助前提，（15）是公理11与〔$\forall_-$〕直接获得的，于是（16）是由（14）与（15）经公理3与R获得的．由（16）到（17）是使用公理10与R获得的．一般说来，对于任一公式$B(c)$，都有下述导出推演规则，并记做

〔$\exists_+$〕　$B(c)\vdash\exists xB(x)$.

从（17）和（5）即得（18）．因为由（14）可获得（18），故我们有（19）．并且由（13）与（19）即获得（20）．并且c不在（20）的前提中出现，我们就获得了（21）．这也是一条一般的可导出的推演规则，即对于任意的公式序列Γ，公式$A(a)$，个体词a在$A(a)$中出现，不在Γ中出现，我们有下述导出推演规则，并记做

〔$\forall_+$〕　若$\Gamma\vdash A(a)$，则$\Gamma\vdash\forall xA(x)$.

由（21），对于b使用〔$\exists_+$〕，就获得(22)。然而(22)的直接前提是(4)，这时我们可把(4)记做B(b)，把(22)记做D，个体词b不在D中出现，又因为B(b)$\vdash D$，从而有$\exists$xB(x)$\vdash D$，即由(3)可获得(23)．又因为个体词a不在(1)中出现，所以由〔$\forall_+$〕有(24)，从而我们看到由(1)到(24)是一个严谨的推演过程．并且在这一过程中隐含着重要的导出推演规则．我们称它们为导出的，是因为它们可从逻辑公理和规则推得，它们在推演过程中都起着重要的作用，并且在推演中都有着一般的方法论上的作用．因此，我们称它们为导出推演规则．

在公理集合论中，形式推演的方法是极其重要的．每一定理、每一结论都应当在严谨的形式推演中实现它的证明．这是公理集合论区别于直观集合论的重要特点之一．公理集合论的另一特点是可用于研究元数学问题，即讨论在一定的前提下哪些命题是可推导的，哪些命题是不可推导的．它所使用的基本方法除形式化方法外主要是构造模型的方法（内模型方法与外模型方法）．我们将在第九章、第十章中讨论这种方法．

§12　ZF可定义类

定义 6.13　对于任一类C，如果有一ZF公式$A(x)$，使得

$$C=\{x \mid A(x)\text{成立}\}, \tag{6.26}$$

则我们称C是**在ZF语言中可定义的**，简称为**可定义的**．其中“$A(x)$成立”是指“$\boldsymbol{V} \models A(x)$”，为了简便，常常把式（6.26）简写为

$$C=\{x \mid A(x)\}. \tag{6.27}$$

式（6.26）或式（6.27）也就是：

$$x \in C \text{当且仅当} \boldsymbol{V} \models A(x).$$

例 6.5　依据定理2.24，当我们把公式On(x)，表述为ZF公式时，就获得了序数类On是可定义的．

因为每一集合都是一个类，所以，据定义6.13也就有可定义集合的概念了．换言之，一类C是可定义的且为一集合时，我们就称C是一可定义集合．从而我们就获得了某一类（集合）的可定义

子类（子集合）的概念了.

例 6.6　由公式$\mathbf{On}(x)\wedge(x=0\vee \mathrm{Succ}(x))\wedge\forall y\in x(y=0\vee \mathrm{Succ}(y))$，就有集合$\omega$是可定义的.

因为ZF语言中公式集合是可数的，所以ω的可定义子集合就是可数的.然而ω的幂集合$\mathscr{P}(\omega)$是不可数的，由此可知，存在着不是ZF可定义的集合.由例6.5，我们也知道ZF可定义的类也可以是真类.由注记1.1，全域V也是可定义的.

注记 6.10　在定义1.7中，我们对于任一关系R曾经定义了R的定义域$\mathrm{dom}R$，值域$\mathrm{ran}R$和域$\mathrm{fld}R$的概念.现在我们来推广这些概念，对于任意的类R，我们令

$$\mathrm{dom}R=\{x\mid\exists y(\langle x,y\rangle\in R)\},$$
$$\mathrm{ran}R=\{y\mid\exists x(\langle x,y\rangle\in R)\},$$
$$\mathrm{fld}R=\mathrm{dom}R\cup\mathrm{ran}R.$$

当C中不含有序对时，其定义域、值域和域都是空集合$\varnothing$.从现在起，我们常常作这样的广义理解.

定理 6.25　若C_1,C_2是可定义类，则$C_1\cap C_2$，$C_1\cup C_2$，$C_1\dot{-}C_2$是可定义类.

证明　由前提有ZF公式$A(x)$，$B(x)$，使得

$$C_1=\{x\mid A(x)\},$$
$$C_2=\{x\mid B(x)\}.$$

因为我们有

$$C_1\cap C_2=\{x\mid A(x)\wedge B(x)\},$$
$$C_1\cup C_2=\{x\mid A(x)\vee B(x)\},$$
$$C_1\dot{-}C_2=\{x\mid A(x)\wedge\neg B(x)\}$$

成立，所以欲证结果成立.

定理 6.26　若C是可定义类，则$\mathrm{dom}C$，$\mathrm{ran}C$与$\mathrm{fld}C$都是可定义类.

证明　由前提有一ZF公式$A(x)$，使得

$$C=\{x\mid A(x)\}.$$

由注记6.10，我们有

$$\operatorname{dom}C=\{y\mid\exists x\exists z(x=\langle y,z\rangle\wedge A(x))\},$$
$$\operatorname{ran}C=\{z\mid\exists x\exists y(x=\langle y,z\rangle\wedge A(x))\},$$
所以，欲证结果成立.

定理 6.27 若C_1, C_2是可定义类，则$C_1\times C_2$是可定义类.

证明 令$A(x)$，$B(x)$ 分别为定义C_1，C_2的ZF公式，令

$$C(z)=\exists x\exists y(A(x)\wedge B(y)\wedge z=\langle x,y\rangle),$$

容易验证，公式$C(z)$ 就定义了类$C_1\times C_2$.

定理 6.28 若$G(x)$ 是一可定义的类函数，则据定理4.12所确定的函数F也是可定义的.

定理 6.29 若F可定义，则$F\upharpoonright u$可定义，其中u为任一集合.

习 题

6.1 试证明：如果我们把§3中的公理1，4，5，7，8，9与10记做ZF′，则有

（1） $\mathrm{ZF}'\vdash\exists x\forall y(\neg y\in x)$,

（2） $\mathrm{ZF}'\vdash\forall x_1\forall x_2\exists y\forall z(z\in y\longleftrightarrow z=x_1\vee z=x_2)$.

6.2 试证明：如果在ZFC中去掉公理8（无穷公理），把余下的公理记做ZF″，并把公理8记做A，则

$$\mathrm{ZF}''\nvdash \mathrm{A}.$$

6.3 试证明下述命题

$$\exists x(\exists u(u\in x)\wedge\forall y(y\in x\rightarrow\exists z(z\in x\wedge y\in z)))$$

与无穷公理是等价的（相对于ZF的其它公理）.

6.4 试证明：如果C是可定义类，则$\bigcup C$是可定义类. 当$C\neq\varnothing$时，$\bigcap C$也是可定义的.

6.5 试证明习题3.1中所给出的函数J，K与L都是ZF可定义的.

6.6 求幂集合公理、并集合公理和正则公理的前束范式.

6.7 令$A(x)$，$D(x)$ 与B为集合论演算中的公式，x在$A(x)$，$D(x)$ 中自由出现，不在B中出现，试证明

(1) $\vdash\neg\exists xA(x)\longleftrightarrow\forall x\neg A(x)$,

(2) $\vdash \neg\forall x A(x) \longleftrightarrow \exists x \neg A(x)$,

(3) $\vdash \forall x A(x) \vee B \longleftrightarrow \forall x(A(x) \vee B)$,

(4) $\vdash \exists x A(x) \vee B \longleftrightarrow \exists x(A(x) \vee B)$,

(5) $\vdash \forall x A(x) \wedge B \longleftrightarrow \forall x(A(x) \wedge B)$,

(6) $\vdash \exists x A(x) \wedge B \longleftrightarrow \exists x(A(x) \wedge B)$,

(7) $\vdash B \rightarrow \forall x A(x) \longleftrightarrow \forall x(B \rightarrow A(x))$,

(8) $\vdash B \rightarrow \exists x(A(x) \longleftrightarrow \exists x(B \rightarrow A(x))$,

(9) $\vdash \forall x A(x) \rightarrow B \longleftrightarrow \exists x(A(x) \rightarrow B)$,

(10) $\vdash \exists x A(x) \rightarrow B \longleftrightarrow \forall x(A(x) \rightarrow B)$,

(11) $\vdash \exists x(A(x) \vee D(x)) \longleftrightarrow \exists x A(x) \vee \exists x D(x)$,

(12) $\vdash \forall x(A(x) \wedge D(x)) \longleftrightarrow \forall x A(x) \wedge \forall x D(x)$.

第七章 选择公理

本章讨论选择公理常见的几种等价形式，说明了选择公理在一些数学论证中的重要作用.没有选择公理，许多重要的数学概念和数学定理是不能够获得的.本章仅讨论集合形式的选择公理，不讨论类形式的选择公理.

还有一些重要的数学命题，它是ZFC中的定理．但不是ZF中的定理，并且它们又不与选择公理等价.为了显示它们的重要性，在§5中我们也作了一些说明.由于篇幅的限制，我们把其中一些重要命题放到了本章的习题中，有兴趣的读者可参阅有关文献.

有些数学命题虽然与选择公理是矛盾的，但对这些命题的研究却很有意义，其中最引人注意的是决定性公理.本章陈述了这一命题并论及了它们同选择公理的关系，这是因为考察决定性公理对于探讨选择公理的正确性是有益的.

§1 乘积定理

在第五章中我们曾经谈及乘积原则，也谈到它同选择公理是等价的，并且在蔻尼定理的证明中运用了这一原则.现在我们使用集合形式的单值化原则去证明我们的定理.

定理 7.1(乘积定理) 对于任意的集合 I 和定义域为 I 的一函数g，如果$\forall i\in I\,(g(i)\neq\varnothing)$，则 $\prod\limits_{i\in I}g(i)\neq\varnothing$.

证明 因为$\mathrm{dom}\,g=I$，且$\forall i\in I\,(g(i)\neq\varnothing)$.我们定义一关系

$$R=\{\langle i,x\rangle\mid i\in I\wedge x\in g(i)\},\qquad(7.1)$$

对于这一关系R，使用集合形式的单值化原则，就有一函数f,满足

$$f \subset R \text{且} \operatorname{dom} f = \operatorname{dom} R = I. \tag{7.2}$$

因为对于任一$i \in I$有

$$\langle i, f(i)\rangle \in f \subset R, \tag{7.3}$$

所以，必有$f(i) \in g(i)$.因此，我们有

$$f \in \prod_{i \in I} g(i),$$

亦即 $\prod_{i \in I} g(i) \neq \varnothing$.欲证结果成立.

乘积定理的形式化陈述是：

$$\forall I \forall g(\mathrm{Fun}(g) \wedge \operatorname{dom} g = I \wedge \forall i \in I \forall x(\langle i,x\rangle \in g \rightarrow x \neq \varnothing) \rightarrow \exists f(\mathrm{Fun}(f) \wedge \operatorname{dom} f = I \wedge \forall i \in I \forall y \forall z (\langle i,y\rangle \in f \wedge \langle i,z\rangle \in g \rightarrow y \in z)). \tag{7.4}$$

为简便计，今后我们把式（7.4）记为**AC(Ⅱ)**.

集合形式的单值化原则的形式陈述是

$$\forall x(\mathrm{Re}(x) \rightarrow \exists y(\mathrm{Fun}(y) \wedge \operatorname{dom} y = \operatorname{dom} x \wedge y \subset x)). \tag{7.5}$$

今后，我们把式（7.5）记做**AC(Ⅰ)**.这样，定理7.1的结果就是

$$\mathbf{ZF} \vdash \mathbf{AC(Ⅰ)} \rightarrow \mathbf{AC(Ⅱ)}.$$

§2 良序定理

在第二章中，我们已经引进了良序集合的概念.可以这样说，一个线序集合$\langle S,R\rangle$的任一不空子集合都有一个首元素，那么它就是良序的.我们已经知道有许多良序集合，比如序数的任一集合都是良序的，还有许多集合，在它们的自然顺序下或给定的次序下，它们不构成线序，当然也不可能是良序的；有些线序集合在它们的原次序下显然也不构成良序.

例 7.1 $\langle \mathscr{Z}, <\rangle$在其自然次序不是一良序集合，因为它自身和它的许多不空子集合在小于关系$<$之下没有首元素，虽然它的另外一些不空子集合（例如ω）是有首元素的.

例 7.2 $\langle \mathscr{Q}, <\rangle$ 在其自然次序下不是一良序集合.

例 7.3 $\langle [0,1], <\rangle, \langle \mathscr{R}, <\rangle$ 在它们的自然次序下都不是

良序集合.

当然，有些集合改变一下次序，就可获得一良序，例7.1中的$\langle \mathscr{Z}, < \rangle$若按下述次序，

$$\{0,1,2,\cdots,n,\cdots\cdots,-1,-2,-3,\cdots\cdots\},$$

显然是一良序集合.

还可以用其它方式来对$\mathscr{Z}$进行排序使其成为一良序集合，例如，还可以排为

$$\{0,-1,+1,-2,+2,\cdots\},$$

这也是一良序集合.也有些集合，例如实数集合$\mathscr{R}$虽然一时找不到它的良序，一些学者认为它也应当能够良序化的. 1904年，蔡梅罗运用选择公理证明了下述良序定理.这里，为了证明良序定理，我们首先陈述序数形式的选择公理，即

$$\forall x \exists \alpha \exists g(\mathbf{On}(\alpha) \wedge \mathrm{Fun}(g) \wedge \forall y \in x \exists \beta \in \alpha (\langle \beta, y \rangle \in g)). \tag{7.6}$$

今后我们把式 (7.6) 记做AC(Ⅲ).

定理 7.2 每一个集合都是可以良序的.

证明 我们使用已陈述的选择公理形式Ⅲ (即AC(Ⅲ)).

对于任给的集合S，由AC(Ⅲ)，存在一序数α和α上的一函数g，对于任意集合y，我们都有：

$$y \in s \longleftrightarrow \exists \beta \in \alpha (y = g(\beta)). \tag{7.7}$$

也就是说,定义在序数α上的函数g恰好枚举了集合S中的一切元素.亦即

$$S = \{g(0), \ g(1), \cdots, g(\beta), \cdots\}, \quad \beta < \alpha,$$

并且令$a_\beta = g(\beta)$，$\beta < \alpha$.我们得到：

$$S = \{a_0, a_1, a_2, \cdots, a_\beta, \cdots\}, \ \beta < \alpha.$$

这样，S与α建立了一个同构对应，从而建立了S上的关系$<_S$如下，对于任意的$y_1, y_2 \in S$，令

$$y_1 <_S y_2 = g^{-1}(y_1) \in g^{-1}(y_2). \tag{7.8}$$

于是，对于S的任一子集合S_1，我们给出相应的序数集合S_2如下：

$$S_2 = \{g^{-1}(y) \mid y \in S_1\}.$$

因为$S_2\subset\alpha$，S_2有最小元β，故$g(\beta)\in S_1$，它为S_1的首元素．因此，我们获得了$\langle S,<S\rangle$是良序结构．欲证结果得证．

我们将要证明，由良序定理还可以推演出选择公理，这样，它也是选择公理的一个等价形式．良序定理的形式化陈述是公式：

$$\forall S\exists x(x\subset SxS\wedge\forall y(y\subset S\wedge y\neq\varnothing\rightarrow\exists z(z\in y \wedge\forall t\in y(\langle t,z\rangle\notin x)))).\qquad(7.9)$$

今后，我们把式（7.9）记做**AC(Ⅵ)**．为方便起见，我们也把势的三歧性原则记做**AC(Ⅴ)**．

§3 佐恩引理

在代数学中，有一条著名的原则，人们称之为佐恩（Zorn）引理（见Kuratowski〔1922〕和Zorn〔1935〕），它不仅已应用于代数学，而且已应用于许多数学分支．近世代数的许多定理没有它是无法证明的．

定义 7.1 令c是偏序集合$\langle S,R\rangle$的一子集合（即$c\subset S$），如果$\langle c,R\rangle$是一线序，则称做**S的链**；如果$u\in S$且对于每一$x\in c$，都有xRu，则称u是**c的上界**；如果$t\in S$且不存在$x\in S$，使得tRx．则称t是**S的极大元**．

佐恩引理 令$\langle S,R\rangle$是一偏序集合，如果S的每一链都有一上界，那么S有一极大元．

证明 令$\langle S,R\rangle$满足引理的前提，并且，对于集合S，我们使用良序定理，就给出S的一良序$\langle S,<\rangle$．现在我们按这一良序结构超穷递归地定义一函数：

$$f:S\rightarrow\{0,1\},$$

$$f(a)=\begin{cases}1, & \text{当}\forall b(b\in S\wedge b<a\wedge f(b)=1\rightarrow bRa),\\ 0, & \text{其它情况}.\end{cases}\qquad(7.10)$$

据f我们定义集合c如下，

$$c=\{a|a\in S\wedge f(a)=1\}.$$

那么，f是c的一特征函数，并且当$a\in S$时，我们有：

$$a\in c\longleftrightarrow\forall b(b<a\wedge f(b)=1\rightarrow bRa). \qquad (7.11)$$

首先，我们断定 c 是一 R 链.对于任意 $x,y\in c$，$x,y\in S$.若 $x\neq y$，就一定有$x<y$或$y<x$成立.

若$x<y$，又因为 $x\in c$，所以，由 (7.11) 即可得：xRy.同样，由$y<x$可得yRx。

其次，由于c是一R链，据引理的前提，就有一此链的上界t，我们来断定，这一t就是S的一极大元.

若不然，必然有某一$a\in s$，$a\neq t$使得tRa.但是，对所有 $b\in c$ 都有bRa(因为bRt且tRa又因R为偏序).当然对于$b<a$和 $f(b)=1$ 必有bRa，因此，由f的定义，就有$f(a)=1$.由 (7.11)，$a\in c$，所以有aRt.这是一个矛盾.

事实上，佐恩引理也是选择公理的等价形式之一，我们称它为选择公理的形式Ⅶ.并记做**AC(Ⅶ)**.

定理 7.3 AC(Ⅶ)→AC(Ⅰ).

证明 我们使用佐恩引理来证明对于任意的关系R，都有一函数$F\subset R$且$\mathrm{dom}(F)=\mathrm{dom}(R)$.

任给一关系R，令

$$X=\{f\mid f\subset R\wedge \mathrm{Fun}(f)\}. \qquad (7.12)$$

首先，我们断定X在链的并之下是封闭的，我们来讨论偏序集合$\langle X,\subset\rangle$，亦即验证它满足磋尔引理的前提.

假定$c\subset X$是一包含关系的链，我们要证$\bigcup c\in X$.

若$\langle x,y\rangle\in\bigcup c$且$\langle x,z\rangle\in\bigcup c$，则有$f_1\in c$，$f_2\in c$，使得$\langle x,y\rangle\in f_1$，$\langle x,z\rangle\in f_2$.由$\subset$是一链，故$f_1\subset f_2$或$f_2\subset f_1$，所以$y=z$.亦即$\bigcup c$是一函数；另一方面，对于任一$t\in\bigcup c$，必有一$f$，使得$f\subset R$且$t\in f$，因此$t\in R$，所以$\bigcup c\subset R$，$\bigcup c\in X$.因此，$\bigcup c$是链$c$的一上界.

其次，由佐恩引理，我们有X中一极大元F，我们断定$F\subset R$且$\mathrm{dom}F=\mathrm{dom}R$。

$F\subset R$是由$F\in X$直接获得的.

假定$\mathrm{dom}F=\mathrm{dom}R$不成立，则有一个$z\in\mathrm{dom}R\dot{-}\mathrm{dom}F$.那

么就有$y\in \operatorname{ran}R$，即zRy，由此定义：

$$F'=F\cup\{\langle z,y\rangle\}。$$

由（7.12），$F'\in X$，这与F的极大性相矛盾。因此，欲证结果成立。

定理7.2可以说是ZF⊢AC(Ⅲ)→AC(Ⅵ)成立。在ZF中由AC(Ⅲ)可以推演出AC(Ⅵ)。

佐恩引理可以说是ZF⊢AC(Ⅵ)→AC(Ⅶ)，在ZF中由良序定理(AC(Ⅵ))可以推演出佐恩引理成立。

§4 七条等价性定理

选择公理以蔡梅罗公理而著名，它是1904年蔡梅罗在证明良序定理时构造和使用的。在第六章中我们曾陈述过那条公理。

选择公理 （形式Ⅷ）对于任意的非空集合S，都存在一个函数f(称之为对$\mathscr{P}(S)\dot{-}\{\varnothing\}$的选择函数)，使得对于任意非空的$x\subset S$，都有：$f(x)\in x$。

AC(Ⅷ) 有时也陈述为：任由非空集合组成的簇S，都存在一选择函数f，使得对于任一$x\in S$，都有$f(x)\in x$。

定理 7.4 AC(Ⅲ)→AC(Ⅷ)。

证明 由AC(Ⅲ)对于任意集合S，都有一序数α使得

$$S=\{a_0,\ a_1,\ \cdots,\ a_\beta,\cdots\},\qquad \beta<\alpha,$$

亦即有一S与α的双射函数h,

$$h\colon S\to\alpha。$$

由函数h，对于S的任一不空子集合S_1，我们都可获得α的一不空子集合T_1与S_1相对应，亦即：

$$T_1=\{\beta\mid\exists x\in S_1 h(x)=\beta\}。$$

S_1不空。T_1也不空，并且$\bigcap T_1$是T_1的最小元，这样，我们定义f如下：对于任一不空的$S_1\subset S$，我们都使得f对S_1有定义，并取值为

$$\begin{aligned}f(S_1)&=h^{-1}(\bigcap T_1)\\&=h^{-1}(\bigcap\{\beta\mid\exists x\in S_1 g(x)=\beta\})。\end{aligned}$$

显然$f(S_1)\in S_1$，也就是说，上述定义的函数f是满足AC(Ⅷ)

的一个选择函数，这就获得了欲证结果.

定理 7.5 AC(Ⅷ)→AC(Ⅰ)。

证明 已知任一关系R，对于任意$x\in \mathrm{dom}(R)$，集合

$$S_x=\{y\mid xRy\} \tag{7.13}$$

是不空的，由此我们作一集合

$$\begin{aligned} S&=\{S_x\mid x\in \mathrm{dom}(R)\} \\ &=\{\{y\mid xRy\}\mid x\in \mathrm{dom}(R)\}. \end{aligned} \tag{7.14}$$

这是由非空集合组成的一簇，因此由AC(Ⅷ)，就有一选择函数f，使得对于任一S_x，都有$f(S_x)\in S_x$.

现在，我们令

$$F=\{\langle x,f(S_x)\rangle\mid x\in \mathrm{dom}(R)\}, \tag{7.15}$$

由（7.15），显然F是一函数，并且有

$$F\subset R\text{和}\mathrm{dom}(F)=\mathrm{dom}(R).$$

这就获得了欲证结果.

在第五章§1中我们曾经陈述了采样原则，并使用它去理解集合的势概念.采样原则的形式化陈述为下述公式

$$\begin{aligned} &\forall x\forall y\in x(y\neq\varnothing\wedge\forall y_1\in x\forall y_2\in x(y_1\neq y_2\rightarrow \\ &\qquad y_1\cap y_2=\varnothing) \\ &\rightarrow\exists c(\forall z\in x\exists! t\in z(t\in c)\wedge\forall t\in c\exists! z\in x(t\in z))). \end{aligned} \tag{7.16}$$

今后，我们把式（7.16）记做AC(Ⅳ).

定理 7.6 AC(Ⅱ)→AC(Ⅳ).

证明 令集合S满足AC(Ⅳ)中前提条件：S的每个元都是一不空集合，并且S的任二不同元是不交的，令H是S上的一恒等函数，亦即对于任意$x\in S$，都有$H(x)=x$.因此，有

$$\forall i\in S(H(i)\neq\varnothing).$$

于是，由AC(Ⅱ)，有一函数f，$\mathrm{dom}(f)=S$，并且$\forall i\in S(f(i)\in H(i))$。现在令$c=\mathrm{ran}(f)$，那么，对于任一$i\in S$，我们都有

$$i\cap c=\{f(i)\}.$$

集合c就是AC(Ⅳ)中欲求的集合.

定理 7.7 AC(Ⅳ)→AC(Ⅷ).

证明 对于任一集合s，我们令

$$T=\{\{b\}\times b \mid b\text{是}S\text{的一非空子集合}\},$$

那么，T的每一元都是非空的，而且T的任何两个不同的元都不相交．因为

$$\langle x,y\rangle\in(\{b\}\times b)\cap(\{b'\}\times b')\rightarrow x=b=b',$$

所以，T满足AC(Ⅳ)的前提，令c是由AC(Ⅳ)获得的那一集合，它与T的每一元的交恰是一个单元集合，亦即

$$c\cap(\{b\}\times b)=\{\langle b,x\rangle\},$$

其中$x\in b$，现在，我们令

$$f=c\cap(\bigcup T),$$

我们证明f是S的一选择函数．因为，f的任一元都是属于某一$\{b\}\times b$的，因而对于$x\in b$，它为形式$\langle b,x\rangle$．对于任意非空的集合$b\subset S$，都有唯一的x，使得$\langle b,x\rangle\in f$．这是因为$f\cap(\{b\}\times b)$是一单元集合，这个x当然是$f(b)$，并且它就是b的一元．这就获得了欲证结果．

定理 7.8 AC(Ⅷ)→AC(Ⅲ)。

证明 任给一集合S，由AC(Ⅷ)，存在一选择函数g，使得对于任意不空集合$x\subset s$，都有$g(x)\in x$．我们取定这一函数g，并且令

$$S_0=S,$$
$$S_{\beta+1}=S_\beta\dot{-}g(S_\beta),$$
$$S_\lambda=S\dot{-}\bigcup_{\beta<\lambda}g(S_\beta),\quad\text{当}\lambda\text{为极限序数时。}$$

因为对于任意序数β_1，β_2，若$\beta_1\neq\beta_2$，则$S_{\beta_1}\neq S_{\beta_2}$，并且$S_\beta\dot{-}S_{\beta+1}$恰有一个元素，所以总存在一序数$\alpha$，使得$S_\alpha=\varnothing$．假定不然，就有**On**到$S$的一双射的函数$f$，满足：

$$f(\beta)=g(S_\beta),$$

那么f^{-1}:$S\rightarrow$**On**．$\text{ran}(f^{-1})=$**On**，但是，由替换公理，S是一集合，$\text{ran}(f^{-1}\upharpoonright S)=\text{ran}(f^{-1})$也应是一集合，这与**On**为一真类相矛盾，这就获得了有一序数α，使得$S_\alpha=\varnothing$．我们取满足这一性质的最小

序数为α，而α和f就是AC(Ⅲ)中所要求的α与f.因此，欲证结果成立.

定理 7.9 AC(Ⅲ)→AC(Ⅴ).

证明 对于任意的集合x，y，由AC(Ⅲ)，存在二序数α，β和一对一的函数f，g，使得

$$z\in x\longleftrightarrow\exists t\in\alpha(f(t)=z),\tag{7.17}$$

$$z\in y\longleftrightarrow\exists t\in\beta(g(t)=z).\tag{7.18}$$

由(7.17)我们有$\overline{\overline{x}}=\overline{\overline{\alpha}}$，由(7.18)我们有$\overline{\overline{y}}=\overline{\overline{\beta}}$.由序数的三歧性和基数的性质，我们有

$$\overline{\overline{x}}<\overline{\overline{y}},\quad \overline{\overline{x}}=\overline{\overline{y}},\quad \overline{\overline{y}}<\overline{\overline{x}}$$

三者中恰有一个成立.

定理 7.10 AC(Ⅴ)→AC(Ⅵ).

定理的证明留给读者作为练习.

到现在为止，我们已经陈述了选择公理的八种形式，对于形式Ⅰ—Ⅷ，我们已经在ZF系统中证明了如下的蕴涵式成立：

(1) Ⅰ→Ⅱ，(定理7.1)

(2) Ⅱ→Ⅳ，(定理7.6)

(3) Ⅳ→Ⅷ，(定理7.7)

(4) Ⅷ→Ⅲ，(定理7.8)

(5) Ⅲ→Ⅴ，(定理7.9)

(6) Ⅷ→Ⅰ，(定理7.5)

(7) Ⅲ→Ⅷ，(定理7.4)

(8) Ⅶ→Ⅰ，(定理7.3)

(9) Ⅵ→Ⅶ，(佐恩引理)

(10) Ⅲ→Ⅵ，(定理7。2)

(11) Ⅴ→Ⅵ.(定理7.10)

为了醒目起见，我们用图7.1显示上述结果.

事实上，仅从等价角度看，有儿条连线是不必要的.不过为了加深对八种形式间关系的理解，我们还是保留了这些连线.

应再次着重说明，上述十一条定理都是在ZF公理系统中证明

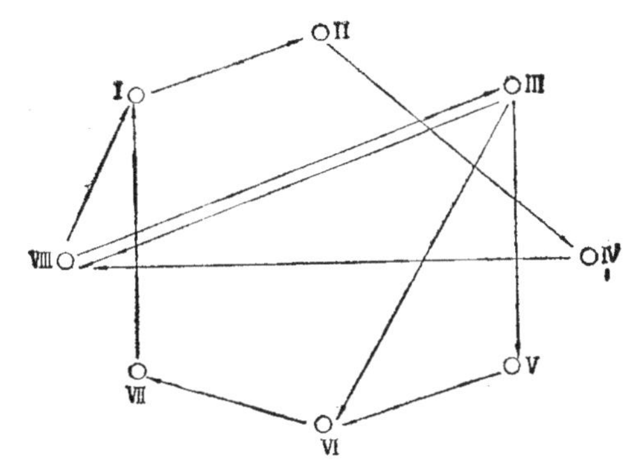

图 7.1 选择公理等价式的联系图

的，不使用ZF公理，上述定理是不能得到的.

§5 AC的三项推论

这里我们给出三个命题，它们在 ZFC 中都是可证的，而在 ZF 中是不可证明的，并且这些命题都是数学工作者所熟知的，在数学的论证中人们也经常使用它们.

1. 连续函数的两个等价性定义

关于连续函数的两个常见的等价定义在无AC时是不等价的. 实函数f的连续性，在通常的微积分教科书中，有下述两个定义：

（1）函数f在点x_0叫做连续的，如果对于任意的正数ε，都有正数δ，使得对于一切x，$|x-x_0|<\delta$时，总有$|f(x)-f(x_0)|<\varepsilon$.

（2）函数f在点x_0叫做连续的，如果对于收敛于x_0的任何序列x_1，x_2，…，x_n，…，都有序列$f(x_1)$，$f(x_2)$，…，$f(x_n)$，…收敛于点$f(x_0)$.

（1）称为连续函数的区域型定义，（2）称为连续函数的序列型的定义.

现在，我们来考察从（2）推演出（1）的证明，设f在（2）的意意下于x_0连续. 假定f在（1）意义下于点x_0不连续，则有$\varepsilon>0$，使得对于任意的$\delta>0$，区间$(x_0-\delta, x_0+\delta)$内必有一些点$x(\delta)$，

有$|f(x_0)-f(x(\delta))|\geqslant\varepsilon$.可取$\delta_n=1/n$，并且对于每一$\delta_n$，取定某一$x(\delta_n)$，简记作$x_n$，这就得到了向点$x_0$收敛的序列$x_1$，$x_2$，…，$x_n$，…，但是，对于一切这样的$x_n$，都有$|f(x_0)-f(x_n)|\geqslant\varepsilon$，所以，这就矛盾于$f$在（z）意义下于$x_0$连续的假设.所以由(2)可得(1).

现在，我们来分析一下上述证明.问题在于同时适合于两个条件$|x_0-x(\delta)|<\delta$与$|f(x_0)-f(x(\delta))|\geqslant\varepsilon$的点$x(\delta)$是否存在.依照通常观点，并不说明可以实际地提取出这样点并构成序列的原则.当然，这样的点的集合若是空的，则不可能选择出这样的点x_δ来.所以，函数f在（1）的意义下于点x_0不连续的假设，仅是说明对于某一$\varepsilon>0$及对于任意的δ，在区间$(x_0-\delta, x_0+\delta)$内使得$|f(x_0)-f(x)|\geqslant\varepsilon$成立的那些点是非空的集合.从非空的集合

$$M_n=M(\delta_n)$$

的序列过渡到存在$x_n\in M_n$的序列的过程，一般来说，这要用到**AC**.从每一个M_n，选取一点，记作x_n.这样，即可完成从(2)到(1)的证明.

从（1）推演(2)的证明是无需使用**AC**的.

2. 存在勒贝格不可测的一实数集合

令$\mathscr{M}(x)$表示实数集合x的勒贝格（Lebesgue）测度，众所周知，$\mathscr{M}$有可数加的性质.即，对于任意$n\in\omega$，A_n为可测集合，且若n，$m\in\omega$，$n\neq m$，$A_n\cap A_m=\varnothing$，则

$$\mathscr{M}(\bigcup\{A_n|n\in\omega\})=\sum_{n\in\omega}\mathscr{M}(A_n).$$

可测性及测度对于一对一的映射是不变换的.并且对于任意的区间$[a,b]$，$\mathscr{M}([a,b])=b-a$.

对于区间$[0,1]$中的实数x，y，我们定义一关系R：

$$xRy\text{，若}x-y\text{是有理数.}$$

显然，关系R是等价的.对于任意的$x\in[0,1]$，令

$$\mathrm{O}_R(x)=\{y\mid yRx\},$$

显然，对于每一$x\in[0,1]$，有$\mathrm{O}_R(x)\neq\varnothing$，且

$$\mathrm{O}_R(x)\neq\mathrm{O}_R(y)\rightarrow\mathrm{O}_R(x)\cap\mathrm{O}_R(y)=\varnothing.$$

所以，由采样原则，可取采样集合$M\subset[0,1]$，并且对于每一$x\in[0,1]$，存在唯一的$y\in M$和唯一的一个有理数r，使得$x=y+r$.如果对于每一有理数r，我们令

$$M_r=\{y+r\mid y\in M\},$$

那么我们可得实数集合R到可数多个不交集合的划分，即

$$\mathscr{R}=\bigcup\{M_r\mid r\text{是一有理数}\}. \tag{7.19}$$

现在，我们可证明M是勒贝格不可测的.

首先，如果$\mathscr{M}(M)=0$，由式（7.19）可得$\mathscr{M}(\mathscr{R})=0$，而这是不可能的.其次，$\mathscr{M}(M)>0$也是不可能的.因为，这是蕴涵着

$$\begin{aligned}\mathscr{M}([0,1])&\geqslant\mathscr{M}(\bigcup\{M_r\mid r\in\mathscr{Q}\text{且}0\leqslant r\leqslant1\}\\&=\sum_{(0\leqslant r\leqslant1)\wedge r\in\mathscr{Q}}\mathscr{M}(Mr).\end{aligned} \tag{7.20}$$

不等式（7.20）的左边等于1，而右边可以是任意大的实数.这样，我们就获得了M是勒贝格不可测的.

在上述证明中，关键的步骤是使用采样原则即选择公理去获得集合M.

3. 依赖选择原则

在第四章我们介绍了依赖选择原则，即：如果R是集合S上的一关系，使得对于每一$x\in S$，都有一$y\in S$，$R(x,y)$，那么在S中就有一序列

$$a_0,a_1,a_2,\cdots,a_n,a_{n+1},\cdots, \tag{7.21}$$

使得

$$a_0Ra_1,\ a_1Ra_2,\ \cdots,\ a_nRa_{n+1},\ \cdots \tag{7.22}$$

成立.

现在，我们从AC（Ⅲ）出发，来证明依赖选择原则.令$s=\mathbf{fld}(R)$，并且令R满足依赖选择原则的前提，仅需证明当R非自反

时的情形。此时，显然存在一序数α(并且$\omega\leqslant\alpha$)和α上一函数g，满足下式

$$y\in s\quad 当且仅当\exists\beta\in\alpha(y=g(\beta)). \tag{7.23}$$

我们定义函数f如下：

$$f(0)=g(0),$$
$$f(n+1)=g(\mu yR(f(n),\ g(y))).$$

其中μy为满足条件$R(f(n),\ g(y))$的最小自然数y。令$a_i=f(i)$。由此，我们就获得了

$$a_0,a_1,\ a_2,\ \cdots,\ a_n,\ a_{n+1},\ \cdots,$$

这一序列满足式(7.22)，这就获得了欲证结果。

§6 决定性公理

在对策论的研究中，人们发现了一些很有趣的对策。例如，对于$\omega\uparrow\omega$上的每一子集合S，与它相关的二人对策G_S定义如下：局中人Ⅰ，Ⅱ相继取任意的自然数。

Ⅰ：$a_0,\ a_1,\ a_2,\ \cdots,\ a_n,\ \cdots$ (对于任意$n\in\omega$,有$a_n\in\omega$)；

Ⅱ：$b_0,\ b_1,\ b_2,\ \cdots,\ b_n,\ \cdots$ (对于任意$n\in\omega$,有$b_n\in\omega$)。

显然，$\langle a_0,b_0,a_1,b_1,\cdots\rangle$亦即一函数$g$：$\omega\to\omega$属于$\omega\uparrow\omega$。如果此函数属于$S$，则Ⅰ胜，否则Ⅱ胜。

对于Ⅰ的一策略f意指一函数，它的定义域为自然数集合，取值也为自然数。一策略f在G_S中叫做对Ⅰ为必胜的，如果Ⅰ按f取值，即$a_n=f(b_0\cdots b_{n-1})$，(因为$b_0,\cdots,b_{n-1}\in\omega$，显然$b_0\cdots b_{n-1}\in\omega$)，则Ⅰ必胜。类似地可定义对Ⅱ的必胜策略。

对策G_S叫做决定的，如果Ⅰ或Ⅱ有必胜策略。

决定性公理(记做AD)对于每一集合$s\subset\omega\uparrow\omega$，$G_s$都是决定的。

这一公理同AC在逻辑上是相互冲突的。

定理 7.11 如果AC成立，则存在一集合$s\subset\omega\uparrow\omega$，使得$G_s$是非决定的。

证明 由AC成立，可以令$\aleph_r$是使得$2^{\aleph_0}=\aleph_r$的一无穷基数。用超穷递归，对于每一$\alpha<\lambda$，我们构造集合x_α，y_α，使得：

$$x_0 \subset x_1 \subset x_2 \subset \cdots \subset x_\alpha \subset \cdots,$$

$$y_0 \subset y_1 \subset y_2 \subset \cdots \subset y_\alpha \subset \cdots,$$

$$\overline{\overline{x_\alpha}} \leqslant \alpha, \quad \overline{\overline{y_\alpha}} \leqslant \alpha;$$

$$x_\alpha \cap y_\alpha = \varnothing;$$

并且使得$A = \bigcup_{\alpha < \omega_r} x_\alpha$是不决定的，因为策略数目是$2^{\aleph_0}$个，令$f_\alpha(\alpha < \omega_r)$是所有的策略的一个枚举．令$\alpha < \omega_r$，并且假定对于所有的$\beta < \alpha$，我们已定义了$x_\beta$，$y_\beta$．如果$\alpha$是极限序数，那么就令

$$x_\alpha = \bigcup_{\beta < \alpha} x_\beta, \quad y_\alpha = \bigcup_{\beta < \alpha} y_\beta.$$

如果$\alpha = \beta + 1$，我们构造$x_{\beta+1}$与$y_{\beta+1}$如下，所有序列$f_\beta[b, \mathrm{II}] = \langle a_0, b_0, a_1, b_1, \cdots \rangle$的集合有基数$2^{\aleph_0}$，其中每一序列是由这样的一策略而获得的，每一策略都是Ⅰ使用对策f_β，Ⅱ任意取$b_0, b_1, \cdots$．策略的数目就是Ⅱ的各步取任意的所有可能的序列即$\langle b_0, b_1, b_2, \cdots \rangle$的数目．这样，就存在着$b \in \omega \uparrow \omega$（亦即$b = \langle b_0, b_1, \cdots \rangle$）使得$f_\beta[b] \notin x_\beta$（因为：$\overline{\overline{x_\beta}} \leqslant \overline{\overline{\beta}} < \omega_r$），我们选择最小的这样的$b$（在由AC所获得的$\omega \uparrow \omega$的良序下），并且令$y_{\beta+1} = y_\beta \cup \{ f_\beta[b, \mathrm{II}] \}$，类似地存在$a \in [0,1]$，使得有$f_\beta[a, \mathrm{I}] \notin y_{\beta+1}$，其中$f_\beta[a, I]$是Ⅰ玩$a$和Ⅱ使用策略$f_\beta$所得到的游戏，我们选择最小的这样的$a$（同样在$\omega \uparrow \omega$的上述良序下），并且令$x_{\beta+1} = x_\beta \cup \{ f_\beta[a, I] \}$．

最后当我们令$A = \bigcup_{\alpha < \omega_r} x_\alpha$时，我们就获得一个非决定的对策，因为每一对策$f$都是$f_\beta$之一，并且就获得了对于在对策$G_A$中，每一个局人都没有必胜策略．

在这个定理的证明中，需要用到$\omega \uparrow \omega$是良序的，且由AC才有ω_r使得$2^{\omega_0} = \omega_r$，这都是AC的推论．G_S是非决定的就是说AD不成立．这就断定了：ZF＋AC⊢ ¬AD．

§7　ZF＋AD的两条定理

在ZF＋AD之下某些弱的选择公理成立．

定理 7.12 若 ZF + AD,则实数的不空集合的每一可数簇都有一选择函数.

证明 如果$s_1=\langle x_0,x_1\cdots\rangle$，是$\mathscr{R}$的不空子集合的一可数簇，那么$s$有一选择函数.因为，如果局中人Ⅰ使用$a=\langle a_0,a_1,a_2,\cdots\rangle$，而局中人Ⅱ使用$b=\langle b_0,b_1,b_2,\cdots\rangle$，那么我们令Ⅱ恰好在$b\in xa_0$的情况时取胜，在这一对策中局中人Ⅰ就没有取胜的策略，因为一旦Ⅰ玩a_0,Ⅱ就能够容易地玩b而使得$b\in x_{a_0}$,所以,Ⅱ就有一取胜的策略f，并且我们定义s上一选择函数g，令$g(x_n)$是Ⅱ使用f在对抗玩$\langle n,0,0,0,\cdots\rangle$时玩的$b$.

选择公理的上述弱形式有两条重要的结论，其一是说，ω_1是正则基数，其二是说，勒贝格测度有可加性.

下述定理是值得注意的.

定理 7.13 若ZF + AD成立,则实数的每一集合都是勒贝格可测的.

这一定理的证明，留给读者作为练习.

定理7.11和7.13告诉我们在ZF中AC与AD是互相矛盾的.近年来，集合论学者在ZF + AD中作了许多有趣的研究，获得一批值得重视的结果.正因为如此，对AC的进一步研究就具有更大的现实意义了.

§8 选择公理的几种弱形式

贝尔纳斯（Bernays)、塔斯基（Tarski)、库拉托夫斯基(Kuratowski)、海尔佩恩（Halpern）和耶哈（Jech）等人详细地研究了选择公理的各种弱形式,并且证明了它们在ZF中是不可证明的，在ZFC是可证的，而ZF加上它们中任何一条都不能推演选择公理.同时也揭示了这些较弱的选择公理在各自的应用都是不可缺少的.我们挑选其中几条重要的列举如下：

1. 次序原则（简记做OP）：每一集合都是能够被线序的.

2. 对于n个元素集合簇的选择（简记作C_n）：对于任一具n个元素的集合组成的簇S（即若$x\in S$，则x恰有n个元素),都有一函数f，使得若$x\in S$,则$f(x)\in x$。

3. 对于有穷集合簇的选择（简记做ACF）：对于任一有穷的集合簇S（即若$x\in S$，则x为一有穷集合），都有一函数f，使得若$x\in S$，则$f(x)\in x$.

4. 序扩充原则（简记做OEP）：任一集合S的每一偏序都能够被扩充到S的一线序（或称全序）。

5. 挑选原则（简记做SP）：对于每一集合簇S，它的任一元至少有两个元素，都存在一函数f，使得对于S中任一元x，都有$f(x)\neq\varnothing$且$f(x)$是x的一真子集.

6. ACW：对于任一良序集合，选择公理成立.

7. 素理想定理（简记做 PIT）：每一布尔代数都有一素理想.

上述1—7都是AC的推论.并且人们已经证明在ZF中有下述结果成立(符号“$\nrightarrow$”表示不蕴涵)：

$$\text{PIT}\nrightarrow\text{AC},\ \text{SP}\nrightarrow\text{AC},\ \text{OP}\nrightarrow\text{AC},\ \text{ACW}\nrightarrow\text{AC},$$
$$\text{OP}\nrightarrow\text{SP},\ \text{SP}\nrightarrow\text{PIT},\ \text{PIT}\nrightarrow\text{SP},\ \text{ACW}\nrightarrow\text{OP},$$
$$\text{OP}\nrightarrow\text{OEP},\ \text{OEP}\nrightarrow\text{PIT},\ \text{OP}\nrightarrow\text{ACW},\ C_2\nrightarrow\text{ACF},$$
$$\text{ACW}\rightarrow\text{ACF},$$

$$\left.\begin{matrix}\text{PIT}\\ \text{SP}\end{matrix}\right\}\rightarrow\text{OP}\rightarrow\text{ACF}\rightarrow C_2.$$

我们再一次描述几种弱的选择公理.

8. ACκ：κ为基数，不空集合每一簇x使得$\overline{\overline{x}}=\kappa$，且$x$有一选择函数。

9. W$\aleph_0$：每一无穷集合都有一可数子集合.

10. DC$_\kappa$：κ为一基数，若S为不空集合，R为二元关系使得对于每一$\alpha<\kappa$和S的元素的每一α序列$a=\langle x_\beta|\beta<\alpha\rangle$(其中$x_\beta\in S$)，都存在$y\in S$满足$aRy$。那么存在一函数$f:\kappa\rightarrow S$，使得,对于每一$\alpha<\kappa$，$(f\upharpoonright\alpha)Rf(\alpha)$.

显然，DC$\aleph_0$即第四章§8中引进的依赖选择原则（有时为方便起见简写为DC)。

11. $\mathbf{P}_n$：对于每一图G，如果G的每一有穷子图都n-可着色的，则G是n-可着色的。

人们已经证明下述命题是在ZF中可证的：

$\mathbf{PIT}\to\mathbf{P}_n$（对于每一$n\in\omega$）。

$\mathbf{P}_{n+1}\to\mathbf{P}_n$，$\mathbf{P}_n\to\mathbf{C}_n$，$\mathbf{C}_2\to\mathbf{P}_2$。

$\mathbf{P}_3\to\mathbf{PIT}$.

$$\begin{array}{ccccc} & \nearrow & \forall\kappa\mathbf{AC}_\kappa & \searrow & \\ \mathbf{AC} & & & & \mathbf{DC}\to\mathbf{AC}_{\aleph_0}\to\mathbf{W}_{\aleph_0}. \\ & \searrow & \mathbf{DC}_{\aleph_1} & \nearrow & \end{array}$$

这些命题的证明有些是不难的，有些是相当困难的，凡是关于"$\nrightarrow$"即不蕴涵的证明都比较复杂，甚至要运用我们将在第十章中阐述的方法．因此，上述命题的证明可以作为练习，读者自己建立它们的证明，也可参考〔52〕。

习　题

7.1　证明定理7.10.

7.2 使用AC（Ⅷ）证明：对于任一集合S,都存在一序数α，与S同构.

7.3　令T是集合的一簇，我们说T有有穷性质，如果对于每一x，x属于T当且仅当x的每一有穷子集合都属于T.

图基（Tukey）引理：令T是集合的一不空簇.如果T有有穷性质，那么T就有一极大元(这里极大是指关于$\subset$而言的).

证明：图基引理与AC是等价的.

7.4　证明定理7.10。

7.5　证明定理7,13.

7.6　在ZFC中证明$\mathbf{W}_{\aleph_0}$.

第八章　ZF语言中公式的层次

本章主要是为下边两章的论证提供方法，同时这些方法在公理集合论的其它领域和递归论中都有广泛的应用.

§1　公式集合Σ_0

定义8.1　我们归纳地定义公式集合Σ_0如下：

（1）对于任意的变元x,y，$x=y$，$x\in y$都在Σ_0中；

（2）若A是Σ_0中的公式，则$\neg A$也在Σ_0中；

（3）若A,B是Σ_0中公式，则$(A\to B)$，$(A\wedge B)$，$(A\vee B)$，$(A\leftrightarrow B)$都在Σ_0中；

（4）若$A(x)$在Σ_0中，x是在$A(x)$中自由出现的变元并且y是一变元，则$\exists x\in yA(x)$，$\forall x\in yA(x)$都在Σ_0中；

（5）Σ_0中公式都是经（1）—（4）在有穷步内获得的.

例8.1　公式$\forall y\in x\forall z\in x(y\in z\vee y=z\vee z\in y)$在$\Sigma_0$中；我们知道此公式刻划了集合$x$的$\in$连接性.

例8.2　公式$\forall y\in x\forall z\in y(z\in x)$在$\Sigma_0$中，它刻划了集合$x$的传递性.

例8.3　公式$\forall z\in x(z\in y)$在Σ_0中，它表示集合x包含在集合y中.

由例8.1—3，我们可以看出Σ_0中的公式是很重要的，本书中已引进的许多重要概念都是可用其中的公式表达的. 为了今后引用的便利，我们再列出二十二条用Σ_0中公式所表达的概念、关系与运算.

E_1　$y=\bigcup x$可用Σ_0中下述公式表达：

$$\forall x_1\in y\exists x_2\in x(x_1\in x_2)\wedge\forall x_3\in x\forall x_4\in x_3(x_4\in y).$$

E_2　**On**(x)，x是一序数，可用Σ_0中下述公式表达：

$\forall y\in x\forall z\in y(z\in x)\wedge\forall y\in x\forall z\in x(y\in z\vee z=y\vee z\in y)$.

E_3　空集合，$x=\varnothing$可以用Σ_0中下述公式表达：

$$\forall z\in x(\neg z=z).$$

E_4　大于0的自然数n，$x=n$可用Σ_0中下述公式表达：

$$\forall i\in n(i\in x)\wedge\forall y\in x\exists i\in n(y=i).$$

E_5　相对补$z=x\dot{-}y$可用Σ_0中下述公式表达：

$$\forall t\in z(t\in x\wedge\neg t\in y)\wedge\forall u\in x(\neg u\in y\rightarrow u\in z).$$

E_6　$y=x_1\cup x_2$可用Σ_0中下述公式表：

$$\forall z_1\in y(z_1\in x_1\vee z_1\in x_2)\wedge\forall z_2\in x_1(z_2\in y)\wedge\forall z_3\in x_2(z_3\in y).$$

E_7　$y=x_1\cap x_2$可用Σ_0中下述公式表达：

$$\forall z_1\in y(z_1\in x_1\wedge z_1\in x_2)\wedge\forall z_2\in x_1(z_2\in x_2\rightarrow z_2\in y).$$

E_8　$\lim(x)$，x是一极限序数可用Σ_0中下述公式表达：

$$\mathbf{On}(x)\wedge\neg\forall y\in x(y\neq y)\wedge\forall y\in x\exists z\in x(y\in z).$$

E_9　$\mathrm{suc}(x,y)$ 表示 y是x的后继，这可用 Σ_0 中下述公式表达：

$$\forall z_1\in y(z_1\in x\vee z_1=x)\wedge\forall z_2\in x(z_2\in y)\wedge x\in y.$$

E_{10}　$\mathrm{Succ}(x)$，x是一后继序数，这可以用Σ_0中下述公式表达：

$$\mathbf{On}(x)\wedge\forall y\in x(y=\varnothing\vee\exists z\in x\,\mathrm{Suc}(z,x))$$

E_{11}　$\varnothing\in x$可以用Σ_0中下述公式表达：

$$\exists y\in x(y=\varnothing).$$

E_{12}　$\mathrm{Fli}(x)$，x 是最小的无穷序数，这可以用 Σ_0 中下述公式表达：

$$\mathbf{On}(x)\wedge\lim(x)\wedge\varnothing\in x\wedge\forall y\in x(y\neq 0\rightarrow\mathrm{Succ}(y)),$$

这样，我们有

$$x=\omega\longleftrightarrow\mathrm{Fli}(x).$$

F_{13}　$z=\{x,y\}$，可用Σ_0中下述公式表达：

$$x\in z\wedge y\in z\wedge\forall t\in z(t=x\vee t=y).$$

E_{14}　$z=\langle x,y\rangle$.因为

$$\forall z_1 \in z(z_1 = \{x\} \vee z_1 = \{x, y\}) \wedge \{x\} \in z$$

$$\wedge \{x, y\} \in z,$$

又因为$z_1 = \{x\}$用公式$\forall z_2 \in z_1(z_2 = x) \wedge x \in z_1$表达，$z_1 = \{x, y\}$由$E_{13}$中给出的$\Sigma_0$中公式表达；$\{x\} \in z$由公式$\exists z_3 \in z(z_3 = \{x\})$表达，等等，这样，就可获得$\Sigma_0$中一表达$z = \langle x, y\rangle$的公式。

E_{15} $\mathrm{Ordpr}(x)$，表示x是一有序对，它可用Σ_0中下述公式表达：

$$\exists z_1 \in x \exists z_2 \in x \exists z_3 \in z_1 \exists z_4 \in z_2 (x = \langle z_3, z_4\rangle).$$

E_{16} $\mathrm{Re}(x)$，表示x是一关系，它可用Σ_0中下述公式表达：

$$\forall y \in x \,\mathrm{ordpr}(y).$$

E_{17} $y \in \cup x$，y是x的并的元素，它可以用Σ_0中下述公式表达：

$$\exists z \in x(y \in z).$$

E_{18} $y \in \cup \cup x$，可用Σ_0中下述公式表达：

$$\exists t \in x \exists z \in t(y \in z).$$

E_{19} $\mathrm{Fun}(x)$，x为一函数，它可以用Σ_0中下述公式表达：

$$\mathrm{Re}(x) \wedge \forall t_1 \in x \forall z_1 \in t_1 \forall x_1 \in z_1 \forall t_2 \in x \forall z_2 \in t_2 \forall x_2 \in z_2$$

$$\forall t_3 \in x \forall z_3 \in t_3 \forall x_3 \in z_3 (\langle x_1, x_2\rangle \in x \wedge \langle x_1, x_3\rangle \in x \rightarrow x_2 = x_3).$$

E_{20} $[x]_1$当x是有序对时，它为x的第一分量，否则$[x]_1 = \varnothing$. $[x]_2$当x是一有序对时，它为x的第二分量，否则$[x]_2 = \varnothing$.它们的表达如下：

$$y = [x]_1 \longleftrightarrow (\mathrm{Ordpr}(x) \wedge \exists z \in \cup x(x = \langle y, z\rangle)$$

$$\vee (\neg \mathrm{Ordpr}(x) \wedge y = \varnothing);$$

$$y = [x]_2 \longleftrightarrow (\mathrm{Ordpr}(x) \wedge \exists z \in \cup x(x = \langle z, y\rangle)$$

$$\vee (\neg \mathrm{Ordpr}(x) \wedge y = \varnothing).$$

E_{21} $y = \mathrm{dom}x$，x是一关系，y等于x的定义域：

$$y = \mathrm{dom}x \longleftrightarrow \mathrm{Re}(x) \wedge \forall z_1 \in y \exists z_2 \in x \exists z_3 \in \cup \cup z_2$$

$$(\langle z_1, z_3\rangle \in x) \wedge \forall t_1 \in x \exists t_2 \in \cup \cup t_1$$

$$\exists t_3 \in y(t_1 = \langle t_3, t_2\rangle).$$

E_{22} $y = \mathrm{ran}x$，x是一关系，y等于x的值域.现在表达如下：

$$y=\operatorname{ran}x\longleftrightarrow \operatorname{Re}(x)\wedge\forall z_1\in y\exists z_2\in x\exists z_3\in\bigcup\bigcup z_2$$
$$(\langle z_1,z_3\rangle\in x)\wedge\forall t_1\in x\exists t_2\in\bigcup\bigcup t_1$$
$$\exists t_3\in y(t_1=\langle t_2,t_3\rangle).$$

Σ_0^{ZF}中的公式是一类很重要的公式，以后我们还要多次讨论它和应用它.

§2 公式集合Σ_n与Π_n

定义8.2

（1）令公式集合$\Pi_0=\triangle_0=\Sigma_0$,

（2）如果$A(x)$是Σ_0中公式,x在其中自由出现,则$\exists xA(x)$是Σ_1中公式，$\forall xA(x)$ 是Π_1中公式.

（3）对于任意的自然数n，如果$A(x)$是Σ_n中公式，x在其中自由出现，则$\forall xA(x)$ 是Π_{n+1}中公式；如果$A(x)$是Π_n中公式，x在其中自由出现则$\exists xA(x)$ 是Σ_{n+1}中公式，只有经上述步骤得到的公式才是Σ_{n+1}与Π_{n+1}公式.

定义8.3 设Ω是ZF公式的任一集合，我们令

$$\Omega^{ZF}=\{A|\text{存在}\Omega\text{中公式}B\text{且}ZF\vdash A\longleftrightarrow B\}.$$

定理8.1

（1）如果A在Σ_n^{ZF}中，则$\neg A$在Π_n^{ZF}中.

（2）如果A在Π_n^{ZF}中，则$\neg A$在Σ_n^{ZF}中.

证明 当$n=0$时，由定义8.1与8.2显然成立.

假定当$n=k$时，定理成立，我们来考察$k+1$时的情形．若A在Σ_{k+1}^{ZF}中，由定义A可表示为形式$\exists xB(x)$，其中$B(x)$是Π_k中公式.由归纳假设，$\neg B(x)$在Σ_k^{ZF}中，由定义8.1—2,$\forall x\neg B(x)$在Π_{k+1}^{ZF}中.由一阶逻辑,有$\vdash\forall x\neg B(x)\longleftrightarrow\neg\exists xB(x)$.因此,我们有$\neg\exists xB(x)$ 即$\neg A$是Π_{k+1}^{ZF}中公式.

若A在Π_{k+1}^{ZF}中，A可表示为形式$\forall xB(x)$，其中$B(x)$是Σ_k中公式。由归纳假设，$\neg B(x)$ 在Π_k^{ZF}中,因此$\exists x\neg B(x)$ 在Σ_{k+1}^{ZF}中．由一阶逻辑,有$\vdash\exists x\neg B(x)\longleftrightarrow\neg\forall xB(x)$．因此，我们有$\neg AxB(x)$即$\neg A$是$\Sigma_{k+1}^{ZF}$，中公式.

由数学归纳法，定理得证。

定理8.2 对于任意的自然数n，如果$A(x)$在Σ_n^{ZF}中，则$\forall xA(x)$在Π_{n+1}^{ZF}中；如果$A(x)$在Π_n^{ZF}中，则$\exists xA(x)$在Σ_{n+1}^{ZF}中.

定理8.2是由定义与8.3直接获得的.

定理8.3 对于任意的自然数m,n,如果$m<n$,则$\Pi_m^{ZF}\subset\Pi_n^{ZF}$，$\Pi_m^{ZF}\subset\Sigma_n^{ZF}$，$\Sigma_m^{ZF}\subset\Pi_n^{ZF}$，$\Sigma_m^{ZF}\subset\Sigma_n^{ZF}$.

证明 仅需证明

$$\Pi_n^{ZF}\subset\Sigma_{n+1}^{ZF}; \tag{8.1}$$

$$\Sigma_n^{ZF}\subset\Pi_{n+1}^{ZF}; \tag{8.2}$$

$$\Pi_n^{ZF}\subset\Pi_{n+1}^{ZF}; \tag{8.3}$$

$$\Sigma_n^{ZF}\subset\Sigma_{n+1}^{ZF}. \tag{8.4}$$

对于式(8.1)，当A在Π_n^{ZF}中时，在Σ_0中必有公式$B(x_1,\cdots,x_n)$，当n为一偶数时，满足

$$\mathrm{ZF}\vdash A\longleftrightarrow\forall x_1\exists x_2\cdots\forall x_{n-1}\exists x_nB(x_1,\cdots,x_n),$$

并且令y为不在A中出现的变元，我们有

$$\vdash A\longleftrightarrow\exists y\forall x_1\cdots\exists x_n(Bx_1,\cdots,x_n)\wedge y=y).$$

当n为奇数时，类似地有

$$\mathrm{ZF}\vdash A\longleftrightarrow\exists y\forall x_1\cdots\exists x_{n-1}\forall x_n(B(x_1,\cdots,x_n)\wedge y=y),$$

换言之，A在Σ_{n+1}^{ZF}中.

对于式(8.2)，当A在Σ_n^{ZF}中时，满足

$$\mathrm{ZF}\vdash A\longleftrightarrow\exists x_1\cdots Q_nx_nB(x_1,\cdots,x_n),$$

当n为偶数时Q_n为$\forall$，n为奇数时，Q_n为$\exists$. 令y为不在A中出现的变元，我们有

$$\mathrm{ZF}\vdash A\longleftrightarrow\forall y\exists x_1\cdots Q_nx_n(B(x_1,\cdots,x_n)\wedge y=y),$$

亦即，A在Π_{n+1}^{ZF}中.

对于式(8.3)与(8.4)，我们运用数学归纳法交替地证明之.显然，当$k=0$时，二公式都成立.假定对于任意自然数k时,二公式成立.即

$$\Pi_{k-1}^{ZF}\subset\Pi_k^{ZF}; \tag{8.5}$$

$$\Sigma_{k-1}^{ZF} \subset \Sigma_k^{ZF}。 \tag{8.6}$$

现在令A在Π_k^{ZF}中，即有公式$B(x)$在Σ_{k-1}^{ZF}中，使得A可表示为$\forall xB(x)$.由式（8.6），公式$B(x)$也在Σ_k^{ZF}中，从而$\forall xB(x)$在Π_{k+1}^{ZF}中.令公式C在Σ_k^{ZF}中，即有公式$D(x)$在Π_{k-1}^{ZF}中，C可表示为$\exists xD(x)$。由式（8.5），$D(x)$在Π_k^{ZF}中，从而$\exists xD(x)$在Σ_{k+1}^{ZF}中.综上，由数学归纳法，我们获得了欲证结果.

定理8.4 对于任意的自然数$n>0$，如果公式$A(x)$在Σ_n^{ZF}中，则$\exists xA(x)$仍在Σ_n^{ZF}中；如果公式$B(x)$在Π_n^{ZF}中，则$\forall xB(x)$仍在Π_n^{ZF}中.

证明 因为$A(x)$在Σ_n^{ZF}中，故在Σ_0中有一公式$B(x,x_1,\cdots,x_n)$使得$A(x)$可表示为

$$\exists x_1\forall x_2\cdots Q_nx_nB(x,x_1,\cdots,x_n),$$

其中Q_n依n为偶数或奇数而为$\forall$或$\exists$.因为，$\exists xA(x)$为

$$\exists x\exists x_1\forall x_2\cdots Q_nx_nB(x,x_1,\cdots,x_n), \tag{8.7}$$

若y,z不在式（8.7）中出现，则在ZF中式（8.7）等价于

$$\exists y\exists z\in y\exists x\in z\exists x_1\in z(y=\langle x,x_1\rangle\wedge$$
$$\forall x_2\cdots Q_nx_nB(x,x_1,\cdots,x_n)).$$

显然，式（8.7）等价于

$$\exists y\exists z\in y\exists x\in z\exists x_1\in z\forall x_2\cdots Q_nx_n(y=\langle x,x_1\rangle\wedge$$
$$B(x,x_1,\cdots,x_n)). \tag{8.8}$$

因为x与x_1是由y唯一决定的，z不在$A(x)$中出现，总是可取做$\{x,x_1\}$.因此，式（8.8）等价于

$$\exists y\forall x_2\cdots Q_nx_n\exists z\in y\exists x\in z\exists x_1\in z(y=\langle x,x_1\rangle\wedge$$
$$B(x,x_1,\cdots,x_n)). \tag{8.9}$$

又因为

$$y=\langle x,x_1\rangle\longleftrightarrow$$
$$\exists z_1\in y\exists z_2\in y(x\in z_1\wedge\forall z_3\in z_1(z_3=x)\wedge x\in z_2\wedge x_1\in z_2$$
$$\wedge\forall z_3\in z_2(z_3=x\vee z_3=x_1)),$$

所以，式（8.9）为Σ_n^{ZF}中公式，即式（8.7）是Σ_n^{ZF}中公式。

定理的第二部分，可由上述结论与定理8.1直接获得.

定理8.5

（1）如果A与B都在Σ_n^{ZF}中，则$A\wedge B$与$A\vee B$都在Σ_n^{ZF}中；

（2）如果A与B都在Π_n^{ZF}中，则$A\wedge B$，$A\vee B$都在Π_n^{ZF}中.

证明 先证（1），假定$A_1(x_1,\cdots,x_n)$，$A_2(y_1,\cdots y_n)$为Σ_0中公式，并且A,B可分别表示为

$$\exists x_1\forall x_2\cdots Q_n x_n A_1(x_1,\cdots,x_n),$$

$$\exists y_1\forall y_2\cdots Q_n y_n A_2(x_1,\cdots,y_n).$$

不妨设$x_1,\cdots,x_n$与$y_1,\cdots,y_n$是两两不同的.这样$A\vee B$就可表示为

$$\exists x_1\exists y_1\forall x_2\forall y_2\cdots Q_n x_n Q_n y_n(A_1(x_1,\cdots,x_n)\vee A_2(y_1,\cdots,y_n)).$$

因为$A_1(x_1,\cdots,x_n)\vee A_2(y_1,\cdots,y_n)$是$\Sigma_0$中公式，且重复使用定理8.4，即得$A\vee B$为$\Sigma_n^{ZF}$中公式.

当我们注意到$A_1(x_1,\cdots,x_n)\wedge A_2(y_1,\cdots,y_n)$是$\Sigma_0^{ZF}$中公式，且$A\wedge B$可表示为

$$\exists x_1\exists y_1\forall x_2\forall z_2\cdots Q_n x_n Q_n y_n(A_1(x_1,\cdots,x_n)\wedge A_2(y_1\cdots,y_2))$$

时，即得$A\wedge B$在Σ_n^{ZF}中。

（2）的证明是容易的，从略。

定理8.6

（1）如果$A(x)$在Σ_n^{ZF}中，则$\exists x\in yA(x)$和$\forall x\in yA(x)$都仍在Σ_n^{ZF}中；

（2）如果$A(x)$在Π_n^{ZF}中，则$\exists x\in yA(x)$和$\forall x\in yA(x)$都仍在Π_n^{ZF}中。

证明 先证（1），对此仅需证$\forall x\in yA(x)$仍在Σ_n^{ZF}中。施归纳于自然数n，$n=0$时显然，假定对于任意k，$n=k$时（1）成立，我们仅需证明n为$k+1$时成立 .

令$A(x)$在Σ_{k+1}^{ZF}中，这样，有$B(x,x_1)$在Π_k^{ZF}中，使得$A(x)$可表示为$\exists x_1 B(x,x_1)$，所以我们有

$$\forall x\in yA(x)\longleftrightarrow\forall x\in y\exists x_1 B(x,x_1).$$

我们将要证明

$$\forall x\in y\exists x_1 B(x,x_1)\longleftrightarrow\exists z\forall x\in y\exists x_1\in zB(x,x_1), \tag{8.10}$$

其中z不在$\forall x\in yA(x)$中出现.因为公式.

$$\exists z\forall x\in y\exists x_1\in zB(x,x_1)\rightarrow\forall x\in y\exists x_1 B(x,x_1)$$

是显然的. 现在假定$\forall x\in y\exists x_1 B(x,x_1)$成立，欲证$\exists z\forall x\in y\exists x_1\in zB(x,x_1)$成立，据集合秩的概念的形式化，对于任一$x\in y$，令函数$f(x)$是有$x_1$使得$B(x,x_1)$成立的具有最小秩的所有的$x_1$组成的集合，当不存在$x_1$使得$B(x,x_1)$成立时，令$f(x)=\varnothing$.由替换公理和并集合存在公理，就存在一集合$z$使得

$$z=\bigcup\{f(x)\mid x\in y\}.$$

因为$\forall x\in y\exists x_1 B(x,x_1)$成立.所以，我们有

$$\forall x\in y\exists x_1\in zB(x,x_1)$$

成立，这就完成了式(8.10)的证明.因为$B(x,x_1)$在Π_k^{ZF}中,由归纳假设，$\forall x\in y\exists x_1\in zB(x,x_1)$也在$\Pi_k^{ZF}$中，所以有$\exists z\forall x\in y\exists x_1\in zB(x,x_1)$在$\Sigma_{k+1}^{ZF}$中. 由式(8.10)，有$\forall x\in y\exists x_1 B(x,x_1)$在$\Sigma_{k+1}^{ZF}$中，即得$\forall x\in yA(x)$在$\Sigma_{k+1}^{ZF}$中，由数学归纳法，我们就完成了定理的证明.

(2)的证明从略，读者自己作为练习给出它的证明.

定义8.3 对于ZF语言中任一公式A，如果A具有下述形式

$$Q_1x_1Q_2x_2\cdots Q_nx_nB(x_1,\cdots,x_n), \tag{8.11}$$

其中$B(x_1,\cdots,x_n)$是Σ_0中一公式，并且对于任意i，$1\leqslant i<n$，当Q_i是$\forall$时，Q_{i+1}是$\exists$，当Q_i是$\exists$时，Q_{i+1}是$\forall$，则我们称A为**标准形公式**.

定理8.7 对于ZF语言中任一公式A，都有一标准形公式B，使得

$$\mathbf{ZF}\vdash A\longleftrightarrow B.$$

证明 对于公式A，由谓词演算，我们先推出它的前束范式A_1，然后使用定理8.6，我们可以把A_1中所有的受囿量后移，获得公式A_2，使得A_2可表示为

$$Q_1x_1Q_2x_2\cdots Q_mx_mB(x_1,\cdots x_m), \tag{8.12}$$

其中$B(x_1,\cdots,x_m)$为Σ_0中公式。这时再运用定理8.4的方法逐步把式（8.12）中出现的所有的两相同的相邻量词合二为一，即获得欲证结果.

例8.4 公式$\exists x_1\forall x_2\exists x_3\forall x_4\in x_3(x_4\in x_2\vee x_4\in x_1)$是一标准形.

例8.5 公式$\forall x\in y\exists z(z\in x)$不是一标准形. 但是由定理8.6，这一公式与公式$\exists u\forall x\in y\exists z\in u(z\in x)$等值，并且后者是一标准形，即

$$\mathbf{ZF}\vdash\forall x\in y\exists z(z\in x)\longleftrightarrow\exists u\forall x\in y\exists z\in u(z\in x),$$

所以$\exists u\forall x\in y\exists z\in u(z\in x)$是公式$\forall x\in y\exists z(z\in x)$的标准形.

§3 公式集合$\triangle_n^{ZF}$

定义8.4 **ZF**语言中一公式A，如果A既可以表示为Σ_n^{ZF}中公式，又可以表示为Π_n^{ZF}中公式，则称A为$\triangle_n^{ZF}$中公式.

由定义8.4，显然我们有$\triangle_0^{ZF}=\Sigma_0^{ZF}=\Pi_0^{ZF}$，并且使用定理8.3，对于任意自然数$n$我们有：

$$\Pi_n^{ZF}\subset\triangle_{n+1}^{ZF};\tag{8.13}$$

$$\Sigma_n^{ZF}\subset\triangle_{n+1}^{ZF};\tag{8.14}$$

$$\Pi_n^{ZF}\cup\Sigma_n^{ZF}\subset\triangle_{n+1}^{ZF}.\tag{8.15}$$

式（8.15）是否有真包含关系成立呢？我们将指出结论是肯定成立的.也就是说，有一公式A,它既不在Σ_n^{ZF}中也不在Π_n^{ZF}中，但是它既属于Σ_{n+1}^{ZF}，又属于Π_{n+1}^{ZF}.

例8.6 “x是一有穷集合”简记做$\mathrm{Fin}(x)$,它可以用下述公式表达：

$$\exists f\exists y\exists x\in y(\mathrm{Fli}(y)\wedge\mathrm{Fun}(f)\wedge\mathrm{dom}f=n\wedge\mathrm{ran}f=x),\tag{8.16}$$

显然式（8.16）是Σ_1^{ZF}中一公式，另一方面，$\mathrm{Fin}(x)$又可表达为：

$$\forall f(\mathrm{Fun}(f)\wedge\mathrm{dom}f=x\wedge\mathrm{ran}f\subset\omega\wedge\mathbf{On}(\mathrm{ran}f)\to\mathrm{Succ}(\mathrm{ran}f)),\tag{8.17}$$

不难验证，式（8.17）可表达为Π_1^{ZF}中一公式.这样，Fin(x) 就是$\triangle_1^{ZF}$中一公式.盖夫曼（Gaitman）已经说明Fin(x)不是Σ_0^{ZF}中的公式.也就是说，对于$n=0$时，式（8.15）有真包含关系式成立。

现在，我们已经证明了图8.1—8.2成立．其中有连线的二集

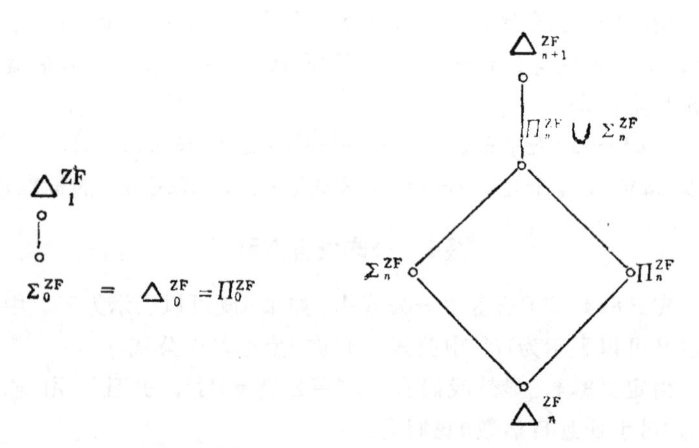

图 8.1　$n=0$时的特殊情况　　　　图 8.2　$n>0$时的一般情况

合,表示上边公式集合真包含下边的公式集合.

由图8.1—8.2可知，$\Sigma_0^{ZF} \subset_+ \triangle_1^{ZF}$，并且$n>0$时，有

$$\triangle_n^{ZF} \subset_+ \Pi_n^{ZF} \subset_+ \Pi_n^{ZF} \cup \Sigma_n^{ZF} \subset_+ \triangle_{n+1}^{ZF},$$

$$\triangle_n^{ZF} \subset_+ \Sigma_n^{ZF} \subset_+ \Pi_n^{ZF} \cup \Sigma_n^{ZF} \subset_+ \triangle_{n+1}^{ZF}.$$

把图8.1—8.2结合起来,我们就有图8.3,为了书写简便,我们把Π_i^{ZF}，Σ_i^{ZF}，$\triangle_i^{ZF}$分别写做Π_i，Σ_i，$\triangle_i$，并且把$\Sigma_i^{ZF} \cup \Pi_i^{ZF}$记做$\Theta_i$.

图8.3把ZF语言中的公式分成了一个语法层次，对于任一公式A，必然存在一最小的自然数n，使得A在$\triangle_n$中（这时，当然A在Σ_n中且在Π_n中），或者A在Π_n中而不在Σ_n中，或者A在Σ_n中而不在Π_n中，这一最小的n叫做A的**特征数**，并记做$\rho(A)$，并且分别称之为**$\triangle_n$层公式**,**Π_n层公式**或**Σ_n层公式**.例如Fin(x) 是$\triangle_1$层公式（并且，这时我们就不再称它为Σ_1层公式，也不再称它

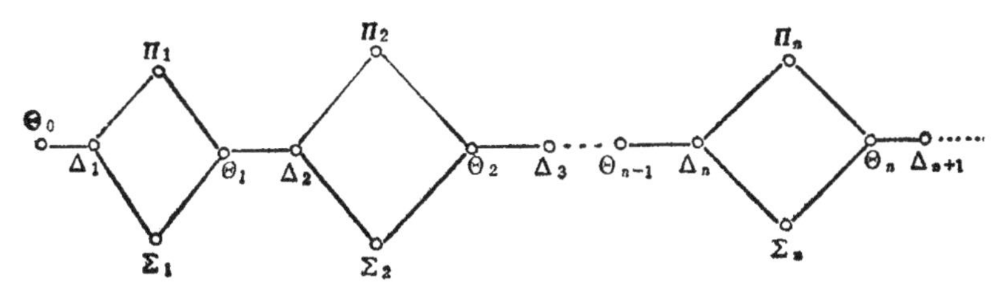

图 8.3 公式集合的格链条

为Π_1层公式了)。

§4 可允许运算

在§1中，我们构造Σ_0^{ZF}中公式时，常常出现$\forall z\in\bigcup\bigcup x$或$\exists z\in\bigcup\bigcup x$等等。这些记号在使用中很方便、很简洁，同时，这些记号又能还原为Σ_0^{ZF}中公式，例如$\exists z\in\bigcup\bigcup xA(z)$就可写为公式$\exists t\in x\exists u\in t\exists z\in uA(z)$。因为$\bigcup\bigcup x$是从集合$x$两次使用并集合运算的结果。这就提供了一种缩写的方法，而且也可以看作推广了Σ_0^{ZF}中公式的概念。这样，我们有必要研究满足特殊条件的运算的受囿量词问题。

定义8.5 如果$f(x_1,\cdots,x_n)$是一运算（即对于任意的集合$x_1,\cdots,x_n$，都有唯一的集合y，使得$y=f(x,\cdots,x_n)$成立），$y=f(x_1,\cdots,x_n)$是Σ_0^{ZF}中一公式，并且对于Σ_0^{ZF}中任意的公式$A(x)$和任意的集合$x_1,\cdots,x_n$都有$\exists x\in f(x_1,\cdots,x_n)A(x)$（从而$\forall x\in f(x_1,\cdots,x_n)A(x)$）为$\Sigma_0^{ZF}$中一公式，则称运算$f(x_1,\cdots,x_n)$是**可允许的**。

由E_1与E_{17}，可知并集合运算$\bigcup x$是可允许的。

例8.7 对于任意的集合x_1与x_2，它们的无序对集合$\{x_1,x_2\}$是可允许的。

因为，由$E_{13}z=\{x_1,x_2\}$是Σ_0^{ZF}中公式，并且对于Σ_0^{ZF}中任一公式$A(x)$，在**ZF**中有

$$\exists x\in\{x_1,x_2\}A(x)\longleftrightarrow\exists x(x\in\{x_1,x_2\}\wedge A(x))$$
$$\longleftrightarrow A(x_1)\vee A(x_2).$$

显然，$A(x_1)\vee A(x_2)$ 是Σ_0^{ZF}中公式.

例8.8 对于任意集合x_1与x_2，$x_1\cup x_2$是可允许的.

因为一方面由E_6，$y=x_1\cup x_2$是Σ_0^{ZF}中公式，另一方面，对于任一Σ_0^{ZF}中公式$A(x)$，在ZF中我们有

$$\begin{aligned}\exists x\in x_1\cup x_2 A(x) &\longleftrightarrow \exists x(x\in x_1\cup x_2\wedge A(x))\\ &\longleftrightarrow \exists x((x\in x_1\vee x\in x_2)\wedge A(x))\\ &\longleftrightarrow \exists x((x\in x_1\wedge A(x_1))\vee(x\in x_2\wedge A(x)))\\ &\longleftrightarrow \exists x\in x_1 A(x)\vee\exists x\in x_2 A(x).\end{aligned}$$

因为$\exists x\in x_1 A(x_1)\vee\exists x\in x_2 A(x)$ 是 Σ_0^{ZF} 中公式，从而获得欲证结果.

例8.9 $x_1\cap x_2$是可允许的.

由E_7，$y=x_1\cap x_2$是 Σ_0^{ZF} 中公式，并且不难验证，对于任意的Σ_0^{ZF}中公式$A(x)$，都有

$$\mathbf{ZF}\vdash \exists x\in x_1\cap x_2\longleftrightarrow \exists x\in x_1 A(x)\wedge\exists x\in x_2 A(x).$$

定理8.8 对于任意的运算 $f(x)$(且类似地可以有n个变元出现)，如果$y=f(x)$ 是Σ_0^{ZF}中公式，并且有 $\mathbf{ZF}\vdash z\in f(x)\to z\in y$ 或者$\mathbf{ZF}\vdash z\in f(x)\to\exists u\in y(z\in u)$或者 $\mathbf{ZF}\vdash z\in f(x)\to\exists u\in y\exists t\in u(z\in t)$等等，其中$z$不出现在$f(x)$ 中.则$f(x)$ 是可允许的.

证明 如果 $\mathbf{ZF}\vdash z\in f(x)\to z\in y$，那么对于$\Sigma_0^{ZF}$中任意的公式$A(z)$，在ZF中我们有

$$\begin{aligned}\exists z\in f(x)A(z) &\longleftrightarrow \exists z(z\in f(x)\wedge A(z))\\ &\longleftrightarrow \exists z(z\in y\wedge z\in f(x)\wedge A(z))\\ &\longleftrightarrow \exists z\in y(z\in f(x)\wedge A(z)).\end{aligned}$$

由前提$u=f(x)$是Σ_0^{ZF}中公式，不难验证，$z\in f(x)$ 是 Σ_0^{ZF} 中公式.从而获得欲证结果.

如果 $\mathbf{ZF}\vdash z\in f(x)\to\exists u\in y(z\in u)$，那么对于$\Sigma_0^{ZF}$中任意的公式$A(z)$，在ZF中我们有

$$\begin{aligned}\exists z\in fA(z) &\longleftrightarrow \exists z(z\in f(x)\wedge A(z))\\ &\longleftrightarrow \exists z(\exists u\in y(z\in u\wedge z\in f(x)\wedge A(z)))\\ &\longleftrightarrow \exists u\in y\exists z\in u(z\in f(x)\wedge A(z)).\end{aligned}$$

由此，我们获得了欲证结果.

如果 $\mathbf{ZF}\vdash z\in f(x)\to\exists u\in y\exists t\in u(z\in t)$，那么对于 Σ_0^{ZF} 中任意的公式$A(z)$，在ZF中我们有

$$\begin{aligned}\exists z\in f(x)A(z)&\longleftrightarrow\exists z(z\in f(x)\wedge A(z))\\&\longleftrightarrow\exists z(\exists u\in y\exists t\in u(z(t)z\in f(x)\wedge A(z)))\\&\longleftrightarrow\exists u\in y\exists t\in u\exists z\in t(z\in f(x)\wedge A(z))\end{aligned}$$

由此，我们获得了欲证结果.

定理8.9 如果$A(y)$ 是Σ_0^{ZF}中一公式，$f(x)$是可允许的，则$A(f(x))$在Σ_0^{ZF}中.

证明 施归纳于公式$A(y)$的构造.首先，如果y不在$A(y)$中出现，结果自然成立.其次，令z是不在$f(x)$中出现的一变元，如果$A(y)$ 是$y\in z$，则$A(f(x))$是$f(x)\in z$并且在ZF中有

$$f(x)\in z\longleftrightarrow\exists u\in z(u=f(x)).$$

由前提$\exists u\in z(u=f(x))$是Σ_0^{ZF} 中公式. 如果 $A(y)$ 是$y=z$，则$A(f(x))\longleftrightarrow f(x)=z$，后者是$\Sigma_0^{ZF}$中公式，欲证结果成立. 如果$A(y)$ 是$z\in y$，则$A(f(x))$是$z\in f(x)$，并且我们有

$$\mathbf{ZF}\vdash z\in f(x)\longleftrightarrow\exists u\in f(x)(u=z).$$

由$f(x)$ 可允许，有$\exists u\in f(x)(u=z)$ 是Σ_0^{ZF}中公式，从而获得了欲证结果. 如果$A(y)$ 是 $y\in y$或$y=y$，则前者是 $\exists u\in f(x)(u=f(x))$，后者等价于$f(x)=f(x)$，因此，结果是显然的.

如果公式$A(y)$ 是$\exists u\in yB(y)$，我们可以假定u不在$f(x)$中出现，因此$f(x)$ 在$A(y)$ 中的代入是真正的，从而 $A(f(x))$ 为$\exists u\in f(x)B(f(x))$.由归纳假设 $B(f(x))$是Σ_0^{ZF}公式，从而欲证结果成立.如果$A(y)$ 是$\neg B(y)$，$A_1(y)\vee A_2(y)$，$A_1(y\wedge A_2(y))$，$A_1(y)\to A_2(y)$ 或 $A_1(y)\longleftrightarrow A_2(y)$，可直接由归纳假设获得.从而完成了定理8.9的证明.

定理8.10 如果$f(x)$ 与$g(y)$ 是可允许的，则 $f(g(y))$ 是可允许的.

证明 由前提 $f(x)=u$ 是Σ_0^{ZF}中公式，从而 $f(g(y))=u$ 是Σ_0^{ZF}公式（据定理8.9）.现在假定$A(t)$ 是Σ_0^{ZF}任一公式，不失一

般性，假定x不同于u并且x不在$A(t)$中自由出现，因为$f(x)$是可允许的，所以$\exists u\in f(x)A(u)$是Σ_0^{ZF}中公式。由定理8.9就有$\exists u\in f(g(y))A(u)$是Σ_0^{ZF}中公式。于是获得欲证结果。

例8.10 $\mathrm{dom}x$（关系x的定义域）是可允许的。由E_{21}，$y=\mathrm{dom}x$是Σ_0^{ZF}中公式，并且由于我们有

$$\mathrm{ZF}\vdash t\in \mathrm{dom}x\rightarrow \exists u\in x\exists z\in u(t\in z),$$

于是，据定理8.8，对于Σ_0^{ZF}中任意的公式$A(t)$，都有$\exists t\in \mathrm{dom}\, xA(t)$是$\Sigma_0^{ZF}$中公式。从而$\mathrm{dom}x$是可允许的。

类似地，$\mathrm{ran}x$也是可允许的。

例8.11 $f\upharpoonright x$是可允许的，其中f是一函数，x是任一集合，因为，我们有

$$t=f\upharpoonright x\longleftrightarrow \forall y\in t(y\in f\wedge \exists z\in x\exists u\in y\exists \vee\in u(y=\langle z,v\rangle)$$
$$\wedge\forall y\in f\forall u\in y\forall w\in y\forall z_1\in u\forall z_2\in w(y=$$
$$\langle z_1,z_2\rangle\wedge z_1\in x\rightarrow y\in t),$$

所以，$t=f\upharpoonright x$是Σ_0^{ZF}中公式并且有

$$\mathrm{ZF}\vdash t\in f\upharpoonright x\rightarrow t\in f,$$

因此，由定理8.8，$f\upharpoonright x$是可允许的。

§5 Σ_0^{ZF}中公式的补充

首先，我们补充一些常用的Σ_0^{ZF}公式。

E_{23} $N(x)$，x是自然数，可表示为

$$\mathrm{On}(x)\wedge(x=0\vee\exists y\in x\mathrm{Suc}(y,x))\wedge\forall z\in x$$
$$(z=0\vee\exists y\in z\mathrm{Suc}(y,z)).$$

这就是Σ_0^{ZF}中一公式。由$N(x)$也可直接表达E_4中的$x=\boldsymbol{n}$。

E_{24} $x(y)$，当x是一函数时，它表示函数x在y时的值，否则它是0。

$$z=x(y)\longleftrightarrow \mathrm{Fun}(x)\wedge\langle y,z\rangle\in x\vee\neg\mathrm{Fun}(x)\wedge z=0.$$

E_{25} $x[\![y]\!]$，x是一关系，$y\subset \mathrm{dom}x$，x中那些第一分量在y中的有序对的第二分量所组成的集合：

$$z=x[\![y]\!]\longleftrightarrow \mathrm{Re}(x)\wedge\forall u\in y\exists t\in z(\langle u,t\rangle\in x)$$

$$\wedge \forall t \in z \exists u \in y(\langle u,t\rangle \in x).$$

E_{26}　Seq(x)，x是一序列，即x是定义域为一序数的函数.

$$\mathrm{Seq}(x) \longleftrightarrow \mathrm{Fun}(x) \wedge \forall y \in x \forall z \in \bigcup y(z=[y]_1 \rightarrow (\mathbf{On}(z) \wedge \forall t \in z(t \in \mathrm{dom}x))).$$

E_{27}　$x \times y$，集合x与y的笛氏积：

$$z = x \times y \longleftrightarrow \forall t_1 \in z(\mathrm{Ordpr}(t_1) \wedge [t_1]_1 \in x \wedge [t_1]_2 \in y) \wedge \forall t_2 \in x \forall t_3 \in y(\langle t_2,t_3\rangle \in z).$$

由于 ux 是可允许的，并且一些子公式，如象 Suc(y,x)，**On**(x)，Fun(x)，Re(x)，Ordpr(x)和$\langle x,y\rangle \in z$都是§1中已给出的Σ_n中公式，而dom$x$，$[y]_1$，$[y]_2$都是可允许运算，因此，上述E_{23}—E_{27}所指出的公式都是Σ_0^{ZF}中公式，它们所表达的关系或运算就是Σ_0^{ZF}可表达的了.

Σ_n^{ZF}与Π_n^{ZF}公式类是对ZF公式类作分类，这种分层、分类的方法常常是很有用的，可以说是一种技术。Σ_1^{ZF}公式对于我们讨论某些元数学问题起着十分重要的作用，下节我们将进一步给出若干Σ_0^{ZF}，Σ_1^{ZF}公式，它们都有着十分重要的元数学意义.

§6　元数学概念的形式化

在第六章中，我们已将直观集合论进行了形式化处理，建立了 ZF 语言，给出了公式、公理、推演规则、形式证明和形式定理等元数学概念. 为了研究集合论的元数学问题，我们需要将这些元数学概念通过直观集合表示出来，也可以说，把每一个形式符号都对应于确定的集合，由此把变元、初级公式、公式等都对应于确定的集合，并且用直观集合论作为工具描述每一个元数学概念. 当然这些直观集合论的内容都是可以通过 ZF 语言加以形式化的，这样，也就是说在ZF中描述了ZF的元数学.

我们已经给出了集合0,1,2,……和ω，现在我们令0,1,2,3,4,5,6,7,8 表示形式符号$\neg$，$\wedge$，$\vee$，$\rightarrow$，$\longleftrightarrow$，$\exists$，$\forall$，$\in$，$=$，用9,10,11,…自然数表示 ZF 形式语言中的变元 x_1，x_2，x_3 或者说，用集合$\omega - \{0,1,\cdots,8\}$表示由所有变元组成的集合 $\mathscr{V}$. 亦

即$\mathscr{V}=\omega \dot{-} 9$。假定变元$x,y$分别由9、10表示，公式$x\in y$就可以由集合$\langle 7,9,10\rangle$表示了。由此当11表示变元$z$，12表示变元$u$时，集合$\langle 7,11,12\rangle$就表示公式$z\in u$。集合$\langle 8,12,11\rangle$就表示了公式$u=z$，集合$\langle 8,11,12\rangle$表示了公式$z=u$。也就是说，当$n, m\in\omega\dot{-}\{0,\cdots,8\}$时，集合$\langle 8, n, m\rangle$与集合$\langle 7,n,m\rangle$分别表示了公式$x=y$和$x\in y$，有时也称前者为后者的**哥德尔集合**。上述公式中的x,y是由自然数n,m分别表示的变元。

由上所述，初级公式对应于直观集合的规则，不难验证任一初级公式都与下述集合

$$\mathscr{E}_0=\{7\}\times(\omega\dot{-}9)\times(\omega\dot{-}9)\cup\{8\}\times(\omega\dot{-}9)\times(\omega\dot{-}9) \tag{8.18}$$

的唯一的元相对应，反之，集合$\mathscr{E}_0$的每一元都与唯一的初级公式相对应，并且这种对应是在有穷步骤内机械地实现的。

对于含有逻辑词的复合公式，我们施归纳于公式的结构来建立它们与直观集合的对应。例如，我们以自然数$n, m\in\omega\dot{-}9$表示变元x, y，这时$\langle 7,n,m\rangle$表示了公式$x\in y$，同时，我们可以令

$\langle 0,\langle 7,n,m\rangle\rangle$表示$\neg(x\in y)$；

$\langle 5,n,\langle 7,n,m\rangle\rangle$表示$\exists x(x\in y)$；

$\langle 5,m,\langle 7,n,m\rangle\rangle$表示$\exists y(x\in y)$；

$\langle 6,n\langle 7,n,m\rangle\rangle$表示$\forall x(x\in y)$，

$\langle 6,m,\langle 7,n,m\rangle\rangle$表示$\forall y(x\in y)$；

$\langle 5,n,\langle 0,\langle 7,n,m\rangle\rangle\rangle$表示$\exists x\neg(x\in y)$；

$\langle 5,m,\langle 0,\langle 7,n,m\rangle\rangle\rangle$表示$\exists y\neg(x\in y)$；

$\langle 5,m,\langle 6,n,\langle 0,\langle 7,n,m\rangle\rangle\rangle\rangle$表示$\exists y\forall x\neg(x\in y)$。

等等，常称这些集合为相应公式的哥德尔集合。由上述例子，我们不难给出公式这一元数学概念的直观描述。

为了描述**ZF**公式这一元数学概念，我们定义一函数g如下，对于任意的H有穷集合x(亦即x和它的秩$\mathrm{rnk}(x)$都是有穷的)，

$$g(x)=x\cup\{0\}\times x\cup\{1\}\times x^2\cup\{2\}\times x^2$$

$$\cup\{3\}\times x^2\cup\{4\}\times x^2\cup\{5\}\times\mathscr{V}\times x\cup\{6\}\times\mathscr{V}\times x. \tag{8.19}$$

由此，我们递归地定义函数$f(n)$ 如下：

$$\begin{cases} f(0)=\mathscr{E}_0, \\ f(n+1)=g(f(n)). \end{cases} \tag{8.20}$$

对于每一自然数k，令$\mathscr{E}_k=f(k)$，显然，$\mathscr{E}_k$是H有穷集合.令

$$\mathscr{E}=\bigcup_{n\in\omega}\mathscr{E}_n, \tag{8.21}$$

显然，$\mathscr{E}\subset \boldsymbol{V}_\omega$. $\mathscr{E}$是无穷集合，并且它的每一元都是某一公式的哥德尔集合.反之，任一ZF公式的哥德尔集合也都在$\mathscr{E}$中.正因这样，有时我们也称$\mathscr{E}$中元为公式或ZF公式.

下面，我们把上述直观概念给以形式化，并把它们表示为Σ_0^{ZF}公式.

E_{28}　$y=\mathscr{V}$，$\mathscr{V}$表示变元集合，可以表示为Σ_0^{ZF}公式.

E_{29}　$y=\mathscr{E}_0$，$\mathscr{E}_0$表示初级公式集合，可以表示为Σ_0^{ZF}公式.

E_{30}　对于任一自然数k，显然$y\in\mathscr{E}_k$可以表示为Σ_0^{ZF}公式.

E_{31}　对于任一自然数k而言，$y=\mathscr{E}_k$可以表示为Σ_0^{ZF}公式.

E_{32}　$y=\mathscr{E}$可以表示为Σ_0^{ZF}公式.因为它可以表示为.

$$\forall z\in y\exists n\in\omega(z\in\mathscr{E}_n)\wedge\forall_n\in\omega\forall z\in\mathscr{E}_n(z\in y).$$

据E_{31}，不难验证$z\in\mathscr{E}_n$与$y=\mathscr{E}$都可表为Σ_0^{ZF}中公式.

E_{33}　$y\in\mathscr{E}$，y 是一公式的哥德尔集合，即 $\exists n\in\omega(y\in\mathscr{E}_n)$，也能够表示为$\Sigma_0^{ZF}$公式.

我们使用$W(z)$ 表示公式z中的所有自由变元这一集合，不难看出，当我们把公式z理解为对应的直观集合时，这就有由集合z到集合$W(z)$ 的一运算.

类似地，我们使用 $W'(z)$ 表示公式z中出现的所有变元的集合.同样，就有由集合z到集合$W'(z)$ 的一运算（W'中包含有z的约束变元，故$W(z)\subset W'(z)$）.

对于任意$z\in\mathscr{E}$，显然$W(z)$，$W'(z)$ 都是H有穷集合.

注记8.1　对于ZF语言中每一公式A，都有$\mathscr{E}$中一集合（即哥

德尔集合）与之对应，反之亦然．今后，为了书写方便起见，我们用$\mathscr{E}(A)$表示A的哥德尔集合．由此，对于ZF中任一公式A，都有$\mathscr{E}(A)\in\mathscr{E}$．同样，有$\mathscr{E}(A(x))$，$\mathscr{E}(A(y))$，和$\mathscr{E}(A(x_1,\cdots,x_n))$等表示方法．它们都是$\mathscr{E}$的元素．反之，对于$\mathscr{E}$中任一元$S$，有时我们也用符号$\mathscr{E}^{-1}(S)$表示相应的ZF公式．

E_{34}　$z\in\mathscr{E}\wedge y=W(z)$可以表示为$\Sigma_0^{ZF}$公式，这是因为它可以写做：

$$
\begin{aligned}
&z\in\mathscr{E}\wedge\exists f\in u(u=\mathscr{E}\times\mathscr{V}\wedge\mathrm{Fun}(f)\wedge\forall x_1\in\mathscr{V}\wedge\\
&\forall x_2\in\mathscr{V}(f(\langle 7,x_1,x_2\rangle)=f(\langle 8,x_1,x_2\rangle)=\{x_1,x_2\})\wedge\\
&\forall y_1\in\varepsilon\forall y_2\in\mathscr{E}(f(\langle 0,y_1\rangle)=f(y_1)\wedge f(\langle 1,y_1,y_2\rangle)\\
&=f(y_1)\cup f(y_2)\wedge f(\langle 2,y_1,y_2\rangle)=f(y_1)\cup f(y_2)\\
&\wedge f(\langle 3,y_1,y_2\rangle)=f(y_1)\cup f(y_2)\wedge f(\langle 4,y_1,y_2\rangle)\\
&=(f(y_1)\cup f(y_2))\wedge\forall y_1\in\mathscr{E}\forall x\in\mathscr{V}(f(\langle 5,x,y_1\rangle)\\
&=f(\langle 6,x,y_1\rangle)=f(y_1)\dot{-}\{x\})\wedge y=f(z))。
\end{aligned}
$$

E_{35}　$z\in\mathscr{E}\wedge y=W'(z)$可以表示为$\Sigma_0^{ZF}$公式．这仅需把$E_{32}$的表示中有关量词的部分改为

$$f(\langle 5,x,y_1\rangle)=f(\langle b,x,y_1\rangle)=f(y_1)$$

就可以了，也就是量词的相应变元仍在结果集合中．

不难看出，$z\in\mathscr{E}$，z描述一形式命题当且仅当$W(z)=\varnothing$．

定义8.6　令$z\in\mathscr{E}$，$x_1\in\mathscr{V}$，定义集合$\mathrm{Su}(z,x_1,x_2)$表示若$x_1\in W(z)$时，则$\mathrm{Su}(z,x_1,x_2)$为在集合z中x_1的每一自由出现都替换为集合．或变元x_2所获得结果；若$x_1\notin W(z)$，$\mathrm{Su}(z,x_1,x_2)=z$。

E_{36}　$z\in\mathscr{E}\wedge x_1\in\mathscr{V}\wedge y=\mathrm{Su}(z,x_1,x_2)$可以表示为$\Sigma_0^{ZF}$公式．其中$x_2$为任一给定集合．这是因为

$\exists f\in u(u=\mathscr{E}\times\mathscr{V}\times\mathscr{V}\times\mathscr{E}\wedge\mathrm{Fun}(f)\wedge\exists x\in V((z=\langle 7,x_1,x\rangle\to f(z,x_1,x_2)=\langle 7,x_2,x\rangle)\wedge(z=\langle 7,x,x_1\rangle\to f(z,x,x_2)=\langle 7,x,x_2\rangle)\wedge(z=\langle 8,x_1,x\rangle\to f(z,x_1,x_2)=\langle 8,x_2,x\rangle)\wedge(z=\langle 8,x,x_1\rangle\to f(z,x_1,x_2)=\langle 8,x,x_2\rangle))\wedge\exists z_1\in\mathscr{E}(z=\langle 0,z_1\rangle\to f(z,x_1,x_2)=f(z_1,x_1,x_2))\wedge\exists z_1\in\mathscr{E}\exists z_2\in\mathscr{E}((z=\langle 1,z_1,z_2\rangle\to f(z,x_1,x_2)=\langle 1,f(z_1,x_1,x_2),f(z_2,x_1,x_2)\rangle)\wedge(z=\langle 2,z_1,z_2\rangle\to f(z,x_1,x_2)=$

$\langle 2, f(z_1,x_1,x_2), f(z_2,x_1,x_2)\rangle)\wedge(z=\langle 3,z_1,z_2\rangle\rightarrow f(z, x_1, x_2)=\langle 3, f(z_1,x_1,x_2), f(z_2,x_1,x_2)\rangle)\wedge(z=\langle 4,z_1,z_2\rangle\rightarrow f(z, x_1, x_2)=\langle 4, f(z_1,x_1,x_2), f(z_2,x_1,x_2)\rangle))\wedge\exists z_1\in\mathscr{E}\exists x\in\mathscr{V}((z=\langle 5,x,z_1\rangle\wedge x_1\neq x\wedge x_2\neq x\rightarrow f(z_1, x_1, x_2)=\langle 5, x, f(z_1, x_1, x_2)\rangle\wedge(z=\langle 6,x,z_1\rangle\wedge x_1\neq x\wedge x_2\neq x\rightarrow f(z,x_1,x_2)=\langle 6,x,f(z_1,x_1,x_2)\rangle))\wedge(x_1\notin W(z)\rightarrow f(z,x_1,x_2)=z)\wedge y=f(z,x_1,x_2))$。

定义8.7 对于任意的$z\in\mathscr{E}$，$x\in\mathscr{V}$，我们令

$$\mathrm{Sb}(z,x)=\mathrm{Su}(z,x,x).$$

E_{37} $z\in\mathscr{E}\wedge x\in\mathscr{V}\wedge y=\mathrm{Sb}(z,x)$ 可以表示为 Σ_0^{ZF} 公式。（由E_{33}及定义8.7．这是显然的）。

我们可以推广定义8.6，令$z\in\mathscr{E}$，x_1，x_2，…，x_n为n个不同的变元，u_1，u_2，…，u_n为n个集合，定义集合Su（z，x_1，u_1，x_2，u_2；…；x_n，u_n）为把z中出现的变元x_1，…，x_n，分别替为集合或变元u_1，…，u_n的结果。

显然，当u_1，…，$u_n\in\mathscr{V}$时，$\mathrm{Su}(z,x_1,u_1;x_2,u_2;\cdots;x_n,u_n)$仍在$\mathscr{E}$中，并且当$u_1$，$u_2$，…，$u_n$分别为$x_1$，$x_2$，…，$x_n$时，它仍为集合$z$。显然不管怎样，当$y_1$，…，$y_n\in\mathscr{V}$，$u_1$，…，$u_n$为任意集合，且$y_1=u_1$，…，$y_n=u_n$为$\Sigma_0^{ZF}$公式时，都有

$$\mathrm{Su}(z, x_1, u_1; x_2, u_2; \cdots, x_n, u_n)$$

为Σ_0^{ZF}公式。

今后，我们令$\mathscr{T}$表示**ZF**公理系统的哥德尔集合，显然$\mathscr{T}$是一无穷集合，并且有$\mathscr{T}\subset\mathscr{E}$.

E_{38} $z=\mathscr{T}$可以表示为Σ_0^{ZF}公式。

不难看出，对于任意的n，$m\in\mathscr{V}$且$n\neq m$，集合$\langle 5,m,\langle 6,n,\langle 0,\langle 7,n,m\rangle\rangle\rangle\rangle$表示空集合存在公理。当$m$，$m$在$\mathscr{V}$中取与上述不同值时，虽然相应的集合是不同的，它所对应的公式也是不同的，然而它们所表达的含义即存在空集合是相同的。这样，可以有无穷多个集合都表达空集合存在公理。类似地，外延公理，无穷公理等也都是这样的，当然这里的无穷多个集合表示同一公式的情况，不是实质性的，作相应规定时可以变成有穷集合，然而，

分离公理模式与替换公理模式仍为无穷集合，现在我们分别用 x_1, x_2, …, x_{10}表示ZFC的十条公理所对应的集合。

首先，$y=x_1$（外延公理）可以表示为 Σ_0^{ZF} 公式：为书写简便起见，令

$$f_1(n,m,k)=\langle 6,n,\langle 6,m,\langle 3,\langle 6,k,\langle 4,\langle 7,k,n\rangle,\\ \langle 7,k,m\rangle\rangle\rangle,\ \langle 8,n,m\rangle\rangle\rangle\rangle.$$

由此就获得了公式$y=x_1$的下述表示：

$$\forall u\in y\exists n\in\mathscr{V}\exists m\in\mathscr{V}\exists k\in\mathscr{V}(n\neq m\wedge n\neq k\wedge m\neq k\wedge\\ u=f_1(n,m,k)\wedge\forall n\in\mathscr{V}\forall m\in\mathscr{V}\forall k\in\mathscr{V}(n\neq m\wedge n\neq k\wedge\\ m\neq k\rightarrow\exists u\in yu=f_1(n,m,k)).$$

因为，不难获得欲证结果，$y=x_1$可表示为Σ_0^{ZF}公式了。

第二，$y=x_2$（空集合公理）可以表示为Σ_0^{ZF}公式：

$$\forall u\in y\exists n\in\mathscr{V}\exists m\in\mathscr{V}(n\neq m\wedge u=f_2(n,m))\wedge\\ \forall n\in\mathscr{V}\forall m\in\mathscr{V}(n\neq m\rightarrow\exists u\in yu=f_2(n,m)).$$

其中$f_2(n,m)=\langle 6,n,\langle 5,m,\langle 0,\langle 7,\ m,n\rangle\rangle\rangle\rangle$，由此，就可获得$y=x_2$为$\Sigma_0^{ZF}$中公式了。

类似地可以作为练习去获得$y=x_3$（无序对集合存在公理），$y=x_4$（幂集合公理），$y=x_5$（并集合公理），$y=x_8$（无穷公理），$y=x_9$（正则公理），$y=x_{10}$（选择公理）均为Σ_0^{ZF}中公式。对分离公理、替换公理，现在分别给出它们的Σ_0^{ZF}公式表示如下：

第三，$y=x_6$（分离公理）可以表示为下述公式：

$$\forall x\in\mathscr{E}\forall n\in\mathscr{V}\forall m\in\mathscr{V}\forall k\in\mathscr{V}(n\neq m\wedge m\neq k\wedge\\ n\neq k\rightarrow\exists u\in yu=f_6(n,m,k,x))\wedge\forall u\in y\exists x\in\mathscr{E}\\ \exists n\in\mathscr{V}\exists\in\mathscr{V}\exists k\in\mathscr{V}(n\neq m\wedge m\neq k\wedge n\neq k\wedge u=\\ f_6(n,m,k,x)),$$

其中$f_6(n,m,k,x)=\langle 6,\langle n,\langle 5,m,\langle 6,k,\langle 4,\langle 7,k,m\rangle,\ \langle 1,\langle 7,k,$
$m\rangle,\ \mathrm{Su}(x,k)\rangle\rangle\rangle\rangle\rangle\rangle.$

第四，$y=x_7$（替换公理）可以表示为下述公式。

$$\forall u\in y\exists x\in\mathscr{E}\exists k_1\in\mathscr{V},\cdots,\exists k_7\in\mathscr{V}(I_n(k_1,\ \cdots,\ k_7)\\ \wedge u=f_7(k_1,\cdots,k_7,x))\wedge\forall x\in\mathscr{E}\forall k_1\in\mathscr{V},\cdots,\forall k_7\in\mathscr{V}$$

$(\mathrm{In}(k_1,\cdots,k_7)\to\exists u\in yu=f_7(k_1,\ \cdots k_7,\ x))$

其中$\mathrm{In}(k_1,\ \cdots,\ k_7)$ 为 k_1, $k_2\in W(x)$ 与 $k_i\neq k_j$ （当 $1\leqslant i\leqslant 7$, $1\leqslant j\leqslant 7$, 且$i\neq j$） 时的合取式. $f_7(k_1,\cdots,k_7x)$ 为集合:

$\langle 3,\langle 6,k_1\langle 5,k_2,\langle 1,x,\langle 6,k_3,\langle 3,x',\langle 8,k_3,k_2\rangle\rangle\rangle\rangle\rangle\rangle,$

$\langle 6,k_5,\langle 5,k_5\langle 6,k_6,\langle 4,\langle 7,k_6,k_5\rangle,\langle 5,k_7\langle 1,\langle 7,k_7,k_4\rangle,$

$x''\rangle\rangle\rangle\rangle\rangle\rangle\rangle$

这里 $x'=\mathrm{Su}(x,k_2,k_3)$, $x''=\mathrm{Su}(x,k_1,k_7;k_2,k_6)$. 由此. 可获得 $y=x_7$为Σ_0^{ZF}中公式. 据上述结果和E_6, 这就获得了E_{38}的结果.

为了在ZF中形式化ZF的证明与定理等概念，我们需要把有关“项”、“项t对于变元x 在公式 $A(x)$ 的出现是自由的”等概念给以直观描述.

首先，关于项的概念，由定义 6.1 项的归纳定义，我们按归纳法给出直观描述. 对于变元的情况如前所述，已经用集合给出了直观描述，对于已定义的集合，在 ZF 中它们都是通过公式定义的，例如空集合$\varnothing$是由公式$\exists x\forall y(\neg y\in x)$ 定义的. 为了一致起见，我们仍用定义已知集合的相应公式的对应集合(即$\mathscr{E}$ 中元) 来描述已知集合. 对于任意的n目运算F 和已知项t_1, $\cdots$, t_n, 由归纳法, 我们假设已经给出了项t_1, $\cdots$, t_n的直观描述，相应的哥德尔集合不妨假定为t_1', $\cdots$, t_n'. 而运算F是由某一ZF 公式定义的. 例如，$\mathscr{P}(x)$ 是由公式 $\forall z(z\in y\longleftrightarrow\forall t(t\in z\to t\in x))$ 定义的. $\bigcup x$是由公式 $\forall z(z\in y\longleftrightarrow\exists t(t\in x\wedge z\in t))$ 定义的. 因此，我们把定义运算$F(x_1,\cdots,x_n)$ 的公式的哥德尔集合 x就称为这一运算的哥德尔集合，这样，项 $F(t_1,\cdots,t_n)$ 的哥德尔集合就定义为

$$\mathrm{Su}(x;x_1,t_1';\cdots;x_n,t_n').$$

令$\mathscr{E}'=\mathscr{E}\cup\mathscr{V}$, 显然，它在$\Sigma_0^{ZF}$中. 由此，我们有

E_{39} 令t为一项, $\mathscr{E}'(t)$ 为项t的哥德尔集合, $y=\mathscr{E}'(t)$可以表示为Σ_0^{ZF}公式.

其次，关于“项t对于变元x 在公式$A(x)$ 中的出现是自由的”这一元数学概念. 我们知道，当$A(x)$ 中所有约束变元都不在t中出现时，自然就有t对于x在$A(x)$ 中是自由的. 亦即($W'(x)$-

$W(x))\cap W'(t)=\varnothing$成立时就保证了上述元数学概念的正确性了。显然，这一条件可以表示为Σ_0^{ZF}公式，这样显然有：

E_{40} 令y为一公式，t为一项，"项t对于变元x在公式y中的出现是自由的"（记做$F(y,x,t)$）它可以直观地描述的并且可以表示为Σ_0^{ZF}公式。

定义8.8 对应于ZF演算的三条推演规则，我们定义$\mathscr{E}$上的三个关系如下：

（1） 对于x_1，x_1，$x_3\in\mathscr{E}$，我们定义三元关系R_1为：

$$R_1(x_1,x_2,x_3)\text{ 当且仅当 }x_2=\langle 3,x_1,x_3\rangle.$$

换言之，对于任意的$x,y\in\mathscr{E}$，关系

$$R_1(x_1,\langle 3,x,y\rangle,y)$$

总是成立的，反之亦然，

（2） 对于x_1，$x_2\in\mathscr{E}$，我们定义二元关系R_2为：

$R_2(x_1,x_2)$ 当且仅当有x_0，$x_3\in\mathscr{E}$，$n\in\mathscr{V}$，$n\notin W(x_0)$，$n\in W(x_3)$ 且有$x_1=\langle 3,x_0,x_3\rangle$，$x_2=\langle 3,x_0,\langle 6,n,x_3\rangle\rangle$。

（3） 对$x_1,x_2\in\mathscr{E}$，我们定义二元关系R_3为：

$R_3(x_1,x_2)$ 当且仅当有x_0，$x_3\in\mathscr{E}$，$n\in\mathscr{V}$，$n\notin W(x_0)$，$n\in W(x_3)$ 且有$x_1=\langle 3,x_3,x_0\rangle$，$x_2=\langle 3,\langle 5,n,x_3\rangle,x_0\rangle$。

下述三个结论是不难验证的，建议读者给予验证。

E_{41} $R_1(x_1,x_2,x_3)$ 可以表示为Σ_0^{ZF}公式。

E_{42} $R_2(x_1,x_2)$ 可以表示为Σ_0^{ZF}公式。

E_{43} $R_3(x,x_2)$ 可以表示为Σ_0^{ZF}公式。

令$\mathscr{L}$表示由第六章§4中给出的集合论演算的逻辑公理的哥德尔集合所组成，也就是说，$\mathscr{L}\subset\mathscr{E}$，并且$x\in\mathscr{L}$，$x$表示某一逻辑公理。类似于$E_{38}$的证明过程，不难获得下述结果：

E_{44} $z=\mathscr{L}$可以表示为Σ_0^{ZF}公式。

定义8.9 对于任一$n\in\omega$，x_1，…，$xn\in\mathscr{E}$，如果对于任意的i，$1\leqslant i\leqslant n$，都有下述条件之一成立：

（1） $x_i\in\mathscr{T}$；

（2） $x_i\in\mathscr{L}$；

（3） 有$j, k<i$，使得$R_1(x_j, x_k, x_i)$ 成立；

（4） 有$j<i$，使得$R_2(x_j, x_i)$ 成立；

（5） 有$j<i$，使得$R_3(x_j, x_i)$ 成立，

则称n元有序组$\langle x_1, \cdots, x_n\rangle$**描述了ZFC的一形式证明**．令$y=\langle x_1, \cdots, x_n\rangle$，这时也称$y$为$\mathscr{T}$**中关于$x_n$的形式证明**。

定义8.10 对于任一集合y，如果存在$n\in\omega$，$x_1, \cdots, x_n\in\mathscr{E}$，使得$y=\langle x_1, \cdots, x_n\rangle$，并且$y$是$\mathscr{T}$中关于$x_n$的一形式证明，则称$y$为$\mathscr{T}$**中一形式证明**．

对于任一$x\in\mathscr{E}$，如果有$n, x_1, \cdots, x_n$，集合$y=\langle x_1, \cdots, x_n\rangle$为$\mathscr{T}$中关于$x_n$的形式证明，且$x$为$x_n$，则称$x$为$\mathscr{T}$**中一形式定理**，亦即ZFC的一形式定理的哥德尔集合．

E_{45} 对于任一自然数n，$1\leqslant i\leqslant n$，$x_i\in\mathscr{E}$，$x=x_n$，且$y=\langle x_1, \cdots, x_n\rangle$，"$y$是$\mathscr{T}$中一形式证明"并记做$pf(\mathscr{T}, nx, y)$．这时，$pf(\mathscr{T}, n, x, y)$ 可以表示为Σ_0^{ZF}公式．

E_{46} 对于任意$x\in\mathscr{E}$，"x是$\mathscr{T}$中一形式定理"并记做$\mathscr{T}_h(x)$，这时$\mathscr{T}_h(x)$ 可以表示为Σ_1^{ZF}。公式．

E_{45}与E_{46}的证明从略，建议读者作为练习自己给出证明．

习 题

8.1 试证明：$y=\mathscr{P}(x)$ 可表示为Π_1^{ZF}公式．

8.2 证明定理8.5(2)．

8.3 证明定理8.6(2)．

8.4 设Σ_0^{ZF}公式A为

$$Q_1x_1\in y_1Q_2x_2\in y_2\cdots Q_nx_n\in y_nB,$$

并且B中无任何量词（包括受囿量词）出现，我们就称A为Σ_0^{ZF}前束范式．试证明：任一Σ_0公式C，都有Σ_0^{ZF}前束范式A，使得

$$ZF\vdash C\longleftrightarrow A.$$

8.5 试证明E_{45}．

8.6 试证明E_{46}．

8.7 试证明：AC在Π_2^{ZF}中。

8.8 试证明：GCH在Π_2^{ZF}中.

8.9 试证明：CH在Π_2^{ZF}中.

8.10 令AC_0指称“$\mathscr{T}(\omega)$可良序的”，试证明：AC_0在Δ_2^{ZF}中.

第九章　AC,GCH相对ZF的协调性

本章的目的是建立哥德尔的相对协调性定理：如果ZF是协调的，那么ZF＋AC＋GCH仍然是协调的．证明的方法是这样的，首先借助序数的性质和哥德尔给出的八个基本运算建立$\boldsymbol{V}$的一子类$\boldsymbol{L}$（§1—4）．其次，证明：如果ZF是协调的，则ZF的任一公理A，都有ZF$\vdash A_L$．其中A_L是A对于$\boldsymbol{L}$的相对．也就是说，A_L在$\boldsymbol{L}$中是成立的．在一种弱的意义下也称$\boldsymbol{L}$是ZF的一个模型（§5—6）．第三，我们证明可构成公理$\boldsymbol{V}=\boldsymbol{L}$在$\boldsymbol{L}$中是成立的（§7—9）．最后，我们证明ZF$\vdash \boldsymbol{V}=\boldsymbol{L}\to$AC$\wedge$GCH（§10—11）．这样，如果ZF是协调的，则有$\boldsymbol{L}\models$ZF＋AC＋GCH和$\boldsymbol{L}\models$ZF＋$\boldsymbol{V}=\boldsymbol{L}$＋AC＋GCH．因此，ZF＋AC＋GCH就一定是协调的．§12给出了$\boldsymbol{L}$的另一种定义．

类$\boldsymbol{L}$的构造过程是直观的、清晰的和严谨的，相应的证明也是严谨的，本章所讨论的方法是哥德尔1938年开创的．近五十年来，在集合论的发展中起着巨大的作用．因此，掌握本章陈述的方法应当是学习本章的主要目的之一．

§1　序数平面及配对函数

回顾式（3.4），不难理解它是一个ω平面，在那里我们也给了集合$\omega\times\omega$的一种良序关系，当我们把式（3.4）一起逆时针旋转九十度时，获得了如下的格子点坐标系．

在图9.1中，任一格子点都表示自然数的一有序对，反之，对于任意的自然数i，j，有序对$\langle i,j\rangle$表示一相对应的格子点．纵坐标轴、横坐标轴上的点都代表自然数，从原点取0开始，ω平面上的格子点可以用自然数的有序对表示．在第三章中我们已经指出，$\omega\times\omega$与ω之间有一双射函数，习题3.1具体地指出了$\omega\times\omega$

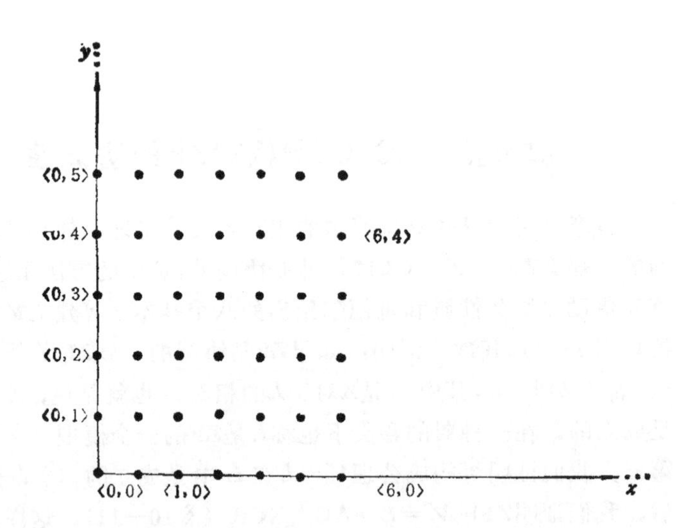

图 9.1 ω平面的表示法

与ω的双射函数J，这一函数与$\omega\times\omega$上的下述良序关系R是相对应的，亦即对于任意的自然数i，j，k，m，关系R的定义如下

$$\langle i,j\rangle R\langle k,m\rangle=\max\{i,j\}<\max\{k,m\}$$
$$\vee(\max\{i,j\}=\max\{k,m\}\wedge\langle i,j\rangle R_1\langle k,m\rangle), \tag{9.1}$$

其中$\langle i,j\rangle R_1\langle k,m\rangle=i<k\vee(i=k\wedge j<m)$，并且$R_1$也是$\omega\times\omega$的一良序关系.

对于任意的自然数k，m，我们定义配对函数f_1如下

$$f_1(k,m)=\mathrm{Sup}\{f_1(i,j)\mid i\in\omega\wedge j\in\omega\wedge\langle i,j\rangle R\langle k,m\rangle\}. \tag{9.2}$$

可以证明，$\forall k\in\omega\forall m\in\omega(f_1(k,m)=J(k,m))$. 习题3.1还指出，存在自然数的一对一的函数$K$,$L$,使得对于任一自然数$z$,都有

$$f_1(k(z),\ L(z))=z.$$

也就是，对于任意的自然数x，y，z，当$f_1(x,y)=z$时，我们有

$$K(z)=x,$$
$$L(z)=y$$

成立.

为了形象直观，如图9.2我们给出ω平面上集合7×7中各格子

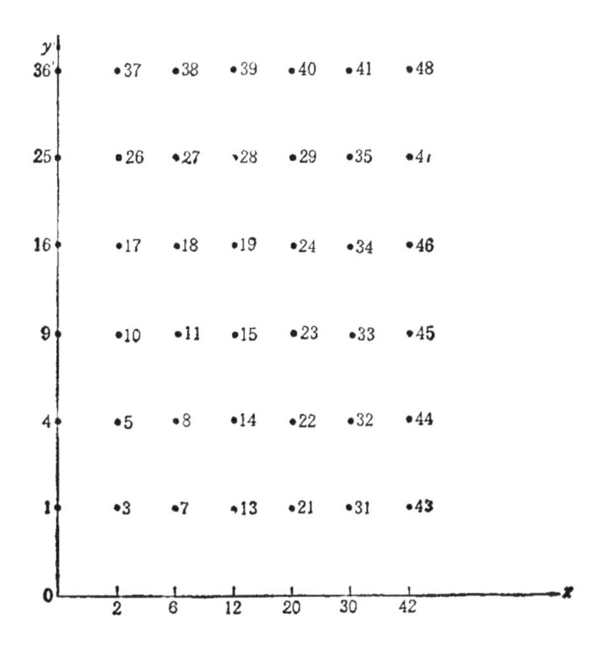

图 9.2 f_1对ω平面格子点的部分枚举

点标上按f_1配以的自然数. 从这些数的增长规律，可以看出这一枚举是由原点开始配以数0，然后在坐标点$\langle 0,1\rangle$，$\langle 1,0\rangle$与$\langle 1,1\rangle$上顺序配以数1,2,3.一般地，当坐标点$\langle n,n\rangle$配以数$f_1(n,n)$之后，接着在点$\langle 0,n+1\rangle$配以数$(n+1)^2$（即$f_1(n,n)+1$).随之，依次在点$\langle 1,n+1\rangle$，$\langle 2,n+1\rangle$直至点$\langle n+1,n\rangle$上逐一配数，紧接着是在点$\langle n+1,0\rangle$,$\langle n+1,1\rangle$,以至点$\langle n+1,n+1\rangle$上逐一配数，相继配数的过程中总是作加1运算.这一配数的过程总是走方格的过程，沿方框的边逐一扩大的过程.

对于集合 $(\omega\cdot2)\times(\omega\cdot2)$，为了形象直观起见，我们也可以建立相应的坐标系，把它理解为一个$\omega\cdot2$平面（图9.3）.

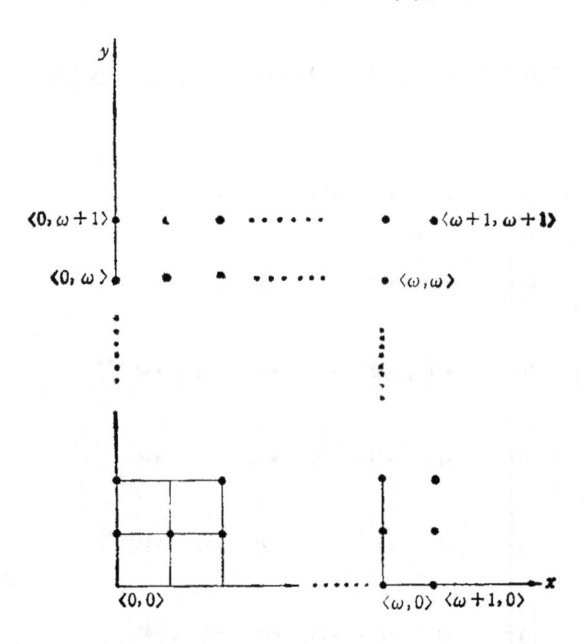

图 9.3 $\omega\cdot2$平面坐标系

首先，我们把式（9.1）定义的关系R扩充到$\omega\cdot2$平面上，使得$R\subset((\omega\cdot2)\times(\omega\cdot2))^2$，并且对于任意的$i$，$j$，$k$，$m\in\omega\cdot2$都有

$$\langle i,j\rangle R\langle k,m\rangle=(\text{Max}\{i,j\}<\text{Max}\{k,m\})\vee(\text{Max}\{i,j\}=\text{Max}\{k,m\})\wedge\langle i,j\rangle R_1\langle k,m\rangle,\tag{9.3}$$

其中$\langle i,j\rangle R_1\langle k,m\rangle=i<k\vee(i=k\wedge j<m)$，显然$R$与$R_1$都是$(\omega\cdot2)\times(\omega\cdot2)$上的良序关系，由式（9.3）定义的良序关系$R$，我们做一序数函数，对于任意的$k$，$m\in\omega\cdot2$，令

$$f_2(k,m)=\text{Sup}\{f_2(i,j)\mid i\in\omega\cdot2\wedge j\in\omega\cdot2\wedge\langle i,z\rangle R\langle k,m\rangle\}.\tag{9.4}$$

不难看出，式（9.4）定义的配对函数f_2是式（9.2）定义的函数 f_1 的延拓，它们在自然数对 i，j 上取同样的值．亦即 $f_1=f_2\upharpoonright(\omega\times\omega)$．因此，$f_2$在$\omega\times\omega$上的枚举过程不重复了．现在我们来考察函数$f_2$在复合 $(\omega\cdot2)\times(\omega\cdot2)\dot{-}\omega\times\omega$ 上的枚举值．设想在枚举完$\omega\times\omega$后的第一步由式（9.3）恰好是点$\langle0,\omega\rangle$，而这以前它给出自然数值，虽然随着Max$\{m,n\}$的增大而增大，但永远达不到序数ω，在无穷步之后的第一步即点$\langle0,\omega\rangle$恰好是序数ω，即$f_2(0,\omega)=\omega$．随后，又开始了类似于图9.2的过程．$f_2(1,\omega)=\omega+1$，$f_2(2,\omega)=\omega+2$，…，对于任意自然数n，都有$f_2(n,\omega)=\omega+n$．这一过程也可以继续下去并且它是由一个无穷步骤所组成．在实现了这一过程之后，第一步是给出$\langle\omega,0\rangle$时的值，因此，$f_2(\omega,0)=\omega+\omega$，并且$f_2(\omega,1)=(\omega\cdot2)+1$，$f_2(\omega,2)=(\omega\cdot2)+2,\cdots$，对于任意的自然数$n$，就有$f_2(\omega,n)=(\omega\cdot2)+n$．这一过程也可以继续下去，并且它是由一个无穷步骤所组成．实现了这过程之后第一步是给出$\langle\omega,\omega\rangle$时的值，因此，$f_2(\omega,\omega)=\omega\cdot3$．第二步是给出$\langle0,\omega+1\rangle$的值，亦即$f_2(0,\omega+1)=(\omega\cdot3)+1$．$f(1,\omega+1)=$

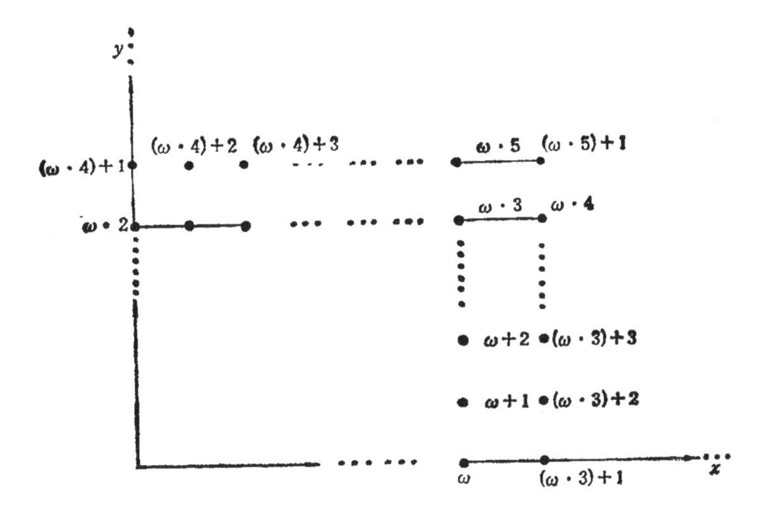

图 9.4　函数f_2对$\omega\cdot2$平面的枚举

$(\omega\cdot 3)+2$，对于任意的自然数n，就有$f_2(n,\omega+1)=(\omega\cdot 3)+(n+1)$.直至$f_2(\omega,\omega+1)=\omega\cdot 4$,然后,$f_2(\omega+1,0)=(\omega\cdot 4)+1$, $f_2(\omega+1,1)=(\omega\cdot 4)+2$，对于任意自然数，就有$f_2(\omega+1, n)=(\omega\cdot 4)+(n+1)$ 直至 $f_2(\omega+1, \omega)=\omega\cdot 5$, $f_2(\omega+1, \omega+1)=(\omega\cdot 5)+1$.下一步是给出点$\langle 0,\omega+2\rangle$的值,即$f_2(0,\omega+2)=(\omega\cdot 5)+2$.一般说来，对于任意的自然数，$f_2(0, \omega+n)=(\omega\cdot(2n+1))+n$并且$f_2(\omega+n, 0)=(\omega\cdot(2n+1))+n$.

对于集合$(\omega\cdot 2)\times(\omega\cdot 2)$中的任一元素，配对函数$f_2$取值总是具有形式

$$(\omega\cdot n)+m, \tag{9.5}$$

其中n, $m\in\omega$，式(9.5)都是ω^2的元素，并且对于ω^2的任一元素x，都有n, $m\in\omega$，使得$x=(\omega\cdot n)+m$，式(9.5)与式(3.3)是一致的.

当我们再次扩大上述平面，例如把它扩大为$(\omega\cdot 3)$平面时，就把式(9.3)中定义的关系R由$(\omega\cdot 2)\times(\omega\cdot 2)$扩充到$(\omega\cdot 3)\times(\omega\cdot 3)$.也就是说，对于任意的$i$, j, k, $m\in\omega\cdot 3$，都有

$$\begin{aligned}\langle i,j\rangle R\langle k,m\rangle=&(\max\{i,j\}<\max\{k,m\})\vee\\&(\max\{i,j\}=(\max\{k,m\})\wedge\langle i,j\rangle R_1\langle k,m\rangle),\end{aligned} \tag{9.6}$$

其中$\langle i,j\rangle R_1\langle k,m\rangle=i<k\vee i=k\wedge j<m$.同样，$R$与$R_1$是$\omega\cdot 3$平面上的良序关系.作序数函数$f_3$如下：

$$\begin{aligned}f_3(k,m)=\mathrm{Sup}\{f_3(k,m)\,|\,&i\in\omega\cdot 3\wedge j\in\omega\cdot 3\\&\wedge\langle i,j\rangle R\langle k,m\rangle\},\end{aligned} \tag{9.7}$$

于是我们有

$$f_2=f_3\restriction(\omega\cdot 2). \tag{9.8}$$

因为我们对f_2已作了详细地考察，所以我们为了考察配对函数f_3，仅需考察函数f_3在集合$(\omega\cdot 3)\times(\omega\cdot 3)\dot{-}(\omega\cdot 2)\times(\omega\cdot 2)$上的枚举值.我们已经指出$f_3$在枚举$(\omega\cdot 2)\times(\omega\cdot 2)$时，总是取为式(9.5)的值.并且在$f_3$依次枚举$\omega\cdot 2$平面上的点时，如上指出，这需要作一系列无穷步骤之后才能完成对$(\omega\cdot 2)\times(\omega\cdot 2)$

的枚举，完成上述过程之后的第一步应是枚举点$\langle 0,\omega\cdot 2\rangle$，并且显然有$f_3(0,\omega\cdot 2)=\omega^2$，$f_3(1,\omega\cdot 2)=\omega^2+1$，$f_3(2,\omega\cdot 2)=\omega^2+2$，一般地对于任意的自然数$n$，都有$f_3(n,\omega\cdot 2)=\omega^2+n$，再次实现一个无穷步骤之后，我们有

$$f_3(\omega,\omega\cdot 2)=\omega^2+\omega,$$
$$f_3(\omega+1,\ \omega\cdot 2)=\omega^2+\omega+1,$$
$$f_3(\omega+n,\omega\cdot 2)=\omega^2+\omega+n,$$

等等，我们的枚举过程总是在完成一个无穷步骤之后，又从新的起点开始一步一步枚举，然后又需要去完成一个新的无穷步骤，并走上新的起点，如此继续下去，不难看出f_3的下述取值是正确的，其中n为任意自然数。

$$f_3(\omega\cdot 2,0)=\omega^2+\omega\cdot 2,$$
$$f_3(\omega\cdot 2,1)=\omega^2+\omega\cdot 2+1,$$
$$f_3(\omega\cdot 2,\ n)=\omega^2+\omega\cdot 2+n,$$
$$f_3(\omega\cdot 2,\omega)=\omega^2+\omega\cdot 3,$$
$$f_3(\omega\cdot 2,\ \omega\cdot\omega)=\omega^2+\omega\cdot 4,$$
$$f_3(0,\omega\cdot 2+1)=\omega^2+\omega\cdot 4+1,$$
$$f_3(n,\omega\cdot 2+1)=\omega^2+\omega\cdot 4+(n+1),$$
$$f_3(\omega,\omega\cdot 2+1)=\omega^2+\omega\cdot 5,$$
$$f_3(\omega+n,\omega\cdot 2+1)=\omega^2+\omega\cdot 5+n,$$
$$f_3(\omega\cdot 2,\omega\cdot 2+1)=\omega^2+\omega\cdot 6,$$
$$f_3(\omega\cdot 2+1,0)=\omega^2+\omega\cdot 6+1,$$
$$f_3(\omega\cdot 2+1,n)=\omega^2+\omega\cdot 6+(n+1),$$
$$f_3(\omega\cdot 2+1,\omega)=\omega^2+\omega\cdot 7,$$
$$f_3(\omega\cdot 2+1,\omega+n)=\omega^2+\omega\cdot 7+n,$$
$$f_3(\omega\cdot 2+1,\omega\cdot 2)=\omega^2+\omega\cdot 8,$$
$$f_3(\omega\cdot 2+1,\omega\cdot 2+1)=\omega^2+\omega\cdot 8+1,$$
$$f_3(0,\omega\cdot 2+2)=\omega^2+\omega\cdot 8+2,$$
$$f_3(\omega,\omega\cdot 2+2)=\omega^2+\omega\cdot 9.$$

一般地，对于任意的$n\in\omega$，我们有

$$f_3(0,\omega\cdot 2+n)=\omega^2+\omega\cdot 4n+2,$$

$$f_3(\omega\cdot 2+n,0)=\omega^2+\omega\cdot(4n+2)+n.$$

这样，对于 $(\omega\cdot 3)\times(\omega\cdot 3)\dot{-}(\omega\cdot 2)\times(\omega\cdot 2)$ 中任意的元素，都有$n,m\in\omega$，使得f_3在此点取形式为

$$\omega^2+\omega\cdot n+m \tag{9.9}$$

的值．当平面进一步被扩充，关系R，R_1及相应的配对函数也做进一步扩充时，才能枚举比式（9.9）更大的序数．

依照上述对于序数平面和它的配对函数的讨论，对于任意的序数α，我们都可以引进α平面及其配对函数的概念．甚至我们可以引进 **On** 平面及其配对函数的概念．首先把良序关系R扩充到**On**平面上．事实上这是定义5.8中给出的关系R，换句话说，式（9.6）给出的关系是定义5.8中定义的关系R在 $(\omega\cdot 3)\times(\omega\cdot 3)$ 上的限制，这样，对于任意的序数α，β，我们可以定义相应于R的序数运算p（配对函数）如下：

$$p(\alpha,\beta)=\mathrm{Sup}\{p(x,y)\mid x\in\mathbf{On}\wedge y\in\mathbf{On}\wedge\langle x,y\rangle R\langle\alpha,\beta\rangle\}. \tag{9.10}$$

由上所述，我们有$f_3=p\restriction(\omega\cdot 3)\times(\omega\cdot 3)$．

由式（9.10），可以获得：对于任意的序数$\alpha,\beta,\gamma,\delta$，都有

$p(\alpha,\beta)<p(\gamma,\delta)$ 当且仅当$\max\{\alpha,\beta\}<\max\{\gamma,\delta\}$或$\max\{\alpha,\beta\}=\max\{\gamma,\delta\}$且$\alpha<\gamma$或$\alpha=\gamma$且$\beta<\delta$。

由此，我们有

$$p(\alpha,\beta)=\begin{cases}\sum\limits_{\gamma<\max\{\alpha,\beta\}}(\gamma\cdot 2+1)+\alpha & \text{当}\alpha<\beta,\\ \sum\limits_{\gamma<\max\{\alpha,\beta\}}(\gamma\cdot 2+1)+\alpha+\beta & \text{当}\beta\leqslant\alpha.\end{cases}$$

关于运算p，下述性质是不难证明的。

（1）对于任意的序数γ，都有序数α,β，使得

$$\gamma=p(\alpha,\beta).$$

（2）存在运算k_1与k_2，使得对于任意的序数α,β,γ，当$\gamma=p(\alpha,\beta)$时，有

$$k_1(\gamma)=\alpha,$$

$$k_2(\gamma)=\beta.$$

（3）对于任意的序数α,β，有

$$\alpha\leqslant p(\alpha,\beta);\quad \beta\leqslant p(\alpha,\beta).$$

（4）对于任意的序数α,β，有

$$\begin{aligned} p(\alpha,\beta)\leqslant &\sum_{\gamma<\max\{\alpha,\beta\}}(\max\{\alpha,\beta\}\cdot 2+1)+\max\{\alpha,\beta\}\cdot 2 \\ &\leqslant(\max\{\alpha,\beta\}\cdot 2+1)(\max\{\alpha,\beta\}+1). \end{aligned}$$

（5）对于任意的序数α，我们有

$$k_1(\alpha)\leqslant\alpha,$$

$$k_2(\alpha)\leqslant\alpha.$$

（6）存在序数α,β，使得$\alpha\neq\beta$，$k_1(\alpha)=k_1(\beta)$.

（7）存在序数α,β，使得$\alpha\neq\beta$且$k_2(\alpha)=k_2(\beta)$.

（8）对于任意的序数α,β，我们有

$$\alpha\neq\beta\rightarrow k_1(\alpha)\neq k_1(\beta)\vee k_2(\alpha)\neq k_2(\beta).$$

等价地说，我们有

$$k_1(\alpha)=k_1(\beta)\wedge k_2(\alpha)=k_2(\beta)\rightarrow\alpha=\beta.$$

§2 序数平面上的九层楼

现在考察类$9\times\mathbf{On}^2$，这一类可以看作是序数平面$\mathbf{On}^2$即$\mathbf{On}\times\mathbf{On}$上九层楼，我们来定义$9\times\mathbf{On}^2$上的下述关系$S$如下：

对于任意的序数i,j,α,β,γ与δ，$i<9$，$j<9$，

$$\begin{aligned} \langle i,\alpha,\beta\rangle S\langle j,\gamma,\delta\rangle = &\langle\alpha,\beta\rangle R\langle\gamma,\delta\rangle\vee \\ &\langle\alpha,\beta\rangle=\langle\gamma,\delta\rangle\wedge i<j. \end{aligned} \tag{9.11}$$

容易证明，关系S是$9\times\mathbf{On}^2$上的一良序关系.由这一良序关系，我们定义序数运算J如下：对于任意的$i<9$，$\alpha,\beta\in\mathbf{On}$，令

$$\begin{aligned} J(i,\alpha,\beta)=\mathrm{Sup}\{&J(x,y,z)\mid x<9\wedge \\ &y\in\mathbf{On}\wedge z\in\mathbf{On}\wedge\langle x,y,z\rangle S\langle i,\alpha,\beta\rangle\}. \end{aligned} \tag{9.12}$$

式（9.11）定义的关系是在定义5.8中给出$\mathbf{On}^2$的关系R的基础上给出的三元组的关系，直观地说，对于九层楼中任二格子点

$\langle i,\alpha,\beta\rangle$与$\langle j,\gamma,\delta\rangle$，它们在$S$下的先后次序是首先看有序对$\langle\alpha,\beta\rangle$与$\langle\gamma,\delta\rangle$在$R$之下的次序，如果有$\langle x,\beta\rangle R\langle\gamma,\delta\rangle$成立，这时不管$i$与$j$的次序都有$\langle i,\alpha,\beta\rangle S\langle j,\gamma,\delta\rangle$成立，只有在$\langle\alpha,\beta\rangle=\langle\gamma,\delta\rangle$成立时，才需考察$i$与$j$二者的次序，小者所对应的三元组在$S$之下在前，大者在后．$\langle i,\alpha,\beta\rangle$依据关系$S$定义的序数运算$J$在枚举三元组时是完全相应地给出的．直观说，好像一个人在序数平面$\mathbf{On}^2$上依照R前进，每走一步是走在一个格子点$\langle\alpha,\beta\rangle$上，这时立刻从这一点$\langle\alpha,\beta\rangle$（可以看作就是$\langle 0,\alpha,\beta\rangle$）开始，然后一步一层地爬上九层楼（从底层向上走八层），再立刻返回原地（即底层的点$\langle 0,\alpha,\beta\rangle$），返回过程中不计步数，继续在平面$\mathbf{On}^2$上走下一个格子点$\langle\alpha_1,\beta_1\rangle$，再从$\langle 0,\alpha,\beta_1\rangle$出发，一步一层地爬上九层楼．亦即首先是0，然后依次是1,2,3,4,5,6,7直至8为最后一层再返回原地，走平面上的下一点，如此等等．在上楼时，每走一步函数J都加上1，下楼时不计步数，J不作任何运算．

现在，我们在$\mathbf{On}^2$上定义九个函数$J_0,J_1,\cdots,J_8$如下：

$$J_i(\alpha,\beta)=J(i,\alpha,\beta),\tag{9.13}$$

其中$0\leqslant i\leqslant 8$，$\alpha,\beta\in\mathbf{On}$．这九个函数有些有趣的性质．

定理9.1 序数类$\mathrm{ran}J_i$互不相交，即当$i\neq j$时，$\mathrm{ran}J_i\cap\mathrm{ran}J_j=\varnothing$，并且它们的并，亦即$(\mathrm{ran}J_0)\cup\cdots\cup(\mathrm{ran}J_8)=\mathbf{On}$．

由于S是良序关系及式（9.12）与（9.13），定理显然成立．证明从略．

对于任意的序数$i<9$，α,β，都有

$$J_i(\alpha,\beta)=9\cdot p(\alpha,\beta)+i,\tag{9.14}$$

其中p的定义是由式(9.10)给出的．“$+$”与“$\cdot$”分别为定义2.17与定义2.21的序数加法乘法，由此我们有

$$J_i(\alpha,\beta)=\begin{cases}9\cdot\left(\sum\limits_{\gamma<\max\{\alpha,\beta\}}(\gamma\cdot 2+1)+\alpha\right)+i & \text{当}\alpha<\beta,\\ 9\cdot\left(\sum\limits_{\gamma<\max\{\alpha,\beta\}}(\gamma\cdot 2+1)+\alpha+\beta\right)+i & \text{当}\beta\leqslant\alpha,\end{cases}$$

由J的定义，对于任意的序数γ，都有三元组$\langle i,\alpha,\beta\rangle$使得

$$\gamma=J(i,\alpha,\beta),$$

其中$i<9$，$\alpha\in\mathbf{On}$，$\beta\in\mathbf{On}$。因此，就有三个运算k_0,k_1与k_2，使得

$$k_0(J(i,\alpha,\beta))=i,$$

$$k_1(J(i,\alpha,\beta))=\alpha,$$

$$k_2(J(i,\alpha,\beta))=\beta.$$

例 9.1

$J_0(0,0)=0,\qquad k_0(0)=0,$

$J_1(0,0)=1,\qquad k_0(1)=1,$

$J_2(0,0)=2,\qquad k(2)=2,$

$J_3(0,0)=3,\qquad k_0(3)=3,$

$J_4(0,0)=4,\qquad k_0(4)=4,$

$J_5(0,0)=5,\qquad k_0(5)=5,$

$J_6(0,0)=6,\qquad k_0(6)=6,$

$J_7(0,0)=7,\qquad k_0(7)=7,$

$J_8(0,0)=8,\qquad k_0(8)=8,$

$J_0(0,1)=9,\qquad k_0(9)=0,$

$J_1(0,1)=10,\qquad k_0(10)=1,$

$J_2(0,1)=11,\qquad k_0(11)=2,$

$J_3(0,1)=12,\qquad k_0(12)=3,$

$J_4(0,1)=13,\qquad k_0(13)=4,$

$J_5(0,1)=14,\qquad k_0(14)=5,$

$J_6(0,1)=15,\qquad k_0(15)=6,$

$J_7(0,1)=16,\qquad k_0(16)=7,$

$J_8(0,1)=17,\qquad k_0(17)=8,$

$J_0(1,1)=18,\qquad k_0(18)=0.$

定理9.2 对于任意的序数α,β和$i<9$，我们有

$$\max\{\alpha,\beta\}\leqslant J_i(\alpha,\beta),\tag{9.15}$$

$$\max\{\alpha,\beta\}<J_i(\alpha,\beta),\qquad i>0,\tag{9.16}$$

$$k_1(\alpha)\leqslant\alpha,\ k_2(\alpha)\leqslant\alpha,\tag{9.17}$$

$$k_1(\alpha)<\alpha,\ k_2(\alpha)<\alpha,\ \text{当}\alpha\notin \operatorname{ran}J_0. \qquad (9.18)$$

证明

令 $\operatorname{Max}\{\alpha,\beta\}=\gamma$，这样，由式（9.11）与（9.12）我们有

$$\gamma\leqslant J_0(0,\gamma)\leqslant J_0(\alpha,\beta),$$

并且由式（9.14），就有

$$J_0(\alpha,\beta)<J_i(\alpha,\beta),\ \text{当}i\neq 0\text{时}.$$

由此，我们获得了式（9.15）与式（9.16）成立.同理，可获得式（9.17）与式（9.18）成立.

定理 9.3 对于任意的序数α,β,γ，都有

$$\alpha,\beta<\omega_\gamma\rightarrow J_i(\alpha,\beta)<\omega_\gamma.$$

证明 由式（9.11）与（9.12），函数J把集合

$$S=\{\langle x,y,z\rangle\,|\,x<9\wedge y\in\mathbf{On}\wedge z\in\mathbf{On}\wedge \langle x,y,z\rangle S\langle i,\alpha,\beta\rangle\}$$

一一地映射到小于$J(i,\alpha,\beta)$的序数集合，亦即序数$J(i,\alpha,\beta)$.这样，当$\gamma=0$时，由习题3.1，就获得欲证结果成立.当$\gamma>0$时，有

$$S\subset 9.(\max\{\alpha,\beta\}+1)^2,$$

因此，再使用定理5.13及其推论，就可获得欲证结果成立.

定理 9.4 对于任意的序数α，都有

$$\omega_\alpha\in\operatorname{ran}J_0.$$

证明 由式（9.15），有$\omega_\alpha\leqslant J_0(0,\omega_\alpha)$，但是，不能有$\omega_\alpha<J_0(0,\omega_\alpha)$.因为，如果有$\omega_\alpha\subset J_0(0,\omega_\alpha)$，就必然有三元组$\langle i,\beta,\delta\rangle$使得

$$\langle i,\beta,\delta\rangle S\langle 0,0,\omega_\alpha\rangle\text{且}\omega_\alpha=J(i,\beta,\delta)$$

成立，然而这意味着$\beta,\ \delta<\omega_\alpha$.由定理9.3，有$J_i(\beta,\delta)<\omega_\alpha$.由此，我们就获得了欲证结果

事实上，我们还可以有一个更广的结论，对于任意的极限序数α，都有

$$\alpha\in\operatorname{ran}J_0 \qquad (9.19)$$

成立．这是因为对于任意的序数β,δ和自然数$i<9$，式（9.14）成立．令$\gamma=9\cdot p(\alpha,\beta)$，有$J_i(\alpha,\beta)=\gamma+i$，当$i\neq 0$时，显然这是一后继序数．也就是说，当$i\neq 0$，$J_i(\alpha,\beta)$永远取后继序数．从而式（9.19）成立．

§3 基本运算

在可构成模型$\boldsymbol{L}$的构做过程中，哥德尔的八个基本运算起着重要的作用，因此我们给出它们的定义并作些初步的讨论．下节我们将用这些基本运算并利用上节的结果去构造$\boldsymbol{L}$．这几个基本运算都是从两个已知集合x与y出发，去获得新的集合的运算，它们是：

$$\boldsymbol{F}_1(x,y)=\{x,y\};$$

$$\boldsymbol{F}_2(x,y)=\{z_1\mid\exists z_2\exists z_3(z_1=\langle z_2,z_3\rangle\wedge z_1\in x \wedge z_2\in z_3\}.$$

应当注意运算$\boldsymbol{F}_2(x,y)$和y无关，即欲求集合的任一元素z_1与y无关，只依赖于x，并且只是把x所有的具有性质“$z_2\in z_3$”的有序对$\langle z_2,z_3\rangle$汇集在一起所形成的$\boldsymbol{F}_2(x,y)$．这一值仅依赖于集合x．

$$\boldsymbol{F}_3(x,y)=x\dot{-}y;$$

$$\boldsymbol{F}_4(x,y)=\{\langle z,u\rangle\mid\langle z,u\rangle\in x\wedge z\in y\};$$

$$\boldsymbol{F}_5(x,y)=\{z\mid z\in x\wedge\exists u(\langle z,u\rangle\in y)\};$$

$$\boldsymbol{F}_6(x,y)=\{\langle z,u\rangle\mid\langle z,u\rangle\in x\wedge\langle u,z\rangle\in y\};$$

$$\boldsymbol{F}_7(x,y)=\{\langle z,u,t\rangle\mid\langle z,u,t\rangle\in x\wedge\langle z,t,u\rangle\in y\};$$

$$\boldsymbol{F}_8(x,y)=\{\langle z,u,t\rangle\mid\langle z,u,t\rangle\in x\wedge\langle t,z,u\rangle\in y\}.$$

由这八个基本运算还可以直接给出其它一些运算，比如交集合是通过$\boldsymbol{F}_3(x,y)$直接定义的，这是因为

$$x\cap y=x\dot{-}(x\dot{-}y)=\boldsymbol{F}_3(x,\boldsymbol{F}_3(x,y)). \tag{9.20}$$

当$2\leqslant i\leqslant 8$时，由上述定义式，显然都有$\boldsymbol{F}_i(x,y)\subset x$．而它们的特点都是对$x$的元素作分析，除$i=2$外，并与$y$的元素作对

比，就可获得它们的值．就$\boldsymbol{F}_2(x,y)$而言，任取x的一元素z_1，我们首先考察z_1是否是一有序对，若不是有序对，则$z_1\notin \boldsymbol{F}_2(x,y)$，若$z_1$是一有序对，我们再看它的第一个元素$z_2$是否属于它的第二个元素$z_3$．若不是，同样$z_1$不在$\boldsymbol{F}_2(x,y)$中，若$z_2\in z_3$，则$z_1\in \boldsymbol{F}_2(x,y)$．由上述过程，对$\boldsymbol{F}_2(x,y)$只需检查$x$中的元素是否满足相应的条件就够了．这里对于$\boldsymbol{F}_3(x,y)$我们仅需考察$x$中的元素是否属于$y$就够了．$x$的任一元素$z$，若$z\in y$，则$z\notin \boldsymbol{F}_3(x,y)$；若$z\notin y$，则$z\in \boldsymbol{F}_3(x,y)$．集合$\boldsymbol{F}_4(x,y)$的元素是$x$中的所有有序对并且这一有序对的第二元素在$y$中．$\boldsymbol{F}_5(x,y)$是$x$的元素同时又是$y$的元素中那些有序对的第一元素的汇合．换句话说，我们曾定义一关系R的定义域$\mathrm{dom}R$和值域$\mathrm{ran}R$，现在我们可以推广这一表示法，使得对于任意的类（可以不是一类关系）R，令

$$\mathrm{dom}R=\{x\mid\exists y(\langle x,y\rangle\in R)\},$$
$$\mathrm{ran}R=\{y\mid\exists x(\langle x,y\rangle\in R)\},$$
$$\mathrm{fld}R=\mathrm{dom}R\cup\mathrm{ran}R,$$

由此，我们有

$$\boldsymbol{F}_5(x,y)=x\cap\mathrm{dom}\,y. \tag{9.21}$$

集合$\boldsymbol{F}_6(x,y)$是把x的元素中那些有序对（比如为$\langle u,t\rangle$），对其中每一个有序对求其逆（即由有序对$\langle u,t\rangle$变到有序对$\langle t,u\rangle$），看它是否在y中．若在y中，则$\langle u,t\rangle$在$\boldsymbol{F}_6(x,y)$中．这样，由x与y获得$\boldsymbol{F}_6(x,y)$是明确的．

集合$\boldsymbol{F}_7(x,y)$是把x的元素中那些三元对$\langle z,u,t\rangle$变换次序为$\langle z,t,u\rangle$，并考察后者是否在y中．类似地集合$\boldsymbol{F}_8(x,y)$是把x的元素中那些三元对$\langle z,u,t\rangle$变换次序为$\langle t.z,u\rangle$，并考察后者是否在y中．

由上述说明，基本运算$\boldsymbol{F}_2$至$\boldsymbol{F}_8$都是它们的第一个变元x的特定子集合，而$\boldsymbol{F}_1(x,y)$是由x与y所简单地决定的，这些运算都具有良好的性质．

现在，我们对于某些基本函数再作一些说明，首先，令

$$E=\{\langle x,y\rangle\mid x\in y\wedge x\in\boldsymbol{V}\wedge y\in\boldsymbol{V}\}. \tag{9.22}$$

不难验证E是一真类.由此，我们可以获得

$$\boldsymbol{F}_2(x,y)=x\cap E. \tag{9.23}$$

为了统一考察基本运算，令

$$\mathrm{Fun}(p_2,\boldsymbol{V}^2)\wedge\forall u\forall t(p_2(u,t)=u), \tag{9.24}$$

这样，p_2是定义在$\boldsymbol{V}^2$上的函数，并且总有

$$\forall u\forall t(\langle\langle u,t\rangle,u\rangle\in p_2). \tag{9.25}$$

令 $Q_4=p_2^{-1}$，$Q_5=p_2$.由此，我们有：

$$\begin{aligned}\boldsymbol{F}_4(x,y)&=x\cap(yx\boldsymbol{V})\\&=x\cap\mathrm{ran}(Q_4\upharpoonright y).\end{aligned} \tag{9.26}$$

这是因为$\mathrm{ran}(Q_4\upharpoonright y)=y\times\boldsymbol{V}$，并建议读者给出这一证明.又因为$\mathrm{ran}(Q_5\upharpoonright y)=\mathrm{dom}\,y$，由式（9.21）可以获得

$$\boldsymbol{F}_5(x,y)=x\cap\mathrm{ran}(Q_5\upharpoonright y). \tag{9.27}$$

现在令

$$\mathrm{Fun}(Q_6,\boldsymbol{V}^2)\wedge\forall u\forall t(Q_6(u,t)=\langle t,u\rangle), \tag{9.28}$$

$$\mathrm{Fun}(Q_7,\boldsymbol{V}^3)\wedge\forall u\forall t\forall z(Q_7(u,t,z)=\langle u,z,t\rangle, \tag{9.29}$$

$$\mathrm{Fun}(Q_8,\boldsymbol{V}^3)\wedge\forall u\forall t\forall z(Q_8(u,t,z)=\langle t,z,u\rangle). \tag{9.30}$$

这样，对于任意i，$6\leqslant i\leqslant 8$，我们有

$$\boldsymbol{F}_i(x,y)=x\cap\mathrm{ran}(Q_i\upharpoonright y). \tag{9.31}$$

对上述定义的$Q_i(i=4,5,6,7,8)$而言，我们有：

若$C_1\subset C_2$，则$\mathrm{ran}(Q_i\upharpoonright C_1)\subset\mathrm{ran}(Q_i\upharpoonright C_2)$.

§4 L的构造与性质

定义 9.1 由八个基本运算和求值域的运算我们超穷递归地在类**On**上定义一类函数$\boldsymbol{F}$如下：

$\mathrm{dom}\boldsymbol{F}=\mathbf{On}$并且对于任意的序数$\alpha$，令

$$\boldsymbol{F}(\alpha)=\begin{cases}\mathrm{ran}(\boldsymbol{F}\upharpoonright\alpha), & \alpha\in\mathrm{ran}J_0, \quad (9.32)\\ \boldsymbol{F}_i(\boldsymbol{F}(K_1(\alpha)),\boldsymbol{F}(K_2(\alpha)), & \alpha\in\mathrm{ran}J_i. \quad (9.33)\\ & 0<i\leqslant 8.\end{cases}$$

因为$0\in\mathrm{ran}J_0$由式（9.32），显然有$\boldsymbol{F}(0)=\varnothing$. 并且我们有

下述例题成立.

例 9.2

$$\boldsymbol{F}(1)=\boldsymbol{F}_1(\boldsymbol{F}(0),\boldsymbol{F}(0))=\{0\}=1,$$
$$\boldsymbol{F}(2)=\boldsymbol{F}_2(\boldsymbol{F}(0),\ \boldsymbol{F}(0))=0,$$
$$\boldsymbol{F}(3)=\boldsymbol{F}_3(\boldsymbol{F}(0),\boldsymbol{F}(0))=0,$$
$$\boldsymbol{F}(4)=\boldsymbol{F}_4(\boldsymbol{F}(0),\boldsymbol{F}(0))=0,$$
$$\boldsymbol{F}(5)=\boldsymbol{F}_5(\boldsymbol{F}(0),\boldsymbol{F}(0))=0,$$
$$\boldsymbol{F}(6)=\boldsymbol{F}_6(\boldsymbol{F}(0),\boldsymbol{F}(0))=0,$$
$$\boldsymbol{F}(7)=\boldsymbol{F}_7(\boldsymbol{F}(0),\boldsymbol{F}(0))=0,$$
$$\boldsymbol{F}(8)=\boldsymbol{F}_8(\boldsymbol{F}(0),\boldsymbol{F}(0))=0,$$
$$\boldsymbol{F}(9)=\mathrm{ran}(\boldsymbol{F}\upharpoonright 9)=\{0,1\}=2,$$
$$\boldsymbol{F}(10)=\boldsymbol{F}_1(\boldsymbol{F}(0),\boldsymbol{F}(1))=\boldsymbol{F}_1(1,0)=\{0,1\}=2,$$
$$\boldsymbol{F}(11)=\boldsymbol{F}_2(\boldsymbol{F}(0),\ \boldsymbol{F}(1))=0,$$
$$\boldsymbol{F}(12)=\boldsymbol{F}_3(\boldsymbol{F}(0),\boldsymbol{F}(1)=1,$$
$$\boldsymbol{F}(13)=\boldsymbol{F}_4(\boldsymbol{F}(0),\ \boldsymbol{F}(1))=0,$$
$$\boldsymbol{F}(14)=\boldsymbol{F}_5(\boldsymbol{F}(0),\boldsymbol{F}(1))=0,$$
$$\boldsymbol{F}(15)=\boldsymbol{F}_6(\boldsymbol{F}(0),\boldsymbol{F}(1))=0,$$
$$\boldsymbol{F}(16)=\boldsymbol{F}_7(\boldsymbol{F}(0),\boldsymbol{F}(1))=0,$$
$$\boldsymbol{F}(17)=\boldsymbol{F}_8(\boldsymbol{F}(0),\boldsymbol{F}(1))=0,$$
$$\boldsymbol{F}(18)=\mathrm{ran}(\boldsymbol{F}\upharpoonright 18)=\{0,1,2\}=3.$$

由上例和定义9.1我们知道，对于给定的$\alpha\in\mathbf{On}$，总有自然数$i<9$，使得$\alpha\in\mathrm{ran}J_i$. 当$i=0$时，$\boldsymbol{F}(\alpha)$ 的值为$\mathrm{ran}(\boldsymbol{F}\upharpoonright\alpha)$，即对于每一$\beta$，$\beta<\alpha$，$\boldsymbol{F}(\beta)$ 的值恰好都是$\boldsymbol{F}(\alpha)$ 的元. 当$i>0$ 时，先求$K_1(\alpha)$，$K_2(\alpha)$ 值，它们都小于α，故此时已知道了$\boldsymbol{F}(K_1(\alpha))$与$\boldsymbol{F}(K_2(\alpha))$的值了. 然后，依据基本函数的计算法则，再求$\boldsymbol{F}_i(F(K(\alpha)),\ \boldsymbol{F}(K_2(\alpha)))$的值，亦即函数$\boldsymbol{F}$在$\alpha$时的值即$\boldsymbol{F}(\alpha)$的值.

定义 9.2 对于任意的集合S，如果有一$\alpha\in\mathbf{On}$，使得$S=\boldsymbol{F}(\alpha)$，则称S是**可构成的**.

令$\boldsymbol{L}=\mathrm{ran}\boldsymbol{F}$，则一集合$S$是可构成的当且仅当$S\in\boldsymbol{L}$.

显然，$\boldsymbol{L}\subset\boldsymbol{V}$，由定义9.2．对于任一集合$S$，若$S\in\boldsymbol{L}$，都有一序数$\alpha$，使得$S=\boldsymbol{F}(\alpha)$，当然，$\alpha$不要求是由$S$唯一决定的．由例9.2不难看出，集合0,1,2,3等都是可构成的。对于一个可构成集合S来说，使得$S=\boldsymbol{F}(\alpha)$的序数α可以称为**S的阶段**，集合0的阶段为0,2,3,4等，集合1的阶段为1,12等，集合2的阶段为9,10等．由此看到，可构成集合的阶段总是存在的，并且，一般说来是不唯一的。

注记 9.2　对于定义9.1所给出的类函数$\boldsymbol{F}$的合法性，我们可以使用定理4.12给予证明．为此，需要在$\boldsymbol{V}$上定义一类函数G如下，若$\mathrm{dom}x\in\mathrm{ran}J_0$，则$G(x)=\mathrm{ran}x$；若$\mathrm{dom}x\in\mathrm{ran}J_i$，其中$0<i\leqslant 8$，则$G(x)=\boldsymbol{F}_i(x(K_1(\mathrm{dom}x)),\ x(K_2(\mathrm{dom}x)))$；在$\mathrm{dom}x$为其它情况时，$G(x)=\varnothing$．这样，由定理4.12，唯一地存在一函数$\boldsymbol{F}$，使得

$$\mathrm{Fun}(\boldsymbol{F},\mathbf{On})\wedge\boldsymbol{F}(\alpha)=G(\boldsymbol{F}\upharpoonright\alpha),$$

这样的函数恰好满足定义9.1．设$\alpha\in\mathrm{ran}J_i$，$1\leqslant i\leqslant 8$，$\mathrm{dom}(\boldsymbol{F}\upharpoonright\alpha)=\alpha$，$\mathrm{dom}(\boldsymbol{F}\upharpoonright\alpha)\in\mathrm{ran}J_i$，所以有

$$G(\boldsymbol{F}\upharpoonright\alpha)=\boldsymbol{F}_i((\boldsymbol{F}\upharpoonright\alpha)(K_1(\alpha)),\ (\boldsymbol{F}\upharpoonright\alpha)(K_2(\alpha))),$$

又因为$K_1(\alpha)<\alpha$，$K_2(\alpha)<\alpha$，且当$\beta<\alpha$时，有$(\boldsymbol{F}\upharpoonright\alpha)(\beta)=\boldsymbol{F}(\beta)$，所以有

$$\boldsymbol{F}(\alpha)=G(\boldsymbol{F}\upharpoonright\alpha)=\boldsymbol{F}_i(\boldsymbol{F}(K_1(\alpha)),\boldsymbol{F}(K_2(\alpha))).$$

另一方面，当$\alpha\in\mathrm{ran}J_0$，即$\mathrm{dom}(\boldsymbol{F}\upharpoonright\alpha)\in\mathrm{ran}J_0$时，有$\boldsymbol{F}(\alpha)=G(\boldsymbol{F}\upharpoonright\alpha)=\mathrm{ran}(\boldsymbol{F}\upharpoonright\alpha)$．由运算$K_1$与$K_2$的定义，有$K_1(J_i(\alpha,\beta))=\alpha$，$K_2(J_i(\alpha,\beta))=\beta$，并且有

$$\boldsymbol{F}(J_1(\alpha,\beta))=\{\boldsymbol{F}(\alpha),\ \boldsymbol{F}(\beta)\},$$

$$\boldsymbol{F}(J_2(\alpha,\beta)=E\cap\boldsymbol{F}(\alpha),$$

$$\boldsymbol{F}(J_3(\alpha,\beta))=\boldsymbol{F}(\alpha)\dot{-}\boldsymbol{F}(\beta),$$

$$\boldsymbol{F}(J_i(\alpha,\beta)=\boldsymbol{F}(\alpha)\cap\mathrm{ran}(Q_i\upharpoonright\boldsymbol{F}(\beta)),\quad 4\leqslant i\leqslant 8,$$

$$\alpha\in\mathrm{ran}J_0\rightarrow\boldsymbol{F}(\alpha)=\mathrm{ran}(\boldsymbol{F}\upharpoonright\alpha).$$

定义 9.3　若S是可构成的，且α是使得$S=\boldsymbol{F}(\alpha)$成立的最小序数（即$S=\boldsymbol{F}(\alpha)$并且对于任意序数β，若$\beta<\alpha$，则$S\neq\boldsymbol{F}$

(β))，则称α是集合S的阶，并记做Od(S)。

如上述例子，Od(0)为0，Od(1) 为1 Od(2) 为9，Od(3)为18.

定理 9.5 对于任意的序数α，ran($\boldsymbol{F}\upharpoonright\alpha$) 都是传递的.

仅需证明 $\boldsymbol{F}(\alpha)\subset\mathrm{ran}(\boldsymbol{F}\upharpoonright\alpha)$，即一可构成集合的所有的元素都出现在该集合自身之前。

证明 假定α是使得此定理不成立的最小序数.若$\alpha\in\mathrm{ran}J_0$，则$\boldsymbol{F}(\alpha)=\mathrm{ran}(\boldsymbol{F}\upharpoonright\alpha)$，当然有 $\boldsymbol{F}(\alpha)\subset\mathrm{ran}(\boldsymbol{F}\upharpoonright\alpha)$.若 $\alpha\in\mathrm{ran}J_i$ 且$i>0$，则有β_1，$\beta_2<\alpha$，使得$\alpha=J_i(\beta_1,\beta_2)$.当$i\neq1$时，有 $\boldsymbol{F}(\alpha)\subset\boldsymbol{F}(\beta_1)$.由定理9.2，$\beta_1<\alpha$，因此，本定理成立。即 $\boldsymbol{F}(\beta_1)\subset\mathrm{ran}(\boldsymbol{F}\upharpoonright\beta_1)$.此外，由 $\beta_1<\alpha$，得 $\mathrm{ran}(\boldsymbol{F}\upharpoonright\beta_1)\subset\mathrm{ran}(\boldsymbol{F}\upharpoonright\alpha)$. 所以，有$\boldsymbol{F}(\alpha)\subset\mathrm{ran}(\boldsymbol{F}\upharpoonright\alpha)$.当$i=1$时，有$\boldsymbol{F}(\alpha)=\{\boldsymbol{F}(\beta_1),\ \boldsymbol{F}(\beta_2)\}$.因此，有$\boldsymbol{F}(\beta_1)\in\mathrm{ran}(\boldsymbol{F}\upharpoonright\alpha)$，$\boldsymbol{F}(\beta_2)\in\mathrm{ran}(\boldsymbol{F}\upharpoonright\alpha)$.所以，就有$\{\boldsymbol{F}(\beta_1),\ \boldsymbol{F}(\beta_2)\}\subset\mathrm{ran}(\boldsymbol{F}\upharpoonright\alpha)$，即有$\boldsymbol{F}(\alpha)\subset\mathrm{ran}(\boldsymbol{F}\upharpoonright\alpha)$. 综上，对于任意$i$，$0\leqslant i\leqslant8$，均与$\alpha$的假定相矛盾，因此，欲证结果成立.

定理 9.6 类$\boldsymbol{L}$是传递的，也就是说，每一可构成集合的任意元都是可构成的.

证明 对于任一$x\in\boldsymbol{L}$，令 $\alpha=\mathrm{Od}(x)$，则 $x=\boldsymbol{F}(\alpha)$，由定理9.5就有$x\subset\mathrm{ran}(\boldsymbol{F}\upharpoonright\alpha)$.因为$\mathrm{ran}(\boldsymbol{F}\upharpoonright\alpha)\subset\boldsymbol{L}$，所以 $x\subset\boldsymbol{L}$. 定理得证.

定理 9.7 对于任意的可构成 集 合 x，y，如果$x\in y$，则$\mathrm{Od}(x)<\mathrm{Od}(y)$，换言之，$x\in\boldsymbol{F}(\alpha)\to\mathrm{Od}(x)<\alpha$.

证明 不妨设序数β,α，使得 $\beta=\mathrm{Od}(x)$，$\alpha=\mathrm{Od}(y)$，前提$x\in y$即$\boldsymbol{F}(\beta)\in\boldsymbol{F}(\alpha)$，并且由定理9.5，就有

$$\boldsymbol{F}(\alpha)\subset\mathrm{ran}(\boldsymbol{F}\upharpoonright\alpha)=\{\boldsymbol{F}(\gamma)\mid\gamma<\alpha\},$$

由此，就有$\beta<\alpha$，即$\mathrm{Od}(x)<\mathrm{Od}(y)$.

定理 9.8 如果x,y是任意的可构成 集 合且 $0<i\leqslant8$，则$\boldsymbol{F}_i(x,y)$ 是可构成的，即若$x,y\in\boldsymbol{L}$，则$\boldsymbol{F}_i(x,y)\in\boldsymbol{L}$.

证明 因为$x,y\in\boldsymbol{L}$，所以有序数α,β使得 $x=\boldsymbol{F}(\alpha)$，$y=\boldsymbol{F}(\beta)$. 令 $\gamma=J(i,\alpha,\beta)$，由此，令 $\boldsymbol{F}(\gamma)=\boldsymbol{F}_i(\boldsymbol{F}(\alpha),\ \boldsymbol{F}(\beta))=$

$\boldsymbol{F}_i(x,y)$，故$\boldsymbol{F}_i(x,y)$ 即$\boldsymbol{F}(\gamma)$ 属于$\boldsymbol{L}$.

定理 9.9 对于任意的集合$x,y\in\boldsymbol{L}$，都有

$$x\cap y\in\boldsymbol{L}.$$

证明 由式（9.20），我们就获得了欲证结果.

定理9.10 若x，$y\in\boldsymbol{L}$，且$\mathrm{Od}(x)<\omega_\alpha$，$\mathrm{Od}(y)<\omega_\alpha$，则$\mathrm{Od}(x\cap y)<\omega_\alpha$。

证明 由定理9.9，$x\cap y\in\boldsymbol{L}$.再使用定理9.3，即可获得欲证结果.

定理9.11 对于任意的集合x，y，z，我们有

（1）x，$y\in\boldsymbol{L}$当且仅当$\langle x,y\rangle\in\boldsymbol{L}$；

（2）x，y，$z\in\boldsymbol{L}$当且仅当$\langle x,y,z\rangle\in\boldsymbol{L}$；

（3）$\langle x,y\rangle\in\boldsymbol{L}$当且仅当$\langle y,x\rangle\in\boldsymbol{L}$；

（4）$\langle x,y,z\rangle\in\boldsymbol{L}$当且仅当$\langle z,x,y\rangle\in\boldsymbol{L}$，当且仅当$\langle x,z,y\rangle\in\boldsymbol{L}$.

这里仅证明（1），其余的留给读者去证明.由$\langle x,y\rangle$为$\{\{x\},\{x,y\}\}$和定理9.8，显然，可以由$x,y\in\boldsymbol{L}$获得$\langle x,y\rangle\in\boldsymbol{L}$.逆命题由定理9.5获得.

定理9.12 $\forall x(x\subset\boldsymbol{L}\to\exists y(y\in\boldsymbol{L}\wedge x\subset y))$.

证明 考察$\mathrm{ran}(\mathrm{Od}\upharpoonright x)$，亦即序数的集合$\{\mathrm{Od}(z)\mid z\in x\}$.这是因为集合$x$的任一元都是可构成的.由序数的性质，我们令序数$\alpha$满足条件：

$$\mathrm{ran}(\mathrm{Od}\upharpoonright x)\subset\alpha\text{且}\alpha\in\mathrm{ran}J_0,$$

后者是由于$\alpha\leqslant J_0(0,\alpha)$，因此，可取$J_0(0,\alpha)$来代替$\alpha$，所以，$\boldsymbol{F}(\alpha)=\mathrm{ran}(\boldsymbol{F}\upharpoonright\alpha)$，而且$x\subset\mathrm{ran}(\boldsymbol{F}\upharpoonright\alpha)$，因此，$x\subset\boldsymbol{F}(\alpha)$，$\boldsymbol{F}(\alpha)$是可构成的集合.这就完成了定理9.12的证明.

注记9.3 定理9.12是说，对于可构成集合的集合x（集合x的元素都是可构成的，x不一定是可构成的.当然对于$x\in\boldsymbol{L}$时，结果是显然的)，总存在一可构成集合y，使得$x\subset y$成立.这是一条十分重要的定理.有时我们也称如上的集合y为x的**可构成壳**.

定理9.13 若x，$y\in\boldsymbol{L}$，则$x\cup y\in\boldsymbol{L}$.

证明 因为$x\cup y$是一集合，且它的元素都是可构成的，所以有$x\cup y\subset \boldsymbol{L}$，由定理9.12，有可构成集合$z$，使得$x\cup y\subset z$.并且由集合的初等性质

$$x\cup y=z\dot{-}((z\dot{-}x)\dot{-}y),$$

据定理9.8，即得欲证结果成立.

定理9.14 $\forall x(x\in \boldsymbol{L}\rightarrow x^{+}\in \boldsymbol{L})$.

证明 因为x是一可构成集合，由基本运算 $\boldsymbol{F}_1$，$\{x\}$是一可构成集合，使用定理9.13即得x^{+}为一可构成集合.

由定理9.14和例9.2可直接获得：任一自然数n，都有$n\in \boldsymbol{L}$.

定理9.15 $\boldsymbol{L}$是一真类.

证明 假定$\boldsymbol{L}$是一集合，由定理9.12，有一集合$y\in \boldsymbol{L}$且$\boldsymbol{L}\subset y$，然而由定理9.6，$\boldsymbol{L}$是传递的，因此，由$y\in \boldsymbol{L}$可得到$y\subset \boldsymbol{L}$.于是，$\boldsymbol{L}=y$，亦即$\boldsymbol{L}$是一可构成集合.再由$\boldsymbol{L}$的定义，我们就有$\boldsymbol{L}\in \boldsymbol{L}$.这与正则公理相矛盾，从而获得欲证结果.

§5 可构成类

定义9.4 对于任意的类C，如果C同时满足条件：

（1）$C\subset \boldsymbol{L}$,

（2）$\forall x(x\in \boldsymbol{L}\rightarrow x\cap C\in \boldsymbol{L})$

则称C是**可构成的类**.

条件（1）是说，C的元素都是可构成集合；条件（2）是说，任一可构成集合与C的交仍然是可构成集合.这样，由可构成集合的传递性，我们有任一可构成集合都是一可构成类，反之不然，也就是说，有真类是可构成类.

例9.3 $\boldsymbol{L}$是一可构成类，条件（1）是显然的，并且由于当x为任一可构成集合时，由定理9.6，总有

$$x=x\cap \boldsymbol{L}$$

成立，因此条件(2)成立.这样，$\boldsymbol{L}$是可构成类.由定理9.15，可知$\boldsymbol{L}$是一可构成的真类.

定理9.16 对于任意的可构成类C，如果C是一集合，则C

是一可构成集合.

证明 由定理9.6和定义9.4，有一可构成集合y，使得 $C\subset y$，因此，有$C\cap y=C$.这样，由定义9.4就有$C\in \boldsymbol{L}$，从而获得了欲证结果.

例9.4 $E\cap \boldsymbol{L}$是可构成类，因为 $E\cap \boldsymbol{L}\subset \boldsymbol{L}$，由式（9.23），$x\cap E$为基本运算$F_2$，因此，对于任一可构成集合$x$，有$x\cap E$ 为一可构成集合.又因为$x\subset \boldsymbol{L}$，所以$x\cap E\cap \boldsymbol{L}=x\cap E$，这样，$E\cap \boldsymbol{L}$是一可构成类.

定理9.17 如果C_1，C_2是可构成类，则$C_1\dot{-}C_2$ 是可构成的类.

证明 因为C_1，C_2都是可构成类，因此，对于任意的 $x\in \boldsymbol{L}$ 有$x\cap(C_1\dot{-}C_2)=x\cap C_1\dot{-}x\cap C_2$，并且从$x\cap C_1\dot{-}x\cap C_2\in \boldsymbol{L}$，得到$x\cap(C_1\dot{-}C_2)\in \boldsymbol{L}$.从而获得欲证结果.

类似地，我们有下述二条定理成立.

定理9.18 如果C_1，C_2是可构成类，则$C_1\cap C_2$是可构成类.

定理9.19 如果C_1，C_2是可构成类，则$C_1\cup C_2$是可构成类.

定理9.18是定理9.9由集合到类的推广，定理9.19是定理9.13由集合到类的推广.

注意到等式

$$C_1\cup C_2=\boldsymbol{L}\dot{-}((\boldsymbol{L}\dot{-}C_1)\dot{-}C_2),$$

并依据定理9.17可直接获得定理9.19的证明.

定理9.20 若y是可构成集合，则 $\mathrm{ran}(Q_i\upharpoonright y)$是可构成集合.其中$5\leqslant i\leqslant 8$.

证明 设y是一可构成集合，由定理9.6，y 的每一元都是可构成的，从而据定理9.11，$\mathrm{ran}(Q_i\upharpoonright y)\subset \boldsymbol{L}$，并且若$x$ 是任一可构成集合，据定理9.8，$x\cap\mathrm{ran}(Q_i\upharpoonright y)$ 即$\boldsymbol{F}_i(x,y)$ 都是可构成集合.这样，据定义9.3，$\mathrm{ran}(Q_i\upharpoonright y)$ 为可构成类.又因为，$\mathrm{ran}(Q_i\upharpoonright y)$是一集合，因此，从定理9.16就获得了欲证结果.

定理9.21 若C是一可构成类，则$\boldsymbol{L}\cap\mathrm{ran}(Q_4\upharpoonright C)$和$\mathrm{ran}(Q_i\upharpoonright C)$（其中$5\leqslant i\leqslant 8$）均为可构成类.

证明 由定理9.20，对于任意的可构成集合 y，都有 $\mathrm{ran}(Q_i\upharpoonright y)\in \boldsymbol{L}(5\leqslant i\leqslant 8)$，因此，我们有 $\mathrm{ran}(Q_i\upharpoonright C)\subset \boldsymbol{L}$. 同时 $\boldsymbol{L}\cap\mathrm{ran}(Q_4\upharpoonright C)\subset \boldsymbol{L}$ 是显然的. 为了证明对于任一给定的构成集合 x，有 $x\cap\mathrm{ran}(Q_i\upharpoonright C)\in \boldsymbol{L}$(其中 $i=4,\cdots,8$)，我们考虑任一 $z\in x\cap\mathrm{ran}(Q_i\upharpoonright C)$. z 是 C 的某一元素经 Q_i 所对应的像；取 C 的具有使得 $Q_i(z')=z$ 成立的最小阶段的元素 z'，亦即 $Q_i(z')=z$ 并且满足条件

$$\forall t(\mathrm{Od}(t)<\mathrm{Od}(z')\rightarrow Q_i(t)\neq z).$$

$$令 u=\{z'\mid z\in x\cap\mathrm{ran}(Q_i\upharpoonright C)\},$$

这样，u 是由可构成集合组成的一集合且 $u\subset c$. 应当注意的是由分离公理 u 为一集合（但不一定是可构成集合），因为 u 是一集合，且 $u\subset \boldsymbol{L}$，据定理9.12，有一集合 y，$y\in \boldsymbol{L}$ 且 $u\subset y$. 我们能够选择 $y\subset C$，因为若不然我们可以取它为 $y\cap C$，因此，我们有 $u\subset y\subset C$. 这样，有 $\mathrm{ran}(Q_i\upharpoonright y)\subset\mathrm{ran}(Q_i\upharpoonright C)$，从而有 $x\cap\mathrm{ran}(Q_i\upharpoonright y)\subset x\supset\mathrm{ran}(Q_i\upharpoonright C)$. 另一方面，由于 $x\cap\mathrm{ran}(Q_i\upharpoonright C)$ 的任一元素在 u 中都有原像(图 9.5)，所以此原像也在 y 中. 因此，$x\cap\mathrm{ran}(Q_i\upharpoonright C)$

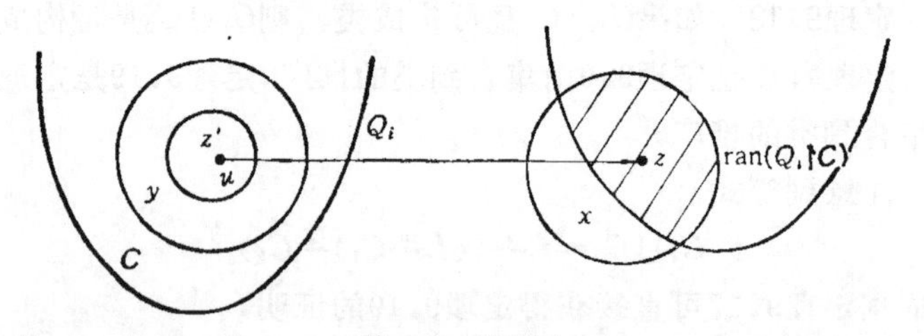

图 9.5 示意图

$\subset x\cap\mathrm{ran}(Q_i\upharpoonright y)$. 因此，我们有 $x\cap\mathrm{ran}(Q_i\upharpoonright C)=x\cap\mathrm{ran}(Q_i\upharpoonright y)$. 据定理9.20，有 $x\cap\mathrm{ran}(Q_i\upharpoonright y)\in \boldsymbol{L}$. 从而完成了定理的证明.

定理9.22 若 C，D 为可构成类，则

（1）$\mathrm{dom}(C)$，

（2）$V_1(C)\cap \boldsymbol{L}$，

（3）$C\times D$，

（4）$C\upharpoonright D$

都是可构成类，其中 $V_1(C)=\boldsymbol{V}\times C$.

证明 （1）与（2）是显然的，我们仅证明（3）与（4）。对于（3），我们令$V_2(C)=C\times \boldsymbol{V}$，并注意到下述等式

$$C\times D=(C\times \boldsymbol{V})\cap(\boldsymbol{V}\times D)=\boldsymbol{V}_2(C)\cap\boldsymbol{V}_1(D)$$
$$=(\boldsymbol{L}\cap V_2(C))\cap(V_1(D)\cap\boldsymbol{L}),$$

就可获得欲证结果.对于（4），我们注意到下述等式

$$C\upharpoonright D=C\cap(\boldsymbol{V}\times D)=C\cap\boldsymbol{L}\cap(\boldsymbol{V}\times D),$$

就可获得欲证结果.

应当注意，并非关于集合的一切运算都能够从可构成类获得可构成类，例如，幂集合的运算就不是如此，我们不能够证明$\mathscr{P}(x)$（其中x为可构成集合）是可构成的.

定义6.12引进了ZF可定义类，定理6.25—27讨论了它们的初等性质.现在，我们将证明$\boldsymbol{L}$的可定义子类都是可构成类.

定理9.23 若类C是ZF可定义的，且$C\subset\boldsymbol{L}$，则C是可构成的.

证明 施归纳于定义C的ZF公式$A(x)$的构造.

（1）基始：定义C的公式为$y\in z$，这时C为式(9.22)定义的类E，使用例9.4即得欲证结果.

（2）设$A(x)$为$\neg B(x)$，并且公式$B(x)$定义的类D已是可构成类，显然$D\subset\boldsymbol{L}$，并且由前提$C\subset\boldsymbol{L}$，所以，这时我们有$C=\boldsymbol{L}\dot{-}D$，据定理9.17即得欲证结果.

（3）设$A(x)$为$A_1(x)\vee A_2(x)$，由归纳假定$A_1(x)$与$A_2(x)$分别定义的类C_1与C_2都是可构成的，因为$C=C_1\cup C_2$，据定理9.19，C是可构成的.

类似地对于$A(x)$为$A_1(x)\wedge A_2(x)$，$A_1(x)\rightarrow A_2(x)$，和$A_1(x)\longleftrightarrow A_2(x)$都有欲证结果成立.

（4）设$A(x)$为$\exists x B(x,y)$，由归纳假设$B(x,y)$定义的类D是可构成的，这时$C=\mathrm{ran}D$.由定理9.21和注记9.1，即得欲证结果成立.

对于$A(x)$为$\forall yB(x,y)$时，使用逻辑定理

$$\forall yB(x,y)\longleftrightarrow\neg\exists y\neg B(x,y),$$

即得欲证结果成立.

§6 ZF的可构成模型L

本节的目的是证明如果ZF是协调的，则ZF的每一公理在L中都是真的.换言之，L是ZF的一个类模型．它不是定义6.9意义下的模型，因为L是一真类.

注记9.3 在分离公理成立的情况下，并集合存在公理和幂集合存在公理分别可以取下述较弱的形式.

并集合存在公理(弱形式)：

$$\forall x\exists y\forall z(\exists u(u\in x\wedge z\in u)\rightarrow z\in y). \qquad (9.34)$$

幂集合存在公理(弱形式)：

$$\forall x\exists y\forall z(z\subset x\rightarrow z\in y). \qquad (9.35)$$

由并集合公理的弱形式肯定：对于任意的集合x，必有一集合y，使得$\cup x\subset y$，而$\cup x$是否是一集合并没有给出回答.然而由这一集合y，使用分离公理，就可获得有一集合y_0，使得$y_0=\cup x$.因此，据并集合公理的弱形式和分离公理显然可获得并集合公理.类似地对于幂集合公理有相应的结论.

现在，我们来证明本节的主要定理.

定理9.24 如果公式A是ZF中任一条公理，依据定义6.11给出命题A_L，则有

$$\mathrm{ZF}\vdash A_L.$$

证明 我们逐一证明对ZF中每一公理，本定理均成立.下述证明是对ZF系统中的公理逐一进行考察而完成的.

(1) 外延公理在L中成立是指对于任意的可构成集合x，y，如果对于任意的可构成集合z，有

$$z\in x\longleftrightarrow z\in y,$$

则$x=y$.因为x，y是可构成的，又因为由定理9.6可构成集合的元都是可构成的，因而不必考察L之外的对象，仅考察可构成集合就足够了.这样，我们已经证明了：

$$\mathrm{ZF}\vdash\forall x\in L\forall y\in L(\forall z\in L(z\in x\longleftrightarrow z\in y)\rightarrow x=y),$$

也就是说，我们有$L\models\forall x\forall y(\forall z(z\in x\longleftrightarrow z\in y)\rightarrow x=y)$，

（2）因为$\varnothing \in \boldsymbol{L}$，所以，空集合存在公理在$\boldsymbol{L}$中成立，亦即有：$\boldsymbol{L} \models \exists x \forall y(\neg y \in x)$。

（3）由定理9.8，我们知道，对于任意的x，$y \in L$，都有$\boldsymbol{F}_1(x,y)$即$\{x,y\} \in \boldsymbol{L}$，亦即，有

$$\boldsymbol{L} \models \forall x \forall y \exists z \forall u(u \in y \longleftrightarrow u=x \vee u=y\}.$$

（4）关于幂集合公理。对于任意$x \in \boldsymbol{L}$，由幂集合存在公理，$\mathscr{P}(x)$是一集合，然而不一定有$\mathscr{P}(x) \subset \boldsymbol{L}$，因此，我们考虑$\boldsymbol{L} \cap \mathscr{P}(x)$，显然，由定理9.12，有$y \in \boldsymbol{L}$，使得

$$\boldsymbol{L} \cap \mathscr{P}(x) \subset y.$$

这样，对于任意的集合z（不一定限于构成集合），都有

$$z \in \boldsymbol{L} \cap \mathscr{P}(x) \to z \in y.$$

特别地，对于任意的可构成集合z，也有

$$z \in \boldsymbol{L} \cap \mathscr{P}(x) \to z \in y.$$

这样，对于$z \in \boldsymbol{L}$，有$z \in \mathscr{P}(x) \to z \in y$。亦即

$$\boldsymbol{L} \models \forall x \exists y \forall z(z \subset x \to z \in y).$$

（5）关于并集合公理，对于任意$x \in \boldsymbol{L}$我们考虑$\cup x$，由并集合公理和定理9.6可知$\cup x$是一集合，并且它是由可构成集合所组成的一集合。据定理9.12，有一集合$y \in \boldsymbol{L}$，使得$\cup x \subset y$。也就是说，有$\forall z(\exists u \in x(z \in u) \to z \in y)$。因此，有

$$\mathbf{ZF} \vdash \forall x \in \boldsymbol{L} \exists y \in \boldsymbol{L} \forall z \in \boldsymbol{L}(\exists u \in \boldsymbol{L}(u \in x \wedge z \in u \to z \in y)),$$

也就是说，$\boldsymbol{L} \models \forall x \exists y \forall z(\exists u(u \in x \wedge z \in u \to z \in y)$。

（6）关于分离公理模式，对于任意公式$A(x)$，由定义6.11给出公式$A_L(x)$，我们令

$$A_L = \{x \mid A_L(x)\}.$$

显然，A_L是一ZF可定义类。由定理9.23，$A \cap \boldsymbol{L}$是可构成类。换言之，对于任意的$y \in \boldsymbol{L}$，$y \cap A_L \in \boldsymbol{L}$。因此，欲证结果成立。

（7）关于替换公理模式，对于任意的ZF公式$A(x,y)$，满足条件$\forall x \exists ! y A(x,y)$。由定义6.11给出公式$A_L(x,y)$。令

$$A_L = \{\langle x,y \rangle \mid A_L(x,y)\},$$

由前提条件A_L是一类函数，并且据定理9.23，$A_L \cap \boldsymbol{L}$是可构成类。

对于任意的可构成集合S，令

$$u = A_L \upharpoonright S,$$

据替换公理u是一集合，由定理9.22（4），u是可构成类。这样，由定理9.16有$u \in \boldsymbol{L}$。令

$$t = \operatorname{ran}(A_L \upharpoonright S),$$

不难验证$t \in \boldsymbol{L}$。并且对于任意的$z \in \boldsymbol{L}$，我们有，

$$z \in t \longleftrightarrow \exists y \in S(\langle y, z\rangle \in A_L)$$

$$\longleftrightarrow \exists y \in SA_L(y, z).$$

欲证结果成立。

（8）关于无穷公理，我们令

$$S = \boldsymbol{F}(\omega).$$

由定理9.4 $\omega \in \operatorname{ran} J_0$，据定义9.1，$\boldsymbol{F}(\omega) = \operatorname{ran}(\boldsymbol{F} \upharpoonright \omega)$。显然有$\varnothing \in S$，并且对于任意的集合$x$，当$x \in S$时，即有$n \in \omega, x = \boldsymbol{F}(n)$。取自然数$m$，满足条件（1）$n < m$，（2）$m$在$\operatorname{ran} J_0$之中（例如，可令$m = J(0, 0, n+1)$，由式（9.14），上述条件（1），（2）显然成立）。取$y = \boldsymbol{F}(m)$这样，由m的取法，有$y \in S$和$x \in y$。据习题6.3，就获得了欲证结果。

（9）关于正则公理，我们欲证：对于任一不空的可构成集合x，有可构成集合y，使得$y \in x$且$x \cap y = \varnothing$。因为当x给定时，由正则公理，有一集合y，使得$x \cap y = \varnothing$且$y \in x$，只需指出$y \in \boldsymbol{L}$。然而由于$\boldsymbol{L}$的传递性，结果显然成立。也就是说，我们有

$$\mathbf{ZF} \vdash \forall x \in \boldsymbol{L}(x \neq \varnothing \to \exists y \in \boldsymbol{L}(y \in x \wedge y \cap x = \varnothing)).$$

综合（1）—（9），定理9.24获证。

§7 $\boldsymbol{L}$中的序数与可构成公理

我们已经证明$\boldsymbol{L}$是ZF的模型，这样，在$\boldsymbol{L}$中就可以建立集合论的每一概念和运算了，本节我们着重讨论$\boldsymbol{L}$中的序数概念。关于序数的定义，在第二章中我们曾经给出了三个等价性定义。本节我们在$\boldsymbol{L}$中运用冯·诺意曼的概念，也就是说，$\boldsymbol{L}$中的一序数是$\boldsymbol{L}$中的一集合x，并且在$\boldsymbol{L}$中x是传递的和$\in$连接的，亦即

$$\forall y\in \boldsymbol{L}\forall z\in \boldsymbol{L}(y\in x\wedge z\in x\to y\in z\vee y=z\vee z\in y)$$

$$\wedge\forall y\in \boldsymbol{L}\forall z\in \boldsymbol{L}(y\in x\wedge z\in y\to z\in x)。\qquad(9.36)$$

式(9.36)也常记做$\mathbf{On}_L(x)$.

由定理9.14，可以看出，任一自然数都是L中的序数.

定理9.25 ω是$\boldsymbol{L}$中一序数.

证明 因为自然数都是$\boldsymbol{L}$中的序数，并且任一自然数n的阶都小于ω，因此$\omega\subset \boldsymbol{F}(\omega)$. 又因为分离公理在$L$中成立，我们有

$$\omega=\{x\,|\,x\in \boldsymbol{F}(\omega)\wedge \mathbf{On}_L(x)\},$$

由此，$\omega\in \boldsymbol{L}$，并且显然有$\mathbf{On}_L(\omega)$，这就获得了欲证结果.

由ω是$\boldsymbol{L}$中的序数，据定理9.14，可知$\omega+1$，$\omega+2$，$\omega+n$ ($n\in\omega$) 都是$\boldsymbol{L}$中的序数.并且我们有下述更一般性的定理.

定理9.26 对于任意的序数α，都有α是$\boldsymbol{L}$中序数.

证明 假定序数α_0是使得此定理不成立的最小序数.显然α_0不是0也不是后继序数.亦即α_0为一极限序数.由α_0的假设，对于任意序数$\alpha\in\alpha_0$，必有最小的序数β，使得$\alpha=\boldsymbol{F}(\beta)$. 并且当$\alpha_1<\alpha_2\in\alpha_0$时，满足等式$\alpha_1=\boldsymbol{F}(\beta_1)$，$\alpha_2=\boldsymbol{F}(\beta_2)$ 的最小序数β_1与β_2，必有$\beta_1<\beta_2$.令

$$\beta_0=\mathrm{Sup}\{\beta\,|\,\alpha\in\alpha_0\wedge\alpha=\boldsymbol{F}(\beta)\},$$

易证，β_0为一极限序数.因此，我们有

$$\alpha_0\subset \boldsymbol{F}(\beta_0).$$

这样，我们有

$$\alpha_0=\{\alpha\,|\,\alpha\in \boldsymbol{F}(\beta_0)\wedge \mathbf{On}_L(\alpha)\}.$$

据$\boldsymbol{L}$中的分离公理，有$\alpha_0\in \boldsymbol{L}$，并且显然$\mathbf{On}_L(\alpha_0)$ 成立.因此，欲证结果成立.

于是我们就获得了$\boldsymbol{L}$中的序数与$\boldsymbol{V}$中的序数是相同的，也就是说，$\mathbf{On}\subset \boldsymbol{L}$.这样，$\boldsymbol{L}$就是一个相当大的真类了.然而是否有$\boldsymbol{L}=\boldsymbol{V}$成立呢？人们称$\boldsymbol{L}=\boldsymbol{V}$为可构成公理，实质上它并不具有公理的资格，只是在推演过程中的一种假设.$\boldsymbol{L}=\boldsymbol{V}$在$\boldsymbol{L}$中是否能成立呢？换言之，命题 $(\boldsymbol{L}=\boldsymbol{V})_L$在ZF中是否可证呢？这是我们要着重讨论的问题，我们将证明上述问题的回答是肯定的，为了证明这一

重要结果，下节我们将引进相对性与绝对性这样两个重要的概念，并给出若干相应的定理.

§8 相对性与绝对性

定义9.5 对于ZF语言中任一公式A, 我们已有公式 A_L, 有时我们也称A_L为**A对于L的相对**.对于任意的类C, 如果C是由公式$A(x)$ 所定义，即$C=\{x|A(x)\}$，这时，我们令

$$C_L=\{x|A_L(x)\},$$

并称C_L为**类C对于L的相对**.当公式$B(x)$ 表示概念（或运算)时，我们称$B_L(x)$ 是这一**概念**（**或运算**）**在L中的相对**.

关于相对这一概念，可以这样看，令

$$\in_L=\in\upharpoonright L,$$

对于任一公式 $A(x)$,我们施归纳于 $A(x)$的结构来建立 $A_L(x)$:把$x\in y$换为$x\in_L y$，命题逻辑符号保持不变，每一集合变元x都换为变域为L的集合变元$\overline{x}$，因此，量词$\forall x$,$\exists x$分别换为$\forall x\in L$, $\exists x\in L$，等号$=$作为逻辑符号令其保持不变.因此，对于任意x, $y\in L$，有

$$x\in_L y\longleftrightarrow x\in y$$

成立.当然，在不致引起误解时，为了简便起见，我们常常把$\in_L$直接写做$\in$.

我们已经建立的类有$\varnothing$, ω, L,On, V和E等，已经建立的概念有自然数、序数、属于关系、包含关系等，已经建立的运算有集合x之并$\cup x$、幂$\mathscr{P}(x)$、定义域 dom$x$, ran$x$ 等，我们要论及这些类、概念和运算对于L的相对化，并且论证它们分别在V中与L中取值的具体情况.

例9.4 序数是概念，它由公式On(x) 亦即

$$\forall y\forall z(y\in x\wedge z\in x\rightarrow z\in y\vee z=y\vee y\in z)\wedge\forall y\forall z(y\in x\wedge z\in y\rightarrow z\in x)$$

所刻划，而On(x) 的相对On$_L(x)$ 就是

$$\forall y\in L\forall z\in L(y\in x\wedge z\in x\rightarrow z\in y\vee z=y\vee y\in z)\wedge\forall y\in L$$

$$\forall z \in \boldsymbol{L}(y \in x \wedge z \in y \rightarrow z \in x),$$

$\mathrm{On}(x)$ 表示x是$\boldsymbol{V}$中一序数，上节我们已经指出$\mathrm{On}_L(x)$表示x是$\boldsymbol{L}$中一序数.定理9.26已经获得$\boldsymbol{V}$与$\boldsymbol{L}$中的序数是相同的.

例9.5 并集合运算$\bigcup x$，刻划它的公式是$\forall z(z \in y \longleftrightarrow \exists u \in x(z \in u))$。由并集合公式和外延公理，满足这一公式的集合$y$是存在和唯一的，并且当我们把公式中的$y$替换为$\bigcup x$时，它在$\boldsymbol{V}$中是成立的.现在我们把公式

$$\forall z \in \boldsymbol{L}(z \in y \longleftrightarrow \exists u \in \boldsymbol{L}(u \in x \wedge z \in u))$$

所定义的运算记做$\bigcup_L x$. 对于任意的可构成集合x，x的所有元素以及元素的元素都是可构成的，也就是说，我们有

$$\bigcup x = \bigcup_L x.$$

定义9.6 （1）对于任意的类C和C对于$\boldsymbol{L}$的相对C_L，如果有$C_L = C$，则称**类$\boldsymbol{C}$是绝对的.**

（2）对于任意的概念$u(x)$，做它对于$\boldsymbol{L}$的相对$u_L(x)$，如果对于任意的$x \in \boldsymbol{L}$，我们有

$$u(x) \longleftrightarrow u_L(x)$$

成立，就称**概念$\boldsymbol{u(x)}$为绝对的.**

（3）对于任意的运算$H(x)$，和它的相对运算$H_L(x)$，如果对于任意的$x \in \boldsymbol{L}$，我们有

$$H(x) = H_L(x) \text{ 且} H_L(x) \in \boldsymbol{L}$$

成立，就称**运算$\boldsymbol{H(x)}$是绝对的.**

由上两例，我们已经知道，序数是一绝对的概念、并运算是一绝对的运算.

定理9.27 （1）如果一概念是由公式$A(x)$定义的，并且当$A(x)$是Σ_0公式时，则这一概念是绝对的.

（2）如果$u(x)$是一运算，并且$y = u(x)$可以用一个Σ_0公式所表示，则这一运算是绝对的.

证明 先证（1）.假定$A(x)$是Σ_0公式，且$x \in \boldsymbol{L}$，又因为$\boldsymbol{L}$是传递的.我们施归于$A(x)$的结构，当公式$A(x)$中无量词出现时，这时$A(x)$与$A_L(x)$相同，因此，定义9.6（2)显然成立.其次，

我们施归纳于 $A(x)$ 中含有的受囿量词的个数，若对含有 n 个量词的公式$B(y)$ 定理已成立。且$A(x)$ 为$\forall y\in xB(y)$这时$A_L(x)$为$\forall y\in \boldsymbol{L}(y\in x\rightarrow B_L(y))$。由归纳假设，对于任意的$b\in \boldsymbol{L}$，有$B_L(b)\longleftrightarrow B(b)$ 成立。同时由$x\in \boldsymbol{L}$，x 的任一元都在$\boldsymbol{L}$中，由此，有

$$A(x)\longleftrightarrow A_L(x)$$

成立，当$A(x)$ 为$\exists y\in xB(y)$ 时，类似地有欲证结果成立。

再证（2）。假定$y=H(x)$ 为Σ_0中公式$A(x,y)$所表示，这样，对于任意的x，就有唯一的y使得$A(x,y)$成立，且有 $A(x,H(x))$，又由于$A(x,y)$ 为Σ_0中公式，由（1）对于任意的x，$y\in \boldsymbol{L}$，有

$$A(x,y)\longleftrightarrow A_L(x,y)$$

成立，并且$A_L(x,y)$ 表示了运算$y=H_L(x)$，对于任意的$x\in \boldsymbol{L}$，就有唯一的y，使得$y=H_L(x)$，从而我们有 $H_L(x)=H(x)$。这样，我们就完成了定理的证明。

由上述定理，我们立即获得了下述定理：

定理9.28 由第八章中 E_1—E_{45} 所列举与表达的概念和运算都是绝对的。

定理9.29 如果二运算H，G为绝对的，且对于任意 $x\in \boldsymbol{L}$，运算u由式$u(x)=H(G(x))$ 所定义，则u是绝对的。

证明 因为 $G_L(x)$ 为可构成集合，$u(x)=H(G(x))=H(G_L(x))=H_L(G_L(x))$。且 $u_L(x)=H_L(G_L(x))$，从而 $u_L(x)=u(x)$，$u_L(x)\in \boldsymbol{L}$，据定义9.6，定理得证。

这个定理对于多变元的运算也是成立的。

关于绝对的类，由例9.4，我们有$\mathbf{On}_L=\mathbf{On}$。也就是说，$\mathbf{On}$是绝对的类。

定理9.30 如果运算$H(x)$ 是绝对的，且类$C\subset \boldsymbol{L}$，则类$\mathrm{ran}(H\upharpoonright C)$ 是绝对的。

证明 因为 $H(x)$ 是绝对的，所以对于任意的 $x\in \boldsymbol{L}$，都有$H(x)=H_L(x)$，特别地，对于每一$x\in C$，都有 $H(x)=H_L(x)$，从而欲证结果成立。

§9 可构成公理在$\boldsymbol{L}$中成立的证明

本节的目的是证明：ZF$\vdash(\boldsymbol{V}=\boldsymbol{L})_L$.为此，我们仅需证明$\boldsymbol{L}_L=\boldsymbol{L}$.这是因为

$$\boldsymbol{V}_L=\{x\mid x\in\boldsymbol{L}\wedge x=x\}=\boldsymbol{L},$$

而 $(\boldsymbol{V}=\boldsymbol{L})_L$即$V_L=\boldsymbol{L}_L$，由此与定理 9.30，我们仅需证明定义$\boldsymbol{L}$的运算$\boldsymbol{F}$是绝对的.现在我们来逐步进行证明.

定理9.31 定义9.1给出的函数$\boldsymbol{F}$是绝对的.

证明 为证明这一定理我们给出如下步骤.

(1) 对于任意的序数x，y，序数z为它们的极大值，$z=\max\{x,y\}$可以用公式表示.

$$\mathbf{On}(x)\wedge\mathbf{On}(y)\wedge(x\in y\vee x=y\to z=y)\wedge(y\in x\to z=x),$$

显然，这是一个Σ_0公式.所以，它是一个绝对的运算.

(2) 由定义5.8建立的关系R是Σ_0公式，从而它是绝对的.这是因为定义 5.8 中右边出现的max，$<$(即$\in$) 都是Σ_0可表示的.

(3) 由式(9.10)定义的运算p是绝对的.因为，它可以由下列Σ_0公式表示，对于任意序数α，β，γ，我们有

$$\begin{gathered}\gamma=p(\alpha,\beta)\longleftrightarrow\forall x\in\gamma\exists y\in\alpha^+\exists z\in\beta^+\\(x=p(y,z))\wedge\forall y\in\alpha^+\\\forall z\in\beta^+\forall t\in\alpha^+\forall u\in\beta^+(\langle y,z\rangle R\langle t,u\rangle\longleftrightarrow p(y,z)\\<p(t,u)),\end{gathered}$$

其中$\forall y\in\alpha^+$是$\forall y\in\alpha\vee y=\alpha$的缩写，$\exists y\in\alpha^+$是$\exists y\in\alpha\vee y=\alpha$的缩写，$\forall z\in\beta^+$，$\exists z\in\beta^+$类似.

(4) 由式(9.11)定义的关系S是Σ_0公式，从而它是绝对的.这是 (2)直接获得的.

(5) 由式(9.12)定义的运算J是绝对的运算.

使用(4).类似于(3)即可获证.

(6) 由式 (9.13) 和 (5) 直接获得 $J_i(0\leqslant i\leqslant 8)$ 是绝对的运算.

（7）由（6）及第八章E_{21}，容易获得$\alpha\in \mathrm{dom} J_i(0\leqslant i\leqslant 8)$是$\Sigma_0^{ZF}$可表示的，从而它是绝对的。

（8）$z=\boldsymbol{F}_i(x,y)$（$0\leqslant i\leqslant 8$）是可用Σ_0公式表达的。

由E_{13}可知，$z=\boldsymbol{F}_1(x,y)$可用Σ_0公式表达。

$z=F_2(x,y)=x\cap E$可表达为下述Σ_0公式：

$\forall u\in z(u\in x\wedge[u]_1\in[u]_2)\wedge\forall u\in x([u]_1\in[u]_2\rightarrow u\in z)$。

由$\boldsymbol{F}_5, z=\boldsymbol{F}_3(x,y)$可用$\Sigma_0$公式表达。

$z=\boldsymbol{F}_4(x,y)=x\cap(y\times\boldsymbol{V})$可表达为：

$\forall u\in z(u\in x\wedge[u]_1\in y)\wedge\forall u\in x([u]_1\in y\rightarrow u\in z)$，

显然，这是一个Σ_0公式。

类似地可获得$i=5,6,7,8$时的欲证结果成立。

由于上述运算都是Σ_0可表达的，并且依据定理9.8，就有基本运算$\boldsymbol{F}_i(x,y)$是绝对的。

（9）当我们注意到E_{25}，$z=x[\![y]\!]$可用Σ_0公式表示，并且$x[\![y]\!]=\mathrm{ran}(x\upharpoonright y)$，就获得$\mathrm{ran}(F\upharpoonright\alpha)$是绝对的（因为对于任意序数$\alpha$，都有$\mathrm{ran}(F\upharpoonright\alpha)\in\boldsymbol{L}$）。

（10）由以上（1）—（9）和定义9.1，我们就获得了定义9.1给出的运算F是绝对的。

注记9.4　上述定理说明了$(\boldsymbol{V}=\boldsymbol{L})_L$成立。也就是说，虽然可构成公理不具有公理的资格，然而它在$\boldsymbol{L}$中是成立的。由它还可获得若干重要结果，因此它可以作为$\boldsymbol{L}$中推理的格，或者说是$\boldsymbol{L}$中推理的一个重要的论据。

§10　序数集合与关系的同构性

本节建立序数集合的几个同构性定理。这些定理不仅对于下节证明GCH在$\boldsymbol{L}$中成立时起关键的作用，而且它们还具有自身的重要性。在下一章建立GCH的独立性时，它们也很有启发性。

定理9.32　如果集合$u\subset\mathbf{On}$，且u是关于一元运算K_1，K_2和二元运算J_0，$J_1,\cdots,J_8$封闭的，G是从u到序数α_0关于属于关系$\in$的一个同构，则G是对于$J_i(0\leqslant i\leqslant 8)$的一个同构，亦即对于任意

的$\alpha,\beta\in u$，$i<9$，都有

$$J_i(G(\alpha),\ G(\beta))=G(J_i(\alpha,\ \beta)),$$

并且α_0对于J_i是封闭的。

证明 由u的封闭性质，由J就可以建立集合$9\times u\times u$上关于关系S与集合u关于$\in$之间的一同构。确切地说，由J可以建立起结构$\langle 9\times u^2,\ S\rangle$与结构$\langle u,\ \in\rangle$之间的一同构对应。令

$$v=\{\langle i,\alpha,\beta\rangle \mid 0\leqslant i<9\wedge\alpha\in u\wedge\beta\in u\},$$

这样，由J就可以建立$\langle v,\ S\rangle$与$\langle u,\ \in\rangle$之间的同构。因为，若令

$$j=J\upharpoonright(9\times u^2), \tag{9.37}$$

于是，我们有$\operatorname{dom} j=9\times u^2$。因为$u$关于每一$J_i$都是封闭的，所以$\operatorname{ran} j\subset u$。但是，另一方面，若$\gamma\in u$，必有$i<9$，$\alpha$，$\beta\in u$，使得$\gamma=J(i,\alpha,\beta)$。这是因为$u$对于$K_0$，$K_1$，$K_2$是封闭的，故有$i$，$\alpha$，$\beta$使得$i=K_0(\gamma)$，$\alpha=K_1(\gamma)$，$\beta=K_2(\gamma)$，并且有$\gamma=J(K_0(\gamma),K_1(\gamma),\ K_2(\gamma))=J(i,\alpha,\beta)$。所以，有$\gamma\in\operatorname{ran} j$，从而$\operatorname{ran} j=u$。

从式(9.37)，我们有：对于任意的i，$k<9$，α_1，α_2，β_1，$\beta_2\in u$，下式

$$\langle i,\alpha_1,\beta_1\rangle S\langle k,\alpha_2,\beta_2\rangle\rightarrow j(i,\alpha_1,\beta_1)\in j(k,\alpha_2,\beta_2), \tag{9.38}$$

因此，我们有j为$9\times u^2$关于S和u关于$\in$的一同构。

据j，我们定义j_1如下：j_1是函数，且有$\operatorname{dom} j_1=9\times\alpha_0^2$，并且对于任意的$\alpha$，$\beta\in u$，$G(\alpha)\in\alpha_0$，$G(\beta)\in\alpha_0$，我们令

$$j_1(i,G(\alpha),\ G(\beta))=G(j(i,\alpha,\beta)). \tag{9.39}$$

式(9.39)就可以写做

$$j_1(i,\alpha_1,\beta_1)=G(j(i,\alpha_2,\beta_2)), \tag{9.40}$$

其中α_1，$\beta_1\in\alpha_0$，且$\alpha_1=G(\alpha_2)$，$\beta_1=G(\beta_2)$亦即$\alpha_2=G^{-1}(\alpha_1)$，$\beta_2=G^{-1}(\beta_1)$。现在，我们打算证明函数$j_1$建立了$\langle 9\times\alpha_0^2,\ S\rangle$与$\langle\alpha_0,\ \in\rangle$之间的一同构。现在，我们有了$\operatorname{dom} j_1=9\times\alpha_0^2$，$\operatorname{ran} j_1=\alpha_0$。因为由定理的前提条件，$G$是$\langle u,\in\rangle$与$\langle\alpha_0,\in\rangle$之间的同构（即关于属于关系$\in$的一同构）。由此就获得，对于任意的$\alpha_1$，$\alpha_2$，

β_1, $\beta_2 \in u$, 有

$$\langle \alpha_1, \beta_1 \rangle R \langle \alpha_2, \beta_2 \rangle$$

$$\longleftrightarrow \langle G(\alpha_1), G(\beta_1) \rangle R \langle G(\alpha_2), G(\beta_2) \rangle.$$

从而，对于任意的α_1, α_2, β_1, $\beta_2 \in \alpha_0$我们有

$$\langle G^{-1}(\alpha_1), G^{-1}(\beta_1) \rangle R \langle G^{-1}(\alpha_2), G^{-1}(\beta_2) \rangle \longleftrightarrow$$

$$\langle \alpha_1, \beta_1 \rangle R \langle \alpha_2, \beta_2 \rangle,$$

并且当i, $k<9$时，有

$$\langle i, G^{-1}(\alpha_1), G^{-1}(\beta_1) \rangle S \langle k, G^{-1}(\alpha_2), G^{-1}(\beta_2) \rangle \longleftrightarrow$$

$$\langle i, \alpha_1 \beta_1 \rangle S \langle k, \alpha_2, \beta_2 \rangle.$$

假定α_1, α_2, β_1, $\beta_2 \in \alpha_0$且$\langle i, \alpha_1, \beta_1 \rangle S \langle k, \alpha_2, \beta_2 \rangle$，这样，我们就有 $\langle i, G^{-1}(\alpha_1), G^{-1}(\beta_1) \rangle S \langle k, G^{-1}(\alpha_2), G^{-1}(\beta_2) \rangle$. 据式(9.38)，我们有

$$j(i, G^{-1}(\alpha_1), G^{-1}(\beta_1)) \in j(k, G^{-1}(\alpha_2), G^{-1}(\beta_2)).$$

再次运用G关于$\in$同构性，我们就有

$$G(j(i, G^{-1}(\alpha_1), G^{-1}(\beta_1))) \in G(j(k, G^{-1}(\alpha_2), G^{-1}(\beta_2))). \quad (9.41)$$

据式(9.39)与式(9.41)就获得

$$j_1(i, \alpha_1, \beta_1) \in j_1(k, \alpha_2, \beta_2).$$

由此，我们就获得了j_1是$\langle 9 \times \alpha_0^2, S \rangle$与$\langle \alpha_0, \in \rangle$之间的一同构的证明。

我们令$j_2 = J \upharpoonright (9 \times \alpha_0^2)$，这样有$\mathrm{dom}\, j_2 = 9 \times \alpha_0^2$，且$\mathrm{ran}\, j_2$为一序数. 不妨记它为$\beta_0$。这样，$j_2$是$\langle 9 \times \alpha_0^2, S \rangle$与$\langle \beta_0, \in \rangle$的同构。但是由定理2.49任一良序集合对序数的同构是唯一的，所以，有$\beta_0 = \alpha_0$, $j_2 = j_1$。因此，对于$\alpha, \beta \in u$, $i<9$, 有

$$j_2(i, G(\alpha), G(\beta)) = j_1(i, G(\alpha), G(\beta))$$

$$= G(j(i, \alpha, \beta)).$$

由于j_1与j_2的构造，对于$i<9$, α, $\beta \in u$, 等价地就有

$$J(i, G(\alpha), G(\beta)) = G(J(i, \alpha, \beta)), \quad (9.42)$$

也就是

$$J_i(G(\alpha), G(\beta)) = G(J_i(\alpha, \beta)), \quad (9.43)$$

这就完成了定理中前一部分的结果．至于定理第二部分的结果，可由式（9.43）直接获得．

定义9.7 如果集合$u\subset \mathbf{On}$，$w\subset \mathbf{On}$对一元计算K_1，K_2和二元运算J_i是封闭的，G为$\langle u, \in\rangle$与$\langle w, \in\rangle$之间的一同构，则称G为**u与w的闭同构**．

由定理9.32结果，可知该定理中的G是u与α_0的一闭同构．

定理9.33 如果G是u与w的一闭同构，则G对于u上的二元运算J_i也是同构的．亦即，对于任意的α，$\beta\in u$，都有

$$J_i(G(\alpha),\ G(\beta))=G(J_i(\alpha,\ \beta)).$$

证明 设G_1为$\langle u, \in\rangle$与$\langle \alpha_0, \in\rangle$之间的同构，其中$\alpha_0$为一序数．设$G_2$为$\langle w, \in\rangle$与$\langle \beta_0, \in\rangle$之间的同构．由题设，$G$为$\langle u, \in\rangle$与$\langle w, \in\rangle$之间的同构，因此$\langle u, \in\rangle$与$\langle \beta_0, \in\rangle$也是同构的．据定理2.49，$\beta_0=\alpha_0$，并且有$G=G_2^{-1}\circ G_1$．

现在，对于G_1运用定理9.32．对于α，$\beta\in u$，有

$$J_i(G_1(\alpha),\ G_1(\beta))=G_1(J_i(\alpha,\beta)). \tag{9.44}$$

这时，由于$G_1(\alpha)$，$G_1(\beta)\in\alpha_0$，又由于$\langle \alpha_0, \in\rangle$满足定理9.32的前提，因此，运用式（9.44）就有：

$$J_i(G_2^{-1}(G_1(\alpha)),\ G_2^{-1}(G_1(\beta)))=G_2^{-1}(J_i(G_1(\alpha),$$
$$G_1(\beta)))=G_2^{-1}(G_1(J_i(\alpha,\ \beta))).$$

由此，我们有

$$J_i((G_2^{-1}\circ G_1)(\alpha),\ (G_2^{-1}\circ G_1)(\beta))=(G_2^{-1}\circ G_1)(J_i(\alpha,\ \beta)),$$

亦即

$$J_i(G(\alpha),\ G(\beta))=G(J_i(\alpha,\ \beta)). \tag{9.45}$$

式（9.44）就是我们欲证的结果．

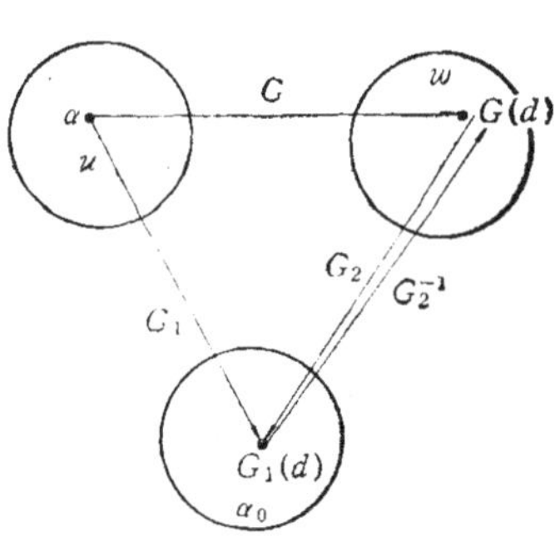

图 9.6 $G(\alpha)=G_2^{-1}(G_1(\alpha))$

定理9.34 若G是u与w的一个闭同构，则对于任意的$\alpha\in u$，有

$$\alpha\in \mathrm{ran}J_i\rightarrow G(\alpha)\in \mathrm{ran}J_i.$$

证明 若$\alpha \in \mathrm{ran} J_i$，且由于$u$对$K_1$、$K_2$封闭，即有$\beta = K_1(\alpha)$，$\gamma = K_2(\alpha)$，使得

$$\alpha = J_i(\beta, \gamma).$$

其中β，$\gamma \in u$，这样，由定理9.33，有

$$G(\alpha) = G(J_i(\beta, \gamma)) = J_i(G(\beta), G(\gamma)),$$

由此，我们有$G(\alpha) \in \mathrm{ran} J_i$.

§11 ZF$\vdash \boldsymbol{V} = \boldsymbol{L} \to$ AC$\wedge$GCH

现在，我们仅需证明选择公理与广义连续统假设是能够在ZF中从$\boldsymbol{V} = \boldsymbol{L}$的前提下获得的.

定理9.35 ZF $\vdash \boldsymbol{V} = \boldsymbol{L} \to$ AC.

证明 这一定理是断定在$\boldsymbol{L}$中选择公理成立，我们只需证明在$\boldsymbol{L}$中良序定理成立.换言之，对任意的可构成集合S，都有S的一良序关系T.我们来定义这一关系，对于任意的x，$y \in S$，令

$$T(x, y) \text{ 当且仅当 } \mathrm{Od}x < \mathrm{Od}y.$$

显然，这是S上的线序关系，并且对于任意不空的$S_1 \subset S$，我们令序数集合

$$\{\mathrm{Od}x \mid x \in S_1\}$$

的最小元为β，这时，$\boldsymbol{F}(\beta) \in \boldsymbol{L}$，就是$S_1$中关于关系$T$的首元素.

这就获得了欲证结果.

定义 9.8 设$x \in \boldsymbol{L}$，且$x = \boldsymbol{F}(\alpha)$为不空集合，我们把序数集合

$$\{\mathrm{Od}y \mid y \in x\}$$

的最小元记做$C(x)$，叫做可构成集合x的**首元序数**.

由定理9.7，易证，对于任意的序数α，都有$C(\alpha) < \alpha$.

为了给出在ZF中$\boldsymbol{V} = \boldsymbol{L} \to$GCH的证明，我们需要建立下述四条定理.

定理9.36 对于任意的序数α，都有

$$\overline{\overline{\boldsymbol{F}(\omega_\alpha)}} = \omega_\alpha.$$

证明 据定理5.17，我们有

$$\overline{\overline{F(\omega_\alpha)}}=\overline{\overline{\mathrm{ran}(F\upharpoonright\omega_\alpha)}}\leqslant\overline{\overline{\omega_\alpha}}=\omega_\alpha$$

成立.同时，对ω_α的子集合$\omega_\alpha\cap\mathrm{ran}J_0$来说，运算$\boldsymbol{F}$对于不同的序数都取不同的值，这是因为，如果$\beta\neq\gamma$（不妨设$\beta<\gamma$），并且$\beta$，$\gamma\in\omega_\alpha\cap\mathrm{ran}J_0$，这样，据定义9.1，就有$\boldsymbol{F}(\beta)\in\boldsymbol{F}(\gamma)$，从而$\boldsymbol{F}(\beta)\neq\boldsymbol{F}(\gamma)$.又因为据定理9.3，有

$$\mathrm{ran}(J_0\upharpoonright\omega_\alpha^2)\subset\omega_\alpha\cap\mathrm{ran}J_0,$$

且J_0是一对一的，所以，有

$$\begin{aligned}\omega_\alpha&\leqslant\overline{\overline{\omega_\alpha\cap\mathrm{ran}J_0}}\\&\leqslant\overline{\overline{\mathrm{ran}(F\upharpoonright(\omega_\alpha\cap\mathrm{ran}J_0))}}\\&\leqslant\overline{\overline{\mathrm{ran}(F\upharpoonright\omega_\alpha)}}\\&=\overline{\overline{F(\omega_\alpha)}}.\end{aligned}$$

因此，我们有$\overline{\overline{\boldsymbol{F}(\omega_\alpha)}}=\omega_\alpha$.

定理9.37 如果G是u与w的闭同构，且u与w对于定义9.8所确定的一元运算C是封闭的，则G是关系

$$\{\langle\alpha,\ \beta\rangle\,|\,\boldsymbol{F}(\alpha)\in\boldsymbol{F}(\beta)\wedge\alpha\in u\wedge\beta\in u\},$$
$$\{\langle\alpha,\ \beta\rangle\,|\,\boldsymbol{F}(\alpha)=\boldsymbol{F}(\beta)\wedge\alpha\in u\wedge\beta\in u\}$$

的同构.换言之，对于任意α，$\beta\in u$，有

$$\boldsymbol{F}(\alpha)\in\boldsymbol{F}(\beta)\longleftrightarrow\boldsymbol{F}(G(\alpha))\in\boldsymbol{F}(G(\beta)),\tag{9.46}$$

$$\boldsymbol{F}(\alpha)=\boldsymbol{F}(\beta)\longleftrightarrow\boldsymbol{F}(G(\alpha))=\boldsymbol{F}(G(\beta)).\tag{9.47}$$

证明 我们使用对$\eta=\max\{\alpha,\ \beta\}$作归纳的方法去完成这一证明.我们将假定对于任意的$\alpha$，$\beta\in u$，当$\alpha$，$\beta<\eta$时式（9.46）与（9.47）成立，然后对$\alpha$，$\beta\in u$，$\max\{\alpha,\ \beta\}=\eta$给出相应的证明.

在$\eta=\max\{\alpha,\ \beta\}$的情况下，仅存在着三种可能性：（1）$\alpha=\beta=\eta$；（2）$\alpha=\eta$，$\beta<\eta$；（3）$\beta=\eta$，$\alpha<\eta$.对于（1）式(9.46)显然成立（因为$\longleftrightarrow$两边均不能为真），式（9.47）的$\longleftrightarrow$两边均成立，因此式（9.47）成立.对于（2）与（3）我们仅需要证明对于α，$\beta<\eta$，α，$\beta\in u$，下述三个式子成立：

$$\boldsymbol{F}(\alpha)\in\boldsymbol{F}(\eta)\longleftrightarrow\boldsymbol{F}(G(\alpha))\in\boldsymbol{F}(G(\eta)),\tag{9.48}$$

$$\boldsymbol{F}(\eta)\in\boldsymbol{F}(\beta)\longleftrightarrow\boldsymbol{F}(G(\eta))\in\boldsymbol{F}(G(\beta)), \tag{9.49}$$

$$\boldsymbol{F}(\eta)=\boldsymbol{F}(\beta)\longleftrightarrow\boldsymbol{F}(G(\eta))=\boldsymbol{F}(G(\beta)). \tag{9.50}$$

在证明上述三式时，我们还可以使用归纳假设：对于$\eta\in n$和α，$\beta\in u\cap\eta$我们有

$$\boldsymbol{F}(\alpha)\in\boldsymbol{F}(\beta)\longleftrightarrow\boldsymbol{F}(G(\alpha))\in\boldsymbol{F}(G(\beta)), \tag{9.51}$$

$$\boldsymbol{F}(\alpha)=\boldsymbol{F}(\beta)\longleftrightarrow\boldsymbol{F}(G(\alpha))=\boldsymbol{F}(G(\beta)). \tag{9.52}$$

为了书写的方便，我们把$\mathrm{ran}(\boldsymbol{F}\restriction u)$记为$\gamma_1$，把$\mathrm{ran}(\boldsymbol{F}\restriction u\cap\eta))$记为$\gamma_2$，把$\mathrm{ran}(\boldsymbol{F}\restriction w)$记为$\gamma_3$，把$\mathrm{ran}(\boldsymbol{F}\restriction(w\cap G(\eta)))$记为$\gamma_4$。因此，我们有$\gamma_2\subset\gamma_1$，$\gamma_4\subset\gamma_3$（如图9.7）。

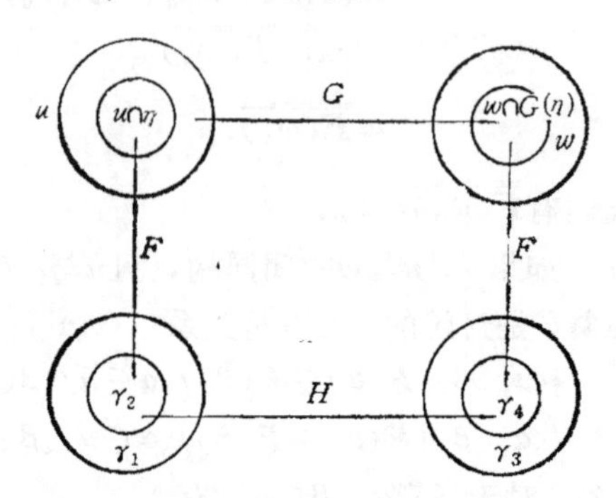

图 9.7 $\gamma_2\subset\gamma_1$，$\gamma_4\subset\gamma_3$

我们通过式子$H=\boldsymbol{F}\circ(G\circ\boldsymbol{F}^{-1})$在$\gamma_2$上定义一个到$\gamma_4$上的一对一的映射$H$.据归纳假设式（9.52），当$\alpha\in u\cap\eta$，$x=\boldsymbol{F}(\alpha)$时，$H$是一对一的且$H(x)=\boldsymbol{F}(G(\alpha))$. 据归纳假设式（9.51），$H$是$\gamma_2$到$\gamma_4$上一个关于$\in$的同构映射.依据定理的前提和归纳假设，$u$与$w$，$\eta$与$G(\eta)$都完全对称的.

（一） 函数H对于三元关系

$$\{\langle z,x,y\rangle\mid z=\langle x,y\rangle\}$$

和四元关系

$$\{\langle z,x,y,u\rangle\mid z=\langle x,y,u\rangle\}$$

以及$Q_i(4\leqslant i\leqslant 8)$都是一同构映射.

为证明（一），我们先给出八项预备性命题：

（1）γ_1关于基本运算是封闭的.

这是因为：取x，$y\in\gamma_1$，有α，$\beta\in u$使得$x=\boldsymbol{F}(\alpha)$和$y=\boldsymbol{F}(\beta)$，由前提u对于J_i是封闭的，故$J_i(\alpha,\beta)\in u$，并且据定理9.8，获得$\boldsymbol{F}_i(x,y)\in\gamma_1$. 所以，如果$x,y,z\in\gamma_1$，就有$x\dot{-}y$，$\{x,y\}$，$\langle x,y\rangle$，$\langle x,y,z\rangle$和$x\cap\mathrm{ran}(Q_i\upharpoonright y)$也在$\gamma_1$中. 特别地，获得$x\cap\mathrm{ran}(Q\upharpoonright\{y\})\in\gamma_1$.

（2） $x\in\gamma_1\rightarrow\mathrm{Od}(x)\in u$.

这是因为：由（1）$\{x\}\in\gamma_1$,因此有一$\alpha\in u$使得$\{x\}=\boldsymbol{F}(\alpha)$. 由前提有$C(\alpha)\in u$，且有$\mathrm{Od}(x)=C(\alpha)$.因此，$\mathrm{Od}(x)\in u$.

（3） $(x\in\gamma_1)\wedge(x\neq\phi)\rightarrow x\cap\gamma_1=\phi$.

这是因为：由$x\in\gamma_1$，有$\alpha\in u$使得$x=\boldsymbol{F}(\alpha)$. 由u对C的封闭性，$C(\alpha)\in u$，因此，$\boldsymbol{F}(C(\alpha))\in\gamma_1$，又因为$x\neq\phi$，且据定义9.8有$\boldsymbol{F}(C(\alpha))\in x$，所以，$x\cap\gamma_1\neq\phi$.

（4） $\{x,y\}\in\gamma_1\rightarrow x\in\gamma_1\wedge y\in\gamma_1$,

$\langle x,y\rangle\in\gamma_1\rightarrow x\in\gamma_1\wedge y\in\gamma_1$,

$\langle x,y,z\rangle\in\gamma_1\rightarrow x\in\gamma_1\wedge y\in\gamma_1\wedge z\in\gamma_1$.

这是因为：据x是$\{x\}$的仅有的一个元素和（3），$\{x\}\in\gamma_1\rightarrow x\in\gamma_1$.并且若$\{x,y\}\in\gamma_1$，由（3）就有$x\in\gamma_1$或者$y\in\gamma_1$，假定$x\in\gamma_1$,据（1）有$\{x\}\in\gamma_1$,并且$\{x,y\}\dot{-}\{x\}\in\gamma_1$,这就有$\{y\}\in\gamma_1$. 因此，$y\in\gamma_1$.类似地，假定$y\in\gamma_1$，也可以获得$x\in\gamma_1$. 重复上述证明过程，就有欲证的另外两个结论.

（5） $x\in\gamma_1\wedge\langle x,y\rangle\in Q_i\rightarrow y\in\gamma_1$，$i\neq5$.

这是因为：先考察Q_6，有序对的交换，当$\langle x,y\rangle\in Q_6$时，有$z,u$使得$x=\langle z,u\rangle$，$y=\langle u,z\rangle$. 由假设$x\in\gamma_1$，即$\langle z,u\rangle\in\gamma_1$，由（4），有$z\in\gamma_1$，$u\in\gamma_1$,这样,据（1），有$\langle u,z\rangle\in\gamma_1$，即$y\in\gamma_1$. 重复上述过程，就可以获得$Q_7$，$Q_8$时结果成立. 现在我们考察$Q_4$的情形，假定$x\in\gamma_1$,$\langle x,y\rangle\in Q_4$. 这样，由$Q_4$的定义可知$x$是一有序对，且$x$的第一元就是$y$，即有$z$使得$x=\langle y,z\rangle$. 这样，据（4），$y\in\gamma_1$.

现在我们讨论γ_2的性质：

(6) $x\in\gamma_2\wedge y\in x\to(y\in\gamma_1\to y\in\gamma_2)$.

这是因为：令 $\alpha=\mathrm{Od}(y)$，据（2），有 $\alpha\in u$，并且由于 $\mathrm{Od}(y)<\mathrm{Od}(x)<\eta$，据定理9.7，有 $\alpha\in u\wedge\eta$，这样，就有 $y\in\gamma_2$.

(7) $y\in \boldsymbol{F}(\eta)\wedge y\in\gamma_1\to y\in\gamma_2$.

这是因为，据定理 9.7，有 $\mathrm{Od}(y)<\eta$，又据（2），$\mathrm{Od}(y)\in u$，因此，有 $\mathrm{Od}(y)\in u\cap\eta$，于是 $y\in\gamma_2$.

(8) $\{x,y\}\in\gamma_2\to x\in\gamma_2\wedge y\in\gamma_2$,

$\langle x,y\rangle\in\gamma_2\to x\in\gamma_2\wedge y\in\gamma_2$,

$\langle x,y,z\rangle\in\gamma_2\to x\in\gamma_2\wedge y\in\gamma_2\wedge z\in\gamma_2$.

这是因为：若 $\{x,y\}\in\gamma_2$，当然有 $x\in\{x,y\}$，$x\in\gamma$，因此，据（7），有 $x\in\gamma_2$，类似地有 $y\in\gamma_2$.对于有序对和三元组，重复上述过程，就可获得欲证结果.

现在，我们来完成（一）的证明.首先考察 $\{x,y\}$，我们希望证明

$$x,y,z\in\gamma_2\to(z=\{x,y\}\longleftrightarrow H(z)=\{H(x),\ H(y)\}).\tag{9.53}$$

因为由于前提的对称性，x，y，$z\in\gamma_2$ 就等价于 $H(x)$，$H(y)$，$H(z)\in\gamma_4$.因为，如果 $H(z)=\{H(x),H(y)\}$，就有 $H(x)\in H(z)$，$H(y)\in H(z)$.又因为 H 是由 γ_2 到 γ_4 的一个关于 $\in$ 的同构映射，所以，有 $x\in z$，$y\in z$，因此，$\{x,y\}\subset z$.又因为 $x,y,z\in\gamma_1$，所以，由（1），有 $z\dot{-}\{x,y\}\in\gamma_1$.使用（3），当 $z\dot{-}\{x,y\}\neq\phi$ 时，存在 $u\in\gamma_1$，使得 $u\in(z\dot{-}\{x,y\})\cap z$，即 $u\in z,u\in z\dot{-}\{x,y\}$。因为 $z\in\gamma_2$，所以，据（6），有 $u\in\gamma_2$.但是，$u\in z$，$u\neq x$，$u\neq y$，因此，$H(u)\in H(z)$，$H(u)\neq H(x)$，$H(u)\neq H(y)$，又因为 H 是一对一的且对于 $\in$ 同构，而这就意味着 $H(z)\neq\{H(x),\ H(y)\}$.这是一个矛盾.因此，不可能有 $z\dot{-}\{x.y\}\neq\phi$.立即有 $z\dot{-}\{x,y\}=\phi$.综上，有 $z=\{x,y\}$.反之，如果设 $z=\{x,y\}$，则类似地可以获得 $H(z)=\{H(x),\ H(y)\}$.

建立 H 对于 $z=\langle x,y\rangle$ 同构性的证明.也就是需证明：

$$x,y,z\in\gamma_2\to(z=\langle x,y\rangle\longleftrightarrow H(z)=\langle H(x),\ H(y)\rangle),$$

首先，假定$z=\langle x,y\rangle$.这就是说，$z=\{\{x\},\ \{x,y\}\}$，因之，有$\{x\}\in\gamma_2$，$\{x,y\}\in\gamma_2$，并且有$H(\{x\})=\{H(x)\}$，$H(\{x,y\})=\{H(x),\ H(y)\}$，且有

$$\begin{aligned}H(z)&=\{H(\{x\}),\ H(\{x,y\})\}\\&=\{\{H(x)\},\ \{H(x),\ H(y)\}\}\\&=\langle H(x),\ H(y)\rangle。\end{aligned}$$

其次，假定$H(z)=\langle H(x),\ H(y)\rangle$，即$H(z)=\{\{H(x)\},\ \{H(x),\ H(y)\}\}$，设$H(u)=\{H(x)\}$，$H(v)=\{H(x),H(y)\}$，据式(9.53)，就有$u=\{x\}$，$v=\{x,y\}$，从而有

$$z=\{u,v\}=\{\{x\},\ \{x,y\}\}=\langle x,y\rangle.$$

对于三元组的情况，仅需反复重复上述过程即获得欲证结果成立.

现在考察Q_5，我们需证明：

$$x,y\in\gamma_2\rightarrow(\langle x,y\rangle\in Q_5\longleftrightarrow\langle H(x),\ H(y)\rangle\in Q_5).\tag{9.54}$$

假定$\langle x,y\rangle\in Q_5$，因此，存在$z$使得$x=\langle y,z\rangle$。据(8)，有$z\in\gamma_2$.因此，有$H(x)=\langle H(y),\ H(z)\rangle$，这样，据式(9.24)我们有

$$\langle\langle H(y),\ H(z)\rangle,\ H(y)\rangle\in Q_5,$$

亦即有 $\langle H(x),\ H(y)\rangle\in Q_5$.

反之，假定$\langle H(x),\ H(y)\rangle\in Q_5$，由$\gamma_4$的性质，和式(9.24)，$H(x)=\langle H(y),\ H(z)\rangle$，因此，有$x=\langle y,z\rangle$.且$\langle\langle y,z\rangle,y\rangle\in Q_5$.这就完成了式(9.54)的证明.

Q_4是直接从Q_5获得的，Q_6，Q_7，Q_8是由它们的定义使用有序对和三元组的同构性直接验证的，这里从略.

(二) 我们来归纳地证明式(9.48).为此，首先证明，对于任意的$\alpha\in\eta\cap u$，都有

$$\boldsymbol{F}(\alpha)\in\boldsymbol{F}(\eta)\rightarrow\boldsymbol{F}(G(\alpha)\in\boldsymbol{F}(G(\eta)).\tag{9.55}$$

这样，我们假定$\boldsymbol{F}(\alpha)\in\boldsymbol{F}(\eta)$，并且按照序数$\eta\in\operatorname{ran}\boldsymbol{J}_i$的指标$i$的数值区别九种情况寻求欲证结果.

1. 假定$i=0$，即$\eta\in \mathrm{ran}J_0$.据定理9.34，有$G(\eta)\in \mathrm{ran}J_0$，因此，由定义9.1有$\boldsymbol{F}(\eta)=\mathrm{ran}(\boldsymbol{F}\upharpoonright\eta)$且$\boldsymbol{F}(G(\eta))=\mathrm{ran}(\boldsymbol{F}\upharpoonright G(\eta))$.因为$G(\alpha)\in G(\eta)$，所以显然有$\boldsymbol{F}(G(\alpha))\in \boldsymbol{F}(G(\eta))$.

2. 假定$i=1$，即$\eta\in \mathrm{ran}J_1$，于是$\eta=J_1(\beta,\gamma)$.由u封闭性，有β、$\gamma\in u$且$\beta,\gamma<\eta$.据定理9.33，有$G(\eta)=J_1(G(\beta),\ G(\gamma))$，由此，我们有

$$\boldsymbol{F}(\eta)=\{\boldsymbol{F}(\beta),\ \boldsymbol{F}(\gamma)\}. \tag{9.56}$$

$$\boldsymbol{F}(G(\eta))=\{\boldsymbol{F}(G(\beta)),\ \boldsymbol{F}(G(\gamma))\}. \tag{9.57}$$

因为假定$\boldsymbol{F}(\alpha)\in \boldsymbol{F}(\eta)$，所以由式(9.56)有$\boldsymbol{F}(\alpha)=\boldsymbol{F}(\beta)$或$\boldsymbol{F}(\alpha)=\boldsymbol{F}(\gamma)$.因此，由归纳前提式(9.52)，就获得$\boldsymbol{F}(G(\alpha))=\boldsymbol{F}(G(\beta))$或$\boldsymbol{F}(G(\alpha))=\boldsymbol{F}(G(\gamma))$.也就是有：$\boldsymbol{F}(G(\alpha))\in\{\boldsymbol{F}(G(\beta)),\ \boldsymbol{F}(G(\gamma))\}$，由式(9.57)，获得：$\boldsymbol{F}(G(\alpha))\in \boldsymbol{F}(G(\eta))$.

3. 假定$i=2$.即$\eta\in \mathrm{ran}J_2$.因此，$\eta=J_2(\beta,\ \gamma)$且$G(\eta)=J_2(G(\beta),\ G(\gamma))$，$\beta$，$\gamma\in u\cap\eta$.这样，$\boldsymbol{F}(\eta)=E\cap \boldsymbol{F}(\beta)$，且$\boldsymbol{F}(G(\eta))=E\cap \boldsymbol{F}(G(\beta))$.若$\boldsymbol{F}(\alpha)\in \boldsymbol{F}(\eta)$.则$\boldsymbol{F}(\alpha)\in \boldsymbol{F}(\beta)$且$\boldsymbol{F}(\alpha)\in E$.据归纳前提式(9.51)，就获得$\boldsymbol{F}(G(\alpha))\in \boldsymbol{F}(G(\beta))$.从$\boldsymbol{F}(\alpha)\in E$得到有$x,y$使得$\boldsymbol{F}(\alpha)=\langle x,y\rangle$且$x\in y$.因为$\boldsymbol{F}(\alpha)\in \gamma_2$，据上述命题(8)，有$x,y\in\gamma_2$，再依据命题(一)，有$\boldsymbol{F}(G(\alpha))=\langle H(x),\ H(y)\rangle$.另外，由$x\in y$可得到$H(x)\in H(y)$.亦即$\boldsymbol{F}(G(\alpha))\in E$，从而有$\boldsymbol{F}(G(\alpha))\in E\cap \boldsymbol{F}(G(\beta))$.即
$\boldsymbol{F}(G(\alpha))\in \boldsymbol{F}(G(\eta))$.

4. 假定$i=3$，即$\eta\in \mathrm{ran}J_3$.于是$\eta=J_3(\beta,\ \gamma)$，$G(\eta)=J_3(G(\beta),\ G(\gamma))$.从而有$\boldsymbol{F}(\eta)=\boldsymbol{F}(\beta)\dot{-}\boldsymbol{F}(\gamma)$，且$\boldsymbol{F}(G(\eta))=\boldsymbol{F}(G(\beta))\dot{-}\boldsymbol{F}(G(\gamma))$，其中$\beta,\gamma\in u\cap\eta$，假定$\boldsymbol{F}(\alpha)\in \boldsymbol{F}(\eta)$，有$\boldsymbol{F}(\alpha)\in \boldsymbol{F}(\beta)$且$\boldsymbol{F}(\alpha)\notin \boldsymbol{F}(\gamma)$.据归纳前提式(9.51)，获得$\boldsymbol{F}(G(\alpha))\in \boldsymbol{F}(G(\beta))$，且$\boldsymbol{F}(G(\alpha))\notin \boldsymbol{F}(G(\gamma))$.因此，有$\boldsymbol{F}(G(\alpha))\in \boldsymbol{F}(G(\eta))$.

5. 假定$i=5$，即$\eta\in \mathrm{ran}J_5$.于是$\eta=J_5(\beta,\gamma)$，$G(\eta)=J_5(G(\beta),\ G(\gamma))$，其中$\beta,\gamma\in u\cap\eta$.从而有，$\boldsymbol{F}(\eta)=\boldsymbol{F}(\beta)\cap \mathrm{ran}(Q_5\upharpoonright \boldsymbol{F}(\gamma))$，$\boldsymbol{F}(G(\eta))=\boldsymbol{F}(G(\beta))\cap \mathrm{ran}(Q_5\upharpoonright \boldsymbol{F}(G(\gamma)))$.若$\boldsymbol{F}(\alpha)\in \boldsymbol{F}(\eta)$，

则$\boldsymbol{F}(\alpha)\in\boldsymbol{F}(\beta)$. $\boldsymbol{F}(\alpha)\in\mathrm{ran}(Q_5\upharpoonright\boldsymbol{F}(\gamma))$. 设$\boldsymbol{F}(\alpha)\in\boldsymbol{F}(\eta)$，有$\boldsymbol{F}(\alpha)\in\boldsymbol{F}(\beta)$，$\boldsymbol{F}(\alpha)\in\mathrm{ran}(Q_5\upharpoonright\boldsymbol{F}(\gamma))$. 运用习题1.31，有$\boldsymbol{F}(\gamma)\cap\mathrm{ran}(Q_5^{-1}\upharpoonright\{\boldsymbol{F}(\alpha)\})\neq\phi$.因为，$\boldsymbol{F}(\alpha)\in\gamma_1$，$\boldsymbol{F}(\gamma)\in\gamma_1$，所以由命题（1），有

$$(\boldsymbol{F}(\gamma)\cap\mathrm{ran}(Q_5^{-1}\upharpoonright\{\boldsymbol{F}(\alpha)\})\in\gamma_1.$$

据命题（3），存在$u\in\gamma_1$使得$u\in\boldsymbol{F}(\gamma)$，且$u\in\mathrm{ran}(Q_5^{-1}\upharpoonright\{\boldsymbol{F}(\alpha)\})$.又因为$\boldsymbol{F}(\gamma)\in\gamma_2$,所以,据命题（6）有$u\in\gamma_2$. 又因为$u\in\boldsymbol{F}(\gamma)$且$\langle u,\boldsymbol{F}(\alpha)\rangle\in Q_5$,于是获得$H(u)\in\boldsymbol{F}(G(\gamma))$和$\langle H(u),\boldsymbol{F}(G(\alpha))\rangle\in Q_5$. 据命题（一），这就是$\boldsymbol{F}(G(\alpha))\in\mathrm{ran}(Q_5\upharpoonright\boldsymbol{F}(G(\gamma))$.又因为由$\boldsymbol{F}(\alpha)\in\boldsymbol{F}(\eta)$就有$\boldsymbol{F}(G(\alpha))\in\boldsymbol{F}(G(\eta))$. 从而我们就获得了$\boldsymbol{F}(G(\alpha))\in\boldsymbol{F}(G(\eta))$.

6. 假定$i=4,6,7,8$之一时，即$\eta\in\mathrm{ran}J_i$,其中$i=4,6,7,8$,于是$\eta=J_i(\beta,\gamma)$，$G(\eta)=J_i(G(\beta),G(\gamma))$. 其中$\beta,\gamma\in u\cap\eta$.因此,$\boldsymbol{F}(\eta)=\boldsymbol{F}(\beta)\cap\mathrm{ran}(Q_i\upharpoonright\boldsymbol{F}(\gamma))$.设$\boldsymbol{F}(\alpha)\in\boldsymbol{F}(\eta)$,亦即$\boldsymbol{F}(\alpha)\in\boldsymbol{F}(\beta)$，且$\boldsymbol{F}(\alpha)\in\mathrm{ran}(Q_i\upharpoonright\boldsymbol{F}(\gamma))$. 由此，获得$\boldsymbol{F}(G(\alpha))\in\boldsymbol{F}(G(\beta))$,而且有一$x\in\boldsymbol{F}(\gamma)$,使得$\langle x,\boldsymbol{F}(\alpha)\rangle\in Q_i\wedge x\in\gamma_1$,又因为$\boldsymbol{F}(\gamma)\in r_2$，所以有$x\in\gamma_2$. 这样，据命题（一）. 有$\langle H(x),\boldsymbol{F}(G(\alpha))\rangle\in Q_i$且$H(x)\in\boldsymbol{F}(G(\gamma))$.因此，有$\boldsymbol{F}(G(\alpha))\in\mathrm{ran}(Q_i\upharpoonright\boldsymbol{F}(G(\gamma)))$.即$\boldsymbol{F}(G(x))\in\boldsymbol{F}(G(\eta))$.

综上各情形，我们已完成了式（9.55）的证明，运用定理9.37中前提条件u与w的对称性质，类似地可以获得式

$$\boldsymbol{F}(G(\alpha))\in\boldsymbol{F}(G(\eta))\rightarrow\boldsymbol{F}(\alpha)\in\boldsymbol{F}(\eta)$$

的证明.这样，对于任意的$\alpha,\beta\in u\cap\eta$我们已证明了

$$\boldsymbol{F}(\alpha)\in\boldsymbol{F}(\eta)\longleftrightarrow\boldsymbol{F}(G(\alpha))\in\boldsymbol{F}(G(\eta)).$$

这就是完成了式（9.48）的证明.由式（9.48），我们可以直接证明式（9.50）.

（三）设$\boldsymbol{F}(\eta)\neq\boldsymbol{F}(\beta)$,有或者$\boldsymbol{F}(\eta)\dot{-}\boldsymbol{F}(\beta)\neq\phi$或者$\boldsymbol{F}(\beta)\dot{-}\boldsymbol{F}(\eta)\neq\varnothing$. 据命题（1）,有（$\boldsymbol{F}(\eta)\dot{-}\boldsymbol{F}(\beta))\in\gamma_1$，（$\boldsymbol{F}(\beta)\dot{-}\boldsymbol{F}(\eta))\in\gamma_1$,从而据命题（1）与（3）,有一$u\in\gamma$使得$u\in(\boldsymbol{F}(\eta)\dot{-}\boldsymbol{F}(\beta))$或者$u\in(\boldsymbol{F}(\beta)\dot{-}\boldsymbol{F}(\eta))$.因此,有$u\in\boldsymbol{F}(\eta)$或者$u\in\boldsymbol{F}(\beta)$.

不管哪一种情况，据命题（6）和（7），都有$u\in\gamma_2$。这样，不失一般性，不妨假定$u\in(\boldsymbol{F}(\eta)\dot{-}\boldsymbol{F}(\beta))$。于是，$u\in F(\eta)$且$u\notin\boldsymbol{F}(\beta)$。据归纳前提式（9.51），有$H(u)\in\boldsymbol{F}(G(\eta)),H(u)\notin\boldsymbol{F}(G(\beta))$。因此，$\boldsymbol{F}(G(\eta))\neq\boldsymbol{F}(G(\beta))$。这样，我们就证明了$\boldsymbol{F}(\eta)\neq\boldsymbol{F}(\beta)\to\boldsymbol{F}(G(\eta))\neq\boldsymbol{F}(G(\beta))$。反之，运用前提的对称性，可得$\boldsymbol{F}(G(\eta))\neq\boldsymbol{F}(G(\beta))\to\boldsymbol{F}(\eta)\neq\boldsymbol{F}(\beta)$。这就完成了式（9.50）的证明。

由式（9.48）和（9.50），我们可以获得对式（9.49）的证明。

设$\boldsymbol{F}(\eta)\in\boldsymbol{F}(\beta)$，令$\delta=\mathrm{Od}(\boldsymbol{F}(\eta))$。据定理9.7，有$\delta<\beta<\eta$。据命题（2），有$\delta<u\cap\eta$。由$\delta$的定义，我们有$\boldsymbol{F}(\eta)=\boldsymbol{F}(\delta)$。因此，有$\boldsymbol{F}(\delta)\in\boldsymbol{F}(\beta)$。从式$\boldsymbol{F}(\eta)=\boldsymbol{F}(\delta)$，据式(9.50)，有$\boldsymbol{F}(G(\eta))=\boldsymbol{F}(G(\delta))$。而且据归纳前提式（9.51），有$\boldsymbol{F}(G(\delta))\in\boldsymbol{F}(G(\beta))$。因此，有$\boldsymbol{F}(G(\eta))\in\boldsymbol{F}(G(\beta))$。这样，获得$\boldsymbol{F}(\eta)\in\boldsymbol{F}(\beta)\to\boldsymbol{F}(G(\eta))\in\boldsymbol{F}(G(\beta))$。运用前提条件的对称性，就获得了式（9.49）的证明。

综上，我们就完成了定理9.37的证明。

定理9.38 如果$u\subset\mathbf{On}$且u关于一元运算C,K_1，K_2和二元运算J_0，J_1，…，J_8是封闭的，G是$\langle u,\in\rangle$与$\langle\alpha_0,\ \in\rangle$的一同构映射，其中$\alpha_0$为一序数。则$G$是对于关系

$$\{\langle\alpha,\beta\rangle\mid\boldsymbol{F}(\alpha)\in\boldsymbol{F}(\beta)\wedge\alpha\in u\wedge\beta\in u\}$$

的一同构映射，亦即，对于任意的$\alpha,\beta\in u$，有

$$\boldsymbol{F}(\alpha)\in\boldsymbol{F}(\beta)\longleftrightarrow\boldsymbol{F}(G(\alpha))\in\boldsymbol{F}(G(\beta)).$$

证明 这是由于u与α_0满足定理9.38的前提条件，序数α_0对于C，K_1，K_2，J_0，J_1，…，J_8是封闭的。所以，u与α_0满足定理9.37的前提条件。这样，据定理9.37即获得欲证结果成立。

定理9.39 若$\boldsymbol{V}=\boldsymbol{L}$，则对于任意的序数$\alpha$，都有

$$\mathscr{P}(\boldsymbol{F}(\omega_\alpha))\subset\boldsymbol{F}(\omega_{\alpha+1}).$$

证明 对于任意的集合u，若$u\in\mathscr{P}(\boldsymbol{F}(\omega_\alpha))$，即$u\subset\boldsymbol{F}(\omega_\alpha)$，据$\boldsymbol{V}=\boldsymbol{L}$，存在序数$\delta$，使得$u=\boldsymbol{F}(\delta)$，令$u$为由$\omega_\alpha\cup\{\delta\}$出发，

使用一元运算C，K_1，K_2和二元运算J_0、J_1，…，J_8，据定理5.19所获得的闭包。据定理5.19，u 是一集合，并且$\overline{\overline{u}}=\omega_\alpha$。$u$是一序数的集合，所以，$u$是由$\in$所良序的，并且$u$同构于一序数$\alpha_0$，设这一同构映射为$G$，这样，$\mathrm{ran}(G\upharpoonright u)=\alpha_0$，据定理9.38，对于任意的序数$\alpha$，$\beta\in u$，有

$$\boldsymbol{F}(\alpha)\in\boldsymbol{F}(\beta)\longleftrightarrow\boldsymbol{F}(G(\alpha))\in\boldsymbol{F}(G(\beta)).$$

因为$\delta\in u$，所以$G(\delta)\in\alpha_0$。即$G(\delta)<\alpha_0$。又因为G作为一同构映射，它是一对一的，所以，$\overline{\overline{\alpha_0}}=\overline{\overline{u}}=\omega_\alpha$。因此，$\alpha_0<\omega_{\alpha+1}$，$G(\delta)<\omega_{\alpha+1}$。对于任意的$\beta\in u$，都有

$$\boldsymbol{F}(\beta)\in\boldsymbol{F}(\delta)\longleftrightarrow\boldsymbol{F}(G(\beta))\in\boldsymbol{F}(G(\delta)).\tag{9.58}$$

同时，由u的定义，$\omega_\alpha\subset u$，而且，ω_α 作为一序数，它是传递的。因此，ω_α是u的一个$\in$前节，且ω_α被映射G映到α_0的一个$\in$前节。据习题4.18，ω_α在G之下映到它自身，即

$$\omega_\alpha=\mathrm{ran}(G\upharpoonright\omega_\alpha),$$

这样，若$\beta\in\omega_\alpha$，则$G(\beta)=\beta$。因此，对于$\beta\in\omega_\alpha$，我们有

$$\boldsymbol{F}(\beta)\in\boldsymbol{F}(\delta)\longleftrightarrow\boldsymbol{F}(\beta)\in\boldsymbol{F}(G(\delta)),$$

也就是说，$\boldsymbol{F}(\delta)$ 与$\boldsymbol{F}(G(\delta))$在集合$\boldsymbol{F}(\omega_\alpha)$中恰有相同的元素，即

$$\boldsymbol{F}(\delta)\cap\boldsymbol{F}(\omega_\alpha)=\boldsymbol{F}(G(\delta))\cap\boldsymbol{F}(\omega_\alpha).\tag{9.59}$$

然而，由假设$u=\boldsymbol{F}(\delta)$，$\boldsymbol{F}(\delta)\subset\boldsymbol{F}(\omega_\alpha)$，因此，由式(9.59)我们有

$$u=\boldsymbol{F}(\delta)=\boldsymbol{F}(G(\delta))\cap\boldsymbol{F}(\omega_\alpha),$$

又因为我们已经指出，$G(\delta)<\omega_{\alpha+1}$，据定理9.10我们就有$\mathrm{Od}(u)<\omega_{\alpha+1}$，换言之，$u\in\mathrm{ran}(\boldsymbol{F}\upharpoonright\omega_{\alpha+1})$，又因为$\boldsymbol{F}(\omega_{\alpha+1})=\mathrm{ran}(\boldsymbol{F}\upharpoonright\omega_{\alpha+1})$，所以，有

$$u\in\boldsymbol{F}(\omega_{\alpha+1}),$$

从而有 $\mathscr{P}(\omega_\alpha)\subset\boldsymbol{F}(\omega_{\alpha+1})$。这就获得了欲证结果。

定理9.40 $\mathrm{ZF}\vdash\boldsymbol{V}=\boldsymbol{L}\to\mathrm{GCH}$。

证明 由定理9.39和定理9.36，对于任意的序数α，有

$$\overline{\overline{\mathscr{P}(\boldsymbol{F}(\omega_\alpha))}}\leqslant\overline{\overline{\boldsymbol{F}(\omega_{\alpha+1})}}=\omega_{\alpha+1},$$

而由不等式的左边，有

$$\overline{\overline{\mathscr{P}(F(\omega_\alpha))}} = 2^{\overline{\overline{F(\omega_\alpha)}}}$$

$$= 2^{\omega_\alpha},$$

据定理5.5和上述不等式有，

$$\omega_\alpha < 2^{\omega_\alpha} \leqslant \omega_{\alpha+1},$$

因此，就有$2^{\omega_\alpha} = \omega_{\alpha+1}$.这就完成了定理9.40的证明.

注记9.4 在推演GCH的过程中，仅在定理9.39中使用了$\boldsymbol{V} = \boldsymbol{L}$.换言之，定理9.36—38是与$\boldsymbol{V} = \boldsymbol{L}$是否成立不相干的.

注记9.5 现在我们已经证明了，如果ZF是协调的，则$\boldsymbol{L} \models$ ZF + $\boldsymbol{V} = \boldsymbol{L}$ + AC + GCH和$\boldsymbol{L} \models$ZF + AC + GCH.这就证明了：如果ZF是协调的，则ZF + AC + GCH仍然是协调的.因为，如果结论不成立，就一定有一命题B，使得

$$\mathbf{ZF} + \mathbf{AC} + \mathbf{GCH} \vdash B \wedge \neg B,$$

从而有公式A_1，A_2，…，A_n（每一A_i，$\leqslant i \leqslant n$都是ZF中一公理），使得

$$\vdash A_1 \wedge \cdots \wedge A_n \wedge \mathbf{AC} \wedge \mathbf{GCH} \rightarrow B \wedge \neg B, \qquad (9.60)$$

式（9.60）是一条逻辑定理，因此，据定理6.10，我们有

$$\vdash A_{1L} \wedge \cdots \wedge A_{nL} \wedge (\mathbf{AC})_L \wedge (\mathbf{GCH})_L \rightarrow B_L \wedge \neg B_L. \qquad (9.61)$$

据定理9.24，定理9.31，定理9.35和定理9.40我们有

$$\mathbf{ZF} \vdash A_{1L} \wedge \cdots \wedge A_{nL} \wedge (\mathbf{AC})_L \wedge (\mathbf{GCH})_L, \qquad (9.62)$$

这样，由式（9.61）与（9.62），我们有

$$\mathbf{ZF} \vdash B_L \wedge \neg B_L. \qquad (9.63)$$

式（9.63）与ZF协调的前提相矛盾，从而就获得了如果ZF是协调的，则ZF + AC + GCH是协调的.至此，我们就实现了本章证明AC，GCH相对协调性的目的.

§12 $\boldsymbol{L}$的另一定义

为了进一步熟悉哥德尔的方法，我们给出哥德尔构造$\boldsymbol{L}$的另一种方法.

在第六章§12中，我们引进了ZF可定义类的概念，建立了

它的初等性质。定理9.23给出可定义类是可构成类的条件。也就是说，任一可定义类C，若$C\subset \boldsymbol{L}$，则C是可构成的。定理9.16给出了可构成类为可构成集合的条件。这些定理说明，可定义集合与可构成集合是有联系的，本节我们从可定义集合出发建立可构成集合的概念。我们将继续使用定义6.11中的记号。

定义9.9 对于给定的集合S，如果有一 ZF 公式$A(x, x_1, \cdots x_n)$，和集合$t_1, \cdots, t_n \in S$，使得

$$y = \{x \mid x \in S \wedge A_S(x, t_1, \cdots, t_n)\}, \tag{9.64}$$

则称y是S的**可定义子集合**。其中A_S为由定义6.11给出的A的受囿于S的公式。令

$$\mathscr{P}_D(S) = \{y \mid y\text{是}S\text{的ZF可定义子集合}\},$$

$$S' = S \cup \mathscr{P}_D(S), \tag{9.65}$$

注意，$S' \subset \mathscr{P}(S) \cup S$。当$S$为无穷集合时，据**AC**，可以获得$\overline{\overline{S'}} = \overline{\overline{S}}$。

定义9.10

$$M_0 = \varnothing,$$

$$M_\alpha = (\bigcup M_\beta)',$$

$$\boldsymbol{L}_D = \bigcup_{\alpha \in \mathbf{On}} M_\alpha.$$

换言之，对于任意的集合x，$x \in \boldsymbol{L}_D$当且仅当有一序数α，使得$x \in M_\alpha$。

定理9.41 $\boldsymbol{L}_D = \boldsymbol{L}$。

证明 首先使用超穷归纳法证明$\boldsymbol{L}_D \subset \boldsymbol{L}$。对于任意的序数$\alpha$，假定对于每一$\beta < \alpha$，以及任意集合$x$，若$x \in M_\beta$，则$x$是可构成的，即$x \in \boldsymbol{L}$。我们来证明：

$$\forall y (y \in M_\alpha \to y \in \boldsymbol{L}). \tag{9.66}$$

若对于任意的集合$y \in M_\alpha$，设$S = \bigcup_{\beta < \alpha} M_\beta$，据归纳假设的前提，有$S \subset \boldsymbol{L}$。因此，由定义9.9，$y \subset \boldsymbol{L}$，并且$y$是一可定义集合，据定理9.16，则有$y \in \boldsymbol{L}$，也就是说，式（9.66）成立。因此，$\boldsymbol{L}_D \subset \boldsymbol{L}$。

其次，我们来证明$L \subset L_D$.对于任意的序数α，如果我们假定对于每一序数$\beta<\alpha$，$F(\beta)$都是属于L_D,那么我们就能证明$F(\alpha)$也属于L_D.这样，依据超穷归纳法，就获得了欲证结果.α为一序数，据定理9.1，必有一$i<9$，使得$\alpha \in \mathrm{ran} J_i$.当$i=0$时，据定理6.28和注记6.10获得$F(\alpha) \in L_D$;当$i \neq 0$时，由于八个基本运算以及$K_1$，$K_2$都是ZF可定义的，从而也容易获得$F(\alpha) \in L_D$.

综上，我们完成了定理9.41的证明.

习　题

9.1　试证明：ω的任一有穷子集合都是可构成的.

9.2　证明：若S是一不空的可构成集合，则$\bigcap S$是可构成集合.

9.3　对于由式(9.24)所定义的Q_4,Q_5，和任意类C，试证明：

(1)　$\mathrm{ran}(Q_4 \upharpoonright C)=C \times \boldsymbol{V}$,

(2)　$\mathrm{ran}(Q_5 \upharpoonright C)=\mathrm{ran} C$.

9.4　试证明：对于定义9.10所给出的M_α和任意的序数α,都有$\alpha \in M_{\alpha+1}$.

9.5　试证明：对于任意的无穷集合S，都存在着S的一子集合S_1，使得S_1不是ZF可定义的.

9.6　设M_α是由定义9.10所定义的，试证明　$y=M_\alpha$是ZF可定义的.

9.7　试证明：关系$x \in M_\alpha$是ZF可定义的，并且这一关系可表示为Σ_0^{ZF}公式.

9.8　试证明：$\boldsymbol{V}=\boldsymbol{L}$在$\Pi_2^{ZF}$中.

第十章　AC,GCH相对于ZF的独立性

本章的目的是建立科恩的独立性定理：如果ZF是协调的，那么$ZF+V\neq L$，$ZF+\neg AC$和$ZF+AC+\neg GCH$都是协调的。科恩为了证明上述定理，他创立了一种强有力的论证方法，并称之为**力迫方法**。我们力求通俗地严谨地陈述科恩的力迫方法，并运用这一方法去建立欲证结果的证明。

§1　ZF的协调性问题

在第六章中我们曾经指出，如果ZF是协调的，则它的协调性在ZF中是不可证明的，这是1931年哥德尔不完全定理的一个直接的推论。哥德尔的这一定理是对形式的皮阿诺算术系统来讲的，而实质上对于任意的足够丰富的（能够表达算术加法与乘法的）形式系统它都是成立的。哥德尔的这一重要定理可以陈述为两个部分，第一部分：如果一形式系统是足够丰富的（亦即能够表达算术加法和乘法）且是协调的，则在此形式系统内有一形式命题A，使得在这一形式系统内A与$\neg A$都是不可证明的；第二部分：对于任意的足够丰富的协调的形式系统来说，它的协调性在这一形式系统内是不可证明的。ZF公理系统可以推导出皮阿算术公理，因而ZF是足够丰富的。因此，如果它们是协调的，则它们的协调性在该系统内是不可证明的，也就是说，当人们把“ZF是协调的”表达为公式consis(ZF)时，就有：若ZF是协调的，则有$ZF\nvdash consis(ZF)$。

哥德尔不完全性定理在数学史上是有着重要地位的。本世纪初为了解决数学基础的困难问题，希尔伯特提出了一个影响深远的方案，人们称之为希尔伯特方案。按照这一方案，对于每一个足够丰富的数学分支都可以建立相应的形式系统，也称它为相应

分支的形式化系统或形式理论（如象皮阿诺形式算术系统是初等数论的形式化系统，ZFC 是康托尔集合论的形式化系统等），使得每一数学分支中的直觉定理对应的形式命题在相应的形式系统内都是可证明的，每一直觉的非定理（或假命题）所对应的形式命题在相应的形式系统内都可以否证明（也就是说，这一形式系统是完全的，即系统内的每一形式命题或者是可证明或者是否证的，即这一形式命题的否定式在系统内是可证明的），并且如果相应的形式系统是协调的，那么它的协调性可以在此系统内形式化为一形式命题，而且这一形式命题在此系统内是可以证明的．希尔伯特方案还有几个要点，比如它断定对于每一数学分支都存在一算法使得对于该分支的相应的形式系统的每一形式命题而言，使用这一算法在有穷步骤内可知此命题是否为一定理（那些与本课程无直接关系的内容这里从略了）．哥德尔定理直接地否定了希尔伯特方案，把数学基础的研究引向了新阶段和新方向．要获得一形式数学系统的协调性，就得在比原系统更强的系统内给以证明．比如，虽然依照哥德尔定理，皮阿诺形式算术系统的协调性在它自己内不可证明，但是在更强的系统中却是可以证明的．事实上，根岑（G. Gentzen）已经使用超穷归纳法，实现了这一证明，在第六章中我们曾经说，ZF 的协调性在 ZF加上存在大基数公理的系统内是可证的．现在我们对 ZF 的公理逐一进行考察，借以寻求一适当的序数α（即探求α应满足的条件），使得V_α是ZF的一模型．其中集合V_α是依式（4.5）给出的．

1．外延公理．对于任一序数α，V_α是一传递集合，然而相对于传递集合而言，外延公理总是成立的．换言之，对于任意给出的传递集合M，若x，$y\in M$，且若

$$\forall z\in M(z\in x\longleftrightarrow z\in y),\qquad(10.1)$$

则有$x=y$，因为，如果$z\in x$而$x\in M$，则有$z\in M$，所以，依据前提式（10.1）就获得了$z\in y$．因此，$x\subset y$，反之，类似地可以获得$y\subset x$．这样就有$x=y$．这就是说，对于任意传递集合M，外延公理在M中的相对化：

$$\forall x\in M\forall y\in M(\forall z\in M(z\in x\longleftrightarrow z\in y)\to x=y)$$

在M中是成立的.特别地，外延公理对于$\boldsymbol{V}_\alpha$而言是成立的.

2. 空集合公理. 对于任意序数$\alpha>0$，相对于$\boldsymbol{V}_\alpha$的空集合存在公理

$$\exists x\in\boldsymbol{V}_\alpha\forall y\in\boldsymbol{V}_\alpha y\notin x \tag{10.2}$$

是成立的.因为$\alpha\geqslant1$，我们已有

$$\varnothing\in\boldsymbol{V}_1\subset\boldsymbol{V}_\alpha,$$

这样，空集合$\varnothing$在集合$\boldsymbol{V}_\alpha$中，当然，在$\boldsymbol{V}_\alpha$中没有任何对象是属于空集合的.

3. 无序对集合存在公理. 对于任意的极限序数λ而言，考察任意的x, y属于$\boldsymbol{V}_\lambda$，因为$\boldsymbol{V}_\lambda=\bigcup\limits_{\alpha<\lambda}\boldsymbol{V}_\alpha$，我们有$\alpha$, $\beta<\lambda$，使得$x\in\boldsymbol{V}_\alpha$, $y\in\boldsymbol{V}_\beta$.由序数的性质，我们有$\alpha\subset\beta$或$\beta\subset\alpha$.不失一般性，不妨假设$\alpha\subset\beta$，因此，有$\{x,y\}\subset\boldsymbol{V}_\beta$，由式(4.5)，$\boldsymbol{V}_{\beta+}$的定义，有$\{x,y\}\in\boldsymbol{V}_{\beta^+}$，由于$\boldsymbol{V}_{\beta^+}\subset\boldsymbol{V}_\lambda$，就有$\{x,y\}\in\boldsymbol{V}_\lambda$，这样，就有一集合$z\in\boldsymbol{V}_\lambda$（亦即$z=\{x,y\}$），使得对于每一$u\in\boldsymbol{V}_\lambda$，都有

$$u\in z\longleftrightarrow u=x\vee u=y,$$

这就是说无序对集合存在公理在$\boldsymbol{V}_\lambda$中成立.这就获得了只要α是一极限序数，$\boldsymbol{V}_\alpha$就能使无序对集合公理成立.

4. 幂集合存在公理. 如同无序对集合存在公理，此公理在$\boldsymbol{V}_\lambda$中是成立的.为了证明这一结果，考察$\boldsymbol{V}_\lambda$中任一集合x，这时有$\mathrm{rnk}(x)<\lambda$，且令$\alpha=\mathrm{rnk}(x)$，$x\in\boldsymbol{V}_\alpha$，且$\forall t(t\in x\to\mathrm{rnk}(t)<\mathrm{rnk}(x))$.因此，对于每一$z\subset x$，都有$z\in\boldsymbol{V}_\alpha$，即$\{z|z\subset x\}\subset\boldsymbol{V}_\alpha$，这样$\{z|z\subset x\}\in\boldsymbol{V}_{\alpha^+}\subset\boldsymbol{V}_\lambda$，即有$y\in\boldsymbol{V}_\lambda$，$y=\{z|z\subset x\}$，使得对于任意的集合$z$，有：

$$\begin{aligned}z\in y&\longleftrightarrow z\subset x\\&\longleftrightarrow\forall u(u\in z\to u\in x)\\&\longleftrightarrow\forall u\in\boldsymbol{V}_\lambda(u\in z\to u\in x).\end{aligned}$$

显然，上述z也在$\boldsymbol{V}_\lambda$中，正如u在$\boldsymbol{V}_\lambda$中那样.于是，我们就有

$$\forall x\in \boldsymbol{V}_{\lambda}\exists y\in \boldsymbol{V}_{\lambda}\forall z\in \boldsymbol{V}_{\lambda}(z\in y\longleftrightarrow \forall u\in \boldsymbol{V}_{\lambda}(u\in z\rightarrow u\in x)).$$

这就说明了幂集合存在公理在V_{λ}中成立.

5. 并集合存在公理. 对于任意的序数α来说，此公理在V_{α}中都是成立的.因为假定$x\in \boldsymbol{V}_{\alpha}$，这时，对于某一小于$\alpha$的序数$\beta$，有$x\subset \boldsymbol{V}_{\beta}$，因为$\boldsymbol{V}_{\beta}$是传递集合，对于任一集合$u$我们有

$$\begin{aligned}\exists z(z\in x\wedge u\in z)&\rightarrow u\in x\\&\rightarrow u\in V_{\beta},\end{aligned}$$

因此.$\{u|\exists z(z\in x\wedge u\in z)\}\subset \boldsymbol{V}_{\beta}$，因而它属于$\boldsymbol{V}_{\alpha}$.又因为$\boldsymbol{V}_{\alpha}$传递，上述$\exists z(z\in x)$可改为$\exists z\in \boldsymbol{V}_{\alpha}(z\in x)$，因此，在$\boldsymbol{V}_{\alpha}$中我们就有一集合$y$使得对于任意的集合$u$,都有

$$u\in y\longleftrightarrow \exists z\in \boldsymbol{V}_{\alpha}(u\in z\wedge z\in x).$$

此式说明，y就是并集合$\bigcup x$,上式也就是说并集合存在公理在$\boldsymbol{V}_{\alpha}$中是成立的.

6. 分离公理模式. 这一模式对于任意的序数α而言在$\boldsymbol{V}_{\alpha}$中都是成立的. 因为当我们考察$\boldsymbol{V}_{\alpha}$中任一集合x和任一ZF公式$A(z)$（不妨假定变元y在其中不出现),我们考察类

$$y=\{z|z\in x\wedge A_{V_{\alpha}}(z)\},$$

显然，$y\subset x$，又因为$\boldsymbol{V}_{\alpha}$传递，$x\in \boldsymbol{V}_{\alpha}$，且$x\subset \boldsymbol{V}_{\alpha}$，因此，$y\subset \boldsymbol{V}_{\alpha}$，所以，$y\in \boldsymbol{V}_{\alpha^{+}}$.这样$y$是一集合，且$\mathrm{rnk}(y)\leqslant \mathrm{rnk}(x)$，又因为$z\in x$，所以也有$z\in \boldsymbol{V}_{\alpha}$.这样就有

$$\forall x\in \boldsymbol{V}_{\alpha}\exists y\in \boldsymbol{V}_{\alpha}\forall z\in \boldsymbol{V}_{\alpha}(z\in y\longleftrightarrow z\in x\wedge A_{V_{\alpha}}(z)),$$

因此，分离公理模式在$\boldsymbol{V}_{\alpha}$中成立.

7. 无穷公理. 这一公理在$\boldsymbol{V}_{\alpha}$（对于任意序数α，$\omega<\alpha$)中是真的.这是因为$\omega\subset \boldsymbol{V}_{\omega}$，所以当$\omega<\alpha$时，$\omega\in \boldsymbol{V}_{\alpha}$.这就获得了欲证结果成立.

8. 正则公理. 对于任意α，此公理在$\boldsymbol{V}_{\alpha}$中都是成立的.因为考察$\boldsymbol{V}_{\alpha}$中任一不空集合x，令

$$S=\{\mathrm{rnk}(y)\,|\,y\in x\},$$

S为一不空的序数集合，因此$\bigcap S\in S$.取集合y使得$y\in x$且$\mathrm{rnk}(y)=\bigcap S$.这样我们有

$$y \in \boldsymbol{V}_\alpha,\ y \in x \text{且} y \cap x = \varnothing .$$

这样，y是x的一极小元，从而有正则公理在$\boldsymbol{V}_\alpha$中成立.

9. 选择公理.这里我们考察AC(I).对于任意的序数α,AC(I)在$\boldsymbol{V}_\alpha$中成立.因为对于$\boldsymbol{V}_\alpha$中任一关系 R, R 的任一子集合都在$\boldsymbol{V}_\alpha$中，特别地，满足条件$\mathrm{dom}F=\mathrm{dom}R$, $F\subset R$的函数F也在$\boldsymbol{V}_\alpha$中.因此，AC(I) 在$\boldsymbol{V}_\alpha$中成立.

综上，我们已证明下述定理：

定理10.1 如果λ是大于ω的一极限序数，则 $\boldsymbol{V}_\lambda$是蔡梅罗公理系统$\boldsymbol{Z}$的一模型；也就是说，我们有：

$$\boldsymbol{V}_\lambda \models \boldsymbol{Z}.$$

满足上述定理的最小序数是$\omega\cdot 2$.因此，我们有：

$$\boldsymbol{V}_{\omega\cdot 2} \models \boldsymbol{Z}.$$

由式 (4.5)，我们能够直观描述$\boldsymbol{V}_{\omega\cdot 2}$.

$$\boldsymbol{V}_{\omega\cdot 2}=\boldsymbol{V}_\omega \cup \mathscr{P}(\boldsymbol{V}_\omega) \cup \mathscr{P}(\mathscr{P}(\boldsymbol{V}_\omega)) \cup \cdots\cdots.$$

并且$\boldsymbol{V}_\omega$含有有穷秩的那些集合. 在$\boldsymbol{V}_\omega$中的任一集合都是有穷集合，它们的元素也都是有穷的，不难看出，所有的实数都在$\boldsymbol{V}_{\omega\cdot 2}$中，定义域为实数集合、值域也为实数集合的函数也在$\boldsymbol{V}_{\omega\cdot 2}$中；这就是说，为了构造实数和实数函数，以至初等数学中的所有集合在 $\boldsymbol{V}_{\omega\cdot 2}$ 中就够了，也就是说仅仅蔡梅罗的公理系统 $\boldsymbol{Z}$就足够了.

$\boldsymbol{V}_{\omega\cdot 2}$是$\boldsymbol{Z}$的一模型，据定理6.6，我们获得了公理系统 $\boldsymbol{Z}$ 是协调的.应当注意，在序数$\omega\cdot 2$的构造过程中，我们曾经使用了替换原则.换言之，$\boldsymbol{V}_{\omega\cdot 2}$ 在$\boldsymbol{Z}$ 中是不能获得的. 什么样的集合不在$\boldsymbol{V}_{\omega\cdot 2}$中呢？在 $\boldsymbol{V}_{\omega\cdot 2}$ 中序数都是小于 $\omega\cdot 2$的，大于$\omega\cdot 2$的序数都不在$\boldsymbol{V}_{\omega\cdot 2}$之中.在$\boldsymbol{V}_{\omega\cdot 2}$中仅含有小于 $\omega\cdot 2$ 的可数序数，其余的序数都不在$\boldsymbol{V}_{\omega\cdot 2}$中.

定理 10.2 在$\boldsymbol{V}_{\omega\cdot 2}$ 中存在一良序结构，它的序数不在 $\boldsymbol{V}_{\omega\cdot 2}$ 中.

证明 令$S=\mathscr{P}(\omega)$，S是不可数的并且 $S\in \boldsymbol{V}_{\omega\cdot 2}$，由良序定理，在$S$上存在着一良序关系$R$，$R\subset S\times S\subset \mathscr{P}(\mathscr{P}(S))$，且

$\mathrm{rnk}(R)=\mathrm{rnk}(S)+2$，因此$R\in \boldsymbol{V}_{\omega\cdot 2}$.并且由于

$$\mathrm{rnk}(\langle S,R\rangle)=\mathrm{rnk}(R)+2$$
$$=\mathrm{rnk}(S)+4,$$

因此，$(S,R)\in \boldsymbol{V}_{\omega\cdot 2}$.然而(S, R)的序数是不可数的，因而这一序数不在$\boldsymbol{V}_{\omega\cdot 2}$中，这就获得了欲证结果.

定理 10.3 并非每一条替换公理在$\boldsymbol{V}_{\omega\cdot 2}$中都是成立的.

证明 令公式A是对命题"对于任意的良序结构$\langle S,R\rangle$，都有唯一的序数α，使得$\langle S,R\rangle$与$\langle \alpha,\in\rangle$ 是同构的"的形式化，这一命题恰好是定理2.49，我们可以在 ZF中证明这一定理.然而由定理10.2，这一命题在 $\boldsymbol{V}_{\omega\cdot 2}$ 中是不成立的.然而如果 $\boldsymbol{V}_{\omega\cdot 2}$是ZFC的一模型，那么 ZFC 中每 一公 理 及其定理在 $\boldsymbol{V}_{\omega\cdot 2}$ 中都是真的，因此，$\boldsymbol{V}_{\omega\cdot 2}$ 不是ZFC的一模型. 另一方面，$\boldsymbol{V}_{\omega\cdot 2}$ 是$\boldsymbol{Z}$的一模型，因此，替换公理模式不可能在$\boldsymbol{V}_{\omega\cdot 2}$中都成立.

由于$\boldsymbol{Z}$的任一定理在它的每一模型中都必须是真的.特别地，$\boldsymbol{Z}$的任一定理在 $\boldsymbol{V}_{\omega\cdot 2}$ 中都必须是真的.但是，据定理10.3，并非每一条替换公理都在$\boldsymbol{V}_{\omega\cdot 2}$中是真的，因此，我们就获得，并非 每一条替换公理都是 $\boldsymbol{Z}$的定理，这就再次获得了定理6.11的证 明.这一定理说明，ZFC是严格地比Z强的，换言之，替换公理模式 是不能由蔡梅罗的公理系统Z经逻辑推演而获得的，或者说替换 公理是独立于公理系统Z的.

定理 10.4 如果K是一不可达基数，则 ZFC 的 每一公理在$\boldsymbol{V}_K$中都成立.

证明 因为K 是一不可数的极限序数，所以，据定理10.1，我们有$\boldsymbol{V}_K \models \mathbf{Z}$.因此，仅需证明替换公理模式在 $\boldsymbol{V}_K$也是成立的.

对于$\boldsymbol{V}_K$中任一集合x和在$\boldsymbol{V}_K$中总有

$$\forall t\in x\forall y_1\forall y_2(A(t,y_1)\wedge A(t,y_2)\rightarrow y_1=y_2) \qquad (10.3)$$

成立的ZF公式$A(t,y)$，定义一函数F如下：

$$F=\{\langle t,y\rangle \mid t\in x\wedge y\in V_K\wedge A(t,y) \text{ 在 } \boldsymbol{V}_K \text{ 中真}\}. \quad (10.4)$$

由式 (10.3)，F 是一函数.F 的定义域是 x 的一子集合，即$\mathrm{dom}F\subset x$.令$z=\mathrm{ran}F$，这样，对于任一$y\in V_K$，有

$$y\in z\longleftrightarrow\exists t\in x\varphi(t,y)\ \text{在}V_K\text{中成立}.\quad(10.5)$$

为了证明$z\in \boldsymbol{V}_K$，我们考察集合

$$S=\{\mathrm{rnk}(F(t))\mid t\in\mathrm{dom}F\}.\quad(10.6)$$

因为对于任意的$t\in\mathrm{dom}F$，都有$F(t)\in\boldsymbol{V}_K$，所以S中的任一序数都小于K，并且有

$$\overline{\overline{S}}\leqslant\overline{\overline{\mathrm{dom}F}}\leqslant\overline{\overline{x}}<K,\quad(10.7)$$

其中$\overline{\overline{x}}<K$是依据定理 5.32 获得的.这样，由前提$K$是不可达的和定义5.16，序数

$$\alpha=\mathrm{Sup}\,S=\mathrm{Sup}\{\mathrm{rnk}(F(t))\mid t\in\mathrm{dom}F\}$$

是小于K的.而且z的任一元素$F(t)(t\in\mathrm{dom}F)$的秩都不大于α，因此. $F(t)\in\boldsymbol{V}_{\alpha^+}$.由此，$z\subset\boldsymbol{V}_{\alpha^+}$，所以 $\mathrm{rnk}(z)\in\alpha^{++}$.又因为$K$为极限序数，所以 $\alpha^{++}\in K$，$\mathrm{rnk}(z)\in K$，从而，我们获得了$z\in\boldsymbol{V}_K$，综上，我们就有

$$\exists z\in\boldsymbol{V}_K\forall y\in\boldsymbol{V}_K(y\in z\longleftrightarrow\exists t\in xA_{V_K}(t,y))$$

在$\boldsymbol{V}_K$中成立.

注记 10.1 据定理10.4，如果存在不可达基数，ZFC就有一模型.这样，据定理6.6，我们就获得了公理系统ZFC 是协调的这样一个证明，而且在这一证明中除去使用K不可达之外，所有的论证都是在 ZFC 中所允许的.因此，由哥德尔不完全性定理，我们就获得了存在不可达基数这一论断在ZFC中是不可证明的.

注记10.2 由定理10.1 $\boldsymbol{V}_{\omega\cdot 2}$是Z 的一模型，由替换公理可以获得序数$\omega\cdot 2$，这样，在ZF中就证明了Z的协调性.由此，我们可以设想 ZF 是协调的，因而可以设想某些更强的合理的公理是存在的，我们的目的是寻求这些合理的公理.

§2 扩充的ZF语言

在第六章中我们建立了ZF形式语言，在陈述ZF公理系统时，我们已经扩充了这种形式语言，把依公理定义了的集合的代表作为常项在公式中出现，注记6.6与6.7实质上是把 ZF 语言中的符号扩充到含有函数符号和$\in$以外的谓词符号，注记6.8也是对 ZF

语言的扩充，使得它还含有一般的个体词．这样，事实上我们已经扩充了ZF的形式语言．在本章中为了证明 AC，GCH 等数学命题相对于ZF的独立性结果，我们还要再三扩充 ZF 形式语言．因此，我们有必要对形式语言作一些一般性说明．形式语言是一个很广的概念，它在数学、逻辑学、计算机科学、语言学和心理学等学科中都有着广泛的应用和影响，本节我们仅对和数学推理有关的一阶语言作些刻划，并且着重介绍ZF语言的常用扩充语言．这种一阶语言通常有两个方面，一是符号系统，二是形成规则．

（1）符号系统：除第六章§2ZF形式语言所列举的符号外，还有个体词和个体常项．个体常项一般指称我们欲讨论领域内的数学对象，如在形式集合论中指称空集合 $\varnothing$，序数 1，2，ω,ω_1，等的形式对象，这种常项的数目可以是任意的基数．个体词为可数多个，可以从变元中区分出一部分作个体词（如注记6.8那样），也可以单独列举出一组符号作个体词符号，这类符号在推演中起辅助作用，有的在推演结果中就已经消除，有的通过推演和论证求出它们应取的值．前一种在第六章的推演中已多次出现，后一种将在本章力迫概念及相关的论证中出现．关系符号（也称谓词符号）可以扩充到任意有穷目，换言之，对于任一自然数 $n\geqslant 1$，都可以有任意基数多个 n 目谓词符号，不过在本书中我们不打算作这种扩充，我们仅使用 $\in$ 与 $=$．在遇到其它谓词符号时，我们都看作是由 $\in$ 及 $=$ 定义出来的某种缩写．此外，还可以有函数符号（确切地说是 n 目函数符号），本书我们也采用定义或缩写方式来代替函数符号．

（2）形成规则：除第六章§2中的形成规则外，还需作些补充：任意的个体词、个体常项和变元均可以形成初级公式，也就是说，设 t，S 为个体词或个体常项或变元，都规定

$$t=S,\qquad t\in S$$

为初级公式．由初级公式到公式的定义与ZF形式语言相词．

经过（1），（2）进行扩充的形式语言我们统称为**扩充的ZF形式语言**，在上下文不致引起误解时，我们也简称为ZF语言，

或集合论语言.

注记10.3　据上述说明，对于扩充的ZF语言，当已给的个体词、个体常项为有穷多或可数多时，由它们出发所形成的ZF公式（或称扩充了的ZF公式）至多只有可数多个。

对于ZF公式我们已经使用了许多缩写，如“$\exists ! x$”，“$\exists x\in y$”等，我们今后还需继续使用它们，并且随上下文还将引进一些其它的缩写，也将引进一些新概念，并给出一些补充说明.

§3　可数模型

定义10.1　令$\mathscr{M}_1$与$\mathscr{M}_2$是给定的形式语言$\mathscr{L}$的两个模型，如果对$\mathscr{L}$中的任意命题A，都有

$$\mathscr{M}_1 \models A \text{当且仅当} \mathscr{M}_2 \models A,$$

则称$\mathscr{M}_1$与$\mathscr{M}_2$是**初等等价的**.

定义10.2　如果$\mathscr{M}_1$与$\mathscr{M}_2$是对于$\mathscr{L}$的两个模型，$\mathscr{M}_1\subset\mathscr{M}_2$（即$\mathscr{M}_1$的基础集合是$\mathscr{M}_2$的基础集合的一子集合），且$\mathscr{L}$中的每一个体常项符号$c$在$\mathscr{M}_2$中的对应值与它在$\mathscr{M}_1$中的对应值相同，$\mathscr{L}$中的每一谓词符号在$\mathscr{M}_1$中的对应关系恰为在$\mathscr{M}_2$中的对应关系对于$\mathscr{M}_1$的限制，例如二目形式符号$F$，在$\mathscr{M}_1$中的对应关系$R_1$，在$\mathscr{M}_2$中的对应当为$R_2$，$R_1=R_2\restriction(S_1\times S_1)$（其中$S_1$是$\mathscr{M}_1$的基础集合），并且对于任一公式$A(x_1,\cdots x_n)$和$t_1,\cdots,t_n\in S_1$，都有

$\mathscr{M}_1\models A(t_1\cdots,t_n)$ 当且仅当 $\mathscr{M}_2\models A(t_1,\cdots t_n)$，则称$\mathscr{M}_1$是$\mathscr{M}_2$的**初等子模型**.

定理10.5　若$\mathscr{M}$是给定的形式语言命题集合S的一模型，则存在$\mathscr{M}$的初等子模型$\mathscr{M}'$，使得$\mathscr{M}'$的势（即$\mathscr{M}'$的基础集合的势）不超过$\aleph_0$与S中的较大者.具体地说，当S为有穷集合时，$\mathscr{M}'$至多可数，当S为无穷集合时，$\mathscr{M}'$的基数不超过S的基数.

证明　设φ是由S到$\mathscr{M}$的赋值且令

$S_0=\{\varphi(a)\mid a$是S中某一公式中出现的常项$\}$，

显然$S_0\subset\mathscr{M}_0$（设$\mathscr{M}_0$为$\mathscr{M}$的基础集合）.令$A(a_1,\cdots,a_n)$为任意

给定的出现 n 个常项的公式，如同定理6.22的情形那样，不妨假定公式$A(a_1,\cdots,a_n)$ 是一前束范式：

$$Q_1y_1\cdots Q_my_mB(a_1,\cdots,a_n,y_1,\cdots,y_m), \qquad (10.8)$$

并且B中是无量词的，仿定理6.22的过程在$\mathscr{M}$中由集合T获得集合T^*，因为T^*与公式A有关，所以，我们把它记做T_A^*，显然$T_A^*\subset\mathscr{M}$。令

$$T^c=\bigcup_{A\in S}T_A^*,$$

$$S_{i+1}=(S_i)^c,$$

$$S_\omega=\bigcup_{i\in\omega}S_i。$$

显然，当S为有穷集合时，T^c至多可数，从而S_ω至多可数；当S为无穷集合时，就有$\overline{\overline{S_\omega}}=\overline{\overline{S}}$，并且$S_\omega\subset\mathscr{M}_0$。令$S_\omega$为$\mathscr{M}'$的基础集合，$\mathscr{M}'$中的关系符号与$\mathscr{M}$相同．现在我们来指出$\mathscr{M}'$是$\mathscr{M}$的一标准子模型。

我们首先证明，对于任意的$a_1,\cdots,a_n\in S_\omega$，都有

$\mathscr{M}'\models A(a_1,\cdots,a_n)$ 当且仅当$\mathscr{M}\models A(a_1,\cdots,a_n)$。(10.9)

对于A的前束范式(10.8)中量词数目m作归纳证明．当$m=0$时，式(10.9)显然成立．假定量词数目为$k(k<m)$时成立，欲证$k+1$时也成立．对于$y_1,\cdots,y_k\in S_\omega$，令公式$C(y_1,\cdots,y_k)$指称公式

$Q_{k+1}y_{k+1}\cdots Q_my_mB(a_1,\cdots,a_n,y_1,\cdots,y_k,y_{k+1}\cdots,y_m)$。

由S_ω的定义及由$C(a_1,\cdots,a_n,y_1\cdots,y_k)$在$\mathscr{M}$中成立，存在$i\in\omega$，使得当$y_1,\cdots,y_k\in S_i$且$Q_{k+1}$为$\exists$时，在$S_{i+1}$中总有一$y_{k+1}$使得$C(a_1,\cdots,a_n,y_1,\cdots,y_{k+1})$即$Q_{k+2}y_{k+2}\cdots Q_my_mB(a_1,\cdots a_n,y_1,\cdots,y_{k+1},y_{k+2},\cdots,y_m)$成立．反之，若它在$S_{i+1}$中真．当然它在$\mathscr{M}$中亦真．当$Q_{k+1}$为$\forall$时，$C(a_1,\cdots,a_m,y_1,\cdots,y_k)$对于任一$y_{k+1}$都有$C(a_1,\cdots,a_{11},y_1,\cdots,y_{k+1})$成立，当然在$\mathscr{M}'$中也成立(因为$S_\omega\subset\mathscr{M}_0$)，并且由于$S_\omega$的取法，若它在$\mathscr{M}$中不真．那么在$S_\omega$中也不真．这就完成了我们的证明．

定理10.6 如果一扩充的ZF语言$\mathscr{L}$中仅有至多可数的个体

常项，且这一语言中公式的给定集合S是协调的．则S有一个有穷模型或可数模型．

证明 据注记10.3和定理中的前提条件（$\mathscr{L}$中仅有至多可数的个体常项），公式集合S至多是可数的．因为S是协调的，依据定理6.3（它对于扩充的语言$\mathscr{L}$也是成立的），S有一模型$\mathscr{M}$，运用定理10.5即得欲证结果．

注记10.4 定理10.5是定理6.22的显然的推广，因为定理6.22仅是对一个公式A的结果，而定理10.5是对命题集合的结果（因此，对公式集合也同样成立，因为对于任一公式我们可以论及它的全称闭包）．正因为这样，人们也称定理10.5为莱文海姆-斯科伦定理．而定理10.6则是定理10.5的推论，“一公式集合若有模型，则有一可数模型”这就是莱文海姆-斯科伦定理的实质．这一定理的证明比哥德尔完全性定理早十五年，或许这是关于形式系统的第一条真正的元数学定理．

§4 ZF + $V=L$的可数标准构成性模型

我们已给指出，当假定存在大基数时已经证明ZF是协调的．这样，虽然由于哥德尔不完全性定理，人们不能在ZF内证明ZF的协调性，然而在相当强的系统内它的协调性还是可以证明的．在这种情况下我们有理由假定ZF是协调的，并且还可以进一步假定ZF有一标准模型．这一假定不是凭空作出的，而是数学家特别是集合论学者长期研究的结果．人们把这一假定叙述为下列公理．

标准模型公理（简记为SM公理）：

存在一集合$\mathscr{M}$，若令

$$\in_{\mathscr{M}}=\{\langle x,y\rangle \mid x\in\mathscr{M}\wedge y\in\mathscr{M}\wedge x\in y\},$$

则$\langle\mathscr{M},\in_{\mathscr{M}}\rangle$是ZF的模型．

SM公理不仅假定了ZF协调，而且假定了ZF有标准模型$\mathscr{M}$．

现在，我们可以设想从这个标准模型$\mathscr{M}$出发，在$\mathscr{M}$中运用

哥德尔可构造的方法（如像定义9.9与9.10那样），获得构造性模型$\boldsymbol{L}_M$（为了简便，也直接记做$\boldsymbol{L}$）.在$\boldsymbol{L}$中ZF+$\boldsymbol{V}=\boldsymbol{L}$成立，从而AC与GCH也在$\boldsymbol{L}$中成立.$\boldsymbol{L}$为ZF+$\boldsymbol{V}=\boldsymbol{L}$的一个标准模型.依据定定理10.6，我们就获得了ZF+$\boldsymbol{V}=\boldsymbol{L}$有一可数的标准的可构成模型，不妨仍然记做$\mathscr{M}'$（从而在$\mathscr{M}'$中AC与GCH成立）.

$\mathscr{M}'$是$\boldsymbol{L}$的一可数的初等子模型，据定理4.4，不妨假定$\mathscr{M}'$也是传递的.这样，对于任意的序数α,β，若$\alpha\in\mathscr{M}'$，且$\beta<\alpha$，则$\beta\in\mathscr{M}'$.

令 $\alpha_0=\operatorname{Sup}\{\alpha\mid \mathbf{On}(\alpha)\wedge\alpha\in\mathscr{M}'\}$.因为对于任意序数$\alpha$，若$\alpha<\alpha_0$，则$\alpha\in\mathscr{M}'$，这样，$\alpha_0$是可数的（因为$\mathscr{M}$可数）.这样，我们就有

$$\mathscr{M}'=\bigcup\{\mathscr{M}_\alpha\mid\alpha\in\alpha_\omega\},$$

其中$\mathscr{M}_\alpha$是据定义9.10引进的可构造集合（参见定理9.41）.

定义10.3 对于ZF的一可数的标准的传递的构造性模型$\mathscr{M}$，如果对于任意的标准的传递模型$\mathscr{N}$，都有一个由$\mathscr{M}$到$\mathscr{N}$内的$\in$同构，即有$\mathscr{N}_1\subset\mathscr{N}$，使得$\mathscr{M}$与$\mathscr{N}_1$是$\in$同构的，则称$\mathscr{M}$是ZF的**极小模型**.

定理10.7 ZF+SM蕴涵着存在极小模型.

证明 令$\mathscr{N}$是任意的标准的传递模型.令

$$\alpha_1=\operatorname{Sup}\{\alpha\mid\alpha\in\mathscr{N}\}.$$

对于任一序数$\alpha<\alpha_1$，相对于$\mathscr{N}$，用定义9.9与9.10我们构造$\mathscr{M}_\alpha$.令

$$X_\alpha=\bigcup\{\mathscr{M}_\beta\mid\beta<\alpha\}.$$

依据序数的绝对性，对于$\alpha<\alpha_1$的序数来说，我们无需去区分在$\mathscr{N}$中的序数和在$\boldsymbol{V}$中的序数，它们是相同的.由于$\mathscr{N}$是ZF的一个模型，因此X_{α_1}也是ZF的一个模型.令α_0是使得X_{α_0}为ZF的一个模型的最小序数.也就是说，X_{α_0}是ZF的一个模型，并且对于任意序数$\alpha<\alpha_0$，X_α不可能是ZF的一个模型.令$\mathscr{M}=X_{\alpha_0}$.我们来证明这里定义的$\mathscr{M}$为一个极小模型.

首先，由$\mathscr{M}$的构造，我们有$\mathscr{M}$是可数的、标准的、传递的和

构造性的.仅需证明，对于任意的标准的传递模型$\mathscr{N}$而言，都有一个由$\mathscr{M}$到$\mathscr{N}$内的$\in$同构.

假定$\mathscr{N}$为任意给定的ZF的标准传递模型.取$\beta_0=\text{Sup}\{\beta|\beta\in\mathscr{N}\}$.同样，做$\mathscr{M}_\beta$，$X_\beta$.这样，$X_{\beta_0}$是ZF的一个模型.由于$\alpha_0$的最小性和$X_{\beta_0}$的传递性我们有$\alpha_0\leqslant\beta_0$，且$X_{\alpha_0}\subset X_{\beta_0}$.而且$X_{\beta_0}$是由相对于$\mathscr{N}$的所有的可构成集合组成，因此有：$X_{\beta_0}\subset\mathscr{N}$，从而有$\mathscr{M}\subset\mathscr{N}$，取恒等函数$I_{\mathscr{M}}$，就有欲证结果成立.

注记10.5　假定$\mathscr{M}$是由定理10.7所断定的极小模型，因为$\mathscr{M}=\bigcup\{\mathscr{M}_\beta|\beta<\alpha_0\}$，显然可构成公理$V=L$在$\mathscr{M}$中成立.由于$\mathscr{M}$的极小性，对于任一集合$S\in\mathscr{M}$，$\langle S,\in_s\rangle$不可能是ZF的一个标准模型，也就是说，在$\mathscr{M}$中SM公理不成立.

注记10.6　上面给出的极小模型$\mathscr{M}$是证明本章主要定理的出发点，并且由$\mathscr{M}$就可直接给出主要定理的证明了.但是为了理解科恩的思路，我们仍然需要在下一节给出一些说明，读者也可略去下一节不读，而直接进入§6.

§5　内模型方法

回顾有关正则公理相对ZF其它公理协调性的证明，我们曾令$W(x)$表示"x是一良基集合".事实上，由良基集合的定义，可以用ZF中一公式描述这一概念.亦即$W(x)$为公式$\exists y(\forall z(z\in y\rightarrow z\subset y)\wedge x\in y)$.在定理6.17中，我们曾经证明$R_W$在$Z_3$中是可证的，也就是说我们令

$$\Pi=\{x|W(x)\},$$

即，Π由所有的良基集合所组成，这时，正则公理R在Π中是成立的.定理6.19是说，ZF的其它公理在Π中是成立的.这样，当我们已知$\mathscr{M}$为Z_3的一个模型（确切地说，$\langle\mathscr{M},\in\rangle$为$Z_3$的一个模型），就有

$$\Pi_{\mathscr{M}}=\{x|W(x)\wedge x\in\mathscr{M}\}$$

是ZF的一个模型。模型$\Pi_{\mathscr{M}}$是模型$\mathscr{M}$的内部的一部分，因此称$\Pi_{\mathscr{M}}$是$\mathscr{M}$的内部模型，简称为内模型，而且它是由公式$W(x)$

分离出来的.

在第九章中，构造模型L时，也是采用了内模型方法，"x是可构成的"也是由ZF中的某一公式$A(x)$所描述的。当$\mathscr{M}$为ZF的一个模型时，我们令

$$L_{\mathscr{M}}=\{x|x\in\mathscr{M}\wedge A(x)\},$$

这时，我们就有：$L_{\mathscr{M}}\models \mathrm{ZF}+V=L$，从而就有

$$L_{\mathscr{M}}\models \mathrm{ZFC}+\mathrm{GCH},$$

也就是说，当$\mathscr{M}$是ZF的一个模型时，显然上述定义的$L_{\mathscr{M}}$也是ZF的一个模型，$L_{\mathscr{M}}$是$\mathscr{M}$的内部的一部分，因此，称$L_{\mathscr{M}}$是$\mathscr{M}$的一个内模型.

定义10.4 设$\mathscr{M}_1$是语句集合S_1的一个模型，$A(x)$是ZF语言中一个公式，令

$$\mathscr{M}_2=\{x|x\in\mathscr{M}_1\wedge A(x)\},$$

当$\mathscr{M}_2$是语句集合S_2的一个模型时，我们就称$\mathscr{M}_2$为$\mathscr{M}_1$的一个**内模型**.称由$\mathscr{M}_1$经过公式$A(x)$构作$\mathscr{M}_2$的方法为**内模型方法**.

下述定理指出了内模型方法不能实现本章的目标,也就是说,使用内模型方法既不能证明AC相对于ZF的独立性定理,也不能证明CH相对于ZFC的独立性定理.

定理10.8 对ZF中的任一公式$A(x)$，令

$$\mathscr{M}=\{x|A(x)\},$$

人们不可能在ZFC中证明：

$$\mathscr{M}\models \mathrm{ZF}+V\neq L,$$

$$\mathscr{M}\models \mathrm{ZF}+\neg\mathrm{AC},$$

$$\mathscr{M}\models \mathrm{ZF}+\neg\mathrm{GCH}.$$

证明 假定存在这样一个公式$A(x)$，使得上述三式成立.令$\mathscr{M}$是上节取定的极小模型，因为$\mathscr{M}\models \mathrm{ZF}$，并且令

$$\mathscr{M}_1=\{x|x\in\mathscr{M}\text{且}A(x)\},$$

我们欲在ZFC中证明

$$\mathscr{M}_1\models \mathrm{ZF}+V\neq L.$$

然而，因为$\mathscr{M}_1\subset\mathscr{M}$，且假定$\mathscr{M}_1\models \mathrm{ZF}$，由$\mathscr{M}$传递，

$\mathscr{M}_1$也传递，据极小模型的定义，有$\mathscr{M}_1$与$\mathscr{M}$同构．因此，有$\mathscr{M}_1 \models \boldsymbol{V}=\boldsymbol{L}$，这与欲证结果矛盾．类似地，也可以获得定理中的另外两个结论．

我们已经概述了内模型方法，并论述了使用这一方法不可能获得本章的欲证结果．这样，为了实现本章的目标，我们就必须寻求其它的方法．

§ 6 不可数模型

本节的目的在于指出不可数模型方法不能实现本章的目标．

定理10.9 若A表示命题“每一实数都是可构成的”，则

$$\mathbf{ZF}+A \vdash \mathbf{CH}.$$

证明 因为每一实数都是可构成的，因此，实数集合$\mathscr{R}$在$\boldsymbol{L}$中．我们在第九章中已经证明在$\boldsymbol{L}$中实数集合$\mathscr{R}$的基数为$\aleph_1$，这就意味着存在着一个相对于$\boldsymbol{L}$的映射f，使得f为ω_1与$\mathscr{R}$的一双射函数．因为$\boldsymbol{L}$中的可数序数当然都是可数的，反之亦然．这样，就有了ω_1与C的一双射函数．这就获得了欲证结果．

定理10.10 令S为$\mathbf{ZF}+\mathbf{SM}$或是包含$\mathbf{ZF}$且协调于$\boldsymbol{V}=\boldsymbol{L}$的任一公理系统．人们不能证明存在ZF的一不可数的标准模型$\mathscr{M}$，使得

（1）在$\mathscr{M}$中AC真且含有不可构造的实数．

（2）在$\mathscr{M}$中，AC真且CH假．

证明 我们知道，命题“存在一不可数的集合y使得$y \models \mathbf{ZF}$，$y \models \mathbf{AC}$且有一个不可构成的实数$a \in y$”在ZF语言中是可形式化，我们不妨把描述这一命题的形式语句记为A．假定我们可以证明

$$S \vdash A, \tag{10.9}$$

则有 $$S+\boldsymbol{V}=\boldsymbol{L} \vdash A,$$

于是有 $$S \vdash \boldsymbol{V}=\boldsymbol{L} \rightarrow A.$$

由前提，S与$\boldsymbol{V}=\boldsymbol{L}$是协调的，我们仅需证

$$S \vdash \boldsymbol{V}=\boldsymbol{L} \rightarrow \neg A. \tag{10.10}$$

再依据S与$\boldsymbol{V}=\boldsymbol{L}$的协调性，就获得由$S$不可能推出$A$．为了证明公

式（10.10），令$\mathscr{M}$是ZFC的一不可数的标准传递模型．且$\alpha_0=\mathrm{Sup}\{\alpha|\alpha\in\mathscr{M}\}$，我们首先证明$\mathscr{M}$中含有所有的可数序数．这是因为：(a) 如果$\alpha_0$是不可数的，由$\mathscr{M}$的传递性，$\mathscr{M}$含有所有的可数序数；(b) 如果$\alpha_0$是可数的序数，令$\mathscr{R}_\beta$表示在$\mathscr{M}$中秩为$\beta$的集合的集合（即$x\in\mathscr{R}_\beta$当且仅当$x$的秩为$\beta$)．因此，必有一$\beta_0\in\alpha_0$，使得$\mathscr{R}_{\beta_0}$是不可数的．由于秩概念的绝对性，且$\mathscr{R}_\beta$在$\mathscr{M}$中是可定义的．这样，在$\mathscr{M}$中就含有一集合，它实际上是不可数的集合．由AC，这一集合在$\mathscr{M}$中是能够良序的．因此，$\mathscr{M}$中有一个不可数的序数，这与α_0可数相矛盾．综上，$\mathscr{M}$含有所有可数的序数．由$V=L$，我们知道，每一实数都是从某一可数序数构造出来的，所以，在$\mathscr{M}$中每一实数都是可构成的．从而完成了式（10.10）的证明．由此，获得了式（10.9）是不能成立的．这就获得了定理中的欲证结果（1)．

由（1）和定理10.9，即可直接获得欲证结果（2）成立．于是定理10.10成立．

如上所述，本章的目标之一是去证明存在ZF的一个模型，使得在其中AC真而CH假，而定理10.10说明，这种模型不可能是不可数模型，因此，必须去研究可数的标准传递模型．

§7 加宽模型与力迫条件

从现在起，在本章中我们都承认ZF+SM并取M为固定的极小模型，作为本章以后各节的前提，当然$V=L$在M中是成立的，令$\alpha_0=\mathrm{Sup}\{\alpha|\alpha\in\mathscr{M}\}$．记号$M_\alpha$为定义9.10中引进的构造阶段为$\alpha$的可构成集合所组成的可构成集合．因此，我们有

$$\mathscr{M}=\bigcup\{\mathscr{M}_\beta|\beta<\alpha_0\}.$$

定理10.11 命题“不存在序数α，使得$\alpha_0<\alpha$且$\bigcup\{\mathscr{M}_\beta|\beta<\alpha\}$是ZF的一个模型”与我们的前提是协调的．换言之，存在一个模型$\mathscr{N}$，在其中对于任一序数α，$\alpha_0<\alpha$，$\bigcup\{\mathscr{M}_\beta|\beta<\alpha\}$都不是ZF的一个模型．

证明 如果对于任一序数α，$\alpha_0<\alpha$，这时$\bigcup\{\mathscr{M}_\beta|\beta<\alpha\}$都不

是ZF的模型，那么这时欲证结果成立．若不然，即有$\alpha_0<\alpha$，使得$\bigcup\{\boldsymbol{M}_\beta|\beta<\alpha\}$为ZF的一个模型，那么我们取序数$\alpha_1$为满足这一条件的最小序数，并且令

$$\mathscr{N}=\bigcup\{\mathscr{M}_\beta|\beta<\alpha_1\},$$

显然，在$\mathscr{N}$中，对于任意序数α，$\alpha_0<\alpha$，都有

$$\bigcup\{\mathscr{M}_\beta|\beta<\alpha\}$$

不是ZF的模型，从而完成了定理10.11的证明。

上述定理是对可构成模型而言的．下边的定理是对任意的模型而言的．

定理10.12 命题“对于任意的$\mathscr{N}$，都有$\mathrm{Sup}\{\alpha|\alpha\in\mathscr{N}\}$等于序数$\alpha_0$”与我们的前提是协调的．

证明 令$\mathscr{N}'$，指$\mathscr{N}$的所有的可构成集合．显然有

$$\mathrm{Sup}\{\alpha|\alpha\in\mathscr{N}'\}=\mathrm{Sup}\{\alpha|\alpha\in\mathscr{N}\}.$$

这样，定理10.11蕴涵着$\mathrm{Sup}\{\alpha|\alpha\in\mathscr{N}'\}=\alpha_0$与我们的前提是协调的．从而获得了欲证结果．

综上，为实现我们的目标，不管怎样，我们在构造新的模型$\mathscr{N}$时，都必须运用$\boldsymbol{M}$的序数，并且通过引进秩为α（其中$\alpha<\alpha_0$）的新的集合（即不在$\boldsymbol{M}$中的集合）而加宽M，从而获得$\mathscr{N}$（图10.1）．因为有穷秩的集合都是绝对的，也就是说，对于任意的有穷

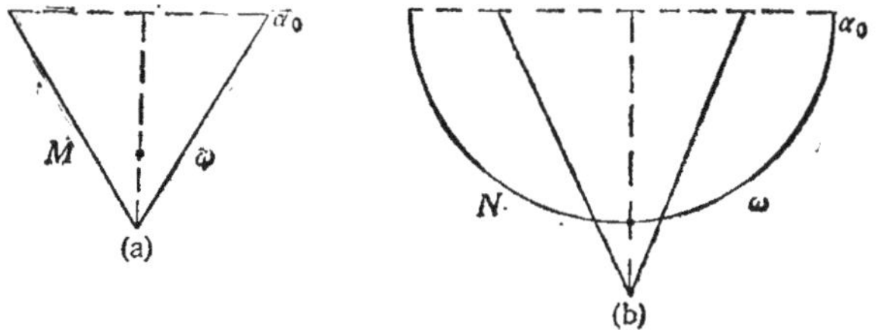

图 10.1 加宽模型的示意图

秩的集合s，若$s\in\mathscr{N}$，则$s\in\boldsymbol{M}$，因此，它们不能作为去加宽M的集合

我们就必须以无穷层次的集合作为扩充的对象，这种加宽过程是从ω层次开始的．由模型$\boldsymbol{M}$即图10.1(a)加宽到$\mathscr{N}$即图10.1

(b)．当然，$\mathscr{N}$的高度是不变的．因为它们是同一个α_0．然而，我们有可能去寻找ZF的一个模型$\mathscr{N}$，使得对于ω的某一无穷子集合s，有$s\in\mathscr{N}$，且$s\notin \boldsymbol{M}$．当然，如果$s\in\mathscr{N}$，则$\mathscr{N}$也必须含有从s出发而获得的所有可构成集合。类似于定义9.10，我们可以令

$$M_0(s)=\omega\cup\{s\}, \tag{10.11}$$

$$M_\alpha(s)=(\bigcup_{\beta<\alpha} M_\beta(s))', \quad \alpha>0. \tag{10.12}$$

显然$M_0(s)$，$M_\alpha(s)$都是传递的，并且，对于任意的序数$\alpha<\alpha_0$，在$M_\alpha(s)$中而不在$M_\beta(s)$（对于每一$\beta<\alpha$）中的那些集合都是按下述方式定义的，也就是说，令

$$X_\alpha=\bigcup_{\beta<\alpha} M_\beta(s), \tag{10.13}$$

对于每一集合y，若$y\in M_\alpha(s)\dot{-}x_\alpha$，则有一ZF公式$A(x)$，其中每一量词都受囿于$x_\alpha$，其中出现的一切常项都是$x_\alpha$中元，使得

$$y=\{x\mid x\in x_\alpha\wedge A(x)\}$$

成立．

我们预想的模型$\mathscr{N}$，应当满足性质：对于任一序数α，若$\alpha\in\boldsymbol{M}$．则$M_\alpha(s)\in\mathscr{N}$．由此，令

$$\mathscr{N}=\bigcup\{M_\alpha(s)\mid\alpha<\alpha_0\}. \tag{10.14}$$

我们的第一个目标是证明，存在ZF的一个模型$\mathscr{N}$，在其中$\boldsymbol{V}=\boldsymbol{L}$不成立．如果我们能够获得$s\notin M$，$\mathscr{N}$为ZF的一个模型，且$s$在$\mathscr{N}$中是不可构成的，那么，我们就给出了ZF的一个模型，在其中$\boldsymbol{V}=\boldsymbol{L}$不成立．然而，对于任意集合$s$，$s\subset\omega$，$\bigcup\{M_\beta(s)\mid\beta<\alpha_0\}$不一定是ZF的一个模型．例如，因为$\alpha_0$是一可数序数，$\alpha_0\notin M$，$\alpha_0$当然对应于$\omega$的一良序，然而这一良序是$\omega\times\omega$的一个子集合，因此，$\alpha_0$对应于$\omega$的一个子集合．如果我们将$s$取作$\alpha_0$所对应于$\omega$的这一子集合，那么，ZF的含有$s$的任一个模型都必须含有$\alpha_0$．这是因为，每一良序对应于唯一的序数，这是ZF的一条定理，然而，显然有若$x\in\mathscr{N}$，则x的秩小于α_0．因此，我们就不能够有序数$\alpha_0\in\mathscr{N}$，这样，如果要求$\mathscr{N}$是ZF的一个模型，集合s就必须有些特别的性质．

仿照科恩[29]的方法，我们并不直接去描述s的性质.类似于代数学的方法，我们可以把s看作一个未知的集合，然后，根据它应满足的条件而去求解这一集合. 换言之，一方面力迫它满足相应的条件（如使得$\mathscr{N}$为ZF的一个模型等），另一方面在$\boldsymbol{M}$中不断地进行求解，最终获得s，并且s在$\boldsymbol{M}$中是不可定义的.

定义10.5 我们令a为一形式个体符号，它不在ZF中出现.对于任一自然数n，令$\boldsymbol{n}$为相应于n的形式符号.对于任一$n\in\omega$，$\boldsymbol{n}$都不同于a、且称$\boldsymbol{n}\in$a或$\neg\boldsymbol{n}\in$a为基本语句.如果对任一自然数n，基本语句$\boldsymbol{n}\in$a与$\neg\boldsymbol{n}\in$a不同时在集合p中出现时，则称p为**协调的基本语集合**.基本语句的一个集合p，若它是协调的和有穷的，就称p为一个**力迫条件**.

例10.1 $0\in$a，$1\in$a，$5\in$a，$\neg 4\in$a，$6\in$a，$7\in$a，$\neg 10\in$a等都是基本语句，由这些基本语句所组成的集合是一个力迫条件.

例10.2 令

$$p_1=\{4\in \mathrm{a},\ 5\in \mathrm{a},\ \neg 6\in \mathrm{a},\ \neg 9\in \mathrm{a}\},$$
$$p_2=\{9\in \mathrm{a},\ 11\in \mathrm{a}\},$$
$$p_3=\{\neg 12\in \mathrm{a},\ \neg 15\in \mathrm{a}\},$$

这样，p_1，p_2，p_3都是力迫条件，$p_1\cup p_3$，$p_2\cup p_3$均为力迫条件，然而$p_1\cup p_2$不是一力迫条件，因为其中既有$\neg 9\in$a，又有$9\in$a，因此，它不是协调的基本语句集合.

基本语句是为了刻划a所表达的自然数集合s的，我们的目标是寻求s，使得$s\notin\boldsymbol{M}$，$s\in\mathscr{N}$，且$\mathscr{N}$为ZF的一个模型，并且在$\mathscr{N}$中$\boldsymbol{V}=\boldsymbol{L}$不成立.为了求解a所表达的集合$s$，需要引进一个新的符号系统，称之为标号空间，并进而建立力迫概念和它的基本性质.这些是以下三节的主要内容.

§8 标号空间及相应的形式语言

粗略地说，对于集合s（虽然它暂时还是待定的），运用式(10.11)至式(10.13)作成集合的类$\mathscr{N}$.对于$\mathscr{N}$中每一元x，

都有唯一的形式符号与之对应，由所有这些符号一起组成的类，我们称之为标号空间．因为 $\mathcal{N}$ 是按层次超穷归纳地定义的，所以，标号空间也是按层次超穷归纳地给出的．用符号a对应于集合 s，对于每一自然数n，用形式符号$\boldsymbol{n}$单一对应于n（亦称 $\boldsymbol{n}$ 为 n的数词），令$\boldsymbol{\omega}=\{\boldsymbol{n}|n\in\omega\}$．这样，我们定义

$$S_0=\boldsymbol{\omega}\cup\{\mathrm{a}\}.$$

S_1是由以S_0中形式符号为个体常项的ZF公式，并且这些公式中的所有约束变元都受囿于S_0中某一元素．为简便起见，把这些公式都分别单一对应于某一形式符号，使得$S_0\cap S_1=\varnothing$．

假定对于任意的序数$\beta<\alpha<\alpha_0$，第β层次的符号集合 S_β 都已经给出，并且对于任意$\beta_1<\alpha$，$\beta_2<\alpha$，有$S_{\beta_1}\cap S_{\beta_2}=\varnothing$，令

$$\mathscr{X}_\alpha=\bigcup_{\beta<\alpha}S_\beta, \tag{10.15}$$

这时S_α 中元是单一对应地由下述公式给出的，这种 ZF 公式中的常项只能是$\mathscr{X}_\alpha$中元，所有量词都受囿于$\mathscr{X}_\alpha$．为简便起见，令S_α为一些互不相同的符号，并且$S_\alpha\cap\mathscr{X}_\alpha=\varnothing$．这样，我们令

$$S=\bigcup_{\alpha<\alpha_0}S_\alpha, \tag{10.16}$$

则我们称S为**标号空间**，有时也称 $S_\alpha(\alpha<\alpha_0)$ 为标号空间．不妨要求，上述的每一个单一对应都是 ZF 可定义的（这种要求是合理的）．

我们知道，当 $\alpha<\alpha_0$，且集合 $x\in M_{\alpha+1}^{(S)}\dot{-}M_\alpha(S)$ 时，x 都是通过某一ZF公式$A(z)$（其中可以有 $\mathscr{X}_\alpha$中某些元素，并且$A(z)$中的量词全是受囿于$\mathscr{X}_\alpha$的）而定义出来的．当然也不妨用$A(z)$ 来说明这一集合x．上述标号空间就是按这样的思想给出来的．

以S中的元素作为个体符号就获得了扩充的ZF语言$\mathscr{L}$．具体地说，对于任意的变元 x，y，常项符号 c_1，$c_2\in S$．下述符号串 $x=y$，$x\in y$，$c_1\in x$，$x\in c_1$，$x=c_1$，$c_1\in c_2$，$c_2\in c_1$，$c_1=c_2$等都是初级公式．任意公式A_1，A_2经过命题连接词按第六章 ZF语言的形成规则可以获得新的公式，带量词的公式也是类似地获得的．$\mathscr{N}$ 是一层次结构，为了今后按层次进行论证的方便，我们引进两

个新的受囿量词$\forall_\alpha$，$\exists_\alpha$，其中$\alpha<\alpha_0$。这样，对于任意公式$A(x)$，x在其中自由出现，就有$\exists_\alpha xA(x)$，$\forall_\alpha A(x)$为$\mathscr{L}$中公式，并称它们为受囿公式。语义地说，当我们的模型$\mathscr{N}$一旦被确定了，$\forall_\alpha x$与$\exists_\alpha x$将分别被解释为$\forall x$与$\exists x$，但是x必须在x_α中。

对于任意的自然数n，m，$\boldsymbol{n}\in$a，$\neg\boldsymbol{m}\in$a都是$\mathscr{L}$的命题，并称为基本语句。这样，力迫条件就是语言$\mathscr{L}$中的基本语句的有穷协调的集合了。

§9 力迫概念

我们首先定义$\mathscr{L}$上公式的次序概念。

定义 10.6 如果A是$\mathscr{L}$中一个受囿公式，三元组$\langle\alpha,i,\gamma\rangle$中$\alpha$是一序数，$i$为0或为1，$\gamma$为大于0的一自然数，并且

（1）序数α是满足条件

(i)若c在A中出现，且$c\in S_\beta$，则$\beta<\alpha$；

(ii) 若受囿量词$\forall_\beta$或$\exists_\beta$在A中出现，那么$\beta\leqslant\alpha$；

的最小的序数；

（2）γ是A中出现的符号的个数；

（3）i或为0或为1，若α为一后继序数，比如$\alpha=\beta+1$，量词$\forall_\alpha$，$\exists_\alpha$都不在A中出现，并且对于任一$c\in S_\beta$，$c\in t$，$c=t$或$t=c$的初级公式都不在A中出现。则$i=0$；否则$i=1$。上述三条同时成立时，则称$\langle\alpha,i,\gamma\rangle$为**公式$A$的秩**，记做rnk$A$，即rnk$A=\langle\alpha,i,\gamma\rangle$。

注记10.7 如果rnk$A=\langle\alpha,i,\gamma\rangle$，则$A$仅仅谈论有$\bigcup\limits_{\beta<\alpha}M_\beta(\mathrm{a})$中元素，亦即$A$描述、刻划$\bigcup\limits_{\beta<\alpha}M_\beta(\mathrm{a})$的关系与性质，指标$\gamma$说明$A$的复杂性的程度。指标$i$是在力迫概念中为克服一些技术上的困难而设置的。因为当遇到形式为$c_1\in c_2$的公式，并且$c_1\in S_\beta$，对于某一γ，$\gamma<\beta$，而又有$c_2\in S_\gamma$时，需用某一更简单型的公式去代替$c_1\in c_2$，这就要用到上述公式秩的概念。

定义10.7 对于$\mathscr{L}$中任意的受囿公式A_1，A_2，rnk$A_1<$

rnkA_2，当且仅当$\alpha_1<\alpha_2$，或$\alpha_1=\alpha_2$且$i_1<i_2$，或$\alpha_1=\alpha_2$ 且 $i_1=i_2$且$\gamma_1<\gamma_2$.

例 10.3 令c_1，$c_2\in S_3$，$c_3\in S_5$，公式

$$A_1=c_1\in c_2,$$
$$A_2=c_1\in c_3,$$
$$A_3=\exists x(x=c_2\wedge x\in c_3).$$

由定义10.6，我们有rnk$A_1=\langle 4,1,3\rangle$，rnk$A_2=\langle 6,1,3\rangle$，rnk$A_3=\langle 6,1,11\rangle$.由定义10.7，我们有rnk$A_1<rnkA_2<rnkA_3$.

例 10.4 令A_1为$c_1\in c_2$其中 $c_1\in S_\alpha$，$c_2\in S_\beta$，且 $\beta\leqslant\alpha$，$\alpha\neq 0$；如果$0<\beta$，则有一序数$\gamma<\beta$，如果 $\beta=0$，则有 $\gamma=0$，在任一种情况下，有$c_3\in S_\gamma$使得A_2为

$$\forall_\alpha x(x\in c_1\longleftrightarrow x\in c_3)\wedge(c_3\in c_2).$$

由定义10.6不难验证rnk$A_1=\langle\alpha+1,1,3\rangle$，rnk$A_2=\langle\alpha+1,0,17\rangle$.由定义10.7，我们有rnk$A_2<rnkA_1$.

现在，我们来建立本章的一个关键性定义，它规定一力迫条件p与一受囿语句间的力迫关系，当p力迫A时，也就是 p 与A有力迫关系时，我们就记做$p\Vdash A$，否则就记做$p\nVdash A$. 下边我们具体地刻划这一关系.

定义 10.8 令p是任意给定的一个力迫条件，A为$\mathscr{L}$中一个受囿语句，我们对于A的秩rnk$A$归纳地定义p 与 A 的力迫关系如下：

1. 若c_1，$c_2\in S_0$，且c_1，$c_2\in\omega$，亦即它们分别是某自然数m，n的数词，这时，当 $m<n$ 时，则有 $p\Vdash c_1\in c_2$，否则这一力迫关系不成立；

当 $c_1\in\omega$，c_2为a 时，则 $p\Vdash c_1\in c_2$，当且仅当 $c_1\in c_2$（亦即$c_1\in$ a)在p中.

2. 如果有一语句B，使得A为$\neg B$，则$p\Vdash A$，当且仅当对任一q，$p\subset q$，都有$q\nVdash B$.

3. 如果有语句B，C使得A为$B\wedge$C，则这时，$P\Vdash A$ 当且仅当$p\Vdash B$且$p\Vdash$C.

4. 如果有语句B, C, 使得A为$B\vee C$, 则这时, $p\Vdash A$ 当且仅当$p\Vdash B$或$p\Vdash C$.

5. 如果有语句B, C, 使得A为$B\rightarrow C$, 则这时, $p\Vdash A$ 当且仅当$p\Vdash C$或$p\Vdash \neg B$.

6. 如果有语句B, C, 使得A为$B\longleftrightarrow C$, 则这时, $p\Vdash A$ 当且仅当$p\Vdash B\rightarrow C$且$p\Vdash C\rightarrow B$.

7. 如果有受囿量词$\exists_\alpha$, 和公式$B(x)$ 使得A为语句$\exists_\alpha xB(x)$, 则这时, $p\Vdash A$当且仅当有一序数β, $\beta<\alpha$, $c\in S_\beta$, 使得$p\Vdash B(c)$。

8. 如果有受囿量词$\forall_\alpha$和公式$B(x)$, 使得A为语句$\forall_\alpha xA(x)$, 则这时, $p\Vdash A$当且仅当对于每一力迫条件q, $p\subset q$和任一序数β, $\beta<\alpha$, $q\nVdash \neg B(c)$.

9. 如果语句A为$c_1=c_2$, 其中$c_1\in S_\alpha$, $c_2\in S_\beta$, 且$\gamma=\mathrm{Max}(\alpha,\beta)$, 则 (1) 当$\gamma=0$时, $p\Vdash A$当且仅当c_1,c_2为同一自然数的数词, 或$c_1=c_2=a$; (2) 当$0<\gamma$时, $p\Vdash A$, 当且仅当$p\Vdash \forall_\gamma x(x\in c_1\longleftrightarrow x\in c_2)$.

10. 如果语句A为$c_1\in c_2$, 其中$c_1\in S_\alpha$, $c_2\in S_\beta$, $\alpha<\beta$, c_2是公式$B(x)$ 单一对应的那个符号, 则这时, $p\Vdash A$当且仅当$p\Vdash B(c_1)$.

11. 如果语句A为$c_1\in c_2$, 其中$c_1\in S_\alpha$, $c_2\in S_\beta$, $\beta\leqslant\alpha$, $0<\alpha$ (即不是$\alpha=\beta=0$的情况), 并且对于某一$c_3\in S_\gamma$ (当$0<\beta$时, $\gamma<\beta$; 当$\beta=0$时, $\gamma=0$), 则这时, $p\Vdash A$当且仅当$p\Vdash \forall_\alpha x(x\in c_1\longleftrightarrow x\in c_3)\wedge c_3\in c_2$.

注记10.8 考察上述定义, 不难看出此定义中第1和第9 (1) 两条为基始情况, 第2—8条明显地都是把p力迫A归约到具有秩比A小的语句B, C或B(c) 是否被p所力迫上了. 第9(2)条中语句A即$c_1=c_2$的秩为$\langle\gamma+1,1,3\rangle$, 语句$\forall_\gamma x(x\in c_1\longleftrightarrow x\in c_2)$的秩为$\langle\gamma+1,0,11\rangle$因此, 这一归约也是合理的. 对第10条而言, 因为$\mathrm{rnk}(B(C))=\langle\alpha+1,i,\gamma\rangle$, $\mathrm{rnk}A=\langle\beta+1,1,3\rangle$, 且$\alpha<\beta$, 因此, 显然有$\mathrm{rnk}B(C)<\mathrm{rnk}A$, 对第11条而言, 由例10.4, 语句$A$

的秩较大，并且$c_3\in c_2$已归约到第10条的情况给以处理，而语句$\forall_a x(x\in c_1\longleftrightarrow x\in c_3)$又归约到第8条了.这样，依照受囿语句的秩，即对受囿语句作超穷归纳法就建立了力迫关系这一基本概念.

注记10.9　定义10.8的第2条，当我们断定力迫条件p力迫语句$\neg B$时，需要考察任一力迫条件q，$p\subset q$，$q\Vdash\!\!\!/ B$.这样看，我们就需要考察无穷多的情形，才能获得欲求结果.其实，对于具体情况，也未必都要考察包含中的那些力迫条件（对于第8条也有类似的情形）.例如，令$p=\{4\in \mathrm{a}\}$，A为$\neg\neg 4\in \mathrm{a}$，由定义显然有$p\Vdash 4\in \mathrm{a}$，因为对于p的任何协调的扩充q，都不能有$\neg 4\in \mathrm{a}$在q中，因此，$q\Vdash\!\!\!/ \neg 4\in \mathrm{a}$，故有$p\Vdash A$，即$p\Vdash \neg\neg 4\in \mathrm{a}$.

现在我们来扩充上述定义，使得我们能够考察对于$\mathscr{L}$上的任一语句与力迫条件之间是否存在着力迫关系.

定义 10.9　对于语言$\mathscr{L}$中的任意的语句A（它可以是受囿的，也可以是不受囿的）和任一给定的力迫条件p，施归纳于A的构造，建立“p力迫A”即$p\Vdash A$这一关系如下：

当A为一受囿语句时，p与A之间的力迫关系由定义10.8给出.

1．如果有公式$B(x)$，使得A为$\exists xB(x)$，则$p\Vdash A$，当且仅当有一$\mathrm{c}\in S$，$p\Vdash B(\mathrm{c})$.

2．如果有公式$B(x)$，使得A为$\forall xB(x)$，则$p\Vdash A$，当且仅当对于每一$\mathrm{c}\in S$，任一力迫条件q，$p\subset q$，$q\Vdash\!\!\!/ \neg B(\mathrm{c})$.

3．如果有语句B，使得A为$\neg B$，则$p\Vdash A$，当且仅当对于任一力迫条件q，$p\subset q$，$q\Vdash\!\!\!/ B$.

4．如果有语句B，C，使得A为$B\wedge \mathrm{C}$，则$p\Vdash A$，当且仅当$p\Vdash B$且$p\Vdash \mathrm{C}$.

5．如果有语句B，C使得A为$B\vee \mathrm{C}$，则$p\Vdash A$，当且仅当$p\Vdash B$或$p\Vdash \mathrm{C}$.

6．如果有语句B，C，使得A为$B\rightarrow \mathrm{C}$，则$p\Vdash A$，当且仅当$p\Vdash \mathrm{C}$或$p\Vdash \neg B$.

7. 如果有语句B, C, 使得A为 $B\longleftrightarrow C$,则$p\Vdash A$, 当且仅当$p\Vdash B\to C$且$p\Vdash C\to B$。

注记10.10 上述定义中第3—7条是必要的，虽然在表面上它们与定义10.8中第2—6条相同，然而两种情况是不同的.在定义10.9中语句B, C仍然可以有不受囿的量词，而在定义10.8中没有这种情况.也就是说，定义10.9的第3—7条都是不可缺少的.

§10 力迫关系的基本性质

我们知道，力迫条件是语言$\mathscr{L}$中基本语句的有穷协调集合，只是$\mathscr{L}$的一部分，含有逻辑连接词或量词的语句都不能是力迫条件的元素.然而，这样的力迫条件都能和$\mathscr{L}$中的每一语句建立力迫关系.本节我们讨论力迫关系的基本性质，由此，可以看出它的重要意义.

定理10.13 对于任一力迫条件p和任一语句A，都不能有$p\Vdash A$与$p\Vdash\neg A$同时成立.

证明 假定有力迫条件p和$\mathscr{L}$的语句A使得$p\Vdash A$与$p\Vdash\neg A$同时成立.$p\Vdash\neg A$, 由定义，对于任意的力迫条件q, $p\subset q$, $q\nVdash A$, 特别地，$p\nVdash A$, 这与前提$p\Vdash A$相矛盾.从而获得定理的证明.

定理10.14 对于任意的力迫条件p,q和任意语句A, 若$p\Vdash A$, $p\subset q$, 则$q\Vdash A$.

证明 我们施归纳于语句A的构造来作证明.首先，证明A为受囿语句时定理成立.这时，施归纳于A的秩$\mathrm{rnk}A=\langle\alpha,i,\gamma\rangle$, A为定义10.8中的第一条的公式$c_1\in c_2$, 因为当c_1, c_2均为数词时，力迫关系成立与否仅决定于对应的二自然数的关系，与力迫条件无关. 故$p\Vdash A$, 也有$q\Vdash A$; 当c_1为某一数词，c_2为a时，$c_1\in a$在p中，就有$p\Vdash c_1\in a$, 而$p\subset q$, 因此，$c_1\in a$也在q中，所以有$q\Vdash c_1\in a$.此时定理得证. 当A为某一语句B的否定式即$\neg B$时，$p\Vdash\neg B$就意味着,对于任意的力迫条件q_1, $p\subset q_1$,$q_1\nVdash B$.当然对于任意的力迫条件q, 若$p\subset q$, 且$q\subset q_1$, 就有$p\subset q_1$, 因此，也

有$q_1 \Vdash\!\!\!\!/ B$.换言之，对于任一q，$p \subset q$，也有对于任意q_1，$q \subset q_1$，有$q_1 \Vdash\!\!\!\!/ B$.因此，同样由定义10.8的第2条，就有$q \Vdash \neg B$. 即$q \Vdash A$.对于定义10.8的第3—6条来说，$p \Vdash A$的定义，都归纳到了秩较小的=公式B,C的情形.我们仅需证明一种情况,例如A为$B \wedge C$时，由定义，这时$p \Vdash B$且$p \Vdash C$，由归纳假设，有$q \Vdash B$且$q \Vdash C$.这样，由定义10.8第3条，就有$q \Vdash B \wedge C$，即$q \Vdash A$，因此，定理成立.对于第7—8两条，只要我们注意到

$$\mathrm{rnk}B(\mathrm{c}) < \mathrm{rnk}\exists_a x B(x),$$

$$\mathrm{rnk}\,\neg B(\mathrm{c}) < \mathrm{rnk}\forall_a x B(x)$$

两式成立，并利用归纳法即可获得欲证结果.对于第9条（1）是显然的.对（2），也因为有

$$\mathrm{rnk}\forall_a x(x \in \mathrm{c}_1 \longleftrightarrow x \in \mathrm{c}_2) < \mathrm{rnk}\,\mathrm{c}_1 = \mathrm{c}_2$$

成立，由归纳法有欲证结果.类似地，对于第10—11也可获得欲证结果.

其次，对于不受囿的语句A，施归纳于A的构造，例如，对于定义10.9的第1条，即有公式$B(x)$，使得A为$\exists x B(x)$，当$p \Vdash \exists x B(x)$时，由定义，有一$\mathrm{c} \in S$,使得$p \Vdash B(\mathrm{c})$。据对A构造的归纳法，由$p \Vdash B(\mathrm{c})$，就有对于任一力迫条件q，$p \subset q$，$q \Vdash B(\mathrm{c})$.这样，再次使用定义10.9的第一条，有$q \Vdash \exists x B(x)$，即$q \Vdash A$.从而获得欲证结果.对于定义10.9的第2—7条，类似于上述论证过程，即得欲证结果.

定理10.15 对于每一力迫条件p和任一语句A，都有力迫条件q，$p \subset q$，使得$q \Vdash A$或者$q \Vdash \neg A$。

证明 当$p \Vdash \neg A$时，据定理10.13，对任一q，$p \subset q$，有$q \Vdash \neg A$,所以欲证结果成立.如果$p \Vdash\!\!\!\!/ \neg A$，那么由力迫关系的定义,就必须是对于某一q，$p \subset q$，有$q \Vdash A$. 这样，不管哪一种情况，都有$q \Vdash A$或者$q \Vdash \neg A$.即欲证结果成立.

定义10.10 令p_0，p_1，p_2，…为一列力迫条件，如果对于每一自然数n，有$p_n \subset p_{n+1}$，并且对于$\mathscr{L}$中任一语句A，都存在一自然数n，使得

$$p_n \Vdash A \text{或} p_n \Vdash \neg A$$

成立，则称这一列力迫条件为**完备的**.

注记10.10　对于上述定义的完备序列，我们令

$$G=\{p_n \mid n\in\omega\}, \tag{10.17}$$

我们将证明G不在$\boldsymbol{M}$中，并且在$\boldsymbol{M}$中是不可定义的.

注记10.11　由力迫条件的定义，任一力迫条件p，p是由基本语句组成的一协调的有穷集合，不妨假定 p为

$$\{\boldsymbol{n}_0\in \mathrm{a},\ \cdots \boldsymbol{n}_i\in \mathrm{a};\ \neg \boldsymbol{m}_0\in \mathrm{a},\ \cdots \neg \boldsymbol{m}_k\in \mathrm{a}\}. \tag{10.18}$$

现在，我们由上述力迫条件做一有序对集合p^0如下：

$$\langle\{\boldsymbol{n}_0,\ \cdots,\ \boldsymbol{n}_i\},\ \{\boldsymbol{m}_0,\ \cdots,\ \boldsymbol{m}_k\}\rangle. \tag{10.19}$$

也就是说，将p中不含否定词的基本语句中的数词所对应的自然数一起组成有序对的第一元，而把p中含有否定词的基本语句中的数词所对应的自然数一起组成有序对的第二元.这样，对于每一力迫条件p 都有唯一的有序对集合（即 p 的表示集合p^0）与之对应.反之,对于任一形如式（10.19）的有序对集合，都有唯一的力迫条件与之对应.不难看出，对于形如式（10.19）的任一有序对集合，由于它的有穷性，显然它在$\boldsymbol{M}$中.这样,对于每一力迫条件p,它的表示集合$p^0\in \boldsymbol{M}$.不难看出,我们有一ZF 公式$A(x)$,使得对于任一集合s，$A(s)$在$\boldsymbol{M}$ 中成立当且仅当s为某一力迫条件的表示集合.我们令

$$\mathrm{P}=\{s \mid A(s)\}, \tag{10.20}$$

则有$\mathrm{P}\subset V_\omega$.因此，$\mathrm{P}\in \boldsymbol{M}$.然而，由式（10.17）定义的集合$G$，令

$$G^0=\{p_n^0 \mid p_n\in G\text{且}p_n^0\text{为}p_n\text{的表示集合}\}. \tag{10.21}$$

显然，$G^0\subset \mathrm{P}$.然而按注记10.10的说明,G^0 是不属于$\boldsymbol{M}$的,这点是非常重要的.

定理10.16　力迫条件的完备序列是存在的.

证明　由$\boldsymbol{M}$为可数的，即序数α_0是可数的，这样，标号空间S是可数的.因此，$\mathscr{L}$ 中的所有语句是可数的.这样，我们可以把$\mathscr{L}$中的所有语句排列成一可数序列

$$A_0,\ A_1,\ A_2,\ \cdots A_n,\ \cdots\cdots(n\in\omega), \tag{10.22}$$

任取定一力迫条件p作为我们寻求的完备序列的第一项，记做p_0。假定已给出力迫条件p_{n-1}，我们令p_n为力迫条件q，$p_{n-1}\subset q$，并且使得$q\Vdash A_{n-1}$或者$q\Vdash\neg A_{n-1}$。由定理10.15，这样的q总是存在的。这样，对于任一自然数n，我们就有力迫条件p_n，因此，就有力迫条件序列：

$$p_0,\ p_1,\ p_2,\ \cdots,\ p_n\cdots\cdots,\ n\in\omega, \tag{10.23}$$

显然，这一序列是完备序列。

上述定理肯定力迫条件的完备序列是存在的。不难看出，这种完备序列不是唯一的。然而，为了确定起见，从本节至§12，凡讲到完备序列时，均指式（10.23）给出的这一完备序列。

注记10.12　令$\{p_n|n\in\omega\}$为取定的一完备序列。这样，对每一自然数k，都有一自然数n，使得$p_n\Vdash\boldsymbol{k}\in\mathrm{a}$或$p_n\Vdash\neg\boldsymbol{k}\in\mathrm{a}$，这样，令

$$\mathrm{a}^0=\{\boldsymbol{k}\,|\,\exists_n\in\omega(p_n\Vdash\boldsymbol{k}\in\mathrm{a})\}. \tag{10.24}$$

显然，$\mathrm{a}^0\subset\omega$。现在，我们能够有：对于每一$c\in S$。定义相应的集合$c^0\in\mathscr{N}$。从而就可以确定模型$\mathscr{N}$了。对此，施归纳于$S$的结构。对于$c\in S_0$，显然$c^0$已定义了。对于$c\in S_\alpha$，$0<\alpha$，于$c$单一对应的公式为$A(x,c_1,\ \cdots,\ c_n)(c_i\in S_{\beta_i},\ \beta_i<\alpha)$，这是$\mathscr{L}$中的一个公式，并且其中所有的约束变元都受囿于$\mathscr{X}_\alpha$。按归纳假设，我们已定义了$c_1^0$，…，$c_n^0$，并且对于每一序数$\beta,\beta<\alpha$，$c_\gamma\in S_\beta$，$c_\gamma^0$已定义了。从而令

$$X_\alpha=\{c_\gamma^0\,|\,c_\gamma\in S_\beta\wedge\beta<\alpha\},$$

由此，我们令

$$c^0=\{x\,|\,x\in X_\alpha\wedge A_{X_\alpha}(x,c_1^0,\cdots,c_n^0)\}, \tag{10.25}$$

其中$A_{X_\alpha}(x,c_1^0,\cdots c_n^0)$是公式$A(x,\ c_1,\ \cdots,\ c_n)$在$x_\alpha$中的直观解释。这样，我们就有模型$\mathscr{N}$的一个严格的定义了。因为由$\mathrm{a}^0$的完全确定，对于每一序数$\alpha<\alpha_0$，就给出了$M_\alpha(\mathrm{a}^0)$，不引起误解时常记做$M_\alpha(\mathrm{a})$。从而由式（10.14）就有$\mathscr{N}$。

定理10.17　对于语言$\mathscr{L}$中的任一语句A，$\mathscr{N}\models A$当且仅当

有自然数 m，$p_m \Vdash A$.

证明 首先假定A为一受囿语句，施归纳于A的秩. (1) 当A为$c_1 \in c_2$，且 c_1，$c_2 \in \omega$，即分别有自然数 n，k，使得c_1，c_2分别为n，k的数词，当$n<k$时，显然有，$\mathscr{N} \models c_1 \in c_2$且$p \Vdash c_1 \in c_2$，并且当$k \leqslant n$时，两者均不成立.当$c_1$为自然数$n$的数词，$c_2$为a时，即$A$为 $\boldsymbol{n} \in \mathrm{a}$，由$\mathrm{a}^0$的定义也获得了欲证结果. (2) 当我们有语句$B$，使得$A$为$\neg B$时，如果有$m \in \omega$，$p_m \Vdash A$且 $\mathscr{N} \# A$.由此，必然有$\mathscr{N} \models B$，因此，有$n \in \omega$，且$m \leqslant n$，$p_n \Vdash B$，同时，由$p_m \Vdash A$，可得$p_n \Vdash \neg B$.这样就矛盾于定理10.13.从而我们有：若$p_m \Vdash A$，则$\mathscr{N} \Vdash A$.另一方面，若A在N中假，则 $N \models B$.由归纳假设，有$p_m \Vdash B$.因此，对任意n，$n \in \omega$，都不能有$p_n \Vdash \neg B$. (3) 对于定义10.8的第3—6来讲，欲证结果是显然的，这里从略. (4) 有公式 $B(x)$，序数 $\alpha<\alpha_0$，使得A为 $\exists_\alpha x B(x)$. 假定 $p_m \Vdash A$，即$p_m \Vdash \exists_\alpha x B(x)$，就有 $C \in S_\beta$，$\beta<\alpha$，$p_m \Vdash B(c)$.由归纳假设，有$\mathscr{N} \Vdash B(c)$.从而有 $\mathscr{N} \Vdash \exists_\alpha x B(x)$即 $\mathscr{N} \models A$.在这一过程中每一步的逆都是成立的.从而，当A为 $\exists_\alpha x B(x)$ 时欲证结果成立. (5) 有公式$B(x)$和序数$\alpha<\alpha_0$，使得A为$\forall_\alpha x B(x)$.假定 $p_m \Vdash A$，即$p_m \Vdash \forall_\alpha x B(x)$.这样，对于每一$\beta$，$\beta<\alpha$，$C \in S_\beta$，就必有$n$，$m<n$，$p_n \Vdash B(c)$ （因为由定义不可能有$p_n \Vdash \neg B(c)$）.由归纳法，有$\mathscr{N} \models B(c)$.由之，有$\mathscr{N} \models \forall_\alpha x B(x)$.即$\mathscr{N} \models A$.反之，设$\mathscr{N} \models A$，把上述过程反过去，就有 $p_m \Vdash A$. (6) 相当于定义10.8第9条的 (1) 是显然的，其中 (2) 把$c_1=c_2$还原为较小秩的$\forall_\gamma x(x \in c_1 \longleftrightarrow x \in c_2)$，由归纳假定有$p_m \Vdash \forall_\gamma x(x \in c_1 \longleftrightarrow x \in c_2)$当且仅当 $\mathscr{N} \models \forall_\gamma x (x \in c_1 \longleftrightarrow x \in c_2)$，显然后者等价于 $\mathscr{N} \models c_1=c_2$.从而此时欲证结果成立. (7) 有 $c_1 \in S_\alpha$，$c_2 \in S_\beta$，$\beta<\alpha$，c_2是公式$B(x)$单一对应的那个符号，公式A为$c_1 \in c_\gamma$.由定义10.8，这时$p_m \Vdash c_1 \in c_2$，当且仅当$p_m \Vdash B(c_1)$，运用式 (10.25) 结果是显然的. (8) 定义10.8的第11条，由上述(6)，(7)是不难获得的.

其次，假定A为$\mathscr{L}$中任一语句，只需证A为不受囿的情况.施归纳于A的构造．例如，有公式$B(x)$，使得A为$\exists xB(x)$．这时，如果有p_m，$p_m \Vdash A$，即$p_m \Vdash \exists xB(x)$，由定义，有$c\in S$，$p_m \Vdash B(c)$．由归纳假设，有$\mathscr{N} \models B(c)$．从而，有$\mathscr{N} \models \exists xB(x)$即$\mathscr{N} \models A$．反过来，假定$\mathscr{N} \Vdash A$，就有$c, c\in S$，使得$\mathscr{N} \models B(c)$，由归纳假设，就有$p_m \Vdash B(c)$，因此，由定义10.9，有$p_m \Vdash \exists xB(x)$．其它情况类似地可以获得欲证结果．

注记10.13　我们已证明的定理10.17，把语言$\mathscr{L}$中的语句A在模型$\mathscr{N}$的真值概念与力迫概念特别是与完备序列中的力迫概念联系起来了．为了考察语句A在$\mathscr{N}$中真值问题，我们仅需考察完备序列中是否有力迫条件对A的力迫关系了．虽然完备序列本身是不可在$\boldsymbol{M}$中定义的，但是，任一确定的力迫条件都是ZF可定义的．这样，我们仅需考察力迫关系能否ZF可定义了．

§11　力迫关系的绝对性

本节的第一个目标是证明：力迫关系$p \Vdash A$是ZF可表达的，并且当A为一个受囿公式时，这一力迫关系可以表示为Σ_0^{ZF}公式．具体地说，若p为一个力迫条件，由注记10.1所描述的p的表示集合记做p^0，A'为受囿公式A的哥德尔集合，则$p \Vdash A$可以由关系$F(p^0, A')$所表示．亦即：$p \Vdash A$当且仅当$\langle p^0, A'\rangle \in F$．我们不仅要定义这一关系，而且要指出$F(p^0, A')$可以表达为$\Sigma_0^{ZF}$公式，从而力迫关系$F(p^0, A')$就是绝对的了．

注记10.14　为了表达上述关系，并证明相应结果，类似于第八章§6，对于任一公式（包括受囿公式），求出它的哥德尔集合．为此，首先考察本章§8中引进的语言$\mathscr{L}$，对$\mathscr{L}$中的符号归纳地配之以确定的集合．对于逻辑词、等词与属于关系，我们仍用第八章§6中的对应，亦即

$\neg$,	$\wedge$,	$\vee$,	$\rightarrow$,	$\longleftrightarrow$,	$\exists$,	$\forall$,	$\in$,	$=$.
⋮	⋮	⋮	⋮	⋮	⋮	⋮	⋮	⋮
0,	1,	2,	3,	4,	5,	6,	7,	8.

对于变元，我们仍用$\omega\dot{-}9$中元表示，并且记做$\mathscr{V}$.对于常项符号亦即S中的元，我们可以引进如下的有序对的表示方法.对于S_0中的元素，我们用$\langle 9,n\rangle$表示形式符号$\boldsymbol{n}$,并且用$\langle 9,\{1,2\}\rangle$表示符号a.对于S_1中任一元c_n，我们用$\langle 10,n\rangle$表示之，一般地，对于任一$\beta<\alpha$，$c_n\in S_\beta$，我们可以用$\langle 9+\beta,n\rangle$表示之.对于公式的表示过程,除$\forall_\alpha$,$\exists_\alpha$之外全与第八章§6相同.假定我们用n表示变元x，用集合$\mathscr{E}(A(x))'$表示公式$A(x)$(x在其中出现)，这时我们分别用集合：

$$\langle 5,\ \langle\alpha,n\rangle,\ \mathscr{E}(A(x))\rangle,$$
$$\langle 6,\ \langle\alpha,n\rangle,\ \mathscr{E}(A(x))\rangle$$

表达公式$\exists_\alpha xA(x)$与$\forall_\alpha xA(x)$,并称它们为此二公式的哥德尔集合.今后，为简便起见，我们常常直接地把在某一模型中意指公式对应的哥德尔集合的集合看作公式的集合.

定理10.18 关系$F(p^0,\ A')$是绝对的，亦即它可以表达为Σ_0^{ZF}公式.

证明 平行于定义10.8，施归纳于公式A的秩$\langle\alpha,i,\gamma\rangle$：

第一，当A为$c_1\in c_2$，其中c_1，$c_2\in S_0$，且c_1，$c_2\in\omega$，即有自然数n_1，n_2，使得c_1,c_2分别为n_1，n_2的数词，这时A'为集合$\langle 7,\langle 9,n_1\rangle,\ \langle 9,n_2\rangle\rangle$，当$n_1<n_2$时，对任一$p$,都有关系

$$F(p^0,\ \langle 7,\langle 9,n_1\rangle,\ \langle 9,n_2\rangle\rangle)$$

成立，当$n_2\leqslant n_1$时，此关系不成立.

当$c_1\in\omega$，c_2为a时，因为p^0为

$$\langle\{n_1,\ \cdots,\ n_k\},\ \{m_1,\ \cdots,\ m_l\}\rangle,$$

这时，如果有j，$1\leqslant j\leqslant k$，使得n_j的数词为c_1，则关系

$$F(p^0,\ \langle 7,\ \langle 9,\ n_j\rangle,\ \langle 9,\ \{1,2\}\rangle\rangle)$$

成立.否则，此关系不成立.

第二，如果有语句B，使得A为$\neg B$，则$F(p^0,\ A')$成立，当且仅当对于任一力迫条件q，$p\subset q$,使得$F(q,B')$不成立.为了说明后者的绝对性，我们令

$$P^0=\{z\,|\,\mathrm{ord\ pr}(z)\wedge\mathrm{Fin}([z]_1)\wedge\mathrm{Fin}([z]_2)$$

$$\wedge [z]_1 \subset \omega \wedge [z]_2 \subset \omega \wedge \forall x \in [z]_1$$
$$\forall y \in [z]_2 \ (x \neq y)\}. \qquad (10.26)$$

显然，$y = P^0, z \in P^0$都可以表为 Σ_0^{ZF}公式，因此“若 q为任一力迫条件且 $p \subset q$，则关系 $F(q^0, B')$ 不成立”可以描述为

$$\forall z \in y(y = P^0 \wedge p^0 \subset z \to \neg F(z, B')).$$

显然，这时它是Σ_0^{ZF}公式.

据定义 10.8 中的情况3—10，逐一进行归纳，没有什么实质性困难即可获得欲证结果，我们把这些步骤留给读者作为练习.

对于非受囿语句的力迫关系，我们需要作进一步的分析与考察，因为不假定序数α为$\alpha < \alpha_0$，所以情况就很不相同了.这时，我们不可能在ZF中归纳地定义力迫关系了，因为非形式的归纳过程是归纳于符号的数目的.然而，因为对于任意的序数a，我们都允许使用S_a中的常项，所以，就不存在一个集合，它为γ个符号组成的语句的集合.当然，如果我们假定所有的序数α都小于α_0，那么它就能够在ZF中被表达，但这时α_0就出现在被定义的关系中了。然而，如同定理6.22，对于单个的公式来讲，我们是能够抓住它的力迫概念的.

定理10.19 令 $A(x_1, \cdots, x_n)$ 为非受囿公式，在其中没有常项，恰有n个变元自由出现.存在一个在ZF中可表达的关系$F(p^0, c_1', \cdots, c_n')$，并且它可以表示为$\Sigma_0^{ZF}$公式，相对于ZF的任意模型，这一关系是

$$p \Vdash A(c_1, \cdots, c_n).$$

证明 由逻辑定理，不失一般性，不妨假设公式$A(x_1, \cdots, x_n)$仅含有逻辑词$\neg$，$\wedge$和$\exists$.施归纳于公式$A(x_1, \cdots, x_n)$ 的构造，来证明定理中的关系F可以表示为 Σ_0^{ZF}公式. 首先，设A中无逻辑词出现，由定理10.18就获得了欲证结果；其次，假定A为$\neg B$，并且已有一表示$p \Vdash B$的Σ_0^{ZF}公式$G(p^0, c_1', \cdots, c_n')$. 这时 $p \Vdash A$即公式$F(p^0, c_1' \cdots, c_n')$就可以表示为 $\forall q^0 \in P^0(p^0 \subset q^0 \to \neg G(q^0, c_1', \cdots, c_n'))$，显然这是可以表示为$\Sigma_0^{ZF}$公式的；第三，$A$为$A_1 \wedge A_2$，由归纳假设$p \Vdash A_1$与$p \Vdash A_2$已表示为$\Sigma_0^{ZF}$公式$G_1(p_n^0, c_1', \cdots, c_n')$

与$G_1(p^0,c_1',\cdots,c_n')$，这时表示关系$p\Vdash A$即$p\Vdash A_1\wedge p\Vdash A_2$，亦即$G_1(p^0,c_1',\cdots,c_0')\wedge G_2(p^0,c_1',\cdots,c_n')$，显然可表示为一个$\Sigma_0^{ZF}$公式；第四，设$A$为$\exists xB(x,x_1,\cdots,x_n)$。由归纳假设，对于公式$B(x,x_1,\cdots,x_n)$而言，已有可表为$\Sigma_0^{ZF}$公式的一关系$G(p^0,c',c_1',\cdots,c_n')$意味着

$$p\Vdash B(c,c_1,\cdots,c_n).$$

由定义10.9，$p\Vdash\exists xB(x,c_1,\cdots,c_n)$成立就意味着有一标号$c$，使得$p\Vdash B(c,c_1,\cdots,c_n)$。此时有一$\beta<\alpha_0$，$c\in S_\beta$。取满足这一条件的最小序数$\beta$记做$\beta_i$，这样，我们令$F(p^0,c_1',\cdots,c_n')$为

$$\exists c\in S_{\beta 1}G(p^0,c',c_1',\cdots,c_n'),$$

而$p\Vdash\exists xB(x,c_1,\cdots,c_n)$不成立，就意味着，对于任一$c\in S$，都有$\neg G(p^0,c',c_1',\cdots,c_n')$。令$\beta_i$为0，且$F(p^0,c_1',\cdots,c_n')$为

$$\exists c\in S_0G(p^0,c',c_1',\cdots,c_n').$$

这样，不管$p\Vdash\exists xB(x,c_1,\cdots,c_n)$是否成立，我们都获得了表达它的关系$F(p^0,c_1',\cdots,c_n')$，并且它可表示为$\Sigma_0^{ZF}$公式。综上，不管那种情况，都有欲证结果成立，从而我们完成了定理10.19的证明。

§12 模型$\boldsymbol{N}_1$：$\mathrm{ZF}\nvdash\mathrm{GCH}+\mathrm{AC}\to\boldsymbol{V}=\boldsymbol{L}$

现在假定完备序列$\{p_n|n\in\omega\}$已取定，a^0由式(10.24)给出，并且令

$$\boldsymbol{N}_1=\bigcup\{M_\beta(\mathrm{a}^0)\mid\beta<\alpha_0\}。$$

现在，我们来证明$\boldsymbol{N}_1$是ZF的一个模型．这一证明是与ZF在$\boldsymbol{L}$中成立的证明类似的．空集合公理、外延公理、无序对公理、并集合公理、无穷公理和正则公理在$\boldsymbol{N}_1$中是成立的，这些证明都是不难的，作为练习留给读者去证明．

令$c_1\in S_\alpha$，$\alpha<\alpha_0$，我们希望证明：在$\boldsymbol{N}_1$中有一集合x，x是c_1^0相对于$\boldsymbol{N}_1$的幂集合．为此对于上述固定的c_1和α，我们引进下述定义．

定义10.11 对于S中任一c，令

$$R(\mathrm{c})=\{p \mid p \Vdash \mathrm{c} \subset c_1\},$$
$$T(\mathrm{c})=\{\langle p, c_2\rangle \mid \exists \beta<\alpha(p \Vdash c_2 \in \mathrm{c} \text{且} c_2 \in S_\beta)\},$$
$$U(\mathrm{c})=\langle R(\mathrm{c}),\ T(\mathrm{c})\rangle.$$

由定理10。18与注记10.14，不难看出，$R(\mathrm{c})$，$T(\mathrm{c})$与$U(\mathrm{c})$全是$\boldsymbol{M}$中的集合，即相应的哥德尔集合在$\boldsymbol{M}$中。也就是说，它们都是在$\boldsymbol{M}$中借助于ZF的公式可定义的运算，重要的是由于上述定义中不使用我们已经选择好的完备序列$\{p_n\}$，并且$\beta<\alpha$，因此$T(c)$是一个集合。

定理10.25 如果$U(c_3)=U(c_4)$且$c_3^0 \subset c_1^0$，则$c_3^0=c_4^0$。

证明 因为$c_3^0 \subset {}_1^0$，所以，存在m，使得完备序列中的p_m满足$p_m \Vdash c_3 \subset c_1$。但是$R(c_3)=R(c_4)$，因此有：$p_m \Vdash c_3^0 \subset c_1^0$，$p_m \Vdash c_4^0 \subset c_1^0$。此时，如果$c_3^0 \neq c_4^0$，则有$\beta<\alpha$，$c_5 \in S_\beta$，使得($c_5^0 \in c_3^0$且$c_5^0 \notin c_4^0$)或$c_5^0 \notin c_3^0$且$c_5^0 \in c_4^0$)。不失一般性，我们假定$c_5^0 \in c_3^0$且$c_5^0 \notin c_4^0$。因此，有自然数$n$，使得$p_n \Vdash c_5 \in c_3$即$p_n$在$T(c_3)$中，又因为$T(c_3)=T(c_4)$，这样，对于同一$p_n$，有$p_n \Vdash c_5 \in c_4$。因此，$c_5^0 \in c_4^0$。这就与假定$c_5^0 \notin c_4^0$相矛盾。从而获得欲证结果，即$c_3^0=c_4^0$。

我们知道，标号空间S不是$\boldsymbol{M}$中的集合，当然它是$\boldsymbol{M}$中的类。对于每一$c \in S$，$R(c)$是力迫条件的集合。由注记10.11P为所有力迫条件的集合，且$P \in \boldsymbol{M}$。$R(c)$是P的子集合。由于R在$\boldsymbol{M}$中是可定义的，$\operatorname{ran} R$亦即$\{R(c) \mid c \in S\}$包含在P相对于$\boldsymbol{M}$的幂集合之中。类似地，对于$\alpha<\alpha_0$，$\mathrm{c} \in S_\alpha$，$T(\mathrm{c})$是$P \times \bigcup\limits_{\beta<\alpha} S_\beta$的子集合，即$T(c) \subset (P \times \bigcup\limits_{\beta<\alpha} S_\beta)$，这样$T$的值域$\operatorname{ran} T$即$\{T(c) \mid c \in S\}$就包含在$P \times \bigcup\limits_{\beta<\alpha} S_\beta$相对于$\boldsymbol{M}$的幂集合之中。这样，$\operatorname{ran} R$与$\operatorname{ran} T$都是$\boldsymbol{M}$中的集合，令

$$\bar{U}=(\operatorname{ran} R) \times (\operatorname{ran} T), \tag{10.27}$$

对于每一$c \in S$，$U(c)$是既在$\boldsymbol{M}$中也在$\bar{U}$中的一个集合。

定义10.12 对于每一$u \in \bar{U}$，如果有一序数β，使$c \in S_\beta$且$U(c)=u$成立，则令$f(u)$是满足这一条件的最小序数β；如果不

存在序数β、使得有$c\in S_\beta$且$U(c)=u$，则令$f(u)=0$。定义$\beta_0=\mathrm{Sup}\{f(u)\mid u\in\overline{U}\}$。

上述定义的β_0与已固定的c_1与α有关，由于定义中出现的集合、函数均在$\boldsymbol{M}$中，因此，有$\beta_0\in\boldsymbol{M}$。

定理10.21 如果$c^0\subset c_1^0$，则有$\beta<\beta_0$，$c_3\in S_\beta$使得$c_3^0=c^0$。

证明 因为$U(c)\in\overline{U}$，由β_0的定义，存在一$\beta<\beta_0$，$c_3\in S_\beta$使得$U(c)=U(c_3)$。这样，据定理10.20，就有$c_3^0=c^0$。

定理10.22 幂集合公理在$\boldsymbol{N}_1$中成立。

证明 对于$\boldsymbol{N}_1$中任一集合，据$\boldsymbol{N}_1$的定义，有一标号$c_1\in S_\alpha$，$\alpha<\alpha_0$使得这一集合就是c_1^0。我们取定这一标号和序数α，运用定义10.11，10.12，定理10.20和10.21，就有c_1^0的任一子集合都是集合X_{β_0}（亦即$\cup\{M_\beta(\mathrm{a}^0)\mid\beta<\beta_0\}$）的元素，这样$c_1^0$在$\boldsymbol{N}_1$中的幂集合就是$\{x\mid x\in X_{\beta_0}\wedge x\subset c_1^0\}$，因此，它是由相对于$X_{\beta_0}$的公式所定义的，亦即它是$M_\beta(\mathrm{a}^0)$的元素，故欲证结果成立。

现在，我们考察替换公理。我们仅需证明：如果对于任意的公式$A(x,y)$，在$\boldsymbol{N}_1$中它能够定义一函数φ，且对于任一$x\in\boldsymbol{N}_1$，至多有一$y\in\boldsymbol{N}$，使得$y=\varphi(x)$，即$A(x,y)$真，则对于任一集合$s\in\boldsymbol{N}_1$，都有$\{\varphi(x)\mid x\in s\}\in\boldsymbol{N}_1$。

假定公式$A(x,y)$为满足上述前提的公式。取固标号c_1及序数α，$\alpha<\alpha_0$且$c_1\in S_\alpha$。我们可以假想标号c_1代表$\boldsymbol{N}_1$中已知集合s。在$\boldsymbol{M}$中试定义函数g，使其定义域满足

$$\mathrm{dom}\,g\subset R\times\bigcup_{\beta<\alpha}S_\beta,\qquad(10.28)$$

并且对于任意的$\langle p,\mathrm{c}\rangle\in\mathrm{dom}\,g$，当有序数$\delta$，使得$c_2\in S_\delta$，$p\Vdash A(c,c_2)$时，就取满足这一条件的最小的序数为$\delta_0$，令$g(p,\mathrm{c})=\delta_0$；如果这样的序数$\delta$是不存在的，就令$g(p,\mathrm{c})=0$。据定理10.19，关系$p\Vdash A(c,c_2)$对绝对性，对函数$g$的要求是合理的。由此，我们定义

$$\beta_0=\mathrm{Sup}\{g(p,\mathrm{c})\mid p\in P\wedge c\in\bigcup_{\beta<\alpha}S_\beta\},\qquad(10.29)$$

这样，不难看出函数φ在c_1^0上的值都在$M_{\beta_0}(\mathrm{a}^0)$之中，亦即

$\operatorname{ran}(\varphi\upharpoonright c_1^0)\subset M_{\beta_0}(a^0)$．我们希望证明：$\operatorname{ran}(\varphi\upharpoonright c_1^0)\in \boldsymbol{N}_1$．为此，我们首先证明下述基本定理成立．

定理10.23 令$A(x_1,\cdots,x_n)$是ZF语言$\mathscr{L}$中的任一公式．对于任一序数$\alpha<\alpha_0$，都有一序数$\beta<\alpha_0$和一标号$c\in S_\beta$，使得$M_\beta(a^0)\subset c^0$，并且对于任意的集合$x_1,\cdots,x_n\in c^0$，都有

$$A_{N_1}(x_1,\cdots,x_n)\longleftrightarrow A_{c^0}(x_1,\cdots,x_n) \tag{10.30}$$

成立，其中c的选择与完备序列无关，并且A_{N_1}，A_{c^0}是依定义6.11给出的，亦即A_{N_1}，A_{c^0}意味着公式A分别相对于$\boldsymbol{N}_1$和c^0．

证明 不失一般性，假定公式$A(x_1,\cdots,x_n)$为形式$Q_1x_1\cdots Q_my_mB(x_1,\cdots,x_n,y_1,\cdots,y_m)$，其中$B$为无量词的公式．对于任意的序数$\gamma<\alpha_0$，$1\leqslant i\leqslant m$，存在函数$f_i(p,c_1,\cdots,c_n,d_1,\cdots,d_{i-1})$（这一函数定义在$\bigcup_{\delta<\alpha}S_\delta$上，即$c_1,\cdots,c_n,d_1,\cdots,d_{i-1}\in\bigcup_{\delta<\gamma}S_\delta$）具有性质：若$Q_i$为$\exists$，则$f_i$是最小的序数$V_1$，使得对于某一标号$c\in S_{\gamma_1}$，有

$$p\Vdash Q_{i+1}y_{i+1}\cdots Q_my_mB(c_1,\cdots,c_n,d_1,\cdots,d_{i-1},\\ c,Y_{i+1},\cdots,y_m). \tag{10.31}$$

当这样的序数不存在时，令f_i为0．令

$$g_i(c_1,\cdots,c_n,d_1,\cdots,d_{i-1})=\operatorname{Sup}\{f_i\mid p\in P\},$$

由定理10.19，函数g_i在$\boldsymbol{M}$中是被定义的．若Q_i为$\forall$，转换式(10.31)中公式的否定式，即考察

$$p\Vdash\neg Q_{i+1}y_{i+1}\cdots Q_nY_mB(c_1,\cdots,c_n,d_1,\cdots,d_{i-1},c,y_{i+1},\cdots y_m),$$

依同样方式而定义函数f_i与g_i．令

$$\gamma_2=\operatorname{Sup}\{g_i\mid 1\leqslant i\leqslant m且d_{i_1},c_{i_2}\in\bigcup_{\delta<\alpha}S_\delta\}. \tag{10.32}$$

可以把式(10.32)记作$\gamma_2=h(\gamma)$．显然，函数h是在$\boldsymbol{M}$中被定义的．

令$\beta_1=\alpha$，$\beta_{n+1}=h(\beta_n)$，$\beta=\operatorname{Sup}\{\beta_n\mid n\in\omega\}$．

由于$x\in\bigcup_{\delta<\beta}M_\delta(a^0)$可以用$\mathscr{L}$中公式$A(x)$表达，并且令$c$为公式$A(x)$所对应的标号．这样，$c^0$就是集合$X_\beta$，并且不难验证集合$c^0$就是定理中欲求的集合．

定理10.24 替换公式在$\boldsymbol{N}_1$中成立。

证明 因为已有$\mathrm{ran}(\varphi\upharpoonright c_1^0)$包含在集合$c^0$中，所以，显然集合$\mathrm{ran}(\varphi\upharpoonright c^0)$能够描述为：

$$\{x \mid x\in c^0 \wedge \exists y\in c_1^0 A_{c^0}(y,x,c_2^0,\cdots,c_n^0)\},$$

其中$c_2,\cdots,c_n$为出现在定义函数φ的公式$A(x,y)$中的参变元。由定理10.23，我们能够假定在A中所有的约束变元都出现在$\boldsymbol{N}_1$的一固定的集合。由$\boldsymbol{N}_1$的构造，上述定义的集合在$\boldsymbol{N}_1$中，从而获得替换公理在$\boldsymbol{N}_1$中成立。

综上，我们证明了：$\boldsymbol{N}_1\models \mathbf{ZF}$。

定理10.25 令$y=f(x_1,\cdots,x_n)$是一个绝对的关系，它作为$x_1,\cdots,x_n$的函数给出集合y。如果对于每一α，都有β使得当$c_i\in\bigcup\{S_\gamma \mid \gamma\leqslant\alpha\}$时，在$X_\beta$中必有一集合$y$使得$y=f(c_1^0,\cdots,c_n^0)$相对于$X_\beta$成立，其中$\beta$独立于已给的完备序列，那么对于某一$c\in S_\beta$，$c^0=x$也独立于已给的完备序列。

这一定理的证明是容易而又冗长的，作为练习，我们把它留给读者自己完成（习题10.1）。并由此去证明：对于每一序数$\alpha<\alpha_0$，都有标号c_α，使得$c_\alpha^0=\alpha$独立于已知的完备序列$\{p_n \mid n\in\omega\}$（习题10.2）。

定理10.26 在$\boldsymbol{N}_1$中集合a^0是不可构成的。

证明 令$\alpha<\alpha_0,c\in S_\alpha$使得$c^0=\alpha$是独立于完备序列$Pm$的。假定$x$是$\boldsymbol{M}$的元素且$x$是在第$\alpha$阶段被构造的。因为构造的概念是绝对的，所以，在$\boldsymbol{N}_1$中$\alpha$阶段也构造了集合$x$。同时，对于任意的力迫条件$p$，由于$p$的有穷性，我们总可以做一力迫条件$q$并找一自然数$n$，使得$p\subset q$，并且满足条件$A(n,q,x)$，其中$A(n,q,x)$为（($n\in\mathrm{a}$在$q$中且$n\notin x$）或（$\neg n\in\mathrm{a}$在$q$中且$n\in x$））。

假定a^0在$\boldsymbol{N}_1$中是可构成的。由此，有一序数$\alpha<\alpha_0$，在α阶段构造a^0。据定理10.17，有一力迫条件p，使得：$p\Vdash$“c构造a”，其中$c^0=\alpha$是独立于完备序列p_n的。对于这一力迫条件p，取集合a^0（由假设它是可构成的）进行上过程，找到力迫条件q和自然数n，使得条件$A(n,q,\mathrm{a}^0)$成立。取定这一力迫条件q，令$q_0=q$，

重复定理10.16的证明中寻求完备序列的过程，并由此做出完备序列$\{q_n\}$。据这一完备序列作模型$\mathscr{N}_1'$。显然，在$\mathscr{N}_1'$中α也应当构造集合a^0。并且有一自然数k，$q_k \Vdash$—"c_α构造a^0"由$q_0 \subset q_k$，显然这是不可能的。

这样，因为N_1中的序数与M中的序数是相同的。任意的力迫条件p对于任意的$\alpha < \alpha_0$，$c \in S_\alpha$都永远不能够力迫"c构造a^0"。因此，a^0在N_1中是不可构成的。

至此，我们第一次使用力迫条件的有穷性质

定理10.27 在N_1中选择公理成立。

证明 据习题9.7，关系$x \in M_\alpha$是在ZF中可表达的，并且可表示为Σ_0^{ZF}公式，即$x \in M_\alpha$是一个绝对的关系。依照类似于$x \in M_\alpha$是ZF可表达的和绝对的讨论过程，不难获得关系$x \in M_\alpha(a^0)$也是ZF可表达的和绝对的。因为$M_0(a^0)$是良序的，类似于L可良序性的证明，我们可获得N_1也是可良序的，其中集合a^0是一个已给的集合。

定理10.28 如果$x \in M_\alpha(a^0)$，$\underline{\underline{\alpha}}$是无穷的，且对于$N_1$中集合$y$，$y \subset x$，则存在序数$\beta$，使得$\underline{\underline{\beta \leqslant \alpha}}$，$y \in M_\beta(a^0)$。

证明 由N_1的构造，关系$\beta \leqslant \alpha$在N_1中作解释与它在M中作解释其结果都是相同的。

由于y属于N_1，因此，有序数$\gamma < \alpha_0$，使得$y \in M_\gamma(a^0)$。令

$$s_1 = \bigcup \{M_{\beta_1}(a^0) \mid \beta_1 \leqslant \alpha\} \cup \{y, \gamma\}.$$

因为α无穷，所以$\overline{\overline{s_1}} = \overline{\overline{\alpha}}$。由于选择公理在$N_1$中成立，我们可以运用定理6.22，存在一集合$s_2$，使得$s_1 \subset s_2$，$\overline{\overline{s_2}} = \overline{\overline{\alpha}}$，关系$x \in M_\alpha(a^0)$相对于$s_2$是成立，并且外延公理在$s_2$中也是成立的（即$s_2$为一外延集合）。据定理4.4，存在函数$\varphi$和传递集合$s_3$，使得$\varphi$为$s_2$与$s_3$之间的一对一的$\in$同构映射。因为$\bigcup \{M_{\beta_1}(a^0) \mid \beta_1 \leqslant \alpha\}$是传递的，所以$\varphi$在$\bigcup \{M_{\beta_1}(a^0) \mid \beta_1 \leqslant \alpha\}$上为恒等映射。因为对于任一$z \in y$，都有$\varphi(z) = z$，所以，有$\varphi(y) = y$。由于序数$\gamma \in s_2$，因此必有一序数$\beta$，使得$\varphi(\gamma) = \beta$，且$\beta \leqslant \alpha$。由于关系$y \in M_\gamma(a^0)$的绝对性，我们就有$y \in M_\beta(a^0)$。这就完成了定理的证明。

定理10.29 在$\boldsymbol{N}_1$中广义连续统假设成立，亦即，对于任意序数$\alpha<\alpha_0$，都有

$$2^{\aleph_\alpha}=\aleph_{\alpha+1}.$$

证明 据定理10.28，完全平行于定理10.22的证明，即可获得欲证结果.

综上，我们可获得下述定理：

定理10.30 从ZF＋SM出发，我们有：存在ZF的一标准模型$\boldsymbol{N}_1$，在其中AC与GCH成立，$\boldsymbol{N}_1$含有一集合$s\subset\omega$，且s是不可构成的. 这样，就有：GCH与AC不蕴涵$\boldsymbol{V}=\boldsymbol{L}$.

现在，我们已实现了本节的目标.证明了$\mathrm{GCH}\wedge\mathrm{AC}\nrightarrow\boldsymbol{V}=\boldsymbol{L}$.从而也就实现了本章的第一个目标. 在上述证明中寻找集合a^0是本质的，在寻找a^0的过程中，我们使用了力迫概念，运用了由力迫概念所描述的完备序列. 由完备序列所定义出来的集合a^0，人们称之为**脱殊集合**. 今后我们要引进更多的脱殊集合.

§13 力迫概念（续）

力迫方法可以用以解决集合论中的许多问题. 它主要是从已知模型出发去构造为解决特殊问题所需要的模型. 现在，我们给出一种概括性的说明，使之能够适应较多问题的模型构造，特别是为解决GCH和AC的相对独立性所需要的模型. 我们总是从模型$\boldsymbol{M}$出发. 附加上确定的某些脱殊集合，然后取欲求模型为从这些脱殊集合出发运用$\boldsymbol{M}$的序数所构造出的全部集合所组成的类$\mathscr{N}$.

我们仍然假定标号空间为$S=\bigcup\{S_\alpha|\alpha<\alpha_0\}$和$S$的一个确定的子部分$G$，为了定义脱殊集合的标号$\mathrm{a}_\delta$和其它某些集合（如自然数$n$，$\omega$等等）的标号均在$G$中. 我们规定：如果$c\in S_\alpha\dot{-}G$，那么$c$就对应于一公式$A(x)$，其中可出现$\mathscr{K}_\alpha=\bigcup\{S_\beta|\beta<\alpha\}$中的元作为常项，并且它的所有变元都是限制于$\mathscr{K}_\alpha$的. 对于一固定的序数$\alpha_1$，我们假定$\alpha_1<\alpha$，上述描述的公式与标号空间$S_\alpha$是一对一的对应，这种对应和集合（指标号的编码集合）都是在M中

的．对于$c\in S_\alpha$，我们构造的相应于c的集合，最终将取决于形式c_1的集合（其中$c_1\in S_\beta$，$\beta<\alpha$）．

定义10.13 令U为力迫条件的一集合，$<$为U上的一个关系，并且U与$<$二者均属于$\boldsymbol{M}$，使得如果p，q，γ都在U中，那么有$p<p$，且$p<q\wedge q<\gamma\rightarrow p<\gamma$．在$\boldsymbol{M}$中也存在着一个映射$\psi$，使得若$p\in U$，则$\psi(p)$是形式为$c_1\in c_2$的集合，其中$c_2\in G$；当$c_2\in S_\alpha$时，就有一序数$\beta<\alpha$，$c_1\in S_\beta$．如果$p<q$，则$\psi(p)\subset\psi(q)$．

定义10.14 对于给定的$\mathscr{L}$中的受囿语句A和力迫条件p，施归纳于A的秩，定义关系$p\Vdash A$如下：

1．当A为$c_1\in c_2$，其中$c_1\in S_\alpha$，$c_2\in S_\beta$，$\alpha<\beta$时，我们有：

(i) 若c_2不在G中，且c_2是由对应于公式$A(x)$定义的，并且有$p\Vdash A(c_1)$成立，则有

$$p\Vdash c_1\in c_2;$$

(ii) 如果c_2在G中，且对于某一$\gamma<\beta$，$c_3\in S_\gamma$，使得语句$c_1\in c_2$在$\psi(p)$中，且有$p\Vdash c_1=c_3$则有

$$p\Vdash c_1\in c_2.$$

2—9与定义10.8中2—9相同．

10．当A为语句$c_1\in c_2$，其中$c_1\in S_2$，$c_2\in S_\beta$，且$\beta\leqslant\alpha$，如果有某一$\gamma<\beta$，$c_3\in S_\gamma$，使得

$$p\Vdash\forall_\alpha x(x\in c_1\longleftrightarrow x\in c_3)\wedge(c_3\in c_2),$$

成立时，则有

$$p\Vdash c_1\in c_2.$$

因为由秩的定义，显然$\forall_\alpha x(x\in c_1\longleftrightarrow x\in c_3)\wedge(c_3\in c_2)$的秩小于$c_1\in c_2$的秩．因此，情况10是合理的．

由于上述情况1中既包括了定义10.8中的情况1与情况10，因而上述情况10对应于定义10.8中的情况11．

对于不受囿语句的力迫定义完全与定义10.9相同．

注记10.15 我们证明“由完备序列所确定的$\mathscr{N}$是ZF的一模型”时，仅需使用两点事实．第一，对于每一序数$\alpha<\alpha_0$，在S中都有一标号c使得我们总有：

$$\{c_1^0 \mid c_1 \in S_\alpha\} \subset c^0.$$

这一事实在证明幂集合公理与替换公理在$\mathscr{N}$中成立时要用到．第二，对于$\boldsymbol{M}$中每一个序数值函数f，若α_1是已知的，则存在一序数序列α_1，α_2，…，α_n，…，使得$f(\alpha_i) \leqslant \alpha_{i+1}$，存在一标号$c \in S$，使得$c^0 = \cup\{S^0_{\alpha_{n+1}} \mid n \in \omega\}$，其中$S^0_{\alpha_n}$为$\{c_1^0 \mid c_1 \in S_{\alpha_n}\}$．这在L-S定理的证明中是要用的，也是在证明替换公理在$\mathscr{N}$中成立时所要求的．

现在，我们可以建立本节所定义的力迫关系的主要性质，证明力迫条件完备序列的存在性定理．我们取定完备序列$\{p_n \mid n \in \omega\}$，并施超穷归纳法去定义模型$\mathscr{N}$．

现在，我们可以令$c \in S_0$有$c^0 = \varnothing$．假定对于每一$\beta < \alpha$，$c \in S_\beta$时c^0已定义了．这时考虑对于每一c，$c \in S_\alpha \dot{-} G$时，令定义c的公式为$A(x)$，c^0也是由式(10.23)所确定的．如果$c \in S_\alpha \cap G$，则令

$$c^0 = \{c_1^0 \mid \exists_n (c_1 \in c_2 \text{在} \psi(p_n) \text{ 中})\}.$$

类似于模型$\boldsymbol{N}_1$，$\mathscr{L}$中语句A在$\mathscr{N}$中是真的，当且仅当有某一自然数n，$p_n \Vdash A$．

§14 连续统假设

定义10.15 关于标号空间S及其子部分G的定义：令ω_τ（其中$2 < \tau$）是模型$\boldsymbol{M}$中一个取定的开始序数．标号空间S超穷归纳地定义如下：对于每一α，$\alpha < \omega_\tau$时，S_α恰由一个元素c_α组成（并且将有$c_\alpha^0 = \alpha$），且c_α都在G中；对于$\alpha_1 = \omega_\tau$时，令$S_{\alpha_1} = \{\mathrm{a}_\delta \mid \delta < \omega_\tau\}$，即其中恰有$\omega_\tau$个标号$\mathrm{a}_\delta$（标号$\mathrm{a}_\delta$将是我们要用力迫关系定义的脱殊集合，使得$\mathrm{a}_\delta^0 \subset \omega$）．标号$\mathrm{a}_\delta$全在$G$中；对于$\alpha_1$仍为$\omega_\tau$时，$S_{\alpha_1+1}$中元素为$d_\delta$与$e_\delta$，对于任意的$\delta < \omega_\tau$，它们都是$G$中元素（我们将要定义$d_\delta^0 = \{\delta\}$，$e_\delta^0 = \{\mathrm{a}_\delta^0\}$）；$S_{\alpha_1+2}$中元素为$b_\delta$，对任意的$\delta < \omega_\tau$，$b_\delta$都在$G$中（我们将要定义$b_\delta^0 = \langle \delta, \mathrm{a}_\delta^0 \rangle$）；$S_{\alpha_1+3}$仅由一个标号$w$组成，$w$也在$G$中（我们将定义$w^0$为集合$\{\langle \delta, \mathrm{a}_\delta^0 \rangle \mid \delta < \omega_\tau\}$）；对于大于$\alpha_1 + 3$的序数$\alpha < \alpha_0$，$S_\alpha$中都不含有$G$中元素，$S_\alpha$中元素都单一地与常项为$\cup\{S_\beta \mid \beta < \alpha\}$的$\mathscr{L}$中一公式对应．并且

令$S=\bigcup\{S_\alpha|\alpha<\alpha_0\}$.

在标号空间的这一定义中，a_δ与w是基本的，其它都是为了保证模型的传递性质。

定义10.16 对于任意的序数$\delta<\omega_\tau$与自然数n，$\boldsymbol{n}\in a_\delta$，$\neg\boldsymbol{n}\in a_\delta$称为**基本语句**，基本语句的有穷协调集合称为**力迫条件**．对于任意的力迫条件p，q，若$p\subset q$，则记做$p<q$.对于每一力迫条件p，我们用$\psi(p)$表示下述所有的语句组成的集合：

（1）$c_n\in a_\delta$，当$\boldsymbol{n}\in a_\delta$在$p$中时；

（2）$c_\alpha\in c_\beta$，当$\alpha<\beta<\omega_\tau$时；

（3）$c_\delta\in d_\delta$，$\delta\in e_\delta$，$a_\delta\in e_\delta$，当$\delta<\omega_\tau$时；

（4）$d_\delta\in b_\delta$，$e_\delta\in b_\delta$，当$\delta<\omega_\tau$时；

（5）$b_\delta\in w$，当$\delta<\omega_\tau$时.

注记10.16 对于任意的力迫条件p而言，（2）—（5）中的语句均在$\psi(p)$中．当我们注意到定义 10.14 第1条（ii）时，上述（2）—（5）中任一语句都是被任一力迫条件所力迫的.例如，对于任一p，都有$p\Vdash e_\delta\in b_\delta$，$p\Vdash b_\delta\in w$等等.

令$\{p_n|n\in\omega\}$为取定的完备序列.对于任意的$\delta<\omega_\tau$，令$a_\delta^0=\{k|$有一自然数n，使得p_n力迫$\boldsymbol{k}\in a_\delta\}$.由此，有$a_\delta^0\subset\omega$。

注记10.17 若$\delta_1=\delta_2$，则$a_{\delta_1}^0\neq a_{\delta_2}^0$.因为不存在力迫条件$p$，使得$p\Vdash a_{\delta_1}=a_{\delta_2}$.假定不然，亦即这样的力迫条件$p$是存在的，它当然是有穷的，因此，有自然数$k$，使得$\boldsymbol{k}$不在$p$中任何基本语句中出现.令$q=p\cup\{\boldsymbol{k}\in a_{\delta_1}$，$\neg\boldsymbol{k}\in a_{\delta_2}\}$，显然有

$$q\Vdash\!\!\!/\, a_{\delta_1}=a_{\delta_2}.$$

这与定理10.14相矛盾.

注记10.18 由定义10.16，对于任意$\alpha<\omega_\tau$，都有$c_\alpha^0=\alpha.d_\alpha^0=\{\alpha\}$，$e_\alpha^0=\{\alpha, a_\alpha^0\}$，$b_\alpha^0=\langle\alpha, a_\alpha^0\rangle$，并且$w^0=\{\langle\alpha, a_\alpha^0\rangle|\alpha<\omega_\tau\}$．这样，类似于注记10.12，对于每一标号$c\in S$，我们都有相应的集合$c^0$.从而我们有结果模型$\boldsymbol{N}_2$.另外，不难看出：$w^0$的传递闭包$S_\omega(w^0)$应为$\bigcup\{S_\alpha^0|\alpha\leqslant\omega_\tau+3\}$。

定理10.31 在$\boldsymbol{N}_2$中，每一集合都是由w^0可构成的.

证明 令$\mathscr{W}_0=S_\omega(w^0)$，$\mathscr{W}_\alpha=\bigcup\{\mathscr{W}_\beta|\beta<\alpha\}$，$\mathscr{W}=\bigcup\{\mathscr{W}_\alpha|\alpha<\alpha_0\}$。其中$x'$是由定义9.9给出的，指$x$的所有可定义子集合与$x$的并。不难证明，$\mathscr{W}=\boldsymbol{N}_2$，从而就获得了欲证结果。

定理10.32 在$\boldsymbol{N}_2$中ZFC成立，亦即

$$\boldsymbol{N}_2\models\text{ZFC}.$$

证明 据注记10.15，并类似于$\boldsymbol{N}_1$中的情形，不难获得ZF公理在$\boldsymbol{N}_2$中成立。对于选择公理，由定理10.31，$\boldsymbol{N}_2$是由$S_\omega(w^0)$可构成的，并且从集合x到x'的构造是一绝对的关系，换句话说，由x的良序，我们容易获得x'的良序，这样我们仅需考察集合$S_\omega(w^0)$是否可良序的了。由$S_\omega(w^0)$的定义，并注意到定义10.16(1)—(5)，就可以直接给出$S_\omega(w^0)$上的良序关系了。

定义10.17 对于任意的力迫条件p,q，如果不存在力迫条件γ，使得$p<\gamma$且$q<\gamma$，则称p与q是**不相容的**。

例10.5 令$p=\{3\in a_1\}$，$q=\{\neg 3\in a_1\}$，不难看出p，q是不相容的。事实上，p与q的相容性就表示着不存在$n\in\omega$，$\delta<\omega_\tau$使得$\boldsymbol{n}\in a_\delta$与$\neg\boldsymbol{n}\in a_\delta$分别在$p$，$q$中出现。

定义10.18 对于力迫条件的集合B，如果B中任意二元素都是不相容的，则称B是**不相容的**。

例10.6 令

$$\begin{aligned}
p_1&=\{3\in a_1,\ 4\in a_2\},\\
p_2&=\{3\in a_1,\ \neg 4\in a_2\},\\
p_3&=\{\neg 3\in a_1,\ 4\in a_2\},\\
p_4&=\{\neg 3\in a_1,\ \neg 4\in a_2\},\\
B&=\{p_1,\ p_2,\ p_3,\ p_4\}.
\end{aligned}$$

不难验证B是不相容的。

定理10.33 令B是力迫条件的一个不相容的集合，若$B\in\boldsymbol{M}$，则B在$\boldsymbol{M}$中是可数的。

证明 假定B在$\boldsymbol{M}$中是不可数的。我们令$B_n=\{p|p\in B$且p中元素少于n个$\}$，显然，对于每一自然数n，$B_n\subset B$，并且有：$B=\bigcup\{B_n|n\in\omega\}$。由于选择公理在$\boldsymbol{M}$中成立，如果每一$n\in\omega$，$B_n$都

可数，则B也可数，因此，由B不可数，就必然有某一自然数n，使得B_n是不可数的.由于B_n中每一元p的元素（即基本语句）的个数都少于n.令k是具有k个基本语句的力迫条件p_1，使得在B_n中有不可数多个力迫条件p，使满足$p_1 < p$的最大的自然数.显然$k \leqslant n$.p不在B_n中，当不存在满足上述条件的p_1时，令$k=0$，p_1为空集合$\varnothing$（注意：空集合$\varnothing$不是一力迫条件）.不管怎样，我们都可以令B'_n恰由这样的p组成，即对于任一p在B'_n中，都有$p_1 < p$，且B'_n不可数.在B'_n中取定一元记做p_2，且令A_1，…，A_m是$p_2 \dot{-} p_1$中的基本语句，因为p_2与B'_n中所有的其它元p都不相容.由于$p_1 < p$，即$p_1 \subset p$.这就必然有某一A_i，A_i在B'_n中有不可数个元p含有基本语句$\neg A_i$，由于A_i在p_2中，且$p_1 \subset p_2$，故$\neg A_i$不在p_1中，否则p_2就不协调了.这样在B'_n中就有不可数多个力迫条件p，使得$p_1 \cup \{\neg A_i\} \subset p$（当$A_i$为某一$\neg \boldsymbol{n}_0 \in \mathrm{a}_\delta$时，$\neg A_i$可认为是$\boldsymbol{n}_0 \in \mathrm{a}_\delta$）.这就矛盾于$k$的定义.于是我们获得了欲证结果.

定理10.34 若f是在$\boldsymbol{N}_2$中可定义的一单值函数，则存在一个在$\boldsymbol{M}$中可定义的函数g，它把S中每一元c都赋予S中一可数子集合$g(c)$，并且对于每一$c \in S$，$f(c^0) = c_1^0$，其中c_1为$g(c)$中某一元.

由式$f(c^0) = c_1^0$，可以看出f在$\boldsymbol{N}_2$中有定义，并且在$\boldsymbol{N}_2$中取值.

证明 由于f是可以用含有常项c^0（其中c为S中某一元）的语句定义的.对于S中任意的c，c_1，令

$$A(c,c_1) = \{p \mid p\text{力迫“}f\text{是单值的”且}c_1\text{是在一自然良序下}\ S\text{的第一元使得对于任一}q,\ p \subset q,\ q \Vdash \text{“}f(c) = c_1\text{”}\}. \tag{10.33}$$

由式（10.33），$A(c,c_1)$是力迫条件的一个集合.不难看出，如果$c_2 \neq c_1$，则$A(c,c_1)$的元与$A(c,c_2)$的元是不相容的.这样，由在$\boldsymbol{M}$中选择公理成立，并据定理10.33，仅有可数多个c'使得$A(c,c')$不为空集合$\varnothing$，令$g(c)$是所有这些c'组成的集合，上述论证都是在$\boldsymbol{M}$中进行的.也就是说g是在$\boldsymbol{M}$可定义的一函数.在$\boldsymbol{N}_2$

中，令c_1是使得$f(c^0)=c_1^0$成立的S中的第一个元素．因为S_α的构造能够在$\boldsymbol{N}_2$中表达，S的良序也能够在$\boldsymbol{N}_2$中表达，我们可以考虑一个不受囿的语句：

$$A_1=\text{“}c_1\text{是使得}f(c)=c_1\text{成立的 }S\text{中一个元素”}.$$

因为语句A_1在$\boldsymbol{N}_2$中是一真语句，所以在已取定的完备序列中必有一力迫条件p_n，使得$p_n\Vdash A_1$．所以，$A(c,c_1)$是不空的，并且$c_1\in g(c)$．这就完成了定理的证明．

上述定理是说，虽然我们不能在$\boldsymbol{M}$中描述定理中给出的函数f，然而我们能够对f的值域作充分的限制．

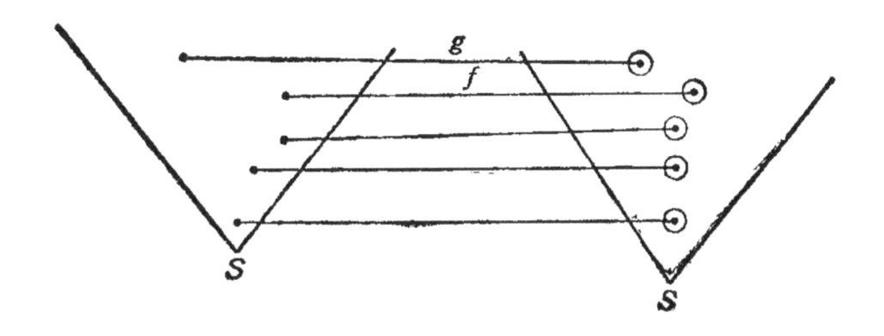

图 10.2　f是在N_2中定义的单值函数，g为M中可定义的函数，对于S中任一c，$f(c^0)=c_1^0$而$c_1\in g(c)$

定理10.35　令α，β是二序数，如果在$\boldsymbol{M}$中有$\overline{\overline{\alpha}}<\overline{\overline{\beta}}$成立，则在$\boldsymbol{N}_2$中有$\overline{\overline{\alpha}}<\overline{\overline{\beta}}$成立．

证明　我们只需考虑α，β为无穷基数的情形，假定定理不成立，就是说在$\boldsymbol{N}_2$中有单值函数f使得α与β是一一对应的，当$x\notin\alpha$时，$f(x)=0$．重申由式（10.15）定义的符号空间$\mathscr{X}_\gamma$与由式（10.24)定义的集合X_γ．对于任一序数$\gamma<\alpha_0$，显然有$\gamma\in X_{\gamma+5}$，且若$x\in X_\gamma$则$\mathrm{rnk}x\leqslant\gamma$．据定理10.34的证明，函数$f$在$X_{\alpha+5}$上的值包含在集合$T^0$中，其中$T$是$\mathscr{X}_\beta$的一子集合，$T$在$\boldsymbol{M}$中的势就小于等于$\aleph_0\cdot\overline{\overline{\alpha}}$即$\overline{\overline{\alpha}}$．由于$T^0$包含了函数$f$的值域．若$c\in T$，则对于某一序数$\gamma<\beta$，有$c\in S_\gamma$．因为$T$在$\boldsymbol{M}$中的势小于等于$\alpha$，（因为在$\boldsymbol{M}$

中$\overline{\overline{\alpha}}<\overline{\overline{\beta}}$)，这样，就存在一序数$\gamma<\beta$使得$T\subset\bigcup\{S_\delta|\delta<\gamma\}$。然而rnk$T^0\leqslant\gamma$.这样，$T^0$不能够包含$\beta$，也就是说$f$的值域不能够全部包含$\beta$．这与假设$f$为$\alpha$与$\beta$的一一对应相矛盾．从而获得欲证结果．

上述定理说明，在$\boldsymbol{M}$中的基数恰好就是在$\boldsymbol{N}_2$中的基数，又由于a^0_δ全是不同的子集合．这样，我们就有下述定理成立．

定理10.36 在$\boldsymbol{N}_2$中，$\aleph\leqslant\overline{\overline{\mathscr{P}(\omega)}}$，也就是说，在$\boldsymbol{N}_2$中连续统假设是不成立的．

我们已经有了$\aleph\leqslant 2^{\aleph}$，留下的问题是在$\boldsymbol{N}_2$中连续统的精确值了．定理5.28告诉我们，若序数$\alpha$与$\omega$共尾，则$2^{\aleph}\neq\aleph_\alpha$，也就是说，$2\aleph$不是可数个较小的基数之和．

定理10.37 在$\boldsymbol{M}$中，如果τ与ω不共尾，则$\aleph_\tau$的可数子集合的数目为$\aleph_\tau$，否则，$\aleph_\tau$的可数子集合的数目为$\aleph_{\tau+1}$.

证明 在M中广义连续统假设成立，对于任意的序数α，$\aleph_\alpha$的可数子集合的数目$\leqslant\aleph_\alpha\leqslant 2^{\aleph_\alpha\cdot\aleph_0}=2^{\aleph_\alpha}=\aleph_{\alpha+1}$．现在假定$\tau$与$\omega$不共尾，亦即$\aleph_\tau$不是可数个较小基数之和，这就意味着不存在序数序列$\tau_n, n\in\omega$，$\tau_n<\tau$，而$\tau=\mathrm{Sup}\{\tau_n|n\in\omega\}$．这样，$\aleph_\tau$的任一可数子集合$x$，都有$\tau_1<\tau$，使得$x\subset\aleph_{\tau_1}$，因此所有这样的集合$x$的数目$\leqslant\aleph_{\tau_1+1}\leqslant\aleph_\tau$．对于$\aleph_\tau$的其它可数子集合$y$，就有$\tau_2<\tau$，使得$y\subset\aleph_{\tau_2}$，所有包含在$\aleph_{\tau_2}$中可数子集合的数目$\leqslant\aleph_{\tau_2+1}\leqslant\aleph_\tau$.因此，$\aleph_\tau$的可数子集合的数目是$\leqslant\overline{\overline{\tau}}\cdot\aleph_\tau=\aleph_\tau$.同时，这样的子集合的数目总是大于等于$\aleph_\tau$的，因此，$\aleph_\tau$的可数子集合的数目为$\aleph_\tau$．

当τ与ω共尾时，亦即有$\aleph_\tau=\Sigma c_n$，其中c_n为基数，$c_n<\aleph_\tau$．不妨假定$c_i<c_{i+1}(i\in\omega)$．令$b_{i+1}=c_{i+1}\dot{-}c_i$．这样，$\Pi b_i$的任一元都对应于$\aleph_\tau$的一可数子集合，换言之，$\aleph_\tau$的可数子集合至少有$\Pi b_i$那样，即$\aleph_\tau$的可数子集合的数目不少于$\Pi b_i$，因为不难证明$\Pi b_i=\Pi c_i$．所以，$\aleph_\tau$的可数子集合的数目不少于$\Pi c_i$，但是，据定理5.24，有$\aleph_\tau=\Sigma c_n<\Pi c_{i+1}$，这样，此数目就不少于$\aleph_{\tau+1}$．此外，据GCH，有$2^{\aleph_\tau}=\aleph_{\tau+1}$，因此这一数目不多于$\aleph_{\tau+1}$．综上，这一数目应该

是$\aleph_{\tau+1}$.定理得证.

定义10.19 令A为$\mathscr{L}$中一语句，如果力迫条件p满足：$p\Vdash\neg\neg A$（即不存在力迫条件q，$p\subset q$，$q\Vdash\neg A$），且对于任意力迫条件p_1，若$p_1<p$，$p_1\nVdash\neg\neg A$，则称p对于A是**极小的**.

若$p\Vdash\neg\neg A$时，已知的完备序列$\{p_n|n\in\omega\}$中有一项p_m，使得$p<p_m$，则语句A在一完备序列所确定的结果模型中成立.

定理10.38 对于$\mathscr{L}$中任意的语句A，对于A是极小的力迫条件的集合在$\boldsymbol{M}$中是可数的.

证明 令

$$T(A)=\{p\mid p\text{对}A\text{是极小的}\},$$

我们断言$T(A)$是可数的.在上下文不引起误解时，我们把$T(A)$记为T. 假定T是不可数的，类似于定理10.33的证明，我们能假定在T中的任一力迫条件p，p至多含有n个基本语句.令k是满足具有k个基本语句的力迫条件p_1，使得在T中有可数多个力迫条件p且$p_1<p$的那个最大的自然数.当不存在这样的力迫条件p_1时，令$k=0$，取p_1为$\varnothing$.因为$p_1<p$，p在T中，所以，$p_1\nVdash\neg\neg A$.即有某一p_2，$p_1<p_2$且$p_2\Vdash\neg A$. 因此，p_2与T中任一元都是不相容的.

令A_1，…，A_m是$p_2\dot{-}p_1$中的基本语句，因为$p_1<p_2$，T中任一元p，有$p_1<p$，即$p_1\subset p$. 所以有某一A_i，在B中有不可数个元p含有基本语句$\neg A_i$.因此，$p_1\cup\{\neg A_i\}<p$.（注意，当A_i为某一基本语句$\neg\boldsymbol{n}_0\in a_\delta$时，$\neg A_i$可以认为是$\boldsymbol{n}_0\in a_\delta$）.这就矛盾于$k$的选择.因此，欲证结果成立.

定理10.39 在$\boldsymbol{N}_2$中，如果τ与ω在$\boldsymbol{M}$中是不共尾的，则$2^{\aleph_0}=\aleph_\tau$；如果τ与ω在$\boldsymbol{M}$中是共尾的，则$2^{\aleph_0}=\aleph_{\tau+1}$.

证明 对于每一标号$c\in S$和$n\in\omega$，令

$$V(n,c)=\{p\mid p\text{对}\boldsymbol{n}\in c\text{是极小的}\}.$$

我们首先证明，如果对于每一自然数n，有$V(n,c_1)=V(n,c_2)$且$c_1^0\subset\omega$，$c_2^0\subset\omega$，则有$c_1^0=c_2^0$.因为若$n\in c_1$，在已给的完备序列中有p_k，$p_k\Vdash\boldsymbol{n}\in c_1$这样，就必须存在一极小的$p$，$p<p_k$，因

此，由 $V(n,c_1)=V(n,c_2)$，p 及 p_k 就一定力迫 $\neg\neg n\in c_2$，由之，$n\in c_2^0$，反之亦然，所以，有 $c_1^0=c_2^0$。这样，当 $c^0 c\omega$ 成立时，$V(n,c)$ 在一定意义下就决定了集合 c^0。因此，令

$$B_1=\{\{\langle n.V(n,c)\rangle|n\in\omega\}|c\in S\wedge c^0\subset\omega\}.$$

我们有 $\overline{\overline{B_1}}=2^{\aleph_0}$。其次，在 $\boldsymbol{M}$ 中，定义集合 D 如下：

$$D=\{x|x\subset\omega_\tau\text{ 且 }x\text{ 是可数的}\}.$$

因为标号 $a_\delta(\delta<\omega_\tau)$ 有 ω_τ 个，基本语句和力迫条件都是 ω_τ 个，对于固定的 n，c 而言，$V(n,c)$ 为可数集合，从而对固定 n 有

$$\overline{\overline{\{V(n,c)|c\in S\}}}\leqslant\overline{\overline{D}},$$

因而，令

$$B_2=\{V(n,c)|c\in S\wedge c^0\subset\omega\wedge n\in\omega\},$$

在 $\boldsymbol{N}_2$ 中，我们有 $\overline{\overline{B_2}}\leqslant\overline{\overline{D}}$。令

$$E=\{y|\exists x(x\in D\wedge y\text{ 是 }x\text{ 的一可数序列})\}.$$

一方面，显然，$\overline{\overline{D}}\leqslant\overline{\overline{E}}$，另一方面，由于 E 的元素都是 D 的元的一可数序列，一个可数的集合所能产生的可数序列恰好为 $\aleph_1$ 个。亦即 D 的每一元都产生 $\aleph_1$ 个 E 的元。所以，$\overline{\overline{E}}\leqslant\overline{\overline{D}}\cdot\aleph_1=\overline{\overline{D}}$。于是，在 $\boldsymbol{M}$ 中，我们就有：$\overline{\overline{E}}=\overline{\overline{D}}$。同时，不难看出，$\overline{\overline{B_1}}\leqslant\overline{\overline{E}}$，从而，据定理10.36，在 $\boldsymbol{N}_2$ 中我们有：

$$\aleph_\tau\leqslant 2^{\aleph_0}\leqslant\overline{\overline{D}}.$$

据定理10.37，在 $\boldsymbol{M}$ 中如果 τ 与 ω 是共尾的，则 $\overline{\overline{D}}=\aleph_{\tau+1}$，并且由定理5.28和共尾概念的绝对性，在 $\boldsymbol{N}_2$ 中，$2^{\aleph_0}\neq\aleph_\tau$，因此，有 $2^{\aleph_0}=\aleph_{\tau+1}$，当在 $\boldsymbol{M}$ 中 τ 与 ω 是不共尾时，$\overline{\overline{D}}=\aleph_\tau$，就有 $2^{\aleph_0}=\aleph_\tau$。这样，我们就获得了欲证结果。

注记10.19　在定理10.39中，τ 为大于2的任意序数。这样，我们可以构造出ZFC的模型，使得 $2^{\aleph_0}$ 在其中为 $\aleph_\tau$，如 $\aleph_3$，$\aleph_4$，$\aleph_{\omega+1}$，$\aleph_{\omega^\omega+1}$，甚至也可以为 $\aleph_{\omega_1}$，$\aleph_{\omega_2}$，等等。这样，定理10.39就使我们实现了本章的主要目标，证明了连续统假设相对于ZFC的独立性定理。

§15 选择公理

定义10.20 关于标号空间及其子部分的定义：令 $S_0=\{\boldsymbol{n}|n\in\omega\}$，$S_1=\{\mathrm{a}_n|n\in\omega\}$，$S_2=\{\mathrm{v}\}$. $G=S_0\cup S_1\cup S_2$. 对于任意的序数α, $2<\alpha$, S_α中元素都单一地与常项为 $\cup\{S_\beta|\beta<\alpha\}$ 的$\mathscr{L}$中一公式对应. 当序数$2<\alpha$时，S_α 中都不含有G的元素，并且令 $S=\cup\{S_\beta|\beta<\alpha_0\}$。

定义10.21 对于任意的自然数n，m，$\boldsymbol{n}\in\mathrm{a}_m$，$\neg\boldsymbol{n}\in\mathrm{a}_m$称为**基本语句**，基本语句的有穷协调集合称为**力迫条件**. 对于任意的力迫条件p，q，若 $p\subset q$，则记做 $p<q$，这就给出了力迫条件上的一偏序关系. 对于每一力迫条件p，我们用$\psi(p)$ 表示下述语句组成集合：

（1）$\boldsymbol{k}\in\boldsymbol{n}$，当$n$，$k\in\omega$且$k<n$时，

（2）$\boldsymbol{n}\in\mathrm{a}_m$，当$\boldsymbol{n}\in\mathrm{a}_m$在$p$中时，

（3）$\mathrm{a}_n\in\mathrm{v}$，当$n\in\omega$时.

现在，我们设π为ω的置换，使得$\pi(n)\neq n$只对有穷多个自然数n成立. 令B为所有这样的置换π所组成的群. 设B_n是 B的子群，且$B_n=\{\pi|$对于$m\leqslant n$时$\pi(m)=m\}$. 这样，当 $n_1<n_2$ 时，有$B_{n_1}\subset B_{n_2}$. 我们现定义群B在S上及$\mathscr{L}$中公式的作用.

定义10.22 对于$c\in S_0$，$\pi\in B$，令$\pi(c)=c$. 对于 $\mathrm{a}_n\in S_1$，令$\pi(\mathrm{a}_n)=\mathrm{a}\pi(n)$，令$\pi(\mathrm{v})=\mathrm{v}$. 对于$\alpha>2$，$c\in S_\alpha$，假定$c$ 对应于公式$A(x,c_1,\cdots,c_n)$，其中$c_i\in\mathscr{H}_\alpha=\cup\{S_\beta|\beta<\alpha\}$，$A$中变元都受囿于$\mathscr{H}_\alpha$. 令$\pi(c)$ 是S_α的对应于公式$A(x,\pi(c_1),\cdots,\pi(c_n))$ 的那个元素.

定义10.23 令A是受囿公式 B（c_1，$\cdots$，c_n），其中 $c_i\in S$，B中仅有受囿量词（不含有不受囿量）$\forall_\alpha$，$\exists_\alpha$. 那么$\pi(A)$ 为

$$A(x,\ \pi(c_1),\ \cdots,\ \pi(c_m))$$

所对应的S_α 中那个元素，其中受囿量词中的序数α保持不变. 对于不受囿的公式类似地可以获得.

定义10.24 令p为一力迫条件，力迫条件$\pi(p)$ 是如下定义

的：

1. $\boldsymbol{n}\in \mathrm{a}_m$在$p$中当且仅当$\boldsymbol{n}\in \mathrm{a}_{\pi(m)}$在$\pi(p)$中.

2. $\neg \boldsymbol{n}\in \mathrm{a}$在$p$中当且仅当$\neg \boldsymbol{n}\in \mathrm{a}_{\pi(m)}$在$\pi(p)$中.

定理10.40 对于任意的力迫条件p和$\mathscr{L}$中公式A，我们有

$$p\Vdash A \text{当且仅当} \pi(p)\Vdash \pi(A).$$

证明 令A为任一给定的受囿公式，我们施归纳于公式的秩来给出定理的证明. 不妨令$\mathrm{rnk}A=\langle \alpha,i,r\rangle$. 当$\alpha\leqslant 2$时，由定义10.21—23，对于$A$的结构作归纳，并注意：当$A$为$\boldsymbol{k}\in \boldsymbol{n}(k<n)$时，$\pi(A)=A$，任一力迫条件，特别地$\pi(p)$力迫它，反之亦然. 当$A$为$\boldsymbol{n}\in \mathrm{a}_m$时，若$p$力迫$A$，必然有$\boldsymbol{n}\in \mathrm{a}_m$在$p$中，而这时$\pi(A)$即$\boldsymbol{n}\in \mathrm{a}\pi_{(m)}$必然在$\pi(p)$中，则有$\pi(p)\Vdash \pi(A)$，反之亦然. 对于$A$为$\mathrm{a}_n\in \mathrm{v}$时，$\pi(A)$为$\mathrm{a}_{\pi(n)}\in \mathrm{v}$. 二者对于任意力迫条件来说，都是被力迫的. 这就保证了当$\alpha\leqslant 2$时的基始情况定理总是成立的. 对于$\alpha\leqslant 2$时，A含有逻辑词的情况，由力迫定义也是显然的. 当$2<\alpha$时，只要我们注意到群B对力迫条件和公式的作用，定理也是不难验证的.

当A为不受囿的公式时，由归纳于A的复杂性，定理也是直接获得的.

定理10.41 对于任意的标号$c\in S$，任意的语句A，和任意的力迫条件p，都存在一自然数m，使得当$\pi\in B_m$时，有$\pi(c)=c$，$\pi(A)=A$，$\pi(p)=p$.

证明 当$c\in S_0$或$c\in S_2$时，对于任一$\pi\in B$，都有$\pi(c)=c$；当$c\in S_1$，即有$\mathrm{a}_n=c$，而$\pi\in B_n$时，有$\pi(\mathrm{a}_n)=\mathrm{a}_{\pi(n)}=\mathrm{a}_n$. 当$2<\alpha$时，如果$c\in S_\alpha$，就有$c$对应的一公式$A(x, c_1, \cdots, c_k)$，由归纳假设，对于某一$m_i$，有$\pi(c_i)=c_i$，令$r_1=\max\{m_1, \cdots, m_k\}$，显然当$\pi\in B$时，有$\pi(c)=c$. 类似地对于任意给定的语句$A$，在其中出现的常项（即标号）不妨假定为$c_1, \cdots, c_n$，且$c_1\in S_{\alpha_1}, \cdots, c_n\in S_{\alpha_n}$. 上面已证明，有$m_i$，使得$\pi\in B_{m_i}$时，$\pi(c_i)=c_i$，令$r_2=\max\{m_1, \cdots, m_n\}$，显然当$\pi\in B_{r_2}$时，$\pi(A)=A$. 对于力迫条件$p$. 由于$p$的有穷性，显然有$r_3$，使得$\pi\in B_{r_3}$时，有$\pi(p)=p$. 令

$m=\mathrm{Max}\{r_1, r_2, r_3\}$，这一自然数$m$的存在，就是定理的欲证结果.

注记10.20　不难看出，定理10.40表达了在一定意义下，置换G的元素对我们的系统来说是自同构的，而定理10.41说明，虽然有无穷多个符号a_n，而对于每一标号c和语句A相对于这无穷多符号（除去其中有穷多个以外）而言都是对称的.

令$\{p_n | n\in\omega\}$为取定的完备序列.对于任一自然数n，令$\mathrm{a}_n^0=\{k | \exists m\in\omega(p_m \Vdash \boldsymbol{k}\in a_m)\}$.由此，有$\mathrm{a}_n^0\subset\omega$.

注记10.21　对于任意的$n_1\in\omega$，$n_2\in\omega$，若$n_1\neq n_2$，则$\mathrm{a}_{n_1}^0\neq\mathrm{a}_{n_2}^0$.因为如果存在一个力迫条件$p$，使得$p\Vdash \mathrm{a}_{n_1}=\mathrm{a}_{n_2}$，我们就能找到一个力迫条件$q$，$p<q$，使得对于每一自然数$k$，$q\Vdash \boldsymbol{k}\in\mathrm{a}_{n_1}$，且$q\Vdash \neg\boldsymbol{k}\in\mathrm{a}_{n_2}$，所以，结论成立.

注记10.22　由定义10.21，$\boldsymbol{n}^0=n$，且$\mathrm{v}^0=\{\mathrm{a}_n^0 | n\in\omega\}$.由此，类似于注记10.12，对于每一标号$c\in S$，我们都有相应的集合$c^0$，从而我们就有结果模型$\boldsymbol{N}_3$.

定理10.42　$\boldsymbol{N}_3$是ZF的一个模型，在其中，v^0是集合$\mathscr{P}(\omega)$的无穷子集合，并且不包含可数的子集合.

证明　据注记10.15，并类似于$\boldsymbol{N}_1$中的情形，不难获得ZF公理在$\boldsymbol{N}_3$中成立.

由注记10.21，显然集合v^0是无穷的，并且有$\mathrm{v}^0\subset\mathscr{P}(\omega)$.现在假定在$\boldsymbol{N}_3$中$\mathrm{v}^0$有一可数子集合，也就是说，有符号$c\in S$，在已取定的完备序列中有力迫条件$p$，使得：

$p\Vdash$"c是从ω到v的一个函数f，使得若

$$m\neq n, \text{ 则} f(m)\neq f(n)\text{"}.$$

令自然数r是使得若$\pi\in B_r$，则$\pi(c)=c$.当然可取r比出现在p中的任何标号a_m中的m大.在已取定的完备序列中必有某一力迫条件q，$p<q$使得对于某自然数k，s，有$f(k)=\mathrm{a}_s$，其中s大于r，这是因为函数f^0取无穷多个不同的值.令$t>r$，$t\neq s$，$t\in\omega$，使得a_t不出现在q中，令π是一个置换，它交换t与s（即$\pi(t)=s$，$\pi(s)=t$）并且对于t，s以外的每一自然数i，$\pi(i)=i$.如果令$q_1=\pi(q)$，那么

$q_1 \Vdash f(k)=a_t$. 当然，q与q_1是相容的，亦即$q_2=q \cup q_1$是一力迫条件，这是因为除了含有a_s与a_t的基本语句外，其余的都是相同的，并且q不含有a_t，q_1不含有a_s.这样，就有q_2力迫f是单值的（因为$p \subset q_2$），且$q_2 \Vdash f(k)=a_s$，$q_2 \Vdash f(k)=a_t$，且$s \neq t$，而这是不可能的，从而定理得证.

定理10.43 在$\boldsymbol{N}_3$中，连续统是不可良序的.从而我们有：在$\boldsymbol{N}_3$中AC是不成立的.

证明 在第五章我们就曾经指出，实数集合与ω的幂集合是一一对应的.因此，我们可以把实数集合就看作集合$\mathscr{P}(\omega)$.由定理10.42，$\mathscr{P}(\omega)$的一无穷子集合v^0不包含可数子集合，这与习题7.5相矛盾，从而我们获得了欲证结果.

定理10.43实现了本章的第三个目标，证明了ZF$\nvdash$AC.甚至从ZF也不能推出AC的很弱的形式.

§16 脱殊集合

在§12中，我们是运用力迫方法，引进了一个脱殊集合、建立了模型$\boldsymbol{N}_1$；在§14中，我们引进了ω_τ个脱殊集合，建立了模型$\boldsymbol{N}_3$；在上一节中，我们引进了ω个脱殊集合，并运用置换群的方法建立了模型$\boldsymbol{N}_3$.可以看出，力迫方法的重要性在于引进脱殊集合，由它们出发，运用可构成方法去建立满足欲证性质的ZF模型.因此，我们有必要来讨论一下这种脱殊集合的性质.

关键问题是证明存在脱殊集合.这就是定理10.16，由此，利用式（10.24）就获得了一个脱殊集合.事实上，定理10.16还可使我们获得更多的脱殊集合.

定理10.44 对于任意有穷集合$x \subset \omega$，存在脱殊集合y，使得$x \subset y$.

证明 设x为一有穷集合，$x \subset \omega$，不妨假定x恰有n个元素i_1，i_2，…，i_n.令m为其中的最大元，并取如下的有序对

$$\langle \{i_1, \cdots, i_n\}, (m+1) \dot{-} \{i_1, \cdots, i_n\} \rangle$$

所表示的力迫条件为p_0，由p_0运用定理10.16的过程，获得完备

序列p_0，p_1，…，p_n，…，据这一完备序列，依式（10.24）定义集合$y\subset w$，且$x\subset y$，y即是定理中所欲求的集合。

上述定理中的x也称y的一个有穷前节，这一定理使我们知道存在如此多的脱殊集合。并且也使我们理解到脱殊集合y的性质是在$\boldsymbol{M}(y)$中每一语句A的真值已被y的有穷节所决定。这就说明，脱殊集合与可构成集合是很不相同的。

定理 10.45 脱殊集合y的每一ZF可定义的子集合x都是有穷的。

证明 假定公式$A(u)$定义集合x，其中$A(u)$为一ZF公式，即$A(u)$中不出现标号。因为$x\subset y$，所以存在一力迫条件p，且p^0的第一元包含在y中，使得

$$p\Vdash x\subset y,$$

$$p\Vdash \forall u(u\in x\rightarrow u\in y).$$

由此，对于每一自然数u，若$p\Vdash A(u)$，则$p\Vdash u\in y$。u在y中，就说明u在y的一有穷前节中，或者说u在p^0的第一元中。这样，对于每一自然数u，若$A(u)$成立，则u就在p^0的第一元中，由p^0的第一元的有穷性，可知仅有有穷个自然数u满足条件$A(u)$，亦即说明x为一有穷集合。

定理 10.46 每一脱殊集合都是无穷的。

证明 对于任意给定的脱殊集合y，我们希望去证明：$\forall x_1\in\omega\exists x_2\in\omega(x_1<x_2\wedge x_2\in y)$。也就是说$y$是无穷的。假定不然，$y$就有一上界$x_0$，这样，就有一力迫条件$p$，使得

$$p\Vdash x_0\in y\wedge\forall x\in\omega(x_0<x\rightarrow x\notin y).$$

据定理10，对于任一力迫条件q，若$p\subset q$都有：

$$q\Vdash x\in y\wedge\forall x\in\omega(x_0\subset x\rightarrow x\notin y).$$

然而，由于p的有穷性，我们总可找到一自然数n，使得n不在p中出现，并且$x_0<n$。不妨假定a为定义y的标号。这时，我们令$q=p\cup\{u\in \mathrm{a}\}$。显然，$q$为一个力迫条件，且$p\subset q$，$q$力迫$n\in y$，这就产生一矛盾，从而我们获得了定理10.46的证明。

定理 10.47 每一脱殊集合都是ZF不可定义的。

证明 设y为一个脱殊集合，因为$y \subset y$，y为无穷集合，据定理10.45，y就是ZF不可定义的。

下述定理10.48—50是文献[10]中给出的。

定理 10.48 若x是M中ω的一个无穷子集合，$y \subset \omega$是一个脱殊集合，则有

（1）$x \cap y$ 仍为一无穷集合；

（2）$x \not\subset y$（即x不包含在y中）；

（3）由$\omega \dot{-} x$无穷，可获得$y \not\subset x$；

（4）$x \dot{-} y$ 仍为一无穷集合。

证明 先证（1），假定不然，有满足定理前提条件的集x，y使得$x \cap y$为一有穷集合．即有一$m \in \omega$，m大于$x \cap y$中一切元素。这样在已知的完备序列中有力迫条件p_k，使得

$$p_k \Vdash \text{“}\boldsymbol{m}\text{大于}c_x \cap \mathrm{a}\text{中一切元”}.$$

其中$c_x \in S, c_x^0 = x$且c_x与完备序列的选择无关。由于x无穷，可选择一个适当的自然数$n \in x$，使得$m < n$．且$\boldsymbol{n}$不在p_k中出现．令

$$p = p_k \cup \{\boldsymbol{n} \in \mathrm{a}\}.$$

由力迫性质，有：

$$p \Vdash \text{“}\boldsymbol{n} \in c_x \wedge n \in \mathrm{a}\text{”},$$

$$p \Vdash \text{“}\boldsymbol{m}\text{大于}c_x \cap \mathrm{a}\text{中一切元”}.$$

由$m < n$，上二式相矛盾．从而完成了（1）的证明．

（2）可由定理10.45直接获得．

（3）与（4）的证明类似于（1）.这里从略

定理 10.49 若y_1, y_2为两个不同的脱殊集合，则有：

（1）$y_1 \not\subset y_2$且$y_2 \not\subset y_2$；

（2）$y_1 \cap y_2$为一无穷集合；

（3）$x_1 \dot{-} y_2$与$y_2 \dot{-} y_1$皆为无穷集合．

证明 先证（1），假定$y_1 \subset y_2$，在已知的完备序列中，有一力迫条件p_k使得

$$p_k \Vdash \forall x (x \in \mathrm{a} \to x \in \mathrm{a}'),$$

其中a与a′为分别定义y_1与y_2的标号．由于p_k的有穷性，我们可以

取$n\in\omega$,使得$\boldsymbol{n}$不在p_k中出现,并且令

$$p=p_k\cup\{\boldsymbol{n}\in\mathrm{a},\ \neg\boldsymbol{n}\in\mathrm{a}'\}.$$

显然，$p_k\subset p$，$p\Vdash\forall x(x\in\mathrm{a}\to x\in\mathrm{a}')$ 以及 $p\Vdash n\in\mathrm{a}$，$p\Vdash\neg n\in\mathrm{a}'$，这就获得矛盾,从而有$y_1\not\subset y_2$.类似地可以获得 $y_2\not\subset y_1$以及（2）,（3）两种情况.

当我们按图5.2所指出的丰满的ω层的二枝树方法把集合$\mathscr{P}(\omega)$与单位区间[0,1]建立一一对应时，任一集合x，$x\subset\omega$都唯一地对应于[0,1]中一实数y，反之亦然，其中y为二进制表示. 也就是说，有：

$$y=0.b_1b_2\cdots b_n\cdots,$$

其中$b_i=0$或$b_i=1$，对任意$i\in\omega$. 令$y'=0.b_1'b_2'\cdots b_n'\cdots$，若有一$i\in\omega$，使得$b_j=b_j'$（当$j<i$时），且$b_i<b_i'$（即$b_i=0$，$b_i'=1$），就称$y$小于$y'$，并记做$y<y'$.

当y为一脱殊集合所对应的实数时，就称y为一**脱殊实数**.

定理 10.50 区间[0,1]中的脱殊数是稠密的.

证明 我们要证明：若y_1，y_2为二脱殊数，且$y_1<y_2$，则有脱殊数y_3，使得$y_1<y_3<y_2$.由于$y_1<y_2$，总有一自然数n，使得x为$0.b_1\cdots b_n$，其中$b_i=0$或$b_i=1(i<n)$，且$y_1<x<y_2$. 由x做一有穷空集合z,对于这一z,运用定理10.44，存在一脱殊集合y，$z\subset y$，把集合y转换为数y_3，显然有$y_1<y_3<y_2$.

脱殊集合的性质说明：对于不可数多个自然数的集合来说，一可数语言留下了大量的不确定的东西，在一定意义下，我们可以说，脱殊集合是ZF语言所无法描述的那些对象。

习 题

10.1 试证明定理10.25.

10.2 试证明：对于每一序数$\alpha<\alpha_0$，都有一标号c_α使得$c_\alpha^0=\alpha$是独立于已知的完备序列的。

10.3 对于§13给出的标号空间和力迫概念，建立相应于§11—12的力迫关系的性质，特别是证明完备序列的存在性和力

迫关系的绝对性定理。

10.4 假定y_1与y_2为任意的不同的脱殊集合，试解答下述问题：

（1）$S_1 \cup S_2$是否为脱殊集合？

（2）$S_1 \cap S_2$是否为脱殊集合？

（3）$S_1 \dot{-} S_2$是否为脱殊集合？

并给出证明。

10.5 运用力迫方法证明第七章§8中列举的那些带有“$\nrightarrow$”的命题。

第十一章　类公理与聚合公理

在前五章中，我们曾讨论了集合和类的有关性质，第六章给出了集合的形式处理，建立了集合的形式语言和形式公理系统，回避了类的概念．本章我们首先给出类的形式化处理，陈述冯·诺意曼-贝尔奈斯-哥德尔公理系统 **NBG**，文献中也常把这一系统记做**GB**系统．其次，我们陈述类的非直谓系统 **MQ**，并且陈述勒维给出的关于超类的系统$\mathbf{ST}_1$与 $\mathbf{ST}_2$．最后，据〔10〕，我们陈述关于聚合的公理系统**ACG**．类与超类都是聚合，它是当代数学的一个重要领域——范畴论的基本对象．我们把它作为二型集合，从而我们引进了二型序数与二型基数的概念，并给出它们的一些基本性质．

§1　类的形式语言

重申第一章的说明，每一集合都是一类，不是集合的类叫做真类．我们用小写英文字母表示集合和集合变元，大写英文字母表示类和类变元．$\in$表示集合与集合、类与集合、集合与类、类与类之间的元素关系或类属关系．等号$=$作为逻辑常项符号，逻辑词$\neg$，$\wedge$，$\vee$，$\rightarrow$，$\longleftrightarrow$，$\exists$，$\forall$ 以及技术性符号(，和)，均与第六章的说明相同．这样，我们有初级公式：$x\in y$，$x\in Y$，$Y\in x$，$X\in Y$，$x=y$，$x=Y$，$Y=x$，$X=Y$ 等等．初级公式都是公式，任意公式A，$\neg A$也还是一公式，任意公式A，B，我们有$(A\wedge B)$，$(A\vee B)$，$(A\rightarrow B)$ 和 $(A\longleftrightarrow B)$ 都是公式，对于一公式 A来说，一变元x在其中是自由出现、约束出现或不出现的概念与**ZF** 形式语言是类似的．对于A来说，一类变元在其中的自由出现、约束出现或不出现也可以类似地给出定义．

定义 11.1　若公式 A 中无类变元出现，则公式A叫做**纯集合**

公式（简称**纯公式**）；若公式A中无类变量的约束出现（也称无类量词出现），则公式A 叫做**对类变元而言是直谓的**（这时允许有类变元的自由出现）.

上述形式语言的原始概念有三个：集合.类与属于关系$\in$.由此，集合与集合，集合与类，类与类之间有些什么联系呢？这些都是由公理系统所刻划的. 读者将会看到在下述公理系统中，我们能够定义一些特殊的集合，特殊的类，对于这些集合与类来说，我们也允许它们作为已定义了的对象在公式中出现，这种扩充了的形式语言，我们也称之为半形式化语言.

§2 NBG公理系统

这一系统起源于冯·诺意曼，经过贝尔奈斯的研究，哥德尔在他的专著中进行了简化.众所周知，集合论悖论总是与真类相关联的，蔡梅罗是从集合出发，用回避真类的方法，建立了集合论公理系统ZF，在第六章中，我们已经指出，那是一个无穷的公理系统.然而，冯·诺意曼认为集合论悖论不在于处理真类，而在于把真类作为某些集合或类的元素，因此，在他的系统中不仅处理集合，而且还要处理类，并且把类作为工具，使系统 NBG为一个有穷的公理系统. 我们按哥德尔的陈述，在上节陈述的形式语言中，增加分别表示集合与类的两个一目谓词符号$\mathscr{E}$与$\mathscr{M}$，并且把公理分为四组.

A 组公理

1. $\forall x \mathscr{E}(x)$.
2. $\forall X \exists Y(X \in Y \rightarrow \mathscr{M}(X))$.
3. $\forall X \exists Y(\forall x(x \in X \longleftrightarrow x \in Y) \rightarrow X = Y)$.
4. $\forall x \forall y \exists z \forall u(u \in z \longleftrightarrow u = x \vee u = y)$.

公理A1是说，每一集合都是一类，公理 A2 是说，任何的类X，当存在一类Y，使得X为Y的一元素时，X就是一集合.换句话说，类的元素都是集合，A3 是类的外延公理，因为每一集合都是一类，这样也就有了集合的外延公理.公理A4 是集合的无序对公理，它与ZF系统的相应公理相同，从而我们就有了有序对、卡氏积、关系与函数的概念了，这里不一一重复。

B 组公理

对于任意的公式$A(x_1,\cdots,x_n)$，$B(x_1,\cdots,x_n)$，为简便起见，我们把公式$\forall x_1\cdots\forall x_n(A(x_1,\cdots,x_n)\longleftrightarrow B(x_1,\cdots,x_n))$记做：$A(x_1,\cdots,x_n)\longleftrightarrow_{x_1,\cdots,x_n}B(x_1,\cdots,x_n)$。

1. $\exists X\forall x\forall y(\langle x,y\rangle\in X\longleftrightarrow x\in y)$.
2. $\forall X\forall Y\exists Z(u\in Z\longleftrightarrow_u u\in X\wedge u\in Y)$.
3. $\forall X\exists Y(x\in Y\longleftrightarrow_x \neg x\in X)$.
4. $\forall X\exists Y(x\in Y\longleftrightarrow_x\exists y(\langle x,y\rangle\in X))$.
5. $\forall X\exists Y(\langle x,y\rangle\in Y\longleftrightarrow_{x,y}x\in X)$.
6. $\forall X\exists Y(\langle x,y\rangle\in Y\longleftrightarrow_{x,y}\langle y,x\rangle\in X)$.
7. $\forall X\exists Y(\langle x,y,z\rangle\in Y\longleftrightarrow_{x,y,z}\langle z,x,y\rangle\in X)$.
8. $\forall X\exists Y(\langle x,y,z\rangle\in Y\longleftrightarrow_{x,y,z}\langle x,z,y\rangle\in X)$.

上述公理B1是说，存在一个类，它的元素恰好为满足$x\in y$的有序对$\langle x,y\rangle$，也就是类属关系，人们常把这一类记作E，即

$$E=\{\langle x,y\rangle\mid x\in y\}。$$

公理B2是说，对于任意的类X，Y来说，它们的交还是一类。公理B3是说，任一类（包括集合）的补还是一类。B4是说，任一类关系的定义域还是一类。我们知道，空集合是一类，由公理B3，我们可以获得$\boldsymbol{V}$也是一类，它是$\varnothing$的补类。这样，B5是说，对于任一类X，$X\times\boldsymbol{V}$还是一类。B6是说，一类关系的逆还是一类。类似地，读者不难给出B7与B8的说明。

C 组公理

1. $\exists x(\varnothing\in x\wedge\forall yEx\exists z\in x\forall u(u\in z\longleftrightarrow u\in y\vee u=y))$.
2. $\forall x\exists y\forall z(z\in y\longleftrightarrow\forall u(u\in z\longleftrightarrow u\in x))$.
3. $\forall x\exists y\forall z(z\in y\longleftrightarrow\exists u\in x(z\in u))$.
4. $\forall X(\forall x\exists!y(\langle x,y\rangle\in X\to\forall x\exists y\forall z(z\in y\longleftrightarrow$
   $\exists u\in x(\langle u,z\rangle\in X)))$.

公理C1为无穷公理，C2为幂集合公理，C3为并集合公理，C4

为替换公理，与ZF系统不同的是这里X是任意的类，并且仅仅是一条公理，而ZF系统中，替换公理为一模式，是无穷条公理．

D 组公理

$$\forall X(X\neq\varnothing\to\exists y\in X(y\cap X=\varnothing)).$$

这是关于类的正则公理．

E 组公理

$$\exists X(\forall x\exists!y(\langle x,y\rangle\in X\wedge\forall x(x\neq\varnothing\to\exists y\in x(\langle x,y\rangle\in X))).$$

上述A至E五组公理一起记做**NBG**或**GB**（在上下文不致引起误解时，我们也把公理A—D记为**GB**）．亦即 Von Neumann-Bernays-Gödel或 Gödel-Bernays 的缩写．上述系统在形式上与哥德尔〔46〕略有不同．

上述公理E 称为整体选择公理，它比我们在第六章中陈述的选择公理要强一些．当我们把上述公理A—D 记为**Σ**时，并仍然把第六章中的选择公理记为**AC**，则有：

$$\Sigma+E\vdash \mathbf{AC}. \tag{11.1}$$

公理E是说，存在一个类，对于每一不空集合来说，都可以从中选择一个元素．

不难看出，**GB**是**ZF**的一个扩充．我们将要指出**GB**只是**ZF**的一个保守的扩充．为此，我们定义：如果理论T_1是T_2的一个扩充，且对于T_1中命题A，若$T_1\vdash A$，则$T_2\vdash A$，就称T_2是T_1的一个**保守扩充**．

§3 GB系统中类的概括原则

定理 11.1 对于任意的纯公式$A(x_1,\cdots,x_n)$，都有：

$$\exists X(\langle x_1,\cdots,x_n\rangle\in X\longleftrightarrow_{x_1,\cdots,x_n}A(x_1,\cdots,x_n)). \tag{11.2}$$

证明 施归纳于公式A的构造．首先，当公式为$x_1\in x_2$时，由公理B1，类E满足定理中所要求的类，即此时式（11.2）成立．其次，假定公式A为$\neg B(x_1,\cdots,x_n)$，由归纳假设，对公式B而言，定理成立，即有类X_1使得

$$\langle x_1,\cdots,x_n\rangle\in X_1\longleftrightarrow_{x_1,\cdots,x_n}B(x_1,\cdots,x_n),$$

再对X_1使用B3，即可求得满足于公式A的类。第三，假定公式$A(x_1,\cdots,x_n)$为$B_1(x_1,\cdots,x_n)\wedge B_2(x_1,\cdots,x_n)$，由归纳假定对于公式$B_1$与$B_2$定理成立。这时运用公式$B_2$即可获得欲证结果。第四，假定公式$A$为$\exists yB(x,y)$（或$A(x_1,\cdots,x_n)$为$\exists yB(x_1,\cdots,x_n,y)$），并且由归纳假设，对于公式$B$定理成立，这时运用公理B4即可获得欲证结果。$A$的其它情况由逻辑定理即获得。

当我们对欲求的类X还要求有特定的元素（n元有序对的特别次序）时，运用公理B5—B8就可完成欲求的技术细节。

综上，我们已获得定理的证明。

作为上述定理的特殊情况，我们有下述定理。

定理 11.2 对于任意的纯公式$A(x)$，我们有：

$$\exists X(x\in X\longleftrightarrow_x A(x)).$$

定理 11.3 对于任意的直谓公式$A(x)$，我们有：

$$\exists X(x\in X\longleftrightarrow_x A(x)).$$

证明 由公理B1—B4，施归纳于公式$A(x)$的复杂性即可获欲证结果。

一般地，我们有

定理 11.4 对于任意的直谓公式$A(x_1,\cdots,x_n,x_1,\cdots,x_m)$，我们有：

$$\exists X(\langle x_1,\cdots,x_n\rangle\in X\longleftrightarrow_{x_1,\cdots,x_n}A(x_1,\cdots,x_n,x_1,\cdots,x_m)).$$

定理11.1—11.4，称为对类的概括原则，由概括原则我们从A，C，E组公理可以获得B组公理。这就说明了GB系统的有穷性主要是B组公理，这八条公理代替了概括原则这无穷条的结果。

§4 NBG的协调性

我们把ZF形式语言与本章所陈述的形式语言作比较时，就会发现后者要丰富得多。ZF的每一公式都是本章中的公式，反之不然，凡是含有类变元的公式都不是ZF公式。比如$x\in \boldsymbol{V}$，$\mathrm{On}\subset \boldsymbol{V}$，$X=\boldsymbol{V}$等公式都不是ZF公式。但是就有关集合的命题来说，ZF与GB的推演能力是相同的.为此,我们给出下述定理.

定理 11.5 对于任意的ZF命题A,我们有：

$$\mathbf{ZF}\vdash A \text{ 当且仅当 } \mathbf{GB}\vdash A.$$

证明 首先，假定ZF$\vdash A$.我们逐一考察ZF公理，除替换公理外，其它公理都是GB的公理．而在使用替换公理时，对于任意的ZF公式$A(x,y)$，由概括原则。有一类X满足下式

$$\langle x,y\rangle\in X\longleftrightarrow_{x,y}A(x,y).$$

对于这一类X，使用公理C4，即可获得欲求的结果，从而有GB$\vdash A$。

其次，我们假定GB$\vdash A$，如果ZF$\nvdash A$，则有ZF的一可数模型$\mathscr{M}$，使得A在$\mathscr{M}$中不成立.

令$R_n(x;y_1,\cdots,y_k)$枚举了ZF的所有公式，同时，对于任意给定集合y_1，…，$y_k\in\mathscr{M}$，令集合

$$s_n(y_1,\cdots,y_n)=\{x|x\in\mathscr{M}\wedge R_{n,M}(x;y_1\cdots,y)\}.$$

现在令$\mathscr{M}'$是$\mathscr{M}$与所有上述定义的集合s_n的并,并且规定，对于某一集合$x\in\mathscr{M}$，若有

$$\forall z(z\in\mathscr{M}\rightarrow(z\in s_n\longleftrightarrow z\in x))$$

成立时，则令x与s_n做为同一对象．这时，显然$\mathscr{M}'$为GB的一个模型，$\mathscr{M}'$的元素为类，并且其中$\mathscr{M}$的元素都为集合．这样，因为GB$\vdash A$，且$\mathscr{M}'\models$GB，故$\mathscr{M}'\models A$. 由于$\mathscr{M}'$中的集合都是$\mathscr{M}$中的集合，没有任何新的集合，因此，也有$\mathscr{M}\models A$. 这与A在$\mathscr{M}$中不成立相矛盾．从而完成了定理的证明．

定理 11.5 说明GB是ZF的一个保守的扩充．

定理 11.6 ZF与GB的协调性等价.亦即，我们有

Consis(ZF)$\longleftrightarrow$Consis(GB).

证明 首先，若Consis(ZF)，则Consis(GB).因为若不然，则在GB的语言中有公式A，使得：GB$\vdash A\wedge\neg A$. 由此,存在纯集合语句（即ZF语句）B，使得GB$\vdash B\wedge\neg B$. 然而,由定理11.5，就有ZF$\vdash B\wedge\neg B$，这与Consis(ZF) 相矛盾,从而有欲证结果成立.

其次，当Consis(**GB**)，即任意类语言中的语句A，都不能有**GB**$\vdash A\wedge\neg A$，从而对任意纯集合语句A也不能有**GB**$\vdash A\wedge\neg A$.故也不能有**ZF**$\vdash A\wedge\neg A$.也就是说，**ZF**是协调的，即Consis(**ZF**).

§5 QM公理系统

我们已经指出，**GB**系统中的B组公理与概括原则（即定理11.1）是等价的．当我们把A组公理，C—E组公理并附加上定理11.1记做公理系统**GB**$^{\#}$时，显然二者是等价的，它们关于集合与类的定理都是相同的．所不同的仅仅是**GB**为有穷条公理，而**GB**$^{\#}$为无穷多条公理．现在，我们建立一个新的公理系统，并记做**QM**，在它的语言中，A组公理、C—E组公理与**GB**相同，B组公理换成如下的公理

B′：对于类语言的任一公式$A(x)$（它可以是非直谓的），我们有：

$$\exists X(x\in X\longleftrightarrow_{x}A(x)).$$

公理B′是说，对于任意的条件（即公式）$A(x)$，当$A(x)$中可以含有有穷个类的存在量词和全称量词时，都有一类X，它的元素恰好是满足条件$A(x)$的那些元素．在**GB**中，当人们使用条件$A(x)$定义某一类时，总需要检查$A(x)$是否为直谓公式，即检查其中是否含有类量词，而在**QM**中就无需作这种考虑了．不管怎样，当$A(x)$给定时，$\{x|A(x)\}$总是一个确定的类．

注记11.1 **QM**是由无穷条公理组成的系统，显然，**GB**的任一定理都是**QM**的定理．**QM**与**GB**$^{\#}$不同，**QM**是不可有穷公理化的，如同**GB**是**GB**$^{\#}$的有穷公理系统那样．或者说，在不引进新的变元的情况下，**QM**是不可有穷公理化的．这仅需证明：**QM**的任意有穷子系统的协调性在**QM**中都是可证明的．

注记11.2 在**QM**中可以证明**GB**的协调性，这样，**QM**就不是**ZF**的一个保守扩充了．这仅需在**QM**中给出集合变元的公式的可满足性的定义．

注记11.2 说明，存在着无穷多条仅仅关系到集合的命题，

在ZF是不能够被证明的，而在QM中是可证的命题．也就是说，有无穷多个关于集合的命题是QM的定理，而不是ZF的定理．

当我们把一条蕴涵存在无穷多不可达基数的强无穷公理附加于ZF之后所获得的公理系统记做ZM时，不难证明QM中的所有关于集合的定理都是ZM的定理．由此，如果ZM是协调的话，则QM也是协调的．

注记11.3 公理B′是蒯因（Quine,W.V.）在1940的书指出的，把它与GB系统相合并而形成新的系统起源于莫尔斯（Morse,A.P.）1965年的专著《集合论》，所以人们把这一系统记为Quine-Morse系统，缩写为QM．另外凯莱（Kelley,J.L.）1955年的专著《一般拓扑》的附录中作为分类公理模式陈述了公理B′，因此，文献中也把QM记做MK．

§6 超类及其公理系统

在GB中仅谈及直谓类，而QM中还谈及非直谓的．然而，两者的元素都只能是集合，真类不能作为元素．这是A2的含义．哥德尔的专著中还规定：当X或Y为真类时，规定$\{X,Y\}$为空集合$\varnothing$．但是，事实上空集合$\varnothing$没有任何元素，当然不可能有某一真类作元素．因此，上述规定是不合理、不自然的．

在范畴论的论域中，不仅有集合与真类，而且也可以有以真类作为元素的对象．这些对象被勒维（Levy,A.）[42]称为超类（*hyperclass*）．勒维建立了两个公理系统，第一系统我们不妨记做ST_1，它的公理系统是把下述公理（a）与（b）附加于QM而获得的：

（a）一超类的每一元素都是一类（或集合）．

（b）对于类的每一条件$A(X)$都存在一超类，它恰由满足条件$A(X)$的类X所组成．

显然，按照系统ST_1，$\{\boldsymbol{V}\}$，$\{\mathbf{On}\}$，$\{\boldsymbol{V},\mathbf{On}\}$等等都是超类，然而$\{\{\boldsymbol{V}\}\}$就不是超类了，因为超类的元素都只能是类（包括集合）．

勒维还给出了刻划集合、类与超类的公理系统 ST_2：它的变元只有类变元，原始谓词是类属关系 $\in$，表示集合资格的一目谓词符号 m. 公式 $m(x)$ 表示 x 是一集合，用英文小写字母表示集合和集合变元，这是由定义引进的而不是原始的概念. ST_2 的公理是：

(a) 集合资格公理：一集合的每一元素都是一集合；

(b) 在QM的公理中的所有公理中删去公理A1，A2并把替换公理修改为："如果 F 是一类函数，s 是一集合，且对于 s 中任一元 x，，当 x 同时在 F 的定义域中时，就有 $F(x)$ 是一集合，那么存在一集合 y，使得 $y=\{F(x)|x\in s\}$；

(c) 将ZF公理中的集合变元替换为类变元而得到的公理.

由公理 (b)，ST_2 为无穷多条公理的系统，它含有非直谓的概括原则作为公理. 这一公理说明 ST_2 是比GB更强的公理系统. 公理 (c) 当然也说明 ST_2 为无穷多公理的系统，并且对于任一类 X 而言，$\mathscr{P}(X)$ 仍然是一类，$\mathscr{P}(X)$ 的元素为 X 的子类（包括 X 本身在内），即真类可以作为元素，超类也可以作为元素了. 例如，所有集合所组成的类 $\boldsymbol{V}$ 是一真类，$\mathscr{P}(\boldsymbol{V})$ 由 $\boldsymbol{V}$ 的所有子类（包括 $\boldsymbol{V}$ 本身在内）所组成，乃至 $\mathscr{P}(\mathscr{P}(\boldsymbol{V}))$ 等等. 这是一个有两个层次的集合论，在下层处理集合，在上层处理类. 令ZF+"存在一不可达基数"为公理系统 $ZF^{\#}$. 勒维指出：ST_2 的自然模型能够借助于 $ZF^{\#}$ 给出来：令 $\mathscr{R}(\alpha)=\bigcup\{\mathscr{P}(\mathscr{R}(\beta))|\beta<\alpha\}$，这时把 $\mathscr{R}(\lambda)$ 中元理解为"集合"，其中 λ 为一固定的不可达基数，而把"类"理解为任意的集合，这样，假定 $ZF^{\#}$ 协调，就有 ST_2 协调了. 而且关于集合的每一语句 A，若 A 在 ST_2 中可证明，则 A 在ZM中是可证的.

§7 聚合公理系统ACG

公理系统ACG的形式语言中有四种变元，即集合变元（以英文小写字母或加下标表示集合或集合变元），类变元（以英文大写字母或加下标表示类或类变元），聚合变元（即二型集合变元，以英文大写草体字母 $\mathscr{X}$ 或加下标表示聚合或聚合变元）. 聚合的类（亦称二型类，以英文大写草体字母$\mathscr{Y}$或加下标表示之），以及二目谓词$\in$.聚合公理系统ACG(Axiom of Conglomarates)的公理是GB加上下述关于聚合及聚合类的五组公理.显然，这是一有穷公理系统.

A组公理

1. $\forall \mathscr{X}\,\mathrm{Scl}(\mathscr{X})$.

其中Scl为表示二型类的一目谓词，该公理表示每一聚合都是一聚合类（即二型类）.

2. $\forall \mathscr{Y}_1(\exists \mathscr{Y}_2(\mathscr{Y}_1 \in \mathscr{Y}_2) \to \mathrm{Cog}(\mathscr{Y}_1))$.

其中Cog为表示聚合的一目谓词，该公理表示二型类的每一元都是一聚合.

3. $\forall \mathscr{Y}_1 \forall \mathscr{Y}_2(\forall \mathscr{X}(\mathscr{X} \in \mathscr{Y}_1 \longleftrightarrow \mathscr{X} \in \mathscr{Y}_2) \to \mathscr{Y}_1 = \mathscr{Y}_2)$.

该公理为二型类的外延公理.

4. $\forall X \mathrm{Cog}(x)$.

该公理表示每一类都是一聚合. 当然，每一集合也是一聚合了.

B组公理

1. $\exists \mathscr{Y}(\langle \mathscr{X}_1, \mathscr{X}_2\rangle \in \mathscr{Y} \longleftrightarrow_{\mathscr{X}_1\mathscr{X}_2} \mathscr{X}_1 \in \mathscr{X}_2)$.
2. $\forall \mathscr{Y}_1 \forall \mathscr{Y}_2 \exists \mathscr{Y}_3(\mathscr{X} \in \mathscr{Y}_3 \longleftrightarrow_{\mathscr{X}} \mathscr{X} \in \mathscr{Y}_1 \wedge \mathscr{X} \in \mathscr{Y}_2)$.
3. $\forall \mathscr{Y}_1 \exists \mathscr{Y}_2(\mathscr{X} \in \mathscr{Y}_2 \longleftrightarrow_{\mathscr{X}} \neg \mathscr{X} \in \mathscr{Y}_1)$.
4. $\forall \mathscr{Y}_1 \exists \mathscr{Y}_2(\mathscr{X} \in \mathscr{Y}_2 \longleftrightarrow_{\mathscr{X}} \exists \mathscr{X}_1(\langle \mathscr{X}_1, \mathscr{X}\rangle \in \mathscr{Y}_1))$.
5. $\forall \mathscr{Y}_1 \exists \mathscr{Y}_2(\langle \mathscr{X}_1, \mathscr{X}_2\rangle \in \mathscr{Y}_2 \longleftrightarrow_{\mathscr{X}_1\mathscr{X}_2} \mathscr{X}_1 \in \mathscr{Y}_1)$.
6. $\forall \mathscr{Y}_1 \exists \mathscr{Y}_2(\langle \mathscr{X}_1, \mathscr{X}_2\rangle \in \mathscr{Y}_2 \longleftrightarrow_{\mathscr{X}_1\mathscr{X}_2} \langle \mathscr{X}_2, \mathscr{X}_1\rangle \in \mathscr{Y}_1)$.
7. $\forall \mathscr{Y}_1 \exists \mathscr{Y}_2(\langle \mathscr{X}_1, \mathscr{X}_2, \mathscr{X}_3\rangle \in \mathscr{Y}_2 \longleftrightarrow_{\mathscr{X}_1\mathscr{X}_2\mathscr{X}_3} \langle \mathscr{X}_2, \mathscr{X}_3, \mathscr{X}_1\rangle \in \mathscr{Y}_1)$.
8. $\forall \mathscr{Y}_1 \exists \mathscr{Y}_2(\langle \mathscr{X}_1, \mathscr{X}_2, \mathscr{X}_3\rangle \in \mathscr{Y}_2 \longleftrightarrow_{\mathscr{X}_1\mathscr{X}_2\mathscr{X}_3} \langle \mathscr{X}_1, \mathscr{X}_3, \mathscr{X}_2\rangle \in \mathscr{Y}_1)$.

C组公理

1. $\forall\mathscr{X}\exists\mathscr{X}_1(\mathscr{X}_2\in\mathscr{X}_1\longleftrightarrow_{\mathscr{X}_2}\mathscr{X}_1\subset\mathscr{X}_1)$.

2. $\forall\mathscr{X}\exists\mathscr{X}_1(\mathscr{X}_2\in\mathscr{X}_1\longleftrightarrow_{\mathscr{X}_2}\exists\mathscr{X}_3\in\mathscr{X}$ $(\mathscr{X}_2\in\mathscr{X}_3))$.

3. $\forall\mathscr{Y}(\forall\mathscr{X}\exists!\mathscr{X}_1(\langle\mathscr{X},\mathscr{X}_1\rangle\in\mathscr{Y})\to\forall\mathscr{X}\exists\mathscr{X}_1$ $\forall\mathscr{X}_2(\mathscr{X}_2\in\mathscr{X}_1\longleftrightarrow\exists\mathscr{X}_3\in\mathscr{X}(\langle\mathscr{X}_3,\mathscr{X}_2\rangle\in\mathscr{Y})))$.

4. $\forall\mathscr{X}_1\forall\mathscr{X}_2\exists\mathscr{X}_3(\mathscr{X}_4\in\mathscr{X}_3\longleftrightarrow_{\mathscr{X}_4}\mathscr{X}_4=\mathscr{X}_1\vee$ $\mathscr{X}_4=\mathscr{X}_2)$.

D组公理

$\forall\mathscr{Y}(\mathscr{Y}\neq\varnothing\to\exists\mathscr{X}\in\mathscr{Y}(\mathscr{X}\cap\mathscr{Y}=\varnothing))$.

E组公理

$\exists\mathscr{Y}(\forall\mathscr{X}_1\exists!\mathscr{X}_2(\langle\mathscr{X}_1,\mathscr{X}_2\rangle\in\mathscr{Y})\wedge\forall\mathscr{X}(\mathscr{X}\neq\varnothing$
$\to\exists\mathscr{X}_1\in\mathscr{X}(\langle\mathscr{X},\mathscr{X}_1\rangle\in\mathscr{Y})))$.

这就完成了对公理系统ACG的描述.对于ACG来说，我们有下述定理.

定理11.7 ACG$\vdash\forall\mathscr{X}(\neg\mathscr{X}\in\mathscr{X})$.

定理11.8 ACG$\vdash\forall\mathscr{X}_1\forall\mathscr{X}_2(\neg(\mathscr{X}_1\in\mathscr{X}_2\wedge\mathscr{X}_2\in\mathscr{X}_1))$.

定理11.9 ACG$\vdash\forall\mathscr{X}_1\forall\mathscr{X}_2\forall\mathscr{X}_3(\neg(\mathscr{X}_1\in\mathscr{X}_2\wedge\mathscr{X}_2\in\mathscr{X}_3\wedge\mathscr{X}_3\in\mathscr{X}_1))$.

定义11.1 聚合的一个$\in$降链，是指

$$\mathscr{X}_1,\ \mathscr{X}_2,\ \cdots,\ \mathscr{X}_n,\ \mathscr{X}_{n+1},\ \cdots$$

满足下述性质：

$\cdots,\ \mathscr{X}_{n+1}\in\mathscr{X}_n,\ \cdots,\ \mathscr{X}_2\in\mathscr{X}_1$.

定理11.10 在ACG的前提下，不存在聚合的降链.

定理11.11 在ACG之下，对于聚合的分离公理

$$\forall\mathscr{X}\forall\mathscr{Y}\exists\mathscr{X}_1\forall\mathscr{X}_2(\mathscr{X}_2\in\mathscr{X}_1\longleftrightarrow\mathscr{X}_2\in\mathscr{X}\wedge\mathscr{X}_2\in\mathscr{Y})$$

成立.

定理11.7—11.10的证明主要使用公理D. 而定理11.11的证明主要使用公理C3和一阶逻辑的性质，从略.

§8 二型序数

定义11.2 聚合$\mathscr{X}$，如果满足条件

（1）$\forall \mathscr{X}_1 \in \mathscr{X} \forall \mathscr{X}_2 \in \mathscr{X} (\mathscr{X}_1 \in \mathscr{X}_2 \vee \mathscr{X}_1 = \mathscr{X}_2 \vee \mathscr{X}_2 \in \mathscr{X}_1)$；

（2）$\forall \mathscr{X}_1 \in \mathscr{X} \forall \mathscr{X}_2 \in \mathscr{X}_1 (\mathscr{X}_2 \in \mathscr{X})$，

则我们就称$\mathscr{X}$为**二型序数**（亦称**序量**）.

由定义11.2及序数的性质，并运用公理A4，我们有：

定理11.12 每一序数都是二型序数.

由On是一聚合并满足定义11.2(1)—(2)，我们有：

定理11.13 On是一个二型序数.

为书写方便，今后我们把二型序数On记做Ω. 它是第一个即最小的非集合的序数.

定义11.3 $\Omega^+ = \Omega \cup \{\Omega\} = \mathrm{On} \cup \{\mathrm{On}\}$.

由公理C2，C4，Ω^+是一个聚合，不难验证Ω^+也满足定义11.2（1）—（2）.所以，我们有

定理11.14 Ω^+是一个二型序数.

Ω^+是我们获得的第一个非类的二型序数.

定义11.4 我们令

$$\Omega + 1 = \Omega^+.$$

对于任意的自然数n，，假定已有$\Omega + n$，我们令

$$\Omega + (n+1) = (\Omega + n)^+ = (\Omega + n) \cup \{\Omega + n\},$$

$$\Omega + \omega = \bigcup \{\Omega + n \mid n \in \omega\}.$$

对于任意序数α，当我们已知$\Omega + \alpha$时，令

$$\Omega + \alpha + 1 = (\Omega + \alpha) \cup \{\Omega + \alpha\}.$$

当λ为任意极限序数时，令

$$\Omega + \lambda = \bigcup_{\alpha < \lambda} (\Omega + \alpha).$$

今后，我们把第二章中定义的序数叫一型序数. 在不引起误解时，把一型序数和二型序数统称为序数.这样，由定义11.4.我

们不难获得下述定理：

定理11.15 对于任意序数α，$\Omega+\alpha$是二型序数.并且当$\alpha\geqslant 1$时，$\Omega+\alpha$是非类的二型序数.

定义11.5 $\Omega+\Omega=\bigcup\{\Omega+\alpha|\alpha\in\Omega\}$.

定理11.16 $\Omega+\Omega$是一个二型序数，并且它是大于$\Omega+\alpha$（对于一切$\alpha\in\Omega$）的最小二型序数.

证明 首先利用公理C3可知$\Omega+\Omega$是一个聚合，并可直接验证它满足定义11.2(1)—(2).所以它是一个二型序数.

对于任一$\beta\in\Omega$，显然有

$$\Omega+\beta+1\in\{\Omega+\alpha|\alpha\in\Omega\},$$

$$\Omega+\beta\in\Omega+\beta+1,$$

所以，

$$\Omega+\beta\in\bigcup\{\Omega+\alpha|\alpha\in\Omega\},$$

即 $$\Omega+\beta\in\Omega+\Omega.$$

再证最小性，亦即若有二型序数Δ，使对于一切$\alpha\in\Omega$，都有$\Omega+\alpha\in\Delta$，则$\Omega+\Omega\subset\Delta$.因为根据定义11.2(2)，对任一$\alpha\in\Omega$，有$\alpha\in\Delta$，所以，我们有

$$\forall\mathscr{X}(\mathscr{X}\in\Omega+\Omega\rightarrow\mathscr{X}\in\Delta),$$

亦即 $$\Omega+\Omega\subset\Delta.$$

令 $\Omega\cdot 2=\Omega+\Omega$，按上述方法，我们可以给出二型序数$\Omega\cdot 3$，$\Omega\cdot 4,\cdots$，$\Omega\cdot\omega,\cdots$，$\Omega\cdot\alpha$，$\cdots$，以至$\Omega\cdot\Omega$，并且令$\Omega^2=\Omega\cdot\Omega$，我们可获得二型序数$\Omega^\omega$，$\cdots$，$\Omega^\alpha$，$\cdots$，$\Omega^\Omega$等等.

§9 二型序数的性质

定理11.17 二型序数Δ是一型序数当且仅当存在一集合s，使得$\Delta\subset s$.

定理11.18 若$\mathscr{U}$是序数的一个聚合，则$\mathscr{U}$的任意二个元素都具有三歧性.

证明 只需证明$\mathscr{U}$的任意二个元素Δ_1与Δ_2都使得

$$\Delta_1\in\Delta_2\vee\Delta_1=\Delta_2\vee\Delta_2\in\Delta_1 \qquad (11.3)$$

成立．至于三者的唯一性仅需利用公理D即可获得．

设式（11.3）不成立．亦即$\Delta_1 \not\subset \Delta_2$且$\Delta_2 \not\subset \Delta_1$．令$\Delta_3 = \Delta_1 \cap \Delta_2$，故$\Delta_3$也是一个聚合．我们来证明$\Delta_3$仍是一序数．这仅需证明$\Delta_3$满足定义11.2(1)—(2)．

先证(1)．对于任意$\mathscr{X}_1$，$\mathscr{X}_2 \in \Delta_3$，有

$$\mathscr{X}_1 \in \Delta_1 \text{且} \mathscr{X}_2 \in \Delta_1,$$

故有

$$\mathscr{X}_1 \in \mathscr{X}_2 \vee \mathscr{X}_1 = \mathscr{X}_2 \vee \mathscr{X}_2 \in \mathscr{X}_1$$

成立．再证(2)，对于任意$\mathscr{X}_1$，$\mathscr{X}_2$，若

$$\mathscr{X}_1 \in \Delta_3 \wedge \mathscr{X}_2 \in \mathscr{X}_1,$$

故有 $\mathscr{X}_1 \in \Delta_1$ 且$\mathscr{X}_2 \in \mathscr{X}_1$，所以$\mathscr{X}_2 \in \Delta_1$，又因$\mathscr{X}_2 \in \Delta_2$，因此，$\mathscr{X}_2 \in \Delta_3$．因此，我们获得$\Delta_3$为一序数．当然，$\Delta_3^+ = \Delta_3 \cup \{\Delta_3\}$也是一序数，并且我们有$\Delta_3^+ \subset \Delta_1 \cap \Delta_2$．

首先因为$\Delta_3 \subset + \Delta_1$且$\Delta_3 \subset + \Delta_2$，因为否则$\Delta_3 = \Delta_1$（这时就有$\Delta_1 \subset \Delta_2$，这与式（11.3）相矛盾），或者$\Delta_3 = \Delta_2$（这时有$\Delta_2 \subset \Delta_1$，也与式（11.3）相矛盾）．

其次，　　$\{\Delta_3\} \subset \Delta_1$且$\{\Delta_3\} \subset \Delta_2$．

所以，　　$\Delta_3^+ \subset \Delta_1$且$\Delta_3^+ \subset \Delta_3$．

因此，　　$\Delta_3^+ \subset \Delta_1 \cap \Delta_2$．　　　　（11.4）

而式（11.4）与Δ_3的定义$\Delta_3 = \Delta_1 \cap \Delta_2$相矛盾．换句话说，这一矛盾是由于我们假定式（11.3）不成立所引起的．所以式（11.3）成立．

定理11.19　若$\mathscr{Y}$为由序数组成的二型类，且$\mathscr{Y}$不空，则有一最小的序数Δ，使得$\Delta \in \mathscr{Y}$．

证明　因为$\mathscr{Y}$不空，故有一序数Δ，使得$\Delta \in \mathscr{Y}$，令$\mathscr{X} = \{\Delta_1 | \Delta_1 \in \Delta^+ \wedge \Delta_1 \in \mathscr{Y}\}$，显然$\Delta \in \mathscr{X}$，且$\mathscr{X}$为一聚合．由公理D，必有一序数$\Delta_2$，使得$\Delta_2 \in \mathscr{X}$且$\Delta_2 \cap \mathscr{X} = \varnothing$．这里，序数$\Delta_2$就是我们欲求的最小元．

由定理11.18—11.19，可知序数的任一聚合$\mathscr{X}$都是关于$\in$的一自然良序．这样，我们就有关于二型序数的超穷归纳法，这

里从略.

§10 二型基数

定义11.6 二型序数Δ，如果满足：

$\forall\Delta_1(\Delta_1$是序量且$\Delta_1\in\Delta\to\overline{\overline{\Delta_1}}<\overline{\overline{\Delta}})$，就称$\Delta$为**二型基数**.其中$\overline{\overline{\Delta_1}}<\overline{\overline{\Delta}}$是指存在聚合内射函数$\mathscr{F}_1$满足：

$\mathscr{F}_1$: $\Delta_1\to\Delta$,

并且不存在聚合内射函数$\mathscr{F}_2$，使得

$\mathscr{F}_2$: $\Delta\to\Delta_1$.

由定义11.6可知：

定理11.20 每一基数都是一个二型基数.特别地，任一自然数n是二型基数，ω是二型基数，ω_1，ω_2等等以及2^{ω_0}都是二型基数.

今后，为简便起见，常把基数、二型基数统称为基数.有时也把第三章中引进的基数称为**一型基数**，二型基数亦称之为**基量**.

定理11.21 Ω是二型基数.

证明 对于任一$\alpha\in\Omega$，必有一基数κ，使得$\overline{\overline{\alpha}}=\kappa,\kappa\in\Omega$.由于$\kappa<2^{\kappa}$，且$2^{\kappa}\subset\Omega$，所以$\kappa<\Omega$.

Ω是第一个非集合的基数.

定理11.22 $2^{\aleph_0}<\Omega$.

定义11.7 令Ω_0为Ω，且

$\Omega_1=\{\Delta\mid\Delta$为序数且$\overline{\overline{\Delta}}\leqslant\Omega_0\}$.

定理11.23 Ω_1为一基数并且$\overline{\overline{\Omega_0}}<\overline{\overline{\Omega_1}}$.

证明 首先证明Ω_1为一聚合，为此，令

$F(\Omega)=\{\mathscr{R}\mid\mathscr{R}$是$\Omega$上的自反良序关系$\}$.

因为Ω上的任一关系$\mathscr{R}$都有

$\mathscr{R}\in\mathscr{P}(\Omega\times\Omega)$,

所以，有

$F(\Omega)\subset\mathscr{P}(\Omega\times\Omega)$,

因此$F(\Omega)$是一聚合．因为$F(\Omega)$与Ω_1之间有双射函数，故Ω_1是一聚合．不难验证Ω_1满足定义11.2(1)—(2)．故Ω_1也是一序数．又因任一序数Δ，若$\Delta\in\Omega_1$，都有$\overline{\overline{\Delta}}\leqslant\overline{\overline{\Omega}}$．而不能有$\overline{\overline{\Omega_1}}\leqslant\overline{\overline{\Omega}}$，否则就有$\Omega_1\in\Omega_1$．所以$\Omega_1$也是一基数．

定义11.8

$$\Omega_2=\{\Delta\mid\Delta\text{为序数且}\overline{\overline{\Delta}}\leqslant\overline{\overline{\Omega_1}}\}.$$

一般地，对于任意的序数Θ，由Ω_Θ已知我们可定义

$$\Omega_{\Theta+1}=\{\Delta\mid\Delta\text{为序数且}\overline{\overline{\Delta}}\leqslant\overline{\overline{\Omega_\Theta}}\}.$$

当Θ为极限序数时，我们令

$$\Omega_\Theta=\bigcup_{\Delta\in\Theta}\Omega_\Delta$$

不难证明，对于任意序数Θ，Ω_Θ都是一基数，亦称开始序数．

平行于集合论中的基数理论，我们可以建立相应的二型基数的理论．

§11　三项注记

聚合的概念是深刻的广泛的，它是集合与类概念的自然推广．聚合也可以作为整体成为已完成的对象，由此组成二型类等等．下述注记是为了对这一概念作些补充说明．

注记11.4　在范畴论中已广泛地运用了聚合（Conglomerate）这一概念[49]，即使在集合论范围内，有些概念也暗含着聚合的概念．比如集合的势或基数的概念在康托尔的定义中是含混的．康托尔认为："一集合S的势或基数是运用人们的积极思考能力，不考虑集合S中各个元素的性质和它们的次序而抽象出的一般概念．"这里所说的"一般概念"是什么呢？他没有作出回答．我们再看豪斯道夫（Hausdorff）在《集论》（科学出版社，1966年）中的定义：

"……对等的集合具有相同的基数或势．就是说，对于每一集合A，我们令一物a与之对应，使得凡对等的集合而且只有这样

的集合对应于同一个物：

$$a=b \quad \text{当且仅当} \quad A\sim B.$$

这种新的物就叫做基数或势；我们说，A具有势a，a是A的势，甚至也说A有a个元……．这种形式上的定义，说明了基数应是什么．没有说出到底是什么．"其中记号"$A\sim B$"亦即定义5.1中的$\mathrm{Ep}(A,B)$．豪斯道夫认为没有说出势到底是什么．也就是说明没有真正抓住势这一概念．当承认选择公理时，并按照冯·诺意曼的作法，把序数取作传递的由$\in$良序的集合，把集合A的势取作与A一一对应的哪个开始序数．这样，在**AC**之下，势的概念就是清楚的了．所谓这一概念是清楚的，是指要保证每一基数都是人们可以抓住的对象，这从通常的集合论角度看，就是要保证每一基数都是一集合．斯科特（Scott,D.）指出，在没有选择公理时，能够运用正则公理刻划集合的势这一概念．对于任一集合x，令

$$\bar{\bar{x}}=\{y\mid y\in \boldsymbol{V}\wedge\text{“}y\text{与}x\text{是一一对应的”}$$
$$\text{且}\forall z(\text{“}z\text{与}x\text{是一一对应的”}\rightarrow \mathrm{rnk}\,y\leqslant \mathrm{rnk}\,z)\}.$$

不难看出，在正则公理成立时，$\bar{\bar{x}}$是一集合．也就是说，此时，集合的势这一概念是清楚的了．随后勒维证明了，在既无**AC**、又无正则公理时，势这一概念是不可精确定义的．亦即，此时就不能保证它是一集合了．人们不能用集合刻划集合的势，在通常集合论中，势这一概念就是不可定义的．然而，在引入聚合概念以后，我们可以用真类来刻划集合的势的概念3（见注记5.3）．在讨论势的性质（如势的三歧性）时，这就涉及到以真类为元素的聚合了．所以关于集合的势组成一聚合，不妨记做$\mathscr{K}_0$．关于势的偏序就是断定$\mathscr{K}_0$的偏序．当我们把聚合作为能够抓住的对象时，在没有选择公理，也没有正则公理的情况下，集合的势仍然是可以定义的了．

注记11.5　定理5.1指出关系Ep对$\boldsymbol{V}$划分等价类，由于每一等价类都是一真类，因此，在等价类中采样时，已经处理真类了，这已暗含地用到聚合或超类的概念了．虽然，通常人们并不明白地讲出这一点．在集合论教材中，人们常常看到这样的定

义："按等势的等价关系将集合分类，一切与集合A等势的集合归于一类，这个类的特征以记号$\overline{\overline{A}}$表示，称为A的基数或势."其中$\overline{\overline{A}}$为真类，势的比较都是在处理真类．只是用某些含糊性的词句隐藏了超类或聚合这样的概念．

注记11.6　康托尔关于集合的定义对于聚合来讲也是适用的．我们把真类作为已完成了的整体，它们是确定的和相异之物，对它们作搜集就获得了非类的聚合．同样，聚合也可以作为已完成了的整体，它们也是确定的和相异的，对它们作搜集就获得新的聚合．我们认为，悖论不仅不在于处理特大的对象——真类，而且也不在于把真类作为元素，而是由于混淆了对象形成过程中的层次，并且层次的概念是应当按照型进行区分的．我们在《集合论公理系统的分层》中按照这一思想把聚合、二型类再次作了推广，处理了更大的对象，建立了公理系统的层次．

习　题

11.1　试证明：QM是不可有穷公理化的．

11.2　仿第八章§6，建立GB元数学概念的形式化，并证明：QM$\vdash$Consis（GB）．

11.3　试证明：在既无AC，又无正则公理时，集合的势这一概念是不可定义的，亦即不可以定义为集合．

参 考 文 献

参考文献的使用说明

1. 对于直接阅读本书尚有些困难的读者，可借助于较为通俗的书籍，如文献〔5〕，〔6〕，〔8〕，〔13〕，〔35〕，〔61〕，〔97〕，〔101〕.
2. 读者在阅读本书的同时，如希望了解有关历史背景，可参阅文献〔4〕，〔21〕，〔23〕，〔40〕，〔41〕，〔48〕，〔53〕，〔65〕，〔89〕，〔107〕—〔110〕，和〔117〕. 这些文献对于我们这一领域的前期发展作了生动的表述. 对于近期的情况，可参阅文献〔52〕，〔83〕.
3. 在阅读第六章时，尚需补充了解逻辑演算方面的内容，可参阅文献〔1〕，〔4〕，〔57〕，〔67〕，〔88〕.
4. 有些为同类著作，但各位著作者着重点有所不同，如文献〔14〕，〔33〕，〔53〕。
5. 一些与本书有关的专著、论文，就某一领域、题目展开了深入的研究，其中哥德尔、科恩等人的著作都是开创性的名著，它们具有持久的推动力. 读者在阅读本书的过程中或者读过本书之后，就可以阅读有关专著和论文，从而开展一定的研究工作. 这部分文献是为有志于从事这一领域的研究与教学的读者准备的。

希望了解这一学科的全部文献的读者，可参阅文献〔42〕与〔53〕中所提供文献目录。此外，还有 *Journal of Symbolic Logic*，*Annuals of Pure and Applied Logic*（原名为 *Annuals of Matnematical Logic*），*Fundamenta Mathematicas* 以及 *Zeitschr. f. Math*、*Logik* 等期刊上也不断发表公理集合论的文章。

文献目录

〔1〕 胡世华、陆钟万，数理逻辑基，科学出版社，1981年。

〔2〕 王浩，数理逻辑通俗讲话，科学出版社，1981年。

〔3〕 王世强，模型论基础，科学出版社，1987年。

〔4〕 王宪钧，数理逻辑引论，北京大学出版社，1982年。

〔5〕 肖文灿，集合论初步，商务印书馆，1939年初版，1950年再版。

〔6〕 张锦文，集合论与连续统假设浅说，上海教育出版社，1980年。

〔7〕 张锦文，一种弱集合论公理系统的模型。科学探索，1（1981），NO.2，pp. 109—110。

〔8〕 张锦文，集合论浅说，科学出版社，1984年。

〔9〕 张锦文，二型集合与二型序数，新乡师范学院学报，3（1984），pp.1—7.

〔10〕 张锦文，聚合、序量与基量，数学学报，29（1986），No. 2，pp.217—223.

〔11〕 张锦文、王雪生，连续统假设，辽宁教育出版社，1989年.

〔12〕 张锦文、王驹，关于力迫方法的注记，曲阜师范大学学报（自然科学版），16（1990），No.2，pp.7—11.

〔13〕 難波完尔，集合论，日本株式会社，サイエンス社，1975年.
〔14〕 西村敏男、難波完尔，公理论的集合论，日本共立出版株式会社，1985年
〔15〕 Ackermann, W., 1956, Zur Axiomatik der Mengenlehre. *Math. Annalen*, 131, 336—345.
〔16〕 Barwise, J., 1971, Infinitary Methods in the Model Theory of Set Theory, Proceedings of the Summer School and Colloquium in Mathematical Logic, Manchester, August 1969, North-Holland.pp. 53—56.
〔17〕 Barwise, J. (editor), 1977, Handbook of Mathematical Logic, North-Holland Publishing Company, Amastedam.
〔18〕 Baumgartner, J. E., 1975, Ineffability Properties of Cardinals I, in; Hajnal et al. (1975) pp. 109—130.
〔19〕 Bell, J. L., 1977, Boolean-valued Models and Independence Proofs in Set Theory, Clarendon Press, Oxford.
〔20〕 Bell, J. L. and Slomson, A., 1969, Models and Ultraproducts; An Introduction, North-Holland, Amsterdam, pp. 322 (lst revised reprint (1971)).
〔21〕 Bernays, P., 1937-1954, A System of Axiomatic Set Theory; I-VII, *J.S.L.I*; 2, 65-77 (1937); Ⅱ: 6, 1-17 (1941); Ⅲ: 7, 65-89 (1942); Ⅳ: 7, 133-145 (1942); Ⅴ: 8, 89-106 (1943); Ⅵ: 13, 65-79 (1948); Ⅶ: 19, 81-96 (1954).
〔22〕 Bernays, P., 1958, Axiomatic Set Theory (with a historical introduction by A.A. Fraenkel), North-Holland, Amsterdam (2nd ed. (1968)).
〔23〕 Cantor. G., 1905, Contributions to the Founding of the Theory of Transfinite numbers, transtated by P. Jourdain, Dover, New York.
〔24〕 Chuaqui, R., 1972, Forcing for the Impredicative Theory of Classes, *J.S.L.*, 37, 1—18.
〔25〕 Chuqqui, R., 1981, Axiomatic Set Theory-Impredicative Theories of Classes, North-Holland Publishing Company, Amsterdam.
〔26〕 Cohen, P.J., 1963, A Minimal Model for Set Theory, ***Bull**, Amer. Math.Soc* 69, pp. 537—540.
〔27〕 Cohen, P. J., 1963—1964, The Independence of the Continuum Hypothesis, I, II, *Proc. Nat. Acad. Sci. U.S.A.* 50, pp.1143—1148; 51, pp. 105—110.
〔28〕 Cohen, P. J., 1965, Independence Results in Set Theory, Studies in Logic and the Foudation of Methematics, North-Holland Publishing Co., Amsterdam, pp. 39—54.
〔29〕 Cohen, P. J., 1966, Set Theory and the Continuum Hypothesis. Benjiamin, New York.
〔30〕 Cohen, P.J., 1974, Models of Set Theory with More Real Numbers than ordinals. *J.S.L.* 39, 579—583.
〔31〕 Devlin, K.J., 1973, Aspects of Comstructibility, Lecture Notes

in Math. 354, Springer, Berlin.

〔32〕 Devlin, K.J., 1977, Axiom of Comstructibility, Lecture Notes in Math. 617, Springer, Berlin.

〔33〕 Drake. F. R., 1974, Set Theory, North-Holland Publ., Amsterdam.

〔34〕 Easton, W. B., 1970, Powers of Regular Cardinals, *Ann. of Math. Logic*, 1, 139—178.

〔35〕 Enderton, H. B., 1977, Elements of Set Theory, Academic Press, Inc.

〔36〕 Feferman, S., 1965, Some Application of the Notions of Forcing and Generic Sets. *Fund. Math.* 56, 325—345. (Summary in Addision. et al. (1965), pp.89—95).

〔37〕 Felgner, U., 1971, Comparison of the Axiom of Local and Universal Choice, *Fund. Math.* 71, 43—62.

〔38〕 Felgner, U., 1971*a*, Models of *ZF*-set Theory, Lecture Notes in Math. 223, Springer, Berlin.

〔39〕 Felgener, U. and Jech Th. J., 1973, Variants of the Axiom of Choice in Set Theory with Atoms. *Fund. Math.* 79, 79—85.

〔40〕 Fraenkel, A A., 1922*a*, Uber den Beriff "definit" und die Unabhangigkeit des Auswahlaxioms. Sitzungsberichte der Preuss. Akademie d. Wiss., Phys.-Math. Klasse, pp. 253—257. (English translation in Van Heijenoord (1967), pp.284—289).

〔41〕 F.atnkel A. A., 1953, Abstract Set Theory, North-Holland Pubishing Company, Amsterdam.

〔42〕 Fraenkel. A. A., Bar-Hillel, Y., Levy, A and Dalen, D. van, 1973, Foundations of Set Theory, North-Holland, Amsterdam.

〔43〕 Friedman, J., 1971, The Generalized Continuum Hypothesis is Equivalent to Generalized Maximization Priniciple, *J. S. L.* 36. 39—54.

〔44〕 Gandy, R. O. and Yates, C. E. M. (Eds.), 1971, Logic Colloquium '69, Proceedings of the Summer School and Colloquium in Mathematical Logic, Manchester, August 1969, North-Holland, Amsterdam.

〔45〕 Gödel, K., 1938, The Consistency of the Axiom of Choice and of the Generalized Continuum Hypothesis, *Acad. U. S. A.* 24, 556—567.

〔46〕 Gödel, K., 1939, Consistency Proof for the Generalized Continuum Hypothesis, *Acad. U. S. A.* 25, 220—224.

〔47〕 Gödel, K., 1940, The Consistency of the Axiom of Choice and of the Generalized Continuum Hypothesis with the Axioms of Set Theory, *Annals of Math. Studies*, Vol. 3. Princeton University Press, Princeton, N. J. (7th printing (1966)).

〔48〕 Hajnal, A., Rado, R. and Sos, V.T., (editors), 1975, Infinite and Finite Sets, Horth-Holland, Amsterdam.

〔49〕 Heijenoort, J. van (editor), 1967, From Frege to Gödel——A Source Book in Mathematical logic, 1879—1931, Harvard University Press, Cambridge, Mass.
〔50〕 Herrlich H. and Strecker G.E., 1979, Category Theory. Heldermann Verlag, Berlin.
〔51〕 Jech,T.J.,1971, Lectures in Set Theory with Particular Emphasis on the Method of Forcing, Lecture Notes in Math. 217, Springer, Berlin.
〔52〕 Jech, T.J., 1973, The Axiom of Choice, North-Holland Publishing Company.
〔53〕 Jech, T. J., 1978, Set Theory, Academic Press, New York.
〔54〕 Jensen, R. B., 1967, Modelle der Mengenlehre, Springer Lecture Notes in Math. 37, Springer, Berlin.
〔55〕 Jensen, R. B., 1972, The Fine Structure of the Constructible Hierachy, *Annals of Math. Logic*, Vol. 4, 229—308.
〔56〕 Jensen, R. B. and Karp, C., 1971, Primitive Recursive Set Functions, pp. 143—176.
〔57〕 Jenesen R. B. (editor),1979, Set Theory and Model Theory, Lecture Notes in Math.872, Springer-Verlag.
〔58〕 Kelley, J. L., 1955,General Topology,Van Nostrand,New York.
〔59〕 Kleene, S.C.,1952, Introduction to Matamathematics, Van Nostrand, Amsterdam. 550 pp. (2nd printing (1957)). (中译本,克林著,元数学导论,莫绍揆译,科学出版社,1984年)
〔60〕 Kleinberg, E. M.1977, Infinitary Cambinatiorics and the Axiom of Determinateness, Lecture Notes in Math. 612, Springer, Berlin.
〔61〕 Kreisel, G. and Levy, A., 1968 Reflection Principles and Their Use for Establishing the Complexity of axiomatic Systems. *Zeitschr f. math. Logik* 14, 97—191.
〔62〕 Krivine, J. L.,1971, Introduction to Axiomatic Set Theory. Reidel, Dordrecht
〔63〕 Kruse, A. H., 1963, A Method of Modelling the Formalism of Set Theory in Axiomatic Set Theory, *J.S.L.* 28, 20—34.
〔64〕 Kunen, K., 1980, Set Theory, North-Holland Publishing Company, Amsterdam.
〔65〕 Lachlan,A. (editor), 1977, Set Theory and Hierarchy theory V. Lucture Notes in Math. 619, Springer-Verlag.
〔66〕 Lévy, A., 1979, Basic Set Theory, Springer-Verlag, Berlin Heidelberg, New York.
〔67〕 Lévy, A., 1965, A hierarchy of Formulas in Set Theory, *Memoirs A.M.S.* 57, 76 pp.
〔68〕 Manin, Yu. I. 1977, A Course in Mathematical Logic, Springer-Verlag, New York Inc.
〔69〕 Marek W., Srebrny M. and Zarach A. (editor), 1976, Set

Theory and Hierarchy Theory, Lecture Notes in Math. 537, Springer, Berlin.

〔70〕 Marek W., Srebrny M. and Zarach A., 1975, Set Theory and Hierarchy theory, Lecture Notes in Math, 537, Springer-Verlag.

〔71〕 Morse, A.P., 1965, A Theory of Sets, Academic Press, New York

〔72〕 Mostowski, A., 1951, Some Impredicative Definitions in the Axiomatic Set Theory, *Fund. Math.* 37. 111—124 (Corrections, Fund. Math. (1952)38.

〔73〕 Mostowski, A., 1969, Constructible Sets with Applications, North-Holland, Amsterdam.

〔74〕 Müller, G. H. (editor), 1976, Sets and Classes, North-Holland Publishing Company, Amsterdam.

〔75〕 Myhill, J. R., 1963, Remark on a System of Bernays, *J.S.L.* 28, 75—76.

〔76〕 Quine, W. V., 1937, New Foundations for Mathematical Logic, *Am. Math. Monthly* 44, 70—80 (A revised and expanded version is in Quine (1953), pp. 80—101).

〔77〕 Quine, W.V., 1951, Mathematical Logic (revised edition), Harvard University Press, Cambridge, Mass.

〔78〕 Quine, W.V., 1963, Set Theory and its Logic, Belknap Press, Cambridge, Mass.

〔79〕 Reinhardt, W.N., 1967, Topics in the Metamathematics of Set Theory, Doctoral Dissertation.

〔80〕 Reinhardt, W.N., 1970, Ackermann's Set Theory equals *ZF*, *Ann. Mathe. Logic*, 2, 189—249.

〔81〕 Rubin, H. and Rubin, J. E., 1963, Equivalents of the Axiom of Choice. 1985, Equivalents of the Axiom of Choice Ⅱ, xxxvii +322. North-Holland, Amsterdam.

〔82〕 Russell, B., 1906, On Some Difficulties in the Theory of Transfinite Numbers and Order Types, *Proc. of the London Math. Soc.*, 4(2), 29—53.

〔83〕 Shelah, S., 1982, Proper Forcing, Lecture Notes in Math. 940. Springer, Berlin.

〔84〕 Scott, D., 1961, Measurable Cardinals and Constructible Sets, *Bull. Acad. Polon. Sc.* 9, 521—524.

〔85〕 Scott, D. (editor), 1971 Axiomatic Set Theory, *Proceedings of Symposia in Pure math.* 13, Am. Math. Soc., Providence, R. I.

〔86〕 Shepherdson, J. C., 1951—1953, Inner Models for Set Theory, *J.S.L.* 16, 161—190 (1951); 17, 225—237 (1952); 18, 145—167 (1953).

〔87〕 Shoenfield, J.R., 1954, A Relative Consistency Proof, *J.S.L.* 19, 21—28.

[88] Shoenfield, J. R., 1967, Mathematical Logic, Addison-Wesley Reading Mass.

[89] Sierpinskiw, W.,1934, Hypothese du continu, Warszawa-Lwow.

[90] Siepininski, W., 1965, Cardinal and Ordinal, PWN-Polish Scientific Publ., Warsaw, 1965.

[91] Silver, J.,1966, Some Applications of Model Theory in Set Theory, Doctoral Dissertation, Berkeley, Published (with the deletion of 4) in Silver (1971).

[92] Silver, J., 1971, Some Applications of Model Theory in Set theory. *Ann. of Math. Logic* 3, 45—110.

[93] Simpson, S. G., 1974,Forcing and Models for Arithmetic, *Proceedings of the A. M. S*.43 * 193—194.

[94] Solovay, R. M., 1967, A Nonconstructible Set of integers, *Tr. A.M.S* 127, pp. 50—75.

[95] Solovay, R.M., 1970, A Model of Set Theory in which Every Set of Reals is Lebesgue Measurable, *Ann. of Math* (2) 92, pp. 1—56.

[96] Solovay, R. M. and Tennenbaum,S.,1971, Iterated Cohen extensions and Souslin's Problem, *Ann. of Math*.(2) 94, pp. 201—245.

[97] Suppes, P., 1960, Axiomatic Set Theory, D. Van Nostrand Company, INC.

[98] Takeuti, G., 1961, Axioms of Infinity of Set Theory, *J. Math. Soc. Japan* 13, 220—233.

[99] Takeuti, G., 1965, On the Axiom of Constructibility, Proceedings of Symposia of Logic, Computability, and Automata at Rome, Mimeographed Notes, New York.

[100] Takeuti, G., 1969, The Universe of Set Theory, pp. 74—128. In Buloff et al. (1969).

[101] Takeuti, G. and Zaring, W. M., 1973, Axiomatic Set Theory. Springer, Berlin.

[102] Tarski, A. and Vaught. R., 1957, Arithmetical Extensions of Relational Systems, Compositio Math. 18, 81—102.

[103] Tharp, L., 1966,Bernays' Set Theory and the Continuum Hypothesis (abstract), *Notices A.M.S*. 13, 138.

[104] Tharp, L., 1967, On a Set Theory of Bernays,*J.S.L*. 32,319—321.

[105] Vöpenka, P. and Hajek, P., 1972, The Theory of Semisets, North-Holland, Amsterdam.

[106] Wang, Hao,1949, On Zermelo's and Von Neumann's Axioms for Set Theory, *Acad. Sci. U.S.A*. 35. 150—155.

[107] Wang Hao, 1962,A survey of Mathematical Logic,Science Press, Beijing.

[108] Zermelo, E., 1904, Beweis dass Jede Menge wohlgeordnet wer-

den kann, *Math. Annalen* 59. 514—516. (English translation in Van Heijenoor (1967), pp. 139—141.) (Cf. A. Schoenflies, E. Borel, P.E.B. Jourdain (1905). *Math. Annalen* 60. 181—186, 194—195, 465—470).

〔109〕 Zermelo, E., 1908, Neuer Beweis fur die Wohlordnung, *Math. Annalen* 65, 107—128. (English translation in Van Heijenoort (1967), pp. 181—198.)

〔110〕 Zermelo, E., 1908*a*, Untersuchungen uber die Grundlagen der Mengenlehre——I *Math Annalen* 65. 261—281 (English translation in Van Heijenoort (1967), pp. 199—215).

〔111〕 Zhang Jinwen (张锦文), 1980, A Unified Treatment of Fuzzy Set Theory and Boolean-Valued Set Theory——Fuzzy Set Structures and Normal Fuzzy Set Structures, *Journal of Mathematical Analysis and Applications*, 76(1),pp.297—301.

〔112〕 Zhang Jinwen (张锦文), 1982, Between Fuzzy Set Theory and Boolean-Valued Set Theory,in: *Fuzzy Information and Decision Processes*, edited by M.M. GuPta, E. Sanchez, North-Holland Publishing Company.pp.143—147.

〔113〕 Zhang Jinwen (张锦文), 1983, Fuzzy Set Structure with Strong Implication, in: *Advances in Fuzzy Sets, Possibility Theory, and Applications*, edited by Paul P.Wang Plenum Press, New York and London. PP.107—148.

〔114〕 Zhang Jinwen (张锦文), 1987 A Hierarchy of Axiom systems for Set Theory I,Abstracts of 8 International Congress of Logic, Methodology ang Philosophy of Science, MOSCOW 1987.

〔115〕 Zhang Jinwen (张锦文), 1990, A ω-Hierarchy of Axiom System ZF, *Acta Math. Sin.*New Series 6 (2) ,PP.189—192.

〔116〕 Zhang Jinwen (张锦文) 1987, A Hierarhy of Axiom Systems for Set Theory Ⅱ: The Consistency of ZF# ang QM in ACG. 亚洲逻辑会议, 1987年10月26日—30日, 北京.

〔117〕 Zorn, M., 1935, A Remark on Methods in Transfinite Algebra. *Bulletin of the A. M. S.* 41, 667—670.

符号说明表

符号	说明
$\in$	集合的元素关系符号
$\notin$	元素关系的否定符号
$\{\ \}$	集合元素的收集符号
$\mid$	定义集合的分割符号
$\forall$	全称量词
$\leftrightarrow$	双蕴涵符号
ϕ	空集合符号
$\neg$	逻辑否定词
$\langle,\rangle$	有序对集合表示符号
$\subseteq$	集合的包含符号
$\not\subseteq$	包含关系的否定符号
$\bigcup$	集合的广义并运算
$\exists$	存在量词
$\cup$	集合的简单并运算
$\cap$	集合的简单交运算
$\bigcap$	集合的广义交运算
$\wedge$	逻辑合取词
$\dot{-}$	集合的相对补运算
$\rightarrow$	逻辑蕴涵词
$\times$	集合的笛氏积运算
$\circ$	关系的复合运算
R^{-1}	关系的逆运算
$\upharpoonright$	关系的限制运算
$[\![\ ]\!]$	关系的象运算
$\exists!$	存在且唯一量词
$\neq$	不等符号
$\vee$	逻辑析取词
$\overline{C}$	C 相对全域V 的补运算
$\leqslant$	小于等于关系
x^+	集合 x 的后继运算
$<$	小于关系
$\subset_+$	真包含关系符号
R^*	关系R 的 ω 内复合
$\aleph$	无穷基数符号
$\beth$	贝斯基数符号
$[\ ]$	表示闭区间的符号
$(\ ]$	表示左开右闭的区间符号
$[\ )$	表示左闭右开的区间符号
$(\ )$	表示开区间的符号
$\uparrow$	超幂运算符号
Σ	基数和的运算符号
Π	基数积与集合超积运算
$\vdash$	推演关系符号
$\models$	可满足关系符号
$\nvdash$	推演关系的否定符号
$[\forall_-]$	全称消去规则符号
$[\exists_-]$	存在消去规则符号
$\nrightarrow_i$	蕴涵词的否定符号
Σ_i	以$\exists$开头的第 i 层公式集合
E_i	标志第0层公式的符号
$[x]_1$	有序对集合x的第一元
$[x]_2$	有序对集合x的第二元
Π_i	以$\forall$ 开头的第 i 层公式集合

Δ_l　表示$\Sigma_l \cap \Pi_l$

Ω　公式的给定集合

$\Vdash$　力迫关系符号

$\nVdash$　力迫关系的否定符号

类、集合、概念、关系、函数的缩写符号

N　表示所有自然数组成的集合

$\boldsymbol{T}$　表示罗素类

$\boldsymbol{P}$　幂集合的运算符号

$\boldsymbol{V}$　所有集合组成的真类

dom　关系的定义域

ran　关系的值域

fld　关系的域

I或加下标　一集合上的恒等函数

On　所有序数组成的真类

lim　表示极限序数的符号

Succ　表示后继序数的符号

Fli　表示最小无穷序数定义符号

Sup　表示序数集合的上确界

Sec　表示序数的一β前节

O_R　R良序的前节

Iso　同构符号

$\overline{\overline{\alpha}}$　表示序数α的基数

Smo　表示序数的严格单调递增函数

$\boldsymbol{K}_{\mathrm{I}}$　表示第一类序数（后继序数）类

$\boldsymbol{K}_{\mathrm{II}}$　表示第二类序数（极限序数）类

cof　序数的共尾关系

cf　序数的共尾特征符号

Car　所有无穷基数组成的类

Ca　所有基数组成的类

Seg　表示序数截段的符号

Is　与一序数同构的良序集合类

rnk　集合的秩函数符号

Fun　表示函数性质的符号

sg　符号函数

$\overline{\mathrm{sg}}$　反符号函数

Fun(x,y)　x是在y上有定义的函数

Fun(x)　x是一函数

R　关系与函数的一集合

Ep　等势关系符号

Po　集合势的采样类

$\boldsymbol{R}$　所有实数组成的集合

GCH　广义连续统假设

CH　连续统假设

ZF　蔡梅罗-弗兰克尔公理系统

ZFC　**ZF**加上选择公理

AC　选择公理

Z　蔡梅罗公理系统

$\boldsymbol{R}_0$　谓词演算的分离规则

$\boldsymbol{R}_1$　谓词演算的$\forall$规则

$\mathbf{R}_2$　谓词演算的$\exists$规则

$\boldsymbol{Z}_1$　$\boldsymbol{Z}$中去掉无穷公理

Z_2　**ZF**中去掉分离公理模式

$\mathcal{R}$　正则公理

$\boldsymbol{Z}_3$　**ZF**中去掉正则公理

$\boldsymbol{Z}_4$　**ZFC**中去掉无穷公理

Re　表示关系性质的符号

AD　决定性公理

$\mathbf{C}_S$　相关集合S的二人对策

$\mathfrak{G}_A$	相关集合A的二人对策
Op	次序原则
C_n	n个元素集合簇的选择公理
ACF	有穷集合簇的选择公理
OEP	序扩充原则
SP	挑选原则
ACW	良序集合的选择公理
PIT	素理想定理
AC_K	基数为K的集合簇的选择
$W_{\aleph_0}$	每一无穷集合都有一可数子集合
DC_K	基数为K的依赖原则
$DC_{\aleph_0}$	依赖原则
suc	后继关系符号
ordpr	有序对集合的性质符号
ν	元数学的变元性质符号
Σ	元数学的公式性质符号
τ	元数学的ZF性质符号
su	元数学的替换关系
Sb	元素学的特殊替换关系
$\mathscr{L}$	元数学的逻辑公理性质符号
AC_0	ω 的幂集合的良序原则
L	可构成集合的类
$V=L$	可构成性公理
F_i, F	$(0\leqslant i\leqslant 8)$基本运算符号
Od	可构成集合的阶
On_L	所有可构成序数组成的类
$\in_L$	L上的元素关系符号
$\cup_L$	L上的并运算符号
M_α	α秩可定义的可构成集合
L_D	所有可定义性的可构成集合类
$\mathscr{N}$	ZF的可数传递标准模型
SM	模型模型存在公理
n, m	数词（分别为数n, m的数词）
M	ZF+SM的可数极小传递模型 $M\models V=L$
N_1	ZF的可数传递模型 $N_1\models V\neq L$
N_2	ZF的可数传递模型 $N_2\models\neg GCH+AC$
N_3	ZF的可数传递模型 $N_3\models\neg AC$
NBG	冯·诺意曼-贝尔奈斯-哥德尔公理系统
GB	NBG的另一记法
QM	蒯因-莫尔斯公理系统
ST_1	超类公理系统
ST_2	超类公理系统
ACG	聚合公理系统
$ZF^{\#}$	ZF加上存在一不可达基数
Scl	表示二型类的性质符号
Cog	表示聚合的性质符号
$\mathscr{Z}$	表示所有整数组成的集合
$\mathscr{Q}$	表示所有有理数组成的集合
$\mathscr{A}$	表示所有代数数组成的集合
$\mathscr{I}$	表示所有无理数组成的集合

中外文人名对照表

贝尔奈斯	Bernays, P.	勒贝格	Lebesgue, H.
布拉里-福蒂	Burali-Forti	勒维	Lévy, A.
康托尔	Cantor, G.	莱文海姆	Löwenheim, L.
科恩	Cohen, P. J.	蒙台哥	Montague, R.
弗兰科尔	Fraenkel, A. A.	莫尔斯	Morse, A. P.
盖夫曼	Gaifman, H.	莫斯托夫斯基	Mostowski, A.
根岑	Gentzen, G.	皮亚诺	Peano, G.
哥德尔	Gödel, K.	蒯因	Quine, W. V.
海尔佩恩	Halpern, G.	罗素	Russell, B.
哈托格斯	Hartogs, F.	斯科特	Scott, D.
豪斯道夫	Hausdorff, F.	谢宾斯基	Sierpinski, W.
恒钦	Henkin, L.	斯科伦	Skolem, T.
希尔伯特	Hilbert, D.	苏斯林	Suslin, M.
耶哈	Jech, T.	塔斯基	Tarski, A.
凯莱	Kelley, I. L.	图基	Tukey, J. W.
蔻尼	König, J.	冯·诺意曼	von Neumann, J.
库拉托夫斯基	Kuratowski, K.	蔡梅罗	Zermelo, E.
克瑞扑	Hurepa, D.	佐恩	Zorn, M.

中英文名词对照表

一画

一对一　injection
一一对应　one-to-one correspondence
一型基数　cardinals of type one
一型序数　ordinals of type one

二画

力迫　forcing
　～方法　～ method
　～条件　～ condition
　～关系　～ relation
　～概念　～ conception
二型序数　ordinals of type two
二型基数　cardinals of type two
二型类　class of type two

三画

三歧性　trichotomy
∈三歧性　∈ trichotomy
个体　individual
个体常项　individual constants
个体词　individual symbols
上确界　supsmum
广义连续统假设　generalized continuum hypothsis

四画

公理　axiom
　外延～　～ of extensionality
　空集合～　～ of empty set
　序对～　～ of pairing
　并～　～ of union
　幂集合～　～ of power set
　分离～　～ of separation
　替换～　～ of replacement
　无穷～　～ of infinity
　正则～　～ of regularity
　选择～　～ of choice
　整体选择～　～ of global choice
　皮阿诺算术～　～ of Peano's arithemetics
　决定性～　～ of determinateness
　可构成～　～ of constructibility
　大基数～　～ of large cardinals
　标准模型～　～ of standard model
　聚合～　～ of conglomerate
　类～　～ of class
公理系统　axiom system
　集合论～　～ of set theory
　有穷～　～ of finite number
　无穷～　～ of infinite number
　聚合～　～ of conglomerate

皮阿诺～i Peano's～
公理方法　axiom method
公式　formula
初级～　atomic～
复合～　composition～
纯～　pure～
受囿公式　bounded～
直谓～　predicative～
标准形～　canonical form～
～特征数　～characteristic number
元数学　metamathematics
～概念　～conception
～定理　～theorem
元素　elements (members)
元素关系　membership
分枝　branch
分离规则　modus ponens
反证法　reductio ad absurdum proof
无序对　unordered pair
引理　Lemma
磋尔　Zorn's～
图克依　Turkey's～

五画

外延性　extensionality
归纳假设　inductive assumption
归约　reduction
归谬律　reduction and absurdum
可构成性　constructiability
可构成壳　constructiable hull
可允许的　admissible
可满足性　satisfiability
可构成集合的阶段　stage of constructiable set
可构成集合的阶　order of constructiable set
对角线方法　diagonal method
对角过程　diagonal process
对角函数　diagonal function
左递增运算　left increasing operation
左狭窄的　left narrow
本元（原子）　urelements (atoms)
对策　game
包含　inclusion

六画

同构　isomorphism
∈～　∈ isomorphism
闭～　closed～
自～　automorphism
共尾的　cofinal
共尾性　cofinality
关系　relation
～定义域　～domain
～值域　～range
～域　～field
～复合　～composition
～逆　～inverse
～限制　～restriction
～象　～image
～符号　～symbols
传递～　transitive～
对称～　symmetrice～
自反～　reflexive～
反对称～　anti—symmetric～
连接～　connected～
等价～　equivivalence～
偏序～　partial order～
后继　successor
后继运算　successor operation
传递　transitive
～闭包　～closure
全称闭包　universal closure
自然次序　natural order

协调性 consistency
划分 partion
交换的运算 commutative operation
有序对 ordered pair

七画

序数 ordinals
　后继～ successor～
　极限～ limit～
　可数～ countable～
　开始～ initial～
　～平面 ～plane
　～划分 ～partion
　～的截段 ～segment
　～性质 ～property
　～算术 ～arithmetics
　共尾～ cofinal～
序型 order type
良序 well-ordering
　～关系 ～relation
　～延拓 ～extension
　～结构 ～structure
良基 well-founded
　～性质 ～property
　～关系 ～relation
　～结构 ～structure
　～归纳法 ～inductive method
形式 formal
　～语言 ～language
　～符号 ～symbols
　～证明 ～proof
　～定理 ～theorem
　～推演 ～deduction
　～集合论 ～set theory
形成规则 formation rules
纯集合论系统 pure set theory system
初等等价 elementary equivalence
完全性 completeness
完备序列 complete seqence
连接性 connexity
连续统假设 Continuum Hypothesis
极小元 minimal element
R-极小元 R-minimal element
条件 condition
希尔伯特方案 Hilbert's program
壳 hull
　可构成～ constructibility～

八画

函数 function
　单射～ injection～
　满射～ surjection～
　双射～ bijection～
　单根～ single-rooted～
　相容～类 compatible～ classes
　恒等～ identical～
　配对～ pairing～
　符号～ symbol～
　反符号～ anti-symbol～
　基本～ basic～
　对角～ diagonal～
　序数～ ordinal～
　类～ class～
　秩～ rank～
　选择～ choice～
　～符号 ～symbols
　～左逆 ～left inverse
　～右逆 ～right inverse
定理 theorem
　ω归纳～ ω induction～
　完全性～ completeness～
　不完全性～ incompleteness～
　良序～ well-ordering～
　递归～ recursive～
　康托尔～ Cantor's～
　康托尔-伯恩斯坦～ Cantor-Bern-

stein'、～
莱文海姆-斯科～伦 ～Löwenheim-Skolem
蔻尼～ Köing's～
乘积～ multiplicative～
逻辑～ logical～
独立性～ independence～
协调性～ consistency～
递归 recursion
～定义 ～defintion
命题 proposition
～演算 ～calculus
直谓的 predictive
非直谓的 impredictive
枚举 enumeration
范畴论 category theory
线序 linear-ordering
～关系 ～relation
∈～ ∈ linear-ordering

九画

类 class
真～ proper～
超～ hyper-class
等价～ equivalence～
闭类 closed～
良序～ well-ordering～
可构成～ constructible～
可定义～ definitable～
采样～ sampling～
聚合～ conglomerate～
～笛氏积 ～Cartesiad product
～关系 ～relation
～变元 ～variable
罗素～ Russell's～
映射 map
同构～ isomorphic～
保序～ order-preserving～
好的～ good～
势 power
～三歧性 ～trichotomy
～采样类 ～sampling classes
语法 syntax
语义 semantic
语言 language
ZF～ ZF～
扩充的ZF～ expension ZF～
结构 structure
偏序～ partial order～
Peano算术～ Peano's arithemetic～
～的域 ～field
前束范式 prenex normal form
前节 initial segment
降链 descending chain
R～ R～
∈～ ∈～
树 tree
项 term
首元素 initial members
独立性 independency
绝对性 absoluteness
相对性 relativity
相对协调性 relative consistency
相容性 compatiblity
保守扩充 conservative extension
标号空间 label space

十画

原则 principle
概括～ comprehension～
类的概括～ comprehension～ for classes
外延～ extensionality～
空集合存在～ empty set～
并集合存在～ union set～
无穷集合存在～infinite set～
分离～ separation～
单值化～ single-valued～

极小元～	minimal member～
替换～	replacement～
归纳～	induction～
采样～	sampling～
依赖选择～	dependent choice～
最小序数存在～	least ordinals～
幂集合存在～	power set～
序对集合～	pairing～
乘积～	multipli cative～
悖论	paradox
罗素～	Russell's～
布拉里-福蒂～	Burali-Forti's～
秩	rank
投影	projection
哥德尔基本运算	Gödel'sbasic operation
通路	path

十一画

基数	cardinals
正则～	regular～
奇异～	singular～
不可达～	inaccessible～
弱不可达～	weakly inaccessible～
～三岐性	～trichotomy
～运算	～operation
基本语句	basic statement
基本关系	basic relation
基本函数	basic function
基本运算	basic operation
符号	symbols
关系～	relation～
函数～	function～
～系统	～system
逻辑	logical
～公理	～axiom
～演算	～calculus
谓词演算	predicate calculus
推演规则	deductive rule
笛卡尔乘积	Cartesian product
属于	belong to

十二画

集合	set
并～	union～
交～	intersection～
幂～	power～
相对补～	relative complement～
有穷～	finite～
无穷～	infinite～
可数～	countable～
不可数～	incountable～
空～	empty～
无序对～	unordered pair～
有序对～	ordered pair～
单元～	singleton
有理数～	rational numbers～
无理数～	irrational numbers～
实数～	real numbers～
自然数～	natural numbers～
代数数～	algebraic numbers～
超越数～	transendental numbers～
共有穷～	cofinite～
H 有穷～	heraditary finite～
传递～	transtive～
归纳～	induction～
外延～	extensional～
序数～	ordinal～
采样～	sampling～
良序～	well-ordering～
可定义～	definitable～
可构成～	constructible～
哥德尔～	Gödel's～
良基～	well-founded～
脱殊～	generic～
不相容～	incompatible～

力迫条件	~forcing relation~
真子~	proper subset
~分层	hierarchy of~
量词	quantifiers
全称~	universal~
存在~	existential~
受囿~	bounded~
集合论	set theory
直观~	intuitive~
纯~	pure~
~语言	~language
~演算	~calculus
~悖论	~paradox
等价	equivalence
等势	equinumerous
超幂	ultra-power
超穷	transfinite
~归纳法	~inductive method
~递归	~recursion
超积	ultraproduct
最小元	least element
最大元	maximal element
最小上界	least upper bound
链	chain
赋值	valuation
策略	strategy

十三画

数学归纳法	mathematical induction
稠密	dense
置换	permutation
~群	~group
解释	interpretation

十四画

模型	model
内~	inner~
内~方法	method of inner~
外~	outer~
外~方法	method of outer~
可数~	countable~
不可数~	incountable~
极小~	minimal~
可数构成~	countable constructible~
传递~	transtive~
可构成~	constructiable~
加宽~	broadening
标准~	standard~
标准传递~	standard transtive~
初等子~	elementary submodel
聚合	conglomerate
~变元	~variable
辖域	scope
模式	schema

十五画

蕴涵	implication
双~	bi-implication

《现代数学基础丛书》已出版书目

1　数理逻辑基础(上册)　1981.1　胡世华　陆钟万　著
2　数理逻辑基础(下册)　1982.8　胡世华　陆钟万　著
3　紧黎曼曲面引论　1981.3　伍鸿熙　吕以辇　陈志华　著
4　组合论(上册)　1981.10　柯　召　魏万迪　著
5　组合论(下册)　1987.12　魏万迪　著
6　数理统计引论　1981.11　陈希孺　著
7　多元统计分析引论　1982.6　张尧庭　方开泰　著
8　有限群构造(上册)　1982.11　张远达　著
9　有限群构造(下册)　1982.12　张远达　著
10　测度论基础　1983.9　朱成熹　著
11　分析概率论　1984.4　胡迪鹤　著
12　微分方程定性理论　1985.5　张芷芬　丁同仁　黄文灶　董镇喜　著
13　傅里叶积分算子理论及其应用　1985.9　仇庆久　陈恕行　是嘉鸿　刘景麟　蒋鲁敏　编
14　辛几何引论　1986.3　J.柯歇尔　邹异明　著
15　概率论基础和随机过程　1986.6　王寿仁　编著
16　算子代数　1986.6　李炳仁　著
17　线性偏微分算子引论(上册)　1986.8　齐民友　编著
18　线性偏微分算子引论(下册)　1992.1　齐民友　徐超江　编著
19　实用微分几何引论　1986.11　苏步青　华宣积　忻元龙　著
20　微分动力系统原理　1987.2　张筑生　著
21　线性代数群表示导论(上册)　1987.2　曹锡华　王建磐　著
22　模型论基础　1987.8　王世强　著
23　递归论　1987.11　莫绍揆　著
24　拟共形映射及其在黎曼曲面论中的应用　1988.1　李　忠　著
25　代数体函数与常微分方程　1988.2　何育赞　萧修治　著
26　同调代数　1988.2　周伯壎　著
27　近代调和分析方法及其应用　1988.6　韩永生　著
28　带有时滞的动力系统的稳定性　1989.10　秦元勋　刘永清　王　联　郑祖庥　著
29　代数拓扑与示性类　1989.11　[丹麦] I.马德森　著
30　非线性发展方程　1989.12　李大潜　陈韵梅　著

31 仿微分算子引论 1990.2 陈恕行 仇庆久 李成章 编
32 公理集合论导引 1991.1 张锦文 著
33 解析数论基础 1991.2 潘承洞 潘承彪 著
34 二阶椭圆型方程与椭圆型方程组 1991.4 陈亚浙 吴兰成 著
35 黎曼曲面 1991.4 吕以辇 张学莲 著
36 复变函数逼近论 1992.3 沈燮昌 著
37 Banach 代数 1992.11 李炳仁 著
38 随机点过程及其应用 1992.12 邓永录 梁之舜 著
39 丢番图逼近引论 1993.4 朱尧辰 王连祥 著
40 线性整数规划的数学基础 1995.2 马仲蕃 著
41 单复变函数论中的几个论题 1995.8 庄圻泰 杨重骏 何育赞 闻国椿 著
42 复解析动力系统 1995.10 吕以辇 著
43 组合矩阵论(第二版) 2005.1 柳柏濂 著
44 Banach 空间中的非线性逼近理论 1997.5 徐士英 李 冲 杨文善 著
45 实分析导论 1998.2 丁传松 李秉彝 布 伦 著
46 对称性分岔理论基础 1998.3 唐 云 著
47 Gel'fond-Baker 方法在丢番图方程中的应用 1998.10 乐茂华 著
48 随机模型的密度演化方法 1999.6 史定华 著
49 非线性偏微分复方程 1999.6 闻国椿 著
50 复合算子理论 1999.8 徐宪民 著
51 离散鞅及其应用 1999.9 史及民 编著
52 惯性流形与近似惯性流形 2000.1 戴正德 郭柏灵 著
53 数学规划导论 2000.6 徐增堃 著
54 拓扑空间中的反例 2000.6 汪 林 杨富春 编著
55 序半群引论 2001.1 谢祥云 著
56 动力系统的定性与分支理论 2001.2 罗定军 张 祥 董梅芳 著
57 随机分析学基础(第二版) 2001.3 黄志远 著
58 非线性动力系统分析引论 2001.9 盛昭瀚 马军海 著
59 高斯过程的样本轨道性质 2001.11 林正炎 陆传荣 张立新 著
60 光滑映射的奇点理论 2002.1 李养成 著
61 动力系统的周期解与分支理论 2002.4 韩茂安 著
62 神经动力学模型方法和应用 2002.4 阮 炯 顾凡及 蔡志杰 编著
63 同调论—— 代数拓扑之一 2002.7 沈信耀 著
64 金兹堡-朗道方程 2002.8 郭柏灵 黄海洋 蒋慕容 著

65 排队论基础 2002.10 孙荣恒 李建平 著

66 算子代数上线性映射引论 2002.12 侯晋川 崔建莲 著

67 微分方法中的变分方法 2003.2 陆文端 著

68 周期小波及其应用 2003.3 彭思龙 李登峰 谌秋辉 著

69 集值分析 2003.8 李 雷 吴从炘 著

70 强偏差定理与分析方法 2003.8 刘 文 著

71 椭圆与抛物型方程引论 2003.9 伍卓群 尹景学 王春朋 著

72 有限典型群子空间轨道生成的格(第二版) 2003.10 万哲先 霍元极 著

73 调和分析及其在偏微分方程中的应用(第二版) 2004.3 苗长兴 著

74 稳定性和单纯性理论 2004.6 史念东 著

75 发展方程数值计算方法 2004.6 黄明游 编著

76 传染病动力学的数学建模与研究 2004.8 马知恩 周义仓 王稳地 靳 祯 著

77 模李超代数 2004.9 张永正 刘文德 著

78 巴拿赫空间中算子广义逆理论及其应用 2005.1 王玉文 著

79 巴拿赫空间结构和算子理想 2005.3 钟怀杰 著

80 脉冲微分系统引论 2005.3 傅希林 闫宝强 刘衍胜 著

81 代数学中的 Frobenius 结构 2005.7 汪明义 著

82 生存数据统计分析 2005.12 王启华 著

83 数理逻辑引论与归结原理(第二版) 2006.3 王国俊 著

84 数据包络分析 2006.3 魏权龄 著

85 代数群引论 2006.9 黎景辉 陈志杰 赵春来 著

86 矩阵结合方案 2006.9 王仰贤 霍元极 麻常利 著

87 椭圆曲线公钥密码导引 2006.10 祝跃飞 张亚娟 著

88 椭圆与超椭圆曲线公钥密码的理论与实现 2006.12 王学理 裴定一 著

89 散乱数据拟合的模型、方法和理论 2007.1 吴宗敏 著

90 非线性演化方程的稳定性与分歧 2007.4 马 天 汪宁宏 著

91 正规族理论及其应用 2007.4 顾永兴 庞学诚 方明亮 著

92 组合网络理论 2007.5 徐俊明 著

93 矩阵的半张量积:理论与应用 2007.5 程代展 齐洪胜 著

94 鞅与 Banach 空间几何学 2007.5 刘培德 著

95 非线性常微分方程边值问题 2007.6 葛渭高 著

96 戴维-斯特瓦尔松方程 2007.5 戴正德 蒋慕蓉 李栋龙 著

97 广义哈密顿系统理论及其应用 2007.7 李继彬 赵晓华 刘正荣 著

98 Adams 谱序列和球面稳定同伦群 2007.7 林金坤 著

99 矩阵理论及其应用 2007.8 陈公宁 编著
100 集值随机过程引论 2007.8 张文修 李寿梅 汪振鹏 高 勇 著
101 偏微分方程的调和分析方法 2008.1 苗长兴 张 波 著
102 拓扑动力系统概论 2008.1 叶向东 黄 文 邵 松 著
103 线性微分方程的非线性扰动(第二版) 2008.3 徐登洲 马如云 著
104 数组合地图论(第二版) 2008.3 刘彦佩 著
105 半群的 S-系理论(第二版) 2008.3 刘仲奎 乔虎生 著
106 巴拿赫空间引论(第二版) 2008.4 定光桂 著
107 拓扑空间论(第二版) 2008.4 高国士 著
108 非经典数理逻辑与近似推理(第二版) 2008.5 王国俊 著
109 非参数蒙特卡罗检验及其应用 2008.8 朱力行 许王莉 著
110 Camassa-Holm 方程 2008.8 郭柏灵 田立新 杨灵娥 殷朝阳 著
111 环与代数(第二版) 2009.1 刘绍学 郭晋云 朱 彬 韩 阳 著
112 泛函微分方程的相空间理论及应用 2009.4 王 克 范 猛 著
113 概率论基础(第二版) 2009.8 严士健 王隽骧 刘秀芳 著
114 自相似集的结构 2010.1 周作领 瞿成勤 朱智伟 著
115 现代统计研究基础 2010.3 王启华 史宁中 耿 直 主编
116 图的可嵌入性理论(第二版) 2010.3 刘彦佩 著
117 非线性波动方程的现代方法(第二版) 2010.4 苗长兴 著
118 算子代数与非交换 L_p 空间引论 2010.5 许全华 吐尔德别克 陈泽乾 著
119 非线性椭圆型方程 2010.7 王明新 著
120 流形拓扑学 2010.8 马 天 著
121 局部域上的调和分析与分形分析及其应用 2011.4 苏维宜 著
122 Zakharov 方程及其孤立波解 2011.6 郭柏灵 甘在会 张景军 著
123 反应扩散方程引论(第二版) 2011.9 叶其孝 李正元 王明新 吴雅萍 著
124 代数模型论引论 2011.10 史念东 著
125 拓扑动力系统——从拓扑方法到遍历理论方法 2011.12 周作领 尹建东 许绍元 著
126 Littlewood-Paley 理论及其在流体动力学方程中的应用 2012.3 苗长兴 吴家宏 章志飞 著
127 有约束条件的统计推断及其应用 2012.3 王金德 著
128 混沌、Mel'nikov 方法及新发展 2012.6 李继彬 陈凤娟 著
129 现代统计模型 2012.6 薛留根 著
130 金融数学引论 2012.7 严加安 著
131 零过多数据的统计分析及其应用 2013.1 解锋昌 韦博成 林金官 著

132　分形分析引论　2013.6　胡家信　著
133　索伯列夫空间导论　2013.8　陈国旺　编著
134　广义估计方程估计方程　2013.8　周　勇　著
135　统计质量控制图理论与方法　2013.8　王兆军　邹长亮　李忠华　著
136　有限群初步　2014.1　徐明曜　著
137　拓扑群引论(第二版)　2014.3　黎景辉　冯绪宁　著
138　现代非参数统计　2015.1　薛留根　著